W0268885

ALLE ZEIT WACH
1842

Werner Gocht

Wirtschaftsgeologie und Rohstoffpolitik

Untersuchung, Erschließung, Bewertung, Verteilung und Nutzung mineralischer Rohstoffe

Zweite, völlig überarbeitete und erweiterte Auflage

Mit 44 Abbildungen

Springer-Verlag
Berlin Heidelberg New York Tokyo 1983

Professor Dr. rer. nat. Dr. rer. pol. Dipl.-Geol. WERNER GOCHT
Forschungsinstitut für Internationale Technische und
Wirtschaftliche Zusammenarbeit der RWTH Aachen

Die 1. Auflage erschien 1978 unter dem Titel »Gocht, Wirtschaftsgeologie«.

CIP-Kurztitelaufnahme der Deutschen Bibliothek:
Gocht, Werner:
Wirtschaftsgeologie und Rohstoffpolitik:
Unters., Erschließung, Bewertung, Verteilung u. Nutzung mineral. Rohstoffe / Werner Gocht. –
2., völlig überarb. u. erw. Aufl. –
Berlin; Heidelberg; New York; Tokyo: Springer, 1983.
1. Aufl. u. d. T.: Gocht, Werner: Wirtschaftsgeologie

ISBN-13: 978-3-540-12588-4   e-ISBN-13: 978-3-642-48070-6
DOI: 10.1007/978-3-642-48070-6

Vorwort

Das Echo der Fachkollegen auf die erste Auflage der Einführung in die Wirtschaftsgeologie war anregend und ermutigend. Bei dieser Neuauflage wurden zahlreiche, wertvolle Hinweise berücksichtigt, da der rasante Wissens- und Erkenntnisfortschritt auf diesem interdisziplinären Gebiet ohnehin die völlige Überarbeitung und in zahlreichen Kapiteln eine substantielle Ergänzung erforderte.

Thema zahlreicher Diskussionen war — wie vom Autor erhofft — die Frage der thematischen Abgrenzung der Wirtschaftsgeologie. Dabei kristallisierte sich heraus, daß wirtschaftsgeologische Forschung und Lehre schwerpunktmäßig alle relevanten Fagen der Bewertung von Rohstoffvorkommen beinhalten sollte. Das schließt — sozusagen im Vorfeld — die effiziente Methodenkombination für Prospektions- und Explorationsarbeiten oder auch die Auswertung und mathematische Verarbeitung von Explorationsdaten ein, aber auch — sozusagen im Nachfeld — die detaillierte Analyse der Märkte mineralischer Rohstoffe.

Ein fachlicher Trennstrich wurde deshalb zur Rohstoffpolitik gezogen, die zwar verschiedenartige Fachbeziehungen zur Wirtschaftsgeologie aufweist, aber gerade in den letzten Jahren immer stärker Züge der Entwicklungspolitik trägt. Die Aspekte der Mineralrohstoffpolitik aus der Sicht eines Wirtschaftsgeologen wurden nun in einem getrennten Teil II des Buches abgehandelt, wobei sich die fachlichen Abgrenzungen auch im erweiterten Titel des Buches dokumentiert.

Gerade im Bereich der Rohstoffpolitik sind auf internationaler Ebene seit 1980 wegweisende Entscheidungen gefallen, die alle gebührend berücksichtigt wurden. Erwähnt werden soll das Abkommen zur Errichtung des Gemeinsamen Fonds im Integrierten Rohstoffprogramm, der Abschluß der Seerechts-Konvention und die Beschlüsse der UNCTAD-Konferenzen von Manila 1979 und Belgrad 1983.

Eine Reihe von Kollegen haben mich bei der Überarbeitung einiger Kapitel in dankenswerter Weise unterstützt. Wertvolle Hilfe wurde mir diesmal zuteil von den Herren Dr. H. Burger, Prof. Dr. A. Vogel und Dr. G. Schneider, Freie Universität Berlin, sowie von den Herren Dr.-Ing. H.-P. Johann und Dr. W.L. Plüger, RWTH Aachen, aber auch von meinen Mitarbeitern E. von Alten, C. Brixel und Frau G. Strittmatter. — Für die redaktionelle Bearbeitung gebührt Herrn P. Fix, für die umfangreichen Schreibarbeiten Frau E. Steins ein herzlicher Dank.

Aachen, Sommer 1983   Werner Gocht

Inhaltsverzeichnis

X

0 Einleitung

0.1 Aufgaben und Bedeutung der Wirtschaftsgeologie

Die moderne Wirtschaftsgeologie will einen Beitrag zur Versorgung der Industrie-Gesellschaft mit mineralischen Rohstoffen leisten. Es werden deshalb hauptsächlich Probleme des *Aufsuchens*, der *Bewertung* und der *Vermarktung* von Bodenschätzen behandelt.

Forschungsobjekte der Wirtschaftsgeologie sind also einerseits die Lagerstätten und andererseits die Märkte mineralischer Rohstoffe. Daraus ergibt sich, daß die Fragestellungen zwar grundlegend geologisch sind, jedoch stets technisch, wirtschaftlich, sozial, ökologisch und entwicklungspolitisch orientiert. Der interdisziplinäre Bogen wirtschaftsgeologischer Forschung, Lehre und Praxis spannt sich demnach von der Angewandten Lagerstättenforschung über die Gewinnungstechnik bis hin zu den Wirtschaftswissenschaften. Die praxisorientierte Hauptaufgabe des Wirtschaftsgeologen besteht zusammenfassend darin, Mineralvorräte aus dem Bestand der unentdeckten, nutzbaren Ressourcen zu Reserven für eine bergwirtschaftliche Produktion zu überführen.

Eines der Grundprobleme unserer Zeit ist das noch immer weitgehend unkontrollierte, exponentielle Anwachsen der Bevölkerung, das eine ständige Zunahme der Nahrungsmittelproduktion und der Industrialisierung bedingt, wenn das erhebliche Wohlstandsgefälle zwischen armen und begüterten Völkern oder Bevölkerungsgruppen vermindert werden soll. Eine der Grenzen des notwendigen Wachstums ist aber die *Verfügbarkeit* der sich nicht regnerierenden Rohstoffe, wenn auch die pessimistischen Voraussagen des Club of Rome viel zu undifferenziert waren. Eine baldige physische Erschöpfung unserer Bodenschätze ist nicht in Sicht, doch liegen Grenzen der Verfügbarkeit im wirtschaftspolitischen, finanziellen und ökologischen Bereich. Der Wirtschaftsgeologe ist in besonderem Maße gefordert, an der Überwindung dieser Grenzen mitzuwirken. Es gilt, eine ausreichende, gesicherte und möglichst preisgünstige Rohstoff-Versorgung der industriellen Güterproduktion sicherzustellen. Dabei genügt es nicht, lediglich Vorkommen zu entdecken und zu erschließen, sondern es ist unbedingt erforderlich, die Wege aufzuzeigen, wie die mineralischen Rohstoffe mit optimalem gesamtwirtschaftlichen Nutzen gewonnen und verteilt werden, wie Verschwendungen verhindert und Umweltbelastungen in Grenzen gehalten werden können. Im einzelnen lassen sich die Aufgabenbereiche des Wirtschaftsgeologen wie folgt definieren:

- Planung und Mitwirkung beim effizienten Aufsuchen und Untersuchen von Lagerstätten mineralischer Rohstoffe;
- umfassende Bewertung von Projekten der Exploration und der Gewinnung mineralischer Rohstoffe;
- Beiträge zum Schutz natürlicher Ressourcen vor Raubbau;

- Beiträge zum Schutz der natürlichen Umwelt bei der Exploration und Gewinnung mineralischer Rohstoffe;
- Analysierung von Rohstoffmärkten unter besonderer Berücksichtigung der geologisch-lagerstättenkundlichen Bestimmungsgründe für die Struktur- und Preisentwicklung sowie eine darauf basierende Marktprognose;
- Mitwirkung bei der Diskussion über Ziele und Maßnahmen einer ausgewogenen Rohstoffpolitik.

0.2 Entwicklungsstadien von Rohstoffprojekten

Der Aufbau eines neuen Betriebes zur Gewinnung mineralischer Rohstoffe dauert in der Regel 5 bis 12 Jahre, bei Großprojekten bis zu 20 Jahre. Die Durchführung vollzieht sich in Abschnitten, wobei jede Phase im Prinzip auf den Ergebnissen der vorhergehenden basiert, wenn sich die Phasen auch zeitlich überschneiden können. Die hauptsächlichen Entwicklungsstadien eines Rohstoffprojektes sind:

- *Projektplanung und Projektvorbereitung:* Gebietsauswahl, Vorbereitung der Geländearbeiten, Erwerb von Prospektionslizenzen oder Explorationskonzessionen.

- *Prospektions-Periode:* Aufsuchen von Vorkommen mineralischer Rohstoffe, geophysikalische und geochemische Prospektionen, geologisch-lagerstättenkundliche Untersuchungen. Erste Beurteilung von Mineralführung, Größenordnung des Vorkommens, Gewinnungsmöglichkeiten, Transportverhältnissen, Klimabedingungen, Wasser- und Energieversorgung. Versuchsweise Abschätzung von Vorräten.

- *Explorations-Periode:* Untersuchung eines Mineralvorkommens durch Schürfarbeiten und Bohrarbeiten; - zuverlässige Abschätzung der Vorratsmengen; gewinnungstechnische Vorplanungen; - Verhandlungen über den Erwerb von Abbaurechten.

- *Bewertungs-Periode:* Erstellung von Prefeasibility-Studien und nach den technischen Detail-Planungen auch Feasibility-Studien einschließlich Marktanalysen.

- *Technische Planung (Engineering):* Abbau- und Aufbereitungstests, Detailplanung der Gewinnungs-, Aufbereitungs; und Versorgungseinrichtungen. Erstellung von Mengenfluß-Diagrammen und Konstruktionsplänen.

- *Projektfinanzierung:* Cash-Flow-Rechnung, Verhandlungen mit Banken, Ausschreibung, Lieferverträge, Kapitalbereitstellung.

- *Konstruktionsperiode:* Abraumbeseitigung oder Schachtabteufen, Ausrichtung, Vorrichtung, Montage von Anlagen und Errichtung von Nebenanlagen, wie Werkstätten, Tanklager, Kraftstation.

— *Produktionsperiode:* Produktionsaufnahme, Abnahme der Anlagen, Erreichen der vollen Kapazität.

Der Zeitaufwand für die gesamte Projektentwicklung richtet sich vorrangig nach der Größe des Projektes, aber auch nach dem Standort. Standortprobleme, wie fehlende Infrastrukturen, extreme Klimaverhältnisse oder fehlendes Fachpersonal, verzögern ein Projekt.

Für Erzbergwerke (Abbau und Aufbereitung) gelten als Richtwerte:

kleine Lagerstätten: 2 —   3 Jahre Prospektion und Exploration,
                         1 —   2 Jahre Errichtung der Anlagen;
mittlere Lagerstätten: 3 —   4 Jahre Prospektion und Exploration,
                         2 —   4 Jahre Errichtung der Infrastrukturen und Anlagen;
große Lagerstätten: 5 — 10 Jahre Prospektion und Exploration,
                         5 —   8 Jahre Errichtung der Infrastrukturen und Anlagen,

wobei die längeren Zeiträume in der Regel für Entwicklungsländer in Betracht kommen.

Schematische Darstellungen der Entwicklungsstadien für ein Großprojekt zur Gewinnung von Kupfer-Konzentraten in Peru (Abb. 0.1) und eines Großprojektes zur Förderung von Erdöl (Abb. 0.2) zeigen Dauer und Überschneidungen der einzelnen Projektphasen.

0.3 Beitrag der Mineralproduktion zum Bruttosozialprodukt

Die Bedeutung eines Sektors kann an seinem Anteil an der Entstehung des Bruttosozialproduktes (BSP) gemessen werden. Wie aus Tab. 0.1 hervorgeht, erreichte der Beitrag aller mineralischen Rohstoffe 1980 fast 10 % des globalen BSP und hat sich in den Siebziger Jahren mehr als verdoppelt, nachdem er jahrzehntelang fast konstant bei rund 4,5 % lag. An dieser Entwicklung sind die Erhöhung der Preise und der Produktion von Primärenergieträgern maßgeblich beteiligt, während beispielsweise die Metalle auf etwa gleichem Niveau verharrten, wobei der Anstieg der Edelmetallpreise den Rückgang bei Basismetallen ausgleichen mußte.

Die Veränderungen bei Erdöl seit 1973 sind gravierend und führten zu erheblichen Strukturungleichgewichten bei der Kapitalbildung und den Entwicklungseffekten.

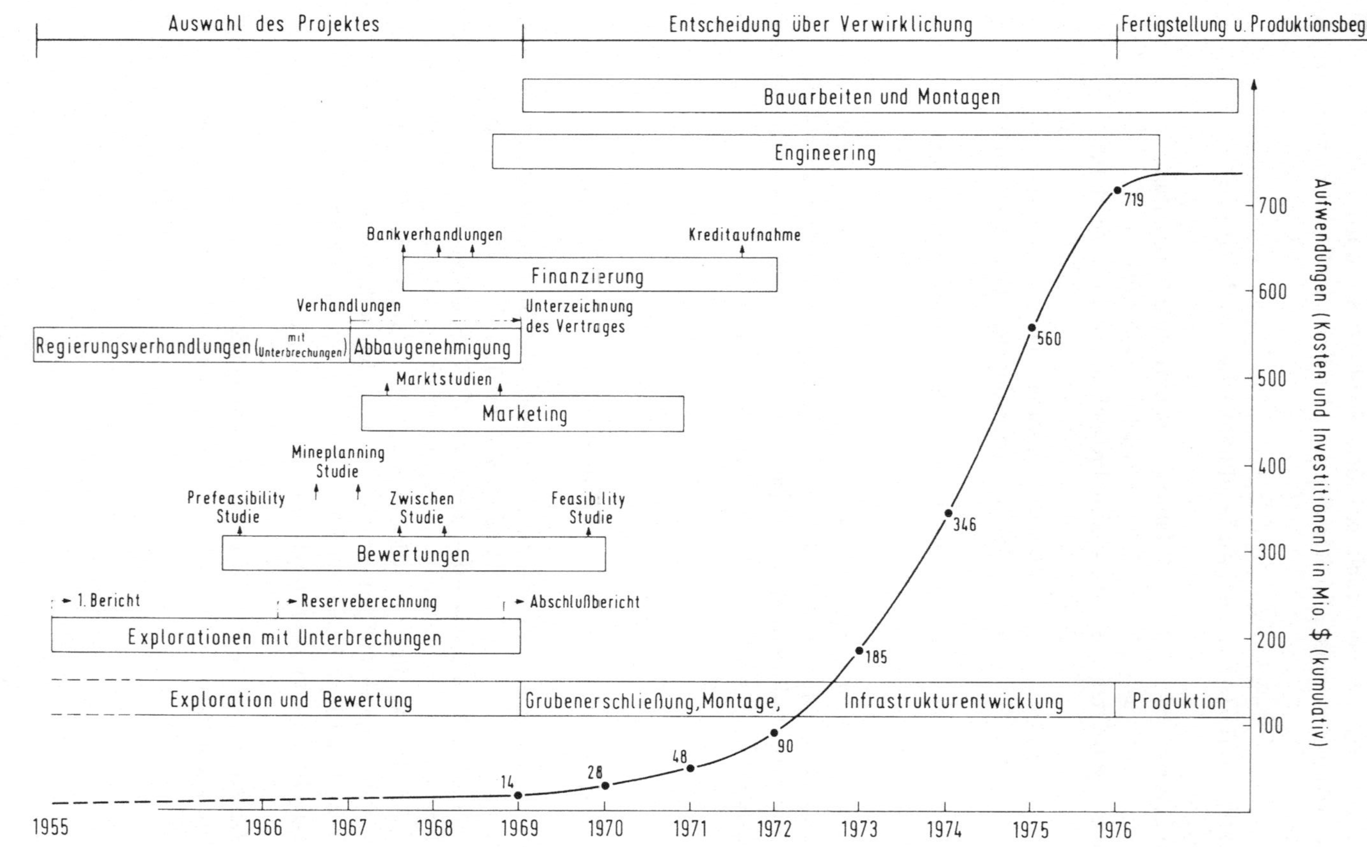

Abb. 0.1.   Entwicklungsstadien des Kupferbergbauprojektes Cuajone, Peru (nach Angaben der Southern Peru Copper Corp.).

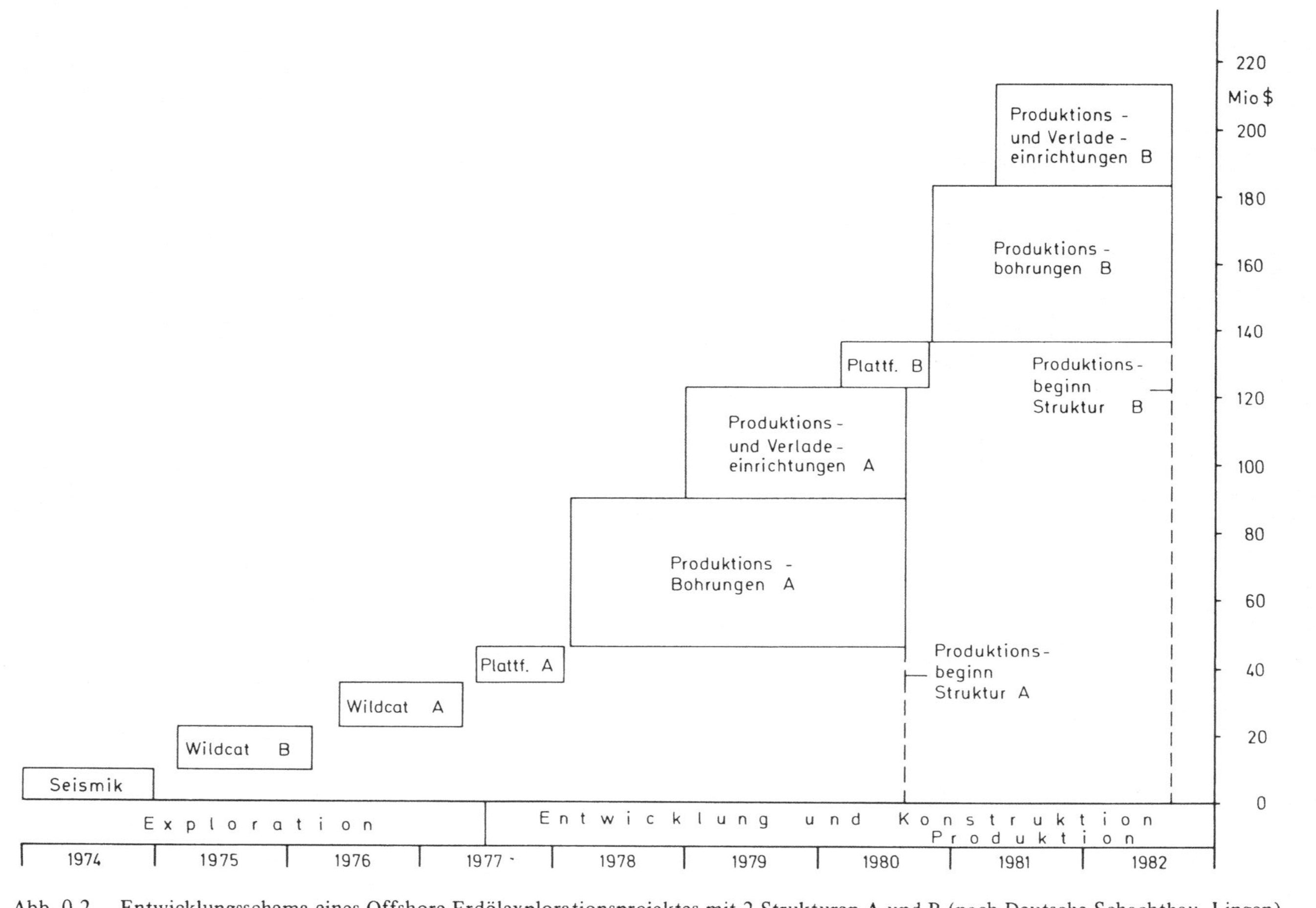

Abb. 0.2. Entwicklungsschema eines Offshore-Erdölexplorationsprojektes mit 2 Strukturen A und B (nach Deutsche Schachtbau, Lingen)

Tabelle 0.1. Wert der Mineralproduktion in Relation zum Bruttosozialprodukt (in Mrd. US-$, Basis 1982)

	1950	1960	1970	1973	1974	1975	1978	1979	1980
Globales BSP	3932	5805	9363	10954	11047	11047	12640	13014	13108
Primärenergieträger									
Erdöl	24,3	37,0	50,3	123,8	377,4	359,8	398,5	499,4	704,7
Kohle	80,6	86,4	104,6	108,0	143,4	198,1	179,8	172,5	169,9
andere	6,2	13,0	28,8	43,9	49,3	55,5	89,6	107,2	104,9
insgesamt	111,1	136,4	191,6	275,7	570,1	613,4	667,9	779,1	979,5
in % BSP	2,82	2,35	2,05	2,52	5,16	5,55	5,28	5,98	7,47
mineralische Rohstoffe									
Metalle									
Eisen und Stahlveredler	20,8	33,5	48,4	48,6	49,9	61,0	50,7	51,6	47,6
Edelmetalle	4,4	5,4	7,6	12,8	16,9	14,6	15,6	23,5	39,1
NE-Basismetalle	12,2	25,9	54,7	68,4	77,0	52,7	57,1	70,2	68,8
andere	0,4	0,6	1,8	1,0	1,2	1,3	1,1	1,3	1,3
insgesamt	37,8	65,4	112,5	130,8	145,0	129,6	124,5	146,7	156,8
in % BSP	0,96	1,13	1,20	1,19	1,31	1,17	0,98	1,13	1,20
andere mineralische Rohstoffe									
Baustoffe		39,9	69,3	76,4	76,2	78,8	100,2	101,5	100,6
Düngemittel	2,9	6,0	8,5	10,1	23,6	30,4	19,3	19,9	16,5
Diamanten		2,0	4,1	5,5	4,5	3,5	6,1	7,5	9,1
chemische Rohstoffe	6,3	12,1	18,0	19,2	21,2	21,5	28,4	29,9	32,4
insgesamt	40,7	60,0	99,9	111,2	125,5	134,2	154,0	158,8	158,6
in % BSP	1,04	1,03	1,07	1,02	1,13	1,21	1,22	1,22	1,21
Primärenergieträger	111,1	136,4	191,6	275,7	570,1	613,4	667,9	779,1	979,5
mineralische Rohstoffe	78,5	125,4	212,4	242,0	270,5	263,8	278,5	305,5	315,4
mineralische Rohstoffe insgesamt	189,6	261,8	404,0	517,7	840,6	877,2	946,4	1085	1295
in % BSP	4,82	4,51	4,32	4,73	7,60	7,93	7,48	8,33	9,88

Quelle: Sutulov, 1983.

Tabelle 0.2.　Die regionale Verteilung der Weltvorräte ausgewählter mineralischer Rohstoffe

Rohstoffe	Westeuropa	EG	Osteuropa	Afrika	Nordamerika	Mittelamerika	Südamerika	Asien	Ozeanien	Gesamtvorräte
					Anteile (%)					Mio. t
Al	5	3	2	36	0	10	18	8	21	5200
Cu	-	-	17	14	25	6	28	5	5	505
Pb	13	5	18	8	30	5	5	7	14	165
Sn	3	3	10	7	1	-	14	61	4	10
Zn	16	8	9	9	28	2	11	15	10	240
Fe	5	2	32	4	16	-	20	11	12	98000
Mn	0	0	26	59	-	0	3	3	9	1361
Co	1	-	9	68	1	8	-	7	6	3,1
Cr	1	-	0,5	98	-	-	-	0,5	-	1007
Mo	-	-	7	-	60	1	28	4	-	9,8
Nb	-	-	16	2	3	-	79	-	-	3,4
Ta	-	-	8	69	1	-	6	13	3	0,07
Ni	3	1	13	4	15	8	2	22	33	54
V	1	-	46	49	1	-	1	1	1	18,5
W	7	1	8	-	15	1	2	63	4	2,9
Hg	52	8	11	8	11	6	1	11	-	0,15
Sb	8	3	7	7	4	5	10	56	3	4,5
Ti	15	1	2	13	22	-	20	20	8	273
Zr	-	-	11	24	14	-	4	18	29	25
F	16	13	6	38	8	13	4	15	-	71,7
P_2O_5	0	0	13	68	7	-	7	5	-	34500

Quelle:　Statistisches Amt der Europäischen Gemeinschaften: EG-Rohstoffbilanzen, Luxemburg 1982.

I Wirtschaftsgeologie

1 Prospektion und Exploration von Lagerstätten mineralischer Rohstoffe

1.1 Grundsätze der Prospektion und Exploration

Die Methoden zum Aufsuchen von Bodenschätzen und zum Untersuchen von Mineral-Vorkommen sind *rohstoffspezifisch*. Besonders gravierend können beispielsweise die Unterschiede bei der Untersuchung von Erzvorkommen und Erdölvorkommen sein, aber auch bei der Exploration verschiedener Erzvorkommen, wie etwa mariner Zinnseifen einerseits und Antimongänge andererseits.

Mit Ausnahme von Erzseifen und von Baustoffen ist die Entdeckung neuer Lagerstätten mineralischer Rohstoffe an oder nahe der Erdoberfläche immer seltener geworden. Es war deshalb nötig, ein breites Spektrum neuer Suchmethoden zu entwickeln, die einerseits eine größere Eindringtiefe in den Untergrund gewährleisten und andererseits ein erhöhtes Auflösungsvermögen der geochemischen und geophysikalischen Signale sicherstellen. Dies hat auch zur Folge, daß die Zeit der einzelnen ''Prospektoren'' vorbei ist und Erkundungsprogramme in der Regel nur noch von Bergbaugesellschaften bzw. Mineralölgesellschaften oder staatlichen Institutionen mit großem apparativen und personellen Aufwand unternommen werden können.

Schon die Unterscheidung zwischen Prospektion und Exploration deutet an, daß ein Programm zur Entdeckung einer neuen Lagerstätte in mindestens zwei Phasen abläuft. In der Praxis sind es sogar mehr, die sich allerdings überlappen können. Es herrscht noch immer viel Verwirrung bei der Benutzung der Begriffe. Darum wird vorgeschlagen, die Definitionen ergebnisorientiert vorzunehmen (Abschn. 1.1.1). Grundsätzlich sollte davon ausgegangen werden, daß sich mindestens 4 Phasen der Prospektion/Exploration unterscheiden lassen:

— die *vorbereitende Suche* (1. Hauptphase der Prospektion), die mit der Entdeckung eines höffigen Gebietes abschließt;
— die *Suche* (2. Hauptphase der Prospektion), die mit der Umgrenzung eines Vorkommens und der versuchsweisen Schätzung von Vorratsmengen abschließt;
— die *einleitende Untersuchung* (1. Hauptphase der Exploration), die mit der Umgrenzung eines Vorkommens und der vorläufigen Schätzung von bauwürdigen und bedingt bauwürdigen Vorratsmengen abschließt;
— die *Detail-Untersuchung* (2. Hauptphase der Exploration), die mit der Umgrenzung des Vorkommens und der zuverlässigen Abschätzung von vermutlich bauwürdigen Vorratsmengen abschließt.

Einen Eindruck vom Zeit- und Kostenaufwand von Erkundungsarbeiten soll Abb. 1.1 vermitteln, die auf den Daten für ein sulfidisches Kupfer-Nickel-Vorkommen mit 5 Mio. t Erzvorräten in Kanada basiert.

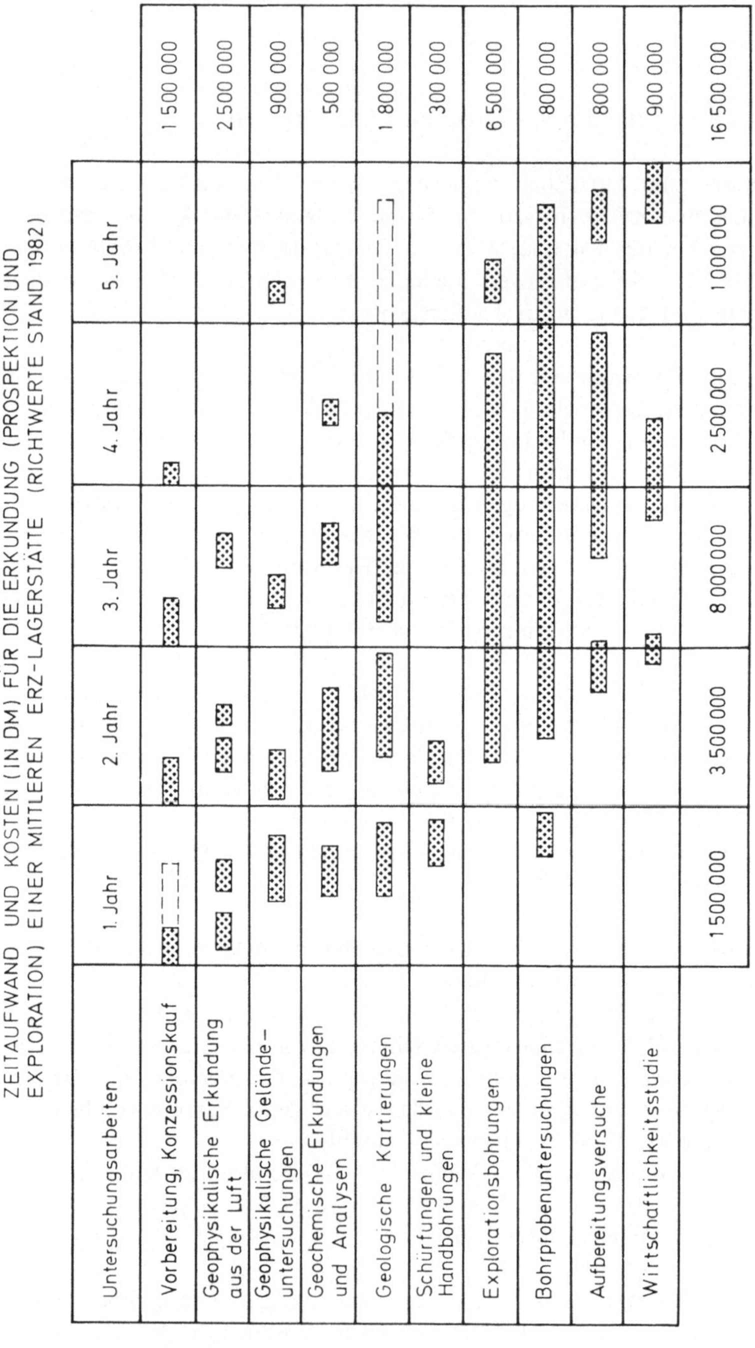

ZEITAUFWAND UND KOSTEN (IN DM) FÜR DIE ERKUNDUNG (PROSPEKTION UND EXPLORATION) EINER MITTLEREN ERZ-LAGERSTÄTTE (RICHTWERTE STAND 1982)

Untersuchungsarbeiten	1. Jahr	2. Jahr	3. Jahr	4. Jahr	5. Jahr	
Vorbereitung, Konzessionskauf						1 500 000
Geophysikalische Erkundung aus der Luft						2 500 000
Geophysikalische Gelände-untersuchungen						900 000
Geochemische Erkundungen und Analysen						500 000
Geologische Kartierungen						1 800 000
Schürfungen und kleine Handbohrungen						300 000
Explorationsbohrungen						6 500 000
Bohrprobenuntersuchungen						800 000
Aufbereitungsversuche						800 000
Wirtschaftlichkeitsstudie						900 000
	1 500 000	3 500 000	8 000 000	2 500 000	1 000 000	16 500 000

Abb. 1.1. Zeitablaufplan und Kostenplan eines Prospektion/Exploration-Projektes zum Nachweis eines mittleren Erzvorkommens (Kostenbasis 1982).

1.1.1 Grundbegriffe

Eine Reihe von Begriffen, die in der Angewandten Lagerstättenkunde oder von Explorationsgeologen verwendet werden, bedürfen dringend der exakten Definition und Abgrenzung, um künftig nomenklatorische Sprachverwirrungen zu vermeiden. Problematisch bleibt allerdings in diesem Zusammenhang, daß keine international verbindlichen Definitionen vorhanden sind. Kürzlich wurden von den Vereinten Nationen allererste Schritte für eine Vereinheitlichung unternommen. Folgende Definitionen sollen ein Beitrag zur Begriffsklärung sein:

Rohstoffe: Naturprodukte, die nur für den Handel und zum späteren Einsatz in der industriellen Güterproduktion vorbereitet wurden. Eine horizontale Abgrenzung erfolgt hinsichtlich der Rohstoffgruppen und eine vertikale Abgrenzung hinsichtlich der Verarbeitungstiefe.

Mineralische Rohstoffe: Alle festen, flüssigen und gasförmigen Minerale und Mineralgemische, die in bergbaulichen Betrieben, Fördereinrichtungen oder Hüttenwerken gewonnen wurden. Als wichtigste Gruppen sind fossile Energieträger, Erze bzw. Metalle, Industrieminerale, Steine und Erden zu nennen.

Prospektion: Suche nach Mineralanreicherungen in der Erdkruste und Lokalisierung von Höffigkeitsgebieten, auch zum Zwecke der Bestandsaufnahme von Rohstoffpotentialen, wobei indirekte Nachweismethoden der Geologie, Geochemie und der Geophysik eingesetzt werden.

Exploration: Untersuchung von Höffigkeitsgebieten zum Zwecke der Abgrenzung von Vorkommen oder Lagerstätten einschließlich Abschätzung/Kalkulation von Vorratsmengen, wobei insbesondere direkte Nachweismethoden, nämlich Probenuntersuchungen aus Schürfen und Bohrungen eingesetzt werden.

Grass-Root-Prospektion: Großflächige Vorerkundungen in geologisch wenig bekannten Regionen zum Zwecke der Identifikation von Prospektionsgebieten.

Reconnaissance: Vorerkundungen zum Zwecke der Entdeckung geologischer Strukturen mit potentiellen Mineralanreicherungen.

Bemusterung: Entnahme und Analyse von Proben aus Schürfen und Bohrungen zur qualitativen und quantitativen Erfassung von Vorräten mineralischer Rohstoffe.

Höffigkeitsgebiete: Bereiche der Erdkruste, in denen natürliche Anreicherungen von Wertmineralen indirekt nachgewiesen wurden.

Vorkommen: Räumlich abgegrenzte geologische Körper, in denen Rohstoffe in technisch gewinnbarem Umfang nachgewiesen wurden.

Lagerstätten: Vorkommen mineralischer Rohstoffe, die bauwürdig sind, also für eine wirtschaftliche Gewinnung in Betracht kommen.

Bauwürdigkeit: Durch Wirtschaftlichkeitsanalysen festgestellte Möglichkeit einer rentablen Gewinnung mineralischer Rohstoffe.

Bauwürdigkeitsgrenze (break-even grade): Mittlerer Gehalt an nutzbaren Mineralen einer Lagerstätte, der während einer definierten Periode eine kostendeckende Gewinnung mineralischer Rohstoffe ermöglicht.

Grenzgehalt (cut-off grade): Geringster Gehalt an nutzbaren Mineralen einer Lagerstätte, der die Einbeziehung in die Vorratsschätzungen rechtfertigt ("geologischer Grenzgehalt", auch mitunter "geologischer Schwellengehalt" genannt).

Vorratsbasis (Ressourcenbasis): Zahlenmäßig erfaßte Anreicherungen mineralischer Rohstoffe in der Erdkruste, die nicht oder noch nicht als Vorräte gelten können.

Vorräte: Identifizierte und abschätzbare Mengen an mineralischen Rohstoffen in Mineralvorkommen, die derzeit oder in absehbarer Zukunft zur Nutzung verfügbar sind.

Reserven: Nachgewiesene Mengen bauwürdiger mineralischer Rohstoffe in Lagerstätten.

Vorratskategorien: Einteilung der Vorräte nach Untersuchungsgrad (Aussagesicherheit, geologische Gewißheit) und Bauwürdigkeit (Wirtschaftlichkeit, bergwirtschaftliche Bedeutung).

Prefeasibility-Studie: Abschätzung der Wirtschaftlichkeit eines Vorkommens auf der Basis von Explorationsergebnissen unter Verwendung von Kostendaten aus vergleichbaren Projekten.

Feasibility-Studie: Analyse der Durchführbarkeit, der Rentabilität und der Finanzierungsmöglichkeiten eines Rohstoffprojektes auf der Basis umfassender Explorationsdaten, konzipierter Gewinnungstechnologie (Engineering) und detaillierter Marktstudien.

Konzession: Vom Staat verliehenes, meist exklusives Recht zum Aufsuchen (Prospektionslizenz, Explorationskonzession) oder zur Gewinnung (Abbaukonzession, Förderkonzession) mineralischer Rohstoffe in einem definierten Gebiet.

Aufsuchungserlaubnis: Nach dem Bundesberggesetz von 1980 das ausschließliche Recht, in einem Erlaubnisfeld Prospektionen und Explorationen zu betreiben.

Mutung: Bei der Bergbehörde eingereichtes Gesuch um Verleihung (Registrierung) von Bergwerkseigentum (Berechtsame, Mining Title).

1.1.2 Ziele und Konzepte für das Aufsuchen mineralischer Rohstoffe

Das allgemeine Ziel eines *Prospektionsprogrammes* ist immer die Entdeckung neuer Mineralvorkommen. Als allgemeines Ziel eines *Explorationsprogrammes* kann dagegen der Nachweis einer neuen (bauwürdigen) Lagerstätte mineralischer Rohstoffe gelten.

Bei Prospektionsprogrammen können wiederum zwei unterschiedliche Zielrichtungen verfolgt werden, nämlich

— die regionale Suche nach Mineralvorkommen, um einen Überblick über das Rohstoffpotential zu erhalten, wobei möglichst alle in einer Region vorhandenen Vorkommen aufgespürt werden sollen;
— die rohstoffspezifische Suche nach Vorkommen eines bestimmten mineralischen Rohstoffes.

Die regionale Prospektion wird in aller Regel von staatlichen Institutionen (Geologische Landesämter) mit der Absicht durchgeführt, Potentialkarten (Mineral Potential Maps) zu erstellen. Diese dienen als Planungsgrundlagen für Flächennutzungspläne oder als Anreiz für Bergbaugesellschaften, weiterführende Untersuchungen einzuleiten.

Die rohstoffspezifischen Prospektionen werden dagegen in aller Regel von staatlichen oder privaten Unternehmen durchgeführt, die über das spezifische Methoden-Know-how oder das spezifische Rohstoffinteresse verfügen.

Den Einzelzielen von Unternehmen können dabei unterschiedliche Motive zugrunde liegen (vgl. Abschn. 2.2.2).

Die Konzeptionen zur Suche nach neuen Bodenschätzen haben sich in den letzten 20 Jahren erheblich geändert. Die modernen Erkenntnisse der Lagerstättenkunde haben entscheidenden Anteil an diesem Wandel. Im Bereich der Prospektion von Kohlenwasserstoffen beispielsweise sieht eine neue Konzeption der KFA Jülich *(D. Welte, 1982)* vor, über eine quantitative, mathematisch-numerische Behandlung der Entstehung und Migration von Erdöl die Entwicklung eines Sedimentbeckens zu simulieren. Die auf der Grundlage eines Modellkonzeptes (3-dimensionales deterministisch dynamisches Sedimentbeckenmodell) durchgeführte Simulation geologischer Vorgänge soll zu einer Quantifizierung geologischer Parameter führen und damit auch zu Informationen über das Vorhandensein von Kohlenwasserstoffen. Vor dem teuren Bohren soll also nicht nur die Existenz von Strukturen ("Erdölfallen") nachgewiesen werden, sondern auch die mögliche Existenz von Erdöl oder Erdgas.

Ähnliche Konzeptionsverbesserungen sind beim Aufsuchen von Erzlagerstätten zu beobachten. Nachdem die große Bedeutung von vulkanogenen und exhalativ-sedimentären Bildungsprozessen erkannt worden war, änderten sich die Prospektionskonzepte entsprechend. Aber auch ein Umdenken erfolgte hinsichtlich der Einschätzung von regionalen metallogenetischen Informationen. Im Zusammenhang mit den geotektonischen Konzepten der Plattentektonik wurden die regionalen Erkenntnisse stärker für die Lagerstättensuche genutzt. Und zur Charakterisierung von metallogenetischen Provinzen oder von bestimmten Lagerstättentypen werden in immer größerem Umfang Spurenelemente herangezogen.

Unter Berücksichtigung wirtschaftlicher Zielvorstellungen soll natürlich jedes Prospektions- oder Explorationsprogramm so konzipiert sein, daß es schnell und kostengünstig gewünschte Resultate erbringt. Da die Methoden von Geologie, Geophysik, Geochemie, Bohrtechnik und Aufschlußtechnik vielfältig sind, geht es um eine Optimierung der Methodenkombination. Diese *optimale Methodenkombination* richtet sich einerseits nach der Untersuchungsfläche und andererseits nach dem Lagerstättentyp bzw. den metallogenetischen Parametern einer Region.

Einen Eindruck von den unterschiedlichen *Kosten* für Prospektions- und Explorationsarbeiten vermittelt Tab. 1.1. Die Angaben stammen aus Kanada und beziehen sich auf das Jahr 1980.

Tabelle 1.1.   Durchschnittliche Kosten für geophysikalische Prospektionen und für Explorationsarbeiten (in can.-$)

Aktivität	Kosten
I Geophysik	
Airborne-Elektromagnetik	
– INPUT-System	30 can.$/km
– Hubschrauber-Systeme	70 can.$/km
Boden-Magnetik (1-Mann)	80 can.$/km
Boden-Elektromagnetik (2-Mann)	150 can.$/km
Tief-PEM	250 can.$/km
IP-Messungen	600 can.$/km
Gravimetrie mit Auswertung	650 can.$/km
II Exploration	
Schneisenschlagen	170 can.$/km
Kernbohrungen	100 can.$/m
Analysen	5 can.$/Stück

Quelle: Wellmer & Greiwald, 1982.

1.1.3 Bergrechtliche Vorschriften

Die ersten *Allgemeinen Berggesetze (ABG)* stammen aus dem 19. Jahrhundert, als mit der Industrialisierung auch eine mengenmäßig bedeutsame Gewinnung mineralischer Rohstoffe begann. Damals wurde das Bergrecht von 3 europäischen Rechtskreisen geprägt,

- dem französischen Bergrecht nach dem Code Napoléon von 1810;
- dem britischen Bergrecht nach dem "Common Law" sowie später nach dem "Mining Act" (act 43-44 Victoria, chapter 12) vom 24. Juli 1880;
- dem deutschen Bergrecht nach dem Allgemeinen Berggesetz für die Preußischen Staaten vom 24. Juni 1865.

Das französische, aber vor allem das britische Bergrecht haben eine erhebliche Ausstrahlungskraft auf andere Länder gehabt, nicht nur auf Kolonialgebiete. Noch heute sind die Berggesetze von so bedeutsamen Bergbauländern wie Kanada, Australien und Südafrika vom britischen *Mining Act 1880* geprägt.

Daneben haben sich aber nach dem Zweiten Weltkrieg zwei weitere Rechtskreise herausgebildet,

- das Bergrecht der Entwicklungsländer;
- das Bergrecht der Zentralverwaltungswirtschaften sowjetischen Typs ("Ostblock") mit ausschließlich staatlichem Bergbau.

Vor allem die Entwicklungsländer sind bemüht, nach ihrer Unabhängigkeit nationale Gesetze zu erlassen. Allerdings wird dabei noch häufig experimentiert, was zur wiederholten Neufassung von Berggesetzen führen kann oder zu einer Fülle von zusätzlichen Verordnungen. Daraus resultiert eine potentielle Rechtsunsicherheit, die zumindest ausländische Investoren abschrecken kann.

Fundamentale Unterschiede bestehen in den Berggesetzen hinsichtlich der Bindung von Bergwerkseigentum an das Grundeigentum einerseits und der Trennung von beiden. Dabei geht der Trend sehr deutlich zur Trennung von Bergwerkseigentum und Grundeigentum. Die USA ist das bedeutsamste Bergbauland der Welt, in der die traditionelle Bindung von Grundbesitz und Mineralbesitz noch weitgehend bestehen blieb *(Mining Law of 1872 und Leasing Act of 1920)*. Die Trennung vollzog sich historisch meist dadurch, daß der Staat (die Krone) zunächst die Verfügungsgewalt über besonders attraktive (wertvolle und strategisch bedeutsame) Bodenschätze beanspruchte. Danach wurde die Bergbaufreiheit eingeführt, wobei die Berghoheit grundsätzlich beim Staat lag, von dem jedoch jede natürliche oder juristische Person Bergwerkseigentum (Konzessionen) durch Schürfen und Muten frei erwerben konnte. Für Massenrohstoffe (Sand, Kies, Kalksteine, Bausteine) galten dabei Ausnahmen, denn sie blieben sogenannte Grundeigentümer-Minerale. Schließlich wurde aber in vielen Ländern die Trennung so vollständig, daß alle Verfügungsgewalt über Bodenschätze beim Staat liegt.

Der materielle *Inhalt der Berggesetze* erstreckt sich in der Regel auf folgende Bereiche:

- Festlegung der Verfügungsberechtigungen (Bergwerkseigentum, Grundeigentum, Staatsvorbehalte);
  Bestimmungen für den Erwerb von Konzessionen für Suche (Prospektion), Schürfen (Exploration) und Abbau von mineralischen Rohstoffen sowie Auflagen für die Aufrechterhaltung der Konzessionen;
- Regelung der Bergaufsicht (Überwachung der Grubensicherheit, des Arbeitsschutzes, des Lagerstättenschutzes, der Landschaftsgestaltung), die den Bergbehörden obliegt;
- Vorschriften über den Umweltschutz und die Schadenshaftung;
- Grundsätzliche Bestimmungen über die Besteuerung der Gewinnung mineralischer Rohstoffe.

1.1.3.1 Bergrecht in der Bundesrepublik Deutschland

1980 wurden die gesetzlichen Rahmenbedingungen für den Bergbau in der Bundesrepublik Deutschland neu gestaltet. Nach langen Jahren kontroverser Diskussion wurde am 13. August 1980 ein *Bundesberggesetz (BBergG)* vom Bundestag mit Zustimmung des Bundesrates beschlossen und am 20. August 1980 im Bundesgesetzblatt veröffentlicht (BGBl, Teil I, Nr.48). Es trat am 1. Januar 1982 in Kraft.

Zuvor galten in den einzelnen Bundesländern *Landesberggesetze*. Soweit die Bundesländer Nachfolgestaaten des ehemaligen Preußen waren, basierten diese Landesberggesetze auf dem "Allgemeinen Berggesetz für die Preußischen Staaten" vom 24. Juni 1865. Doch wurden in den Bundesländern nach 1949 verschiedene Novellierungen der Berggesetze vorgenommen, die zu einer Angleichung der Bestimmungen führten. Die Landesoberbergämter haben auf der Grundlage der Landesgesetze detaillierte Bergverordnungen für Bergbauzweige oder für bergbauliche Tätigkeitsbereiche erlassen. Ein Recht auf Erlaß von Bergverordnungen durch Landesregierungen (bzw. deren beauftragte Behörden) ist auch im neuen BBergG verankert (§68), mit Ausnahme von Sonderbereichen, die durch Bergverordnungen des Bundeswirtschaftsministeriums geregelt werden.

Das Bundesberggesetz von 1980 gilt für alle mineralischen Rohstoffe in festem oder flüssigem Zustand und für Gase im deutschen Hoheitsgebiet, die in Vorkommen und Lagerstätten in oder auf der Erde, auf dem Meeresgrund, im Meeresuntergrund und im Meerwasser auftreten.

Es wird rohstoffbezogen ein Unterschied gemacht zwischen

- *bergfreien* Bodenschätzen, d.h. mineralischen Rohstoffen in der Verfügungsgewalt des Staates, der Nutzungsberechtigungen erteilen kann;
- *grundeigenen* Bodenschätzen, d.h. mineralischen Rohstoffen im Eigentum des Grundeigentümers.

Die bergfreien Bodenschätze sind einzeln aufgelistet und umfassen praktisch alle Energieträger und metallischen Rohstoffe sowie zahlreiche Industrieminerale. Als grundeigene Bodenschätze bleiben dann vor allem Steine, Erden und einige Industrieminerale (z.B. Glimmer, Bentonit, Quarz und Feldspäte).

Für das Aufsuchen (darunter versteht das Gesetz sowohl Prospektion als auch Exploration) von bergfreien Bodenschätzen wird eine Erlaubnis, für die Gewinnung von bergfreien Bodenschätzen wird eine Bewilligung (einschließlich Verleihung von Bergwerkseigentum) verlangt. Diese Berechtigungen werden auf Antrag *(Mutung)* von der zuständigen Bergbehörde erteilt.

Das BBergG regelt auch die Abgaben, die Inhaber von Berechtigungen an den Staat zu leisten haben. Eine *Feldesabgabe* ist vom Inhaber einer Aufsuchungserlaubnis zu entrichten, eine *Förderabgabe* von Inhabern einer Gewinnungsbewilligung bzw. vom Bergwerkseigentümer. Die Feldesabgabe beträgt 10,- bis 50,- DM für jeden Quadratkilometer des Erlaubnisfeldes, die Förderabgabe wurde auf 10 % des Marktwertes der gewonnenen Bodenschätze festgelegt. Die Abgaben sind an die Landesregierungen zu leisten, die durch Rechtsverordnungen Einzelheiten regeln. Die Abgaben können durch Verordnung der zuständigen Landesregierung bis zum Vierfachen erhöht, andererseits auch ganz erlassen werden.

Vor Beginn von Prospektions- und Explorationstätigkeiten muß der Inhaber einer Aufsuchungserlaubnis die Zustimmung des Grundeigentümers oder Nutzungsberechtigten einholen. Eine Einigung im gegenseitigen Einvernehmen und gegen Entschädigung von Vermögensnachteilen soll zunächst zwischen den Parteien angestrebt werden. Versagt der Grundeigentümer die Zustimmung, kann bei der zuständigen Behörde eine Entscheidung beantragt werden.

Das Gesetz regelt schließlich auch die Rechte und Pflichten von Bergwerkseigentümern, die Zuständigkeiten der Bergaufsicht, die Entschädigungsgrundsätze und die Strafvorschriften.

Das BBergG enthält schließlich noch separate Paragraphen über besondere Vorschriften für den Festlandsockel. Darüber hinaus wurde am 16. August 1980 vom Bundestag noch ein "Gesetz zur vorläufigen Regelung des Tiefseebergbaus" verabschiedet und trat bereits am 23. August 1980 in Kraft. Im Juni 1980 wurde in den USA ein ähnliches Gesetz beschlossen. Grundsätzlich wird die *Freiheit der Hohen See* betont, im Gegensatz zu den Bestimmungen der neuen UN-Seerechtskonvention (vgl. Abschn. 5.2.3). Allerdings will der Gesetzgeber lediglich eine Betätigung deutscher Unternehmen im Tiefseebergbau regeln, bis die UN-Seerechtskonvention in Kraft getreten ist. Für das Aufsuchen von *Manganknollen* sieht das deutsche Gesetz eine Ausschließlichkeitserlaubnis vor, die für 10 Jahre erteilt wird. Eine gewerbsmäßige Gewinnung von mineralischen Rohstoffen der Tiefsee soll erst ab 1. Januar 1988 zugelassen werden. Die Bewilligung dafür soll für 20 Jahre gelten, die Förderabgabe soll 0,75 % des Marktwertes betragen und ist eine Bundessteuer.

1.1.3.2 Bergrecht in anderen Industrieländern

Stellvertretend für eine Reihe wichtiger Bergbauländer unter den westlichen Industriestaaten sollen die Grundzüge des Bergrechtes in *Kanada* beschrieben werden, das sich noch am britischen Berggesetz von 1880 orientiert.

In Kanada ist Bergrecht noch immer Landesrecht, denn für jede Provinz gilt offiziell ein eigenes Gesetz (Mining Act), das sich von denen anderer Provinzen aber in den Grundsätzen kaum unterscheidet. Oberste Bergbehörde ist der Bergbauminister (Minister of Natural Resources), der über das Department of Natural Resources die Lizenzen und Konzessionen verteilt sowie die Bergaufsicht ausübt. Kanada kennt allerdings noch Grundeigentümer-Rechte für die Gewinnung von Bodenschätzen (mit Ausnahme von Gold und Silber), wenn entsprechende Konzessionen vor dem 24. Juli 1880 (Erlaß der ABG) erworben wurden. Für alle anderen Gebiete vergibt der Staat zeitlich begrenzte Rechte zum Schürfen und für den Bergbau. Da gibt es zunächst Prospektionslizenzen (Prospektors' licences) für 12 Monate und für Gebiete bis zu 200 acres (ca. 0,8 km^2). Pro Person dürfen nur 6 Lizenzen gleichzeitig gehalten werden. Innerhalb der 12 Monate kann der Lizenzhalter nach festen Vorschriften Claims abstecken (staking of claims) und das Abstecken innerhalb von 15 Tagen anmelden, um für 12 weitere Monate dort Schürfen oder eine Entwicklungslizenz (development licence) erwerben zu können. Für letztere gibt es bestimmte Auflagen hinsichtlich des Untersuchungsaufwands, der im Lizenzgebiet betrieben werden muß. Besitzer von Entwicklungslizenzen können dann vorläufige Bergbaurechte (mining leases) erwerben, die für 2 Jahre gültig sind, in denen der Bergbau vorbereitet werden muß. Danach schließlich kann die Bergbaukonzession (mining concession) erteilt werden. Natürlich sind alle diese Lizenzen und Konzessionen gebührenpflichtig und können verfallen oder widerrufen werden. Für Erdöl und Erdgas sind besondere Rechte zu erwerben, nämlich Explorationslizenzen (exploration licence) mit 5-jähriger Gültigkeit und danach bei Fündigkeit Förderrechte (operating lease) für 20 Jahre.

Die kanadischen Berggesetze enthalten weiterhin Bestimmungen über Entschädigungen bei Bergschäden, über die Berichtspflichten der Bergbau- und Mineralölgesellschaften gegenüber dem Bergbauministerium sowie über den Arbeitsschutz der Bergleute. In einem zusätzlichen Gesetz *(Mining Duty Act)* werden die Steuern und Abgaben des Bergbaus geregelt.

1.1.3.3 Bergrecht in Entwicklungsländern

Die *jungen Berggesetze* in den Entwicklungsländern zeigen in der Grundkonzeption eine Reihe von Gemeinsamkeiten:

–   alle Bodenschätze sind Eigentum des Staates, der souverän über ihre Ausbeutung
    und Nutzung entscheidet;

- für die Exploration und Förderung von Erdöl und Erdgas werden gesonderte Gesetze erlassen;
- der Staat kann befristete und gebührenpflichtige Konzessionen vergeben, die aber mit erheblichen Auflagen hinsichtlich einheimischer Beteiligungen oder Untersuchungsaufwand verbunden sind;
- der Staat behält sich für bestimmte Regionen oder für bestimmte Rohstoffe (meist strategische oder wertvolle Bodenschätze wie Uran, Erdöl, Hauptausfuhr-Minerale) das alleinige Recht auf Exploration und Gewinnung vor *(Staatsvorbehaltgebiete)*;
- der Staat fordert staatliche Beteiligungen an privaten Konzessionen;
- der Staat fordert aus fiskalischen Gründen hohe Steuern und Abgaben;
- der Staat nimmt zunehmend Einfluß auf den Handel mit mineralischen Rohstoffen.

Zur Erläuterung sollen die wichtigsten Bestimmungen der Berggesetze von Peru und von Indonesien herangezogen werden.

Peru erhielt im Mai 1950, am 8. Juni 1971 und zuletzt am 12. Juni 1981 ein neues Berggesetz *(Ley General de Mineria)*. Das Gesetz von 1971 war von der damaligen "Revolutionsregierung der Streitkräfte" erlassen worden, das Gesetz von 1981 von einer 1980 gewählten Zivilregierung.

Wie schon zuvor, geht das Berggesetz von 1981 vom Grundsatz des staatlichen Eigentums an sämtlichen Bodenschätzen aus. Exploration, Gewinnung und Handel kann auf Antrag staatlichen, privaten, einheimischen und ausländischen Unternehmen gestattet werden. Die Prospektion ist dagegen den staatlichen Bergbaugesellschaften (Mineroperu, Centromin) vorbehalten, die aber Dienstleistungsverträge mit privaten Unternehmen abschließen dürfen. Für Explorationen, Abbau, Aufbereitung, Raffination und Transport mineralischer Rohstoffe werden getrennte Konzessionen verliehen. Explorationskonzessionen werden dabei für den Zeitraum von 5 Jahren vergeben und können während dieser Laufzeit in Abbaukonzessionen umgewandelt werden. Abbaukonzessionen werden auf unbestimmte Zeit vergeben und schließen das Eigentum an den abgebauten Bodenschätzen ein. Der Staat kann jedoch bestimmte Gebiete "im Interesse der Nation" zu nationalen Reservezonen erklären, um dort für die Dauer von jeweils 7 Jahren selbst direkt oder indirekt Explorationen zu betreiben.

Die Inhaber von Konzessionen sind zu *Mindestinvestitionen* verpflichtet. Für Explorationskonzessionen ist ein Mindestuntersuchungsaufwand (10 US-$ pro Hektar und Jahr) vorgeschrieben, für Abbaukonzessionen eine Mindestproduktion (1/15 bis 1/100 der Vorräte pro Jahr je nach Vorratsmenge).

Mit Ausnahme von Gold, das an die staatliche Banco Minero verkauft werden muß, können alle Bergbauprodukte frei vermarktet werden. Die Staatsbetriebe schalten dazu die staatliche Handelsorganisation Minpeco ein.

Das Gesetz von 1981 schafft eine neue Form von Bergbauunternehmen, die "Empresa Mineral Especial". Es handelt sich dabei um eine Gesellschaft, an der der Staat mit mindestens 25 % Kapitalanteil beteiligt ist. Diese Mischgesellschaft ist in den ersten 10 Jahren von fast allen Steuern und Abgaben befreit.

Die Besteuerung von Bergbauunternehmen beschränkt sich in Peru auf die Konzessionsgebühr und auf die normale Körperschaftssteuer. Alle von dem Inkrafttreten des neuen Gesetzes verordneten speziellen Abgaben des Bergbaus wurden abgeschafft. Allerdings wurde 1981 zumindest vorübergehend eine allgemeine Verkaufssteuer in Höhe von 5 % für Bergbauprodukte eingeführt, während die Exportsteuer von 1976 nicht mehr erhoben wird. Auch bleiben Beiträge für Sozialdienste, Nahrungsfonds und Wohnungsbaufonds in Kraft.

Das Gesetz sieht entwicklungspolitische Förderungsmaßnahmen für den Bergbau vor, um private Investoren anzureizen. Dazu gehören erhöhte Abschreibungssätze, steuerfreie Kapitalberichtigungen und Kürzung der Einkommenssteuer während der Kapitalrückflußperiode.

Für *Indonesien* galt bis 1960 das niederländisch-ostindische *Indische Mijnwet* von 1899, doch schon die vorläufige indonesische Verfassung von 1945 übertrug dem jungen Staat die alleinige Nutzung aller Naturschätze (Art. 33). Zunächst 1960 und dann erneut 1967 wurden Allgemeine Berggesetze geschaffen.

Nach den Bestimmungen des Berggesetzes von 1967 *(Basic Mining Law of 1967)* kann alleine der Staat bzw. in seinem Auftrag eine staatliche Gesellschaft eine Bergbauberechtigung erhalten. Das Konzessionswesen wurde völlig abgeschafft.

Private (indonesische) oder auch ausländische Aktivitäten bei der Prospektion, Exploration und Gewinnung sind möglich, allerdings nur über *Dienstleistungsverträge*, die das zuständige Ministerium (Ministry of Mines and Energy/Departemen Pertambangan dan Energi) abschließen kann, wenn die staatlichen Bergbaugesellschaften (Perusahaan Negara Tambang) nicht (oder noch nicht) in der Lage sind, bestimmte Explorations- oder Gewinnungsprojekte selbständig durchzuführen. Vertragsschließende Parteien für ein "Contract of Work" sind die staatliche Gesellschaft, die offiziell die Bergbauberechtigung verliehen bekam, und der ausländische Partner. Der Verwaltungsweg ist lang, denn der Dienstleistungsvertrag muß nacheinander vom Ministry of Mines and Energy, vom Committee in Charge of Foreign Participation in Mining, vom Foreign Investment Board, vom Parlament und vom Präsidenten bestätigt werden. – Die Laufzeit ist auf 30 Jahre begrenzt.

Seit 1967 offerierte die indonesische Regierung verschiedene Typen eines "Contract of Work" (COW-Generation I, II, IIIA, IIIB), wobei die Konditionen für den ausländischen Investor tendenziell ungünstiger wurden.

Das indonesische Berggesetz von 1967 unterscheidet 3 *Rohstoffkategorien*:

Gruppe A: strategische Minerale (Erdöl, Erdgas, Zinn, Nickel, radioaktive Minerale);
Gruppe B: vitale Minerale (alle anderen Metalle, Kohlen, Industrieminerale;
Gruppe C: andere Minerale (Steine und Erden).

Für Rohstoffe der Gruppe B können auch regionale Staatsgesellschaften oder ausnahmsweise auch einheimische Kooperative eine Bergbauberechtigung erhalten. Die Gruppe C steht sogar indonesischen Privatpersonen offen, nicht aber Ausländern.

1.2 Methoden der Prospektion

Das Ziel von Prospektionsprogrammen ist — wie schon erwähnt — die Entdeckung von neuen Vorkommen mineralischer Rohstoffe in der Erdkruste. Prospektionen werden deshalb sowohl in geologisch-lagerstättenkundlich wenig bekannten Gegenden als auch in bekannten Lagerstättenprovinzen durchgeführt. Die Wahl der Prospektionsmethode richtet sich vornehmlich nach dem gesuchten Rohstoff (vgl. Tab. 1.2), nachgeordnet nach dem Untersuchungsstand der Region oder nach den morphologischen und klimatischen Konditionen der Region.

Tabelle 1.2.   Einsatzmöglichkeiten von Prospektionsmethoden

Methode	Au	Al	Be	Cu/Pb/Zn	Cr	Fe	Sn	U	CaF$_2$	Salze	Erdöl
Magnetik	−	(+)	−	(+)	(+)	++	−	−	−	−	o
Radiometrie	(+)	o	+	o	−	−	(+)	++	(+)	−	−
Seismik	(+)	−	−	−	−	−	(+)	−	−	+	++
Geoelektrik	(+)	o	o	++	o	(+)	−	(+)	(+)	+	+
Gravimetrie	+	(+)	−	(+)	+	+	−	−	−	++	(+)
Geochemie	o	+	−	++	o	−	(+)	+	+	+	−
Be-/Hg-Detektor	(+)	−	++	+	o	−	−	(+)	+	−	−
SM-Analyse	++	−	+	−	++	+	++	(+)	o	−	−

− Einsatz ohne Erfolg; o Einsatz selten; (+) zum indirekten Nachweis; + Einsatz oft; ++ Einsatz sehr oft und erfolgreich.

Prospektionsprogramme werden zweckmäßig unterteilt in eine Phase der vorbereitenden Suche (Reconnaissance, Grass-Root-Prospection) und eine Phase der Detail-Suche. Bei den Vorerkundungen werden nach Anzeichen für Mineralisationen gesucht, nach Anomalien der geophysikalischen oder geochemischen Normalzustände. Die Detail-Suche als eigentliche und eingehende Prospektion soll ein rohstoffhöffiges Gebiet lokalisieren und Informationen über Lagerstättentyp, Rohstoffqualität und Größenordnung des Vorkommens erbringen. Sie endet mit ersten Orientierungsprobenahmen und darauf basierend mit der versuchsweisen Abschätzung von Vorräten.

Prospektionen sind mit sehr hohem Fundrisiko verbunden, was vor allem Entwicklungsländer dazu veranlaßt, sie von geologischen Behörden durchführen zu lassen oder Bergbaugesellschaften Zuschüsse und andere Anreize, wie besondere Steuervorteile,

zu gewähren. Die Geologischen Dienste der Entwicklungsländer sind bei Prospektionsprogrammen häufig auf personelle und apparative Unterstützung internationaler Organisationen oder einzelner Industrieländer angewiesen.

1.2.1 Photogeologische Methoden

Der Begriff Photogeologie soll für die geologische Interpretation aller Arten von Luft-
und Satellitenaufnahmen gelten. Im engeren Sinne wird unter Photogeologie zwar oft
nur Luftbildauswertung verstanden, doch werden im Rahmen der Lagerstättenprospektion Luftbildauswertung und die Interpretation von Bildmaterial anderer Ferner-
kundungsverfahren normalerweise in Verbindung betrieben.

1.2.1.1 Luftbildauswertung

In abgelegeneren Gebieten stehen den Geologen selten zufriedenstellende Kartenunter-
lagen zur Verfügung. Durch die gezielte Interpretation von Luftbildern können topographische, aber auch geologische Befunde für die Prospektion von Vorkommen mineralischer Rohstoffe kartiert werden.

Bevorzugt werden Senkrechtaufnahmen der Erdoberfläche aus Flugzeugen, wobei zur
Erzielung stereoskopischer Effekte eine Überlappung der Bilder von mindestens 60 %
in Flugrichtung (Vorwärtsüberlappung, forward overlap, FOL) erforderlich ist. Eine
seitliche Überlappung quer zur Flugrichtung gewährleistet den Anschluß an die nächste
Bildreihe (side overlap, SOL). Luftbilder haben quadratische Formate, beispielsweise
18 x 18 cm oder 23 x 23 cm und für Prospektionszwecke einen Maßstab zwischen
1 : 20000 und 1 : 120000.

Zur einfachen Betrachtung von Luftbildpaaren werden Taschenstereoskope verwendet,
die auch im Gelände mitzuführen sind. Für exakte photogeologische Messungen dagegen sind Spiegelstereoskope erforderlich. Die Luftbildauswertung kann Informationen
über Lagerung der Gesteine, Gesteinfazies und Tektonik des Untersuchungsgebietes
liefern. Sie sollte allerdings immer durch Geländearbeiten ergänzt werden. Die dann
entstehenden geologisch-tektonischen Übersichtskarten ermöglichen die Ausgliederung
"höffiger" Gebiete, in denen gemäß lagerstättengenetischer Kenntnisse die Aufnahme
der eigentlichen Sucharbeiten zur Entdeckung von Bodenschätzen lohnt. Es werden
auf der Grundlage der Luftbildkartierungen nicht nur die Profillinien für geophysikalische Messungen oder geochemische Probenahmen geplant, sondern auch die logisti-
schen Probleme der Prospektionskampagne bewältigt, wie Auswahl von Standorten
für Basislager und Landepisten oder Auswahl von Transportwegen.

Eine wichtige Planungsgrundlage für Prospektions- und Explorationsarbeiten sind topographische Karten, die aus Luftbildern gewonnen werden können. Dazu muß die
zentralperspektivische Projektion des Luftbildes in eine Orthogonalprojektion trans-

formiert werden, was mit photogrammetrischen Auswertegeräten (z.B."Stereotop" oder "Stereocord") geschehen kann. So entsteht ein Stereogramm (Stereo-Modell) für die nachfolgende stereoskopische Interpretation. Die Luftbildauswertung kennt spezielle Methoden für die Ermittlung des genauen Bildmaßstabes und zur Messung von Höhen, Höhendifferenzen und Entfernungen. Für die geologische Bearbeitung sind aber auch die Erfahrungen des Bearbeiters wichtig, denn die unterschiedlichen Grautöne bzw. die Farbe des abgebildeten Objektes sind nicht nur von der Eigenfarbe der Gesteine, sondern auch vom Sonnenstand, vom Verwitterungszustand und vom Feuchtigkeitsgehalt abhängig. Deshalb sind die morphologischen Erscheinungsformen für die Interpretation von besonderer Bedeutung, da deutbare Zusammenhänge zwischen Verwitterungsformen und Fazies oder zwischen Landschaftsformen und tektonischem Baustil bestehen. Das Gewässernetz weist auf Gesteinsart und Tektonik hin und sogar die Art der Vegetation läßt sich als Indikator für die Gesteinsbestimmung verwenden.

Die Unterscheidung von großen Gesteinsgruppen, wie Sandsteine, Kalke, Tone, Granite, Basalte oder metamorphe Schiefer, gelingt im Normalfall eindeutig, doch muß jede Luftbildauswertung dann durch Kartierungen im Gelände ergänzt werden.

1.2.1.2 Remote Sensing (Fernerkundung)

Die unter der Bezeichnung "Remote Sensing" bekannten Verfahren zur Erforschung der Erdoberfläche basieren auf der Interpretation von Photographien oder elektromagnetischen Aufzeichnungen aus Satelliten (z.B. LANDSAT- bzw. ERTS-Bilder), teilweise auch aus Flugzeugen oder neuerdings aus Raumlabors (vgl. Tab. 1.3) und sind im letzten Jahrzehnt durch Fortschritte bei der Weltraumtechnik ständig verbessert worden. Der Einsatz bei der Prospektion von mineralischen Rohstoffen hat sich vor allem für vorbereitende Sucharbeiten (Reconnaissance) bewährt. Die Fernerkundung bietet die Möglichkeit, vor Beginn der Geländearbeiten großräumig geologische Zusammenhänge und Strukturen zu erkennen und solche Gebiete abzugrenzen, die für Detail-Prospektionen geeignet sind. Geologische Übersichtskarten sind mit vergleichsweise geringem Zeitaufwand zu erstellen und dienen als Planungsunterlagen für anschließende geophysikalische und geochemische Prospektionskampagnen. Auch kann als Zwischenschritt eine Auswahl von Gebieten vorgenommen werden, in denen eine gezielte Befliegung zur Herstellung von Luftbildern zweckmäßig ist (vgl. Abschn. 1.2.1.1). Die photographischen Aufnahmen im Rahmen der Fernerkundung liegen vor in Form von

  – Farbphotographien,
  – Infrarotphotographien,
  – Multispektralphotographien.

Weitere Aufzeichnungen aus Satelliten werden mit optisch-mechanischen Scannern (Abtaster) im sichtbaren und auch im nicht sichtbaren Teil des Spektrums gewonnen oder als Fernsehbilder, Radarbilder und spektralphotometrische Bilder (vgl. Abb. 1.3).

Die Interpretation der *Satellitenbilder* konzentriert sich auf die charakteristischen

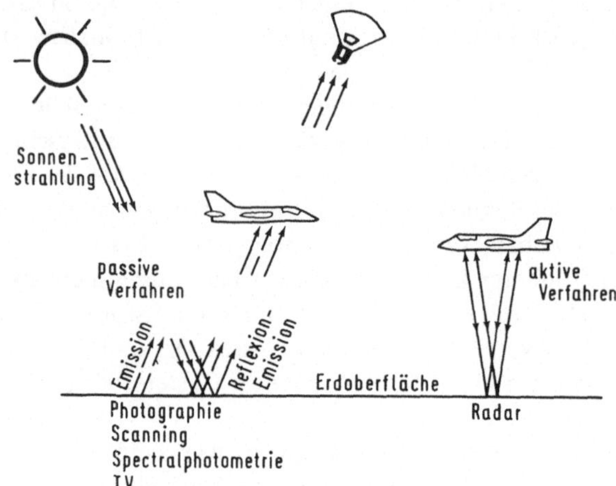

Abb. 1.2.   Schema der Datengewinnung bei aktiven und passiven Methoden der Photogeologie
(nach R. Günther, 1972).

Merkmale der Erdoberfläche im Reflexions- und Emissionsverhalten (Abb. 1.2). Bei
der einen Gruppe von Remote Sensing-Methoden werden entweder die von den Objekten auf die Erdoberfläche reflektierte Sonnenstrahlung oder Eigenemissionen der
Objekte registriert (passive Verfahren). Bei der anderen Gruppe sendet das Flugobjekt
Signale zur Erdoberfläche und zeichnet die Reflexionen auf (aktive Verfahren). So
werden für die Fernerkundung sehr weite Bereiche des elektromagnetischen Spektrums
verwendet, nämlich zwischen 0,3 μm und 1 m Wellenlänge (vgl. Abb. 1.3).

Immer noch besonders wichtig sind die photographischen Verfahren. Für die Herstellung der Satellitenbilder wurden Spezialkameras entwickelt mit verzerrungsfreien und
farbkorrigierten Objekten. Die Wahl des Films ist nicht selten projektspezifisch. Es
stehen Schwarzweiß-Filme, Schwarzweiß-Infrarot-Filme und verschiedene Farbfilme
(Farbumkehrfilm, Farbnegativfilm, Falschfarbenfilme) zur Verfügung. Die Aussagefähigkeit von Farbaufnahmen ist für die Prospektion von mineralischen Rohstoffen
am größten, da Farbtöne und Farbdichte zusätzliche Informationen für geologisch-
tektonische Kartierungen liefern.

Bei modernen *Multispektralaufnahmen* werden mehrere Film-Filter-Kombinationen
verwendet, um Reflexionen in engen Spektralbereichen zu erfassen, was sehr kontrast-
reiche Aufnahmen ergibt.

In den letzten Jahren wurden von der NASA für weite Teile der Erdoberfläche Satellitenbilder aufgenommen, die sich für die geologischen Interpretationen eignen. Bilder
in gebräuchlichen Maßstäben zwischen 1 : 1000000 und 1 : 250000 können zur
Herstellung geologisch tektonischer Übersichtskarten im Maßstab 1 : 500000 bis

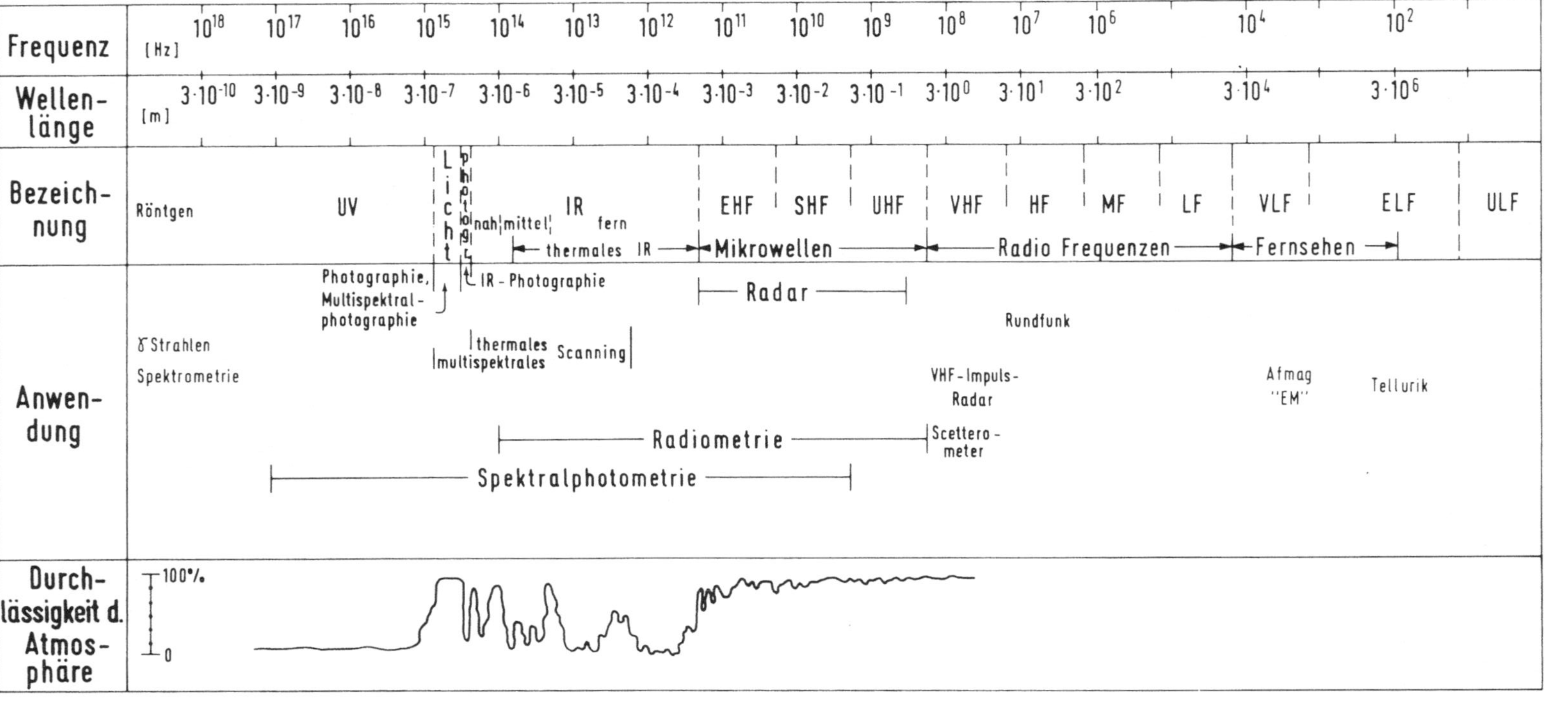

Abb. 1.3.   Arbeitsbereiche der Fernerkundung im elektromagnetischen Spektrum (nach R. Günther, 1972 und W.C. Peters, 1978).

Tabelle 1.3. Einsatzbereiche für Satellitenbilder bei der Prospektion

Satellit	Datenbasis	Einsatzbereiche
Landsat-1 (1972) bzw. ERTS-1 (Earth Resources Technology Satellite)	a) MSS in Spektralbändern (0,5 - 0,6; 0,6 - 0,7; 0,7 - 0,8; 0,8 - 1,1 μm)	a) Computer-"Schattendrucke" für genaue Identifikation von linearen Bildelementen (Grenzen von Vegetationsarten, Wasser, Böden, Gesteinen, Störungen)
und Landsat-2 (1975)	b) Satellitenbilder 1 : 3369000 oder Vergrößerungen davon, auch als Falschfarbenaufnahmen (Auflösung: 70 m)	b) Großräumige Kartierung von tektonischen Erscheinungsformen (Photolineationen)
	c) Three Return Beam Vidicon (RBV)-Aufnahmen	
Landsat-3 (1977)	zusätzlich Infrarotaufnahmen (Auflösung ca. 30 m)	
EOS (1978) (Earth Observational Satellite) und SEOS (1980) (Synchronous EOS)	Bildauflösung ca. 40 m	vergleichbar mit Landsat-1, jedoch bessere Auflösung
Nimbus	Reflexionsdaten und Infrarotaufnahmen	Identifizierung geologischer Einzelheiten durch Wärmeflußmessungen
Skylab (1973)	Farbfotos und MSS-Aufnahmen	nur begrenzte Aufnahmegebiete

Quelle: nach W.C. Peters, 1978 und P.J. Goosens, 1979

1:100000 dienen. Die ERTS (Earth Resources Technology Satellite)-Bilder werden von der NASA als Negative oder Diapositive im Maßstab 1 : 3369000 geliefert und überdecken eine Fläche von 185 km Kantenlänge. Das EROS Data Center in Sioux Falls, South Dakota/USA, stellt Vergrößerungen in den Maßstäben 1 : 1000000, 1 : 500000 und 1 : 250000 her. Die Aufnahmen verschiedener Satelliten unterscheiden sich in der Bildauflösung und damit auch im Einsatzbereich (vgl. Tab. 1.3). Für 1984 ist die Entsendung eines neuen LANDSAT von den USA vorgesehen. Auch Frankreich hat vor, 1984 den SPOT-Satelliten in die Umlaufbahn zu bringen, und die Flüge der vorwiegend auf Meeresforschungen spezialisierten Satelliten MOS-1 (Japan) und ERS-1 (Westeuropa) sollen 1987 beginnen. Für größere Maßstäbe werden dann Luftbilder verwendet (vgl. Abschn. 1.2.1.1.).

Die *IR-Abtast- oder Scannerverfahren* zeichnen die von der Erdoberfläche emittierte Wärmestrahlung (Infrarot) mit Hilfe von Detektoren auf. Gebräuchlich sind derzeit Detektoren aus einer Indium-Antimon-Legierung für Wellenlängen von 1 bis 6 μm und solche aus Germanium, das mit Quecksilber dotiert ist, für Wellenlängen von 8 bis 14 μm. Scanneraufnahmen sind zwar aufwendiger, dafür aber kontrastreicher und auch bei Nacht möglich. Die Temperaturunterschiede werden auf den Bildern als abgestufte Grautöne dargestellt. Bildserien mit Tag- und Nachtaufnahmen machen eine Spezifizierung des Thermalverhaltens von Gesteinen und damit lithologische Bestimmungen möglich. Verstärkt wird die Aussagekraft von Scannerbildern, wenn bei der Auswertung Luftbilder zu Vergleichszwecken herangezogen werden. Beste Ergebnisse lassen Gebiete mit extremen Klimaschwankungen oder lokalen Temperaturdifferenzen erwarten, wie aride und nivale Klimazonen oder Regionen mit rezentem Vulkanismus bzw. postvulkanischen Erscheinungen. Multispektrale Scanner (MSS) zeichnen in mehreren Kanälen die von der Erdoberfläche reflektierte Sonnenwärme auf. So entstehen eine Reihe deckungsgleicher Bilder mit spezifischer Aussagekraft. Da die Daten als elektrische Signale vorliegen, sind Magnetbandspeicherung und Verarbeitung im Computer ohne Schwierigkeiten möglich. Der Einsatz multispektraler Scanneraufnahmen in der Lagerstättenprospektion steckt allerdings noch weitgehend im Versuchsstadium.

Ebenfalls unabhängig von Tageslicht und sogar unabhängig von Wolkenbedeckung und Nebel sind *Radaraufnahmen* aus Flugzeugen. Für geowissenschaftliche Projekte wird das Seitensichtrader (Sidelooking Airborne Radar, SLAR) bevorzugt, da es sich im Gegensatz zu den meisten Remote Sensing-Systemen um ein aktives System handelt, das sowohl Signale aussendet als auch empfängt. Da die Signale, wenn größere Wellenlängen (dm- und m-Bereich) verwendet werden, die Vegetation durchdringen und die Echos von der echten Erdoberfläche stammen, wird deren Morphologie sehr genau dargestellt. Die Reliefbetonungen auf dem Radarbild sind insbesondere für tektonische Kartierungen nützlich, wie sie nicht selten bei Erzprospektionen angefertigt werden müssen.

1.2.2 Geologische Methoden

Die geologischen Untersuchungen im Rahmen der Prospektion von mineralischen Rohstoffen beziehen sich auf geologisch-tektonische Spezialkartierungen, auf petrographische Bestimmungen und auf lagerstättenkundliche Arbeiten. Grundlage dieser Untersuchungen bilden die Luftbildauswertungen (vgl. Abschn. 1.2.1.1), die nun im Gelände kontrolliert, berichtigt und ergänzt werden. Die im Rahmen der Geländearbeiten genommenen Gesteinsproben werden petrographisch untersucht. Es werden Gesteinsdünnschliffe oder Lackfilmabzüge hergestellt und mit einem Polarisationsmikroskop untersucht, es werden Erzanschliffe angefertigt und mit einem Auflichtmikroskop untersucht, und es werden Korngrößenanalysen durchgeführt. Aus den petrographischen und tektonischen Informationen wird dann ein Modell der Lagerstättengenese entwickelt, das Vorstellungen von der Lagerstättenform, der Lagerstättengröße und der Mineralverteilung liefert und damit Grundlage für die Auswahl der Prospektionsgebiete und der Prospektionsmethoden ist.

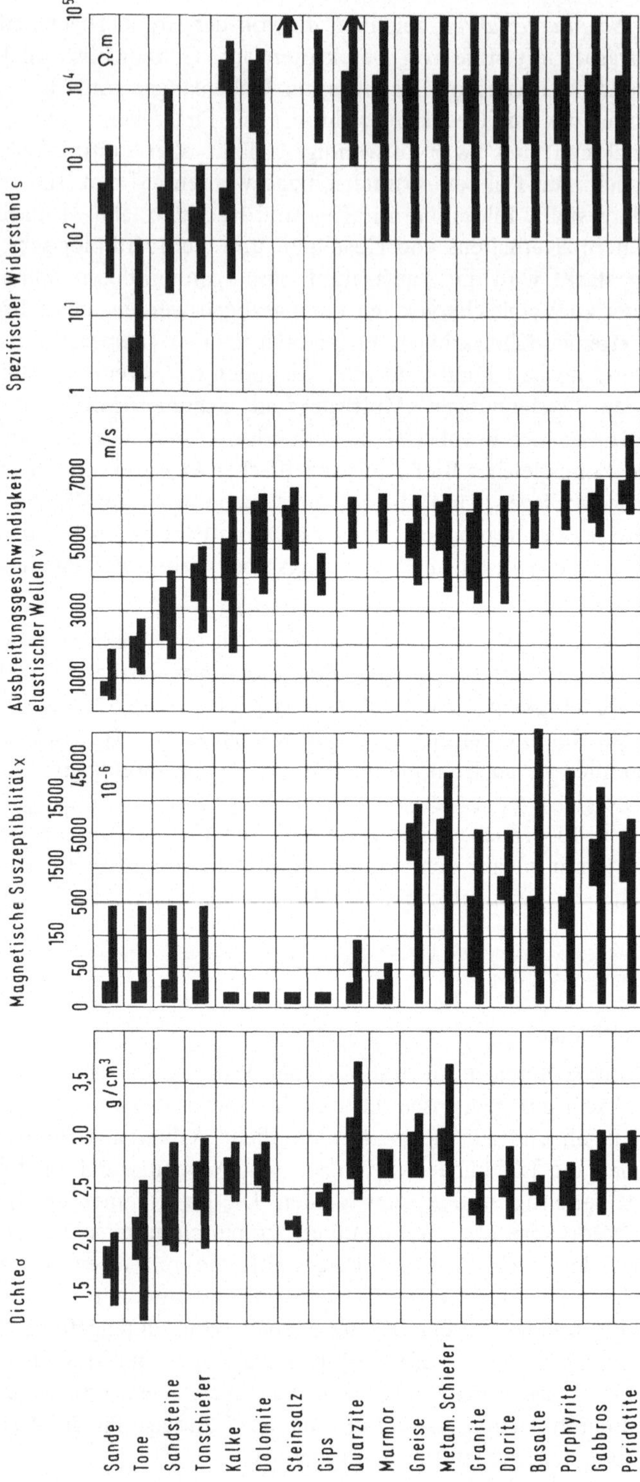

Abb. 1.4.   Physikalische Eigenschaften ausgewählter Gesteine als Grundlage für geophysikalische Prospektionen.

1.2.3 Geophysikalische Prospektion

Die unterschiedlichen physikalischen Eigenschaften der Minerale und Gesteine (vgl. Abb. 1.4) werden bei der geophysikalischen Prospektion von mineralischen Rohstoffen in vielfältiger Weise gemessen. Dabei handelt es sich entweder um die Analyse natürlicher Kraftfelder (z.B. Gravimetrie, Magnetik) oder um die Messung induzierter Kraftfelder (z.B. Seismik, Widerstandssondierungen, elektromagnetische Induktionsverfahren). Die geophysikalischen Messungen erfolgen an der Erdoberfläche oder als Airborne-Methoden aus tiefffliegenden Flugzeugen oder Hubschraubern. Für Messungen im Bohrloch ist aus den üblichen Verfahren eine Reihe von speziellen "logging"-Verfahren entwickelt worden.

Die erforderliche Meßdichte hängt davon ab, in welcher Tiefe die interessierende Struktur oder der "Störkörper" erwartet wird. Oberflächennahe Anomalien erfordern eine höhere Meßdichte als tiefer liegende. Der Einsatz geophysikalischer Methoden liefert selten direkte (z.B. Eisenerze, Uranerze) und meist indirekte Hinweise auf die mögliche Existenz von Mineralvorkommen.

Mit Hilfe der Seismik lassen sich vorrangig erdöl- und erdgasverdächtige Strukturen (Fallen) ermitteln. Für die Suche nach Erzen werden in erster Linie geoelektrische Verfahren eingesetzt. Die Magnetik erlaubt auch einen direkten Nachweis magnetithaltiger Erzkörper, und die Radiometrie kann direkte Hinweise auf die Existenz radioaktiver Mineralien geben. Eine Besonderheit geophysikalischer Messungen stellen Bohrlochsondierungen dar. Sie liefern Beiträge zur Identifizierung des Rohstoffes, seiner Qualität und seiner Verbreitung, und daher fallen diese geophysikalischen Bohrlochmessungen streng genommen in den Grenzbereich zwischen Prospektion und Exploration.

Der Aufwand für geophysikalische Prospektionsarbeiten steigt von Jahr zu Jahr und erreichte im Jahre 1981 bereits 4 Milliarden US-$ (nach 400 Mio. US-$ 1955 und 1,2 Mrd. US-$ 1975). Der überwiegende Teil dieser Summen wurde für die Suche nach Erdöl und Erdgas ausgegeben, doch die Society of Exploration Geophysics schätzt die Ausgaben 1981 für die geophysikalische Erzprospektion auf immerhin 65,5 Mio. US-$, wobei die Airborne-Geophysik den Löwenanteil verschlang. Es muß allerdings hinzugefügt werden, daß 1982 und 1983 die Aufwendungen konjunkturbedingt um jeweils 10 bis 15 % reduziert wurden.

1.2.3.1 Magnetische Methoden

Bei magnetischen Messungen werden die Abweichungen vom Normalverlauf des geomagnetischen Feldes gemessen. Die Anomalien werden durch unterschiedliche Magnetisierung der Gesteine verursacht. Die Magnetisierung der Gesteine setzt sich aus einem durch das Erdfeld induzierten und einem remanenten Anteil zusammen. Der induzierte Anteil hängt von der magnetischen Suszeptibilität K und dem induzierten Erdfeld ab. Der remanente Anteil, kurz die Remanenz, hängt stark von der geologischen

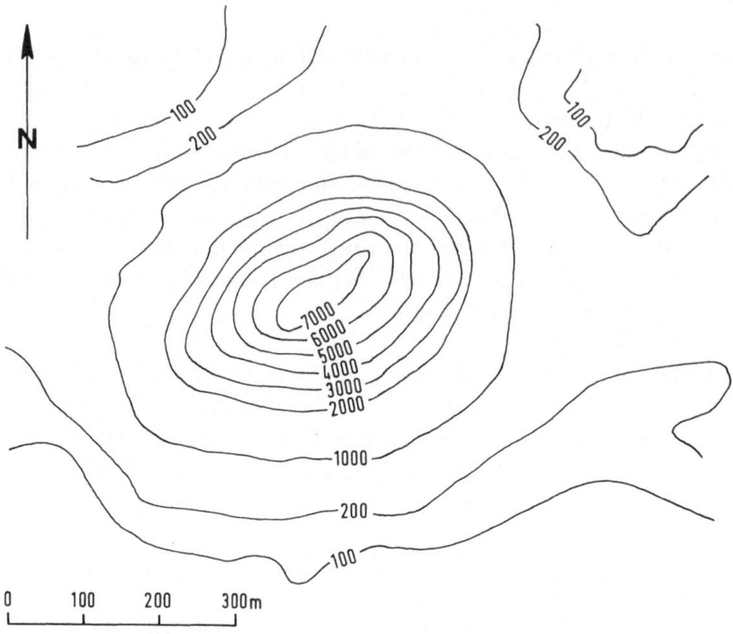

Abb. 1.5.   Schematische Darstellung einer geomagnetischen Isoanomalen-Karte im Gebiet einer Magnetit-Vererzung in alten Schilden (Konturen von Δz in γ).

Vergangenheit des Gesteins ab. Bei älteren Gesteinen überwiegt meist der induzierte Teil, bei jüngeren tritt dagegen die Remanenz stärker hervor. Nur wenige Minerale weisen eine deutliche Magnetisierung auf, der wesentliche Vertreter hier ist das Mineral Magnetit. Daher weisen im allgemeinen basische Gesteine eine höhere Magnetisierung auf als saure und Sedimente haben normalerweise eine geringe Magnetisierung.

Während in früherer Zeit mechanisch-optisch arbeitende Geräte zur Messung des erdmagnetischen Feldes eingesetzt wurden, kommen heute in der angewandten Magnetik überwiegend elektronisch arbeitende Magnetometer zum Einsatz. Das Protonen(resonanz)magnetometer mißt die Totalintensität des erdmagnetischen Feldes, während das fluxgate-Magnetometer auch die Messung von Einzelkomponenten, z.B. der Vertikalkomponente, nach dem Prinzip der *Förster-Sonde* erlaubt.

Das normale erdmagnetische Feld hat eine Stärke zwischen 20000 und 50000 γ (1 γ = 1 nT, Nanotesla). Lokale magnetische Anomalien, verursacht von Eisenerzen, können das normale erdmagnetische Feld um ein Mehrfaches übersteigen. Bei der Messung kleiner Anomalien muß die Tagesvariation des erdmagnetischen Feldes, die in mittleren Breiten zwischen 10 und 30 γ liegt, berücksichtigt werden. Außerdem treten starke Fluktuationen des Erdmagnetfeldes (bis zu 1000 γ) im Zusammenhang mit Sonnen-Eruptionen auf.

Die Meßergebnisse werden ähnlich wie in der Gravimetrie als Profile oder Isoanomalen-Karten dargestellt (Abb. 1.5). Die angewandte Magnetik wird in erster Linie zur Prospektion von Erzlagerstätten eingesetzt. Großräumige Vermessungen, die heute von Flugzeugen durchgeführt werden, erlauben Aussagen über die Morphologie des Grundgebirges und seiner Tiefenlage unter sedimentärer Bedeckung. Bei modellmäßiger Interpretation magnetischer Meßdaten muß man sich vergegenwärtigen, daß durch zusätzliche Angaben die theoretische Vielfalt der möglichen Lösungen eingeschränkt werden muß.

1.2.3.2 Gravimetrische Methoden

Die Schwerebeschleunigung auf der Erdoberfläche setzt sich aus der Gravitationsbeschleunigung, der Zentrifugalbeschleunigung und der Gezeitenbeschleunigung zusammen. Der Normalwert g errechnet sich nach der Formel

$$g = 9,780318 \, (1 + 0,0053024 \, \sin^2 \varphi - 0,0000059 \, \sin^2 2\varphi) \text{ in } m/s^2 \, . \tag{1}$$

Die Bestimmung des absoluten Schwerewertes ist bislang noch ein schwieriger Meßprozeß, doch für die Zwecke der Prospektion genügen relative Schwerewerte, d.h. Schwereunterschiede in einem Meßgebiet. Diese relativen Messungen werden mit Gravimetern, die nach dem Prinzip der Federwaage arbeiten, durchgeführt.

Als Maßeinheit wird in der Geophysik noch immer das Milligal (mGal) verwendet, während die Schwereeinheit im internationalen SI-System $\mu m/sec^2$ (1 $\mu m/sec^2$ = 10^{-1} mGal) ist. Die übliche Meßgenauigkeit von Gravimetern beträgt 0,01 mGal.

Bevor die gravimetrischen Meßwerte geologisch und lagerstättenkundlich interpretiert werden, müssen sie korrigiert und reduziert werden. Im ersten Schritt wird rechnerisch das Gelände im Meßniveau eingeebnet. Hierzu sind gegebenenfalls zusätzliche topographische Messungen erforderlich. In einem zweiten Schritt wird die Gesteinsplatte zwischen Meß- und einem zu wählenden Bezugsniveau, z.B. NN, entfernt und danach der Meßpunkt rechnerisch auf das Niveau verlegt. Die Gesteinsplattenreduktion von 0,04 · Δg (Gesteinsdichte) in mGal/m und die Höhenkorrektur von Δg = 0,3 mGal/m erfordern eine entsprechend genaue Höhenbestimmung des Meßpunktes. Durch beide Korrekturen erhält man die sog. *Bouguer-Anomalien*, ohne die Gesteinsplattenkorrektur die sog. *Freiluft-Anomalien*.

Profildarstellungen oder Isoanomalen-Karten (Abb. 1.6) geben Aufschluß über laterale Dichteinhomogenitäten in der Erdkruste, z.B. verdeckte Gräben, größere Verwerfungen, Salzhorste. Es muß bemerkt werden, daß ähnlich wie in der Magnetik auf Grund der Potentialtheorie die quantitative Ermittlung der Störkörper nicht zu eindeutigen Resultaten führen kann, es sei denn, es liegen zusätzliche Angaben, wie z.B. der Dichteunterschied vor.

Ein anderes Reduktionsverfahren führt zu den sog. *isostatischen Anomalien*, die aber

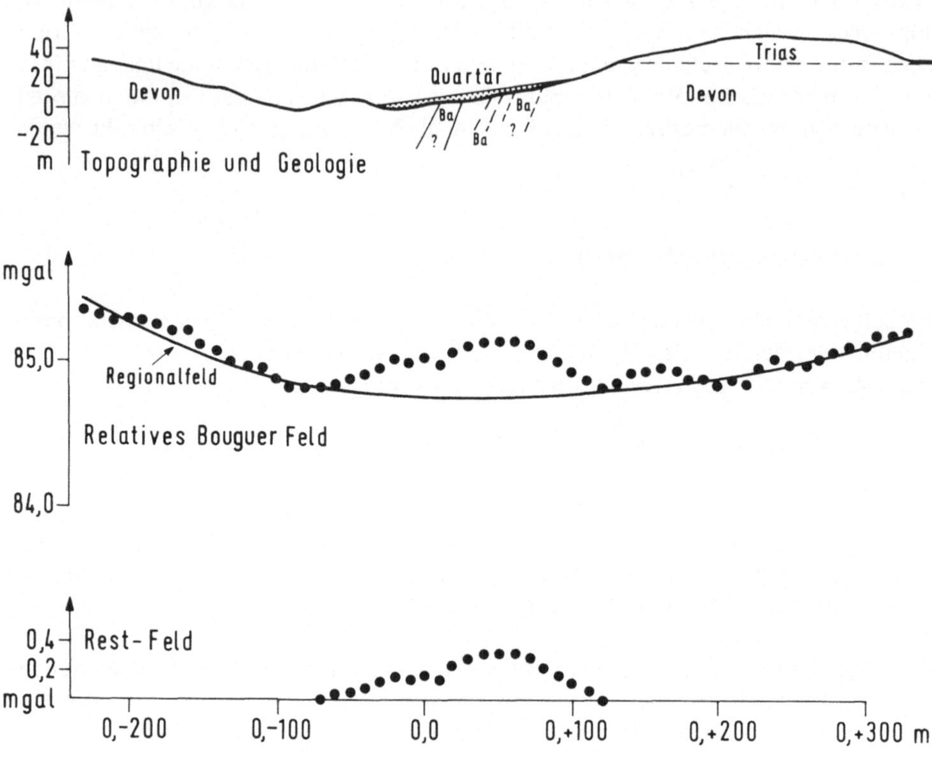

Abb. 1.6.   Bouguer-Schwere-Anomalie über einem Schwerspatvorkommen auf der Gebze-Halb-
                 insel/Türkei (nach A. Vogel, unveröffentlichter Bericht, Berlin 1982).

in erster Linie für großräumige geodynamische Überlegungen benötigt werden.

1.2.3.3 Elektrische und elektromagnetische Methoden

Die Geoelektrik weist eine Vielzahl von Methoden auf, die für ganz unterschiedliche
Aufgabenstellungen entwickelt worden sind. Eine Gruppe von Verfahren basiert auf
der unterschiedlichen Leitfähigkeit von Mineralien und Gesteinen. *Eigenpotentialmessungen* gründen sich auf Kontaktspannungen, die an der Grenzfläche zwischen Gesteinen oder Lösungen unterschiedlicher Zusammensetzung auftreten. Ferner können Gesteine mehr oder minder stark elektrisch polarisiert werden. Das folgende Schema vermittelt einen Überblick über die verschiedenen Möglichkeiten, die sich aus der Anwendung natürlicher und künstlicher Felder und aus der Wahl von Gleich- oder Wechselstrom ergeben.

natürliche elektrische Felder

Wechselstrom:
magnetotellurische Messungen
Messungen tellurischer Ströme
magnetotellurische Widerstandsmessungen

Gleichstrom:
Eigenpotentialmessungen

künstliche elektrische Felder

Wechselstrom:
induzierte Polarisation
Widerstandsmessungen
mit niederfrequenten Wechselströmen
elektromagnetische Messungen
Turam Verfahren
VLF-Verfahren

Gleichstrom:
induzierte Polarisation
Widerstandsmessungen
Kartieren, Sondieren
Wenner- und Schlumberger-Verfahren

Der elektrische Widerstand von Gesteinen, insbesondere der der Sedimentgesteine, ist nur von der Menge der Porenflüssigkeit und des Adhäsionswassers sowie ihrer Ionenleitfähigkeit abhängig. Die Gesteinsmatrix selbst ist im allgemeinen als Isolator zu betrachten. Nur sehr wenige Minerale, wie Magnetit, Pyrit, aber auch Graphit besitzen eine elektrische Leitfähigkeit.

Widerstandssondierungen haben zum Ziel, den elektrischen Widerstand in Abhängigkeit von der Tiefe zu bestimmen. Über zwei Elektroden wird dem Boden Strom zugeführt, über zwei weitere wird die so aufgebaute Spannung gemessen. Durch zunehmende Distanz der stromzuführenden Elektroden nimmt die Eindringtiefe zu. Die Elektroden werden in einer Linie symmetrisch zum Mittelpunkt angeordnet. Während bei der *Wenner*-Anordnung auch die Spannungselektroden von Messung zu Messung versetzt werden, werden beim *Schlumberger*-Verfahren nur die Speiseelektroden schrittweise in größere Abstände gebracht. — Isoanomalen-Karten der spezifischen elektrischen Widerstände (Abb. 1.7) geben Hinweise auf Erzkörper.

Widerstandssondierungen mit künstlichen Quellen werden eingesetzt, wenn es sich um die Erkundung der oberen, flach gelagerten Schichten des Untergrundes, wie z.B. bei Fragen der Seifenprospektion, handelt. Widerstandskartierungen, bei denen mit einer festen Elektrodenanordnung das Gelände flächenhaft vermessen wird, haben die Erfassung lateraler Widerstandsänderung zum Ziel.

Bei den elektromagnetischen *Induktionsverfahren* wird der Strom nicht galvanisch, sondern induktiv dem Untergrund übertragen. Gemessen wird das Magnetfeld des sekundären Wechselstroms. In der angewandten Geophysik werden diese Verfahren in erster Linie zur Detektion von lateralen Änderungen der elektrischen Leitfähigkeit ein-

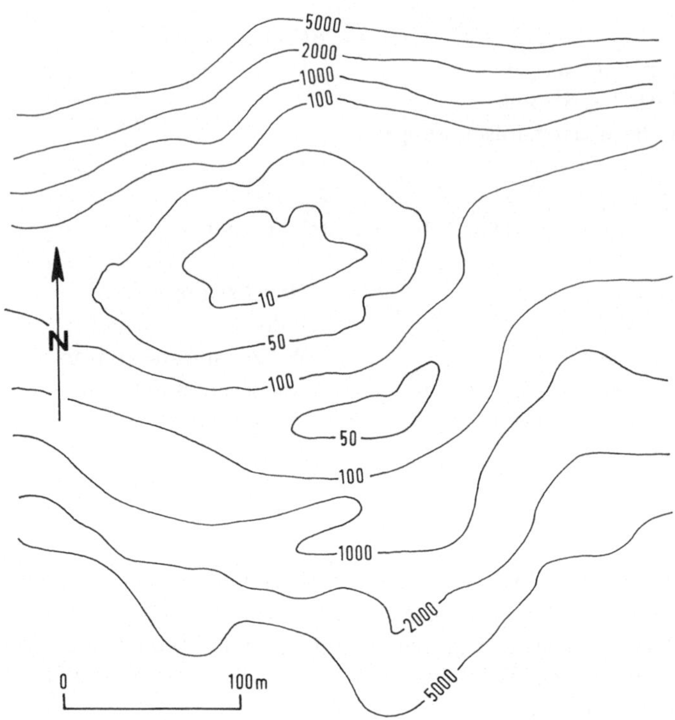

Abb. 1.7.   Schematische Darstellung einer Isoanomalen-Karte der spezifischen elektrischen Widerstände im Gebiet einer sulfidischen Kupfervererzung (Konturen in Ωm).

gesetzt. Die Sender- und Empfängerspulen können auch von Hubschraubern oder
Flugzeugen getragen werden. Die Induktionsverfahren werden daher in großem Umfang bei der Prospektion von Erzlagerstätten eingesetzt. Neuerdings wird als Energiequelle auch die unmodulierte Trägerwelle starker Langwellensender verwendet (very
low frequency-Methoden). Auch die durch natürliche elektrische Entladungen in der
Luft erzeugten sehr tiefen Frequenzen (audio-frequency magnetic-Methode) finden
für die Prospektion Verwendung.

Eigenpotentiale entstehen durch chemische und elektrochemische Vorgänge zwischen
Erzkörpern, in erster Linie sulfidischen Erzen, und dem Grundwasser. Es können Span-
nungsdifferenzen bis über 100 mV auftreten, die mit einem Digitalvoltmeter in einfacher Weise gemessen werden können. Es muß bemerkt werden, daß auch Graphit-
lagerstätten ausgeprägte Eigenpotentiale zeigen.

In jüngster Zeit gewinnt die Methode der *induzierten Polarisation* (IP) zunehmend an
Bedeutung. Dieses Verfahren ist vergleichbar mit der Ladung und Entladung eines Ak-
kumulators. Die elektrische Polarisation kann erfaßt werden durch die Abklingzeit eines ausgeschalteten Gleichstroms oder durch den unterschiedlichen scheinbaren spezi-

fischen Widerstand eines Wechselstroms für verschiedene Frequenzen. Der aus diesen abgeleitete Metallfaktor gibt einen ersten qualitativen Anhaltspunkt für den Gehalt sulfidischer Erze.

1.2.3.4 Seismische Methoden

In den verschiedenen Gesteinsarten breiten sich die elastischen Wellen mit unterschiedlicher Geschwindigkeit aus (vgl. Abb. 1.4). An den Grenzflächen zwischen Gesteinsschichten werden die seismischen Wellen reflektiert und gebrochen. Die angewandte Seismik kann daher als ein erweitertes Echolotverfahren aufgefaßt werden. Aus den Registrierungen, den Seismogrammen, läßt sich der Verlauf der Schichtgrenzen und damit die Struktur des Untergrundes ermitteln. Die für die Prospektion von Erdöl und Erdgas interessanten Strukturen, wie z.B. Antiklinalen, Verwerfungen oder Salzstöcke, lassen sich mit Hilfe der angewandten Seismik auffinden.

Als Energiequelle für das seismische Signal bietet sich heute in Verbindung mit der modernen Registriertechnik eine ganze Reihe von Möglichkeiten an. Neben Sprengstoff, der nur noch für landseismische Messungen verwendet wird, gewinnen Verfahren mit kleinen Energiequellen, die eine hohe Wiederholungsrate zulassen, immer größere Bedeutung. Durch nachträgliche Addition der Registrierungen im Rahmen der digitalen Datenverarbeitung wird das primär schwache Einzelsignal verstärkt, so daß es sich aus dem allgemeinen Unruhepegel heraushebt. Für Landmessungen kommen Fallgewichte oder für kleinere Untersuchungen auch Schlagwerkzeuge (Hammer) in Betracht. Eine besondere Art der Anregung verwendet das *Vibroseis-Verfahren*, denn hier wird dem Boden ein "sweep" von mehreren Sekunden Länge aufgeprägt, der nachträglich rechnerisch zu einem Impuls zusammengezogen wird. Für Seemessungen hat z.B. die *airgun* (plötzliche Expansion einer Druckluftkammer) eine große Verbreitung gefunden. In den allermeisten Fällen wird nur mit den Longitudinalwellen gearbeitet.

Man unterscheidet das *Reflexions-* und das *Refraktionsverfahren*. Bei der Reflexionsseismik werden im wesentlichen die Strahlen benutzt, die annähernd senkrecht auf die Grenzflächen einfallen und reflektiert werden. Die Refraktionsseismik dagegen benutzt die unter dem Winkel von $90°$ an einer Grenzfläche gebrochene Welle, die ihrerseits wieder Energie zur Erdoberfläche zurückschickt. Diese "refraktierte" Welle kann nur in einer Entfernung beobachtet werden, die etwa das zwei- bis dreifache der Schichtdicke beträgt. Da die Reflexionsseismik die lotnahen Strahlen benutzt, hat sie ein großes Auflösungsvermögen, und die Länge einer Einzelbeobachtung ist kleiner als bei der Refraktionsseismik, die im wesentlichen zu Übersichtsmessungen eingesetzt wird. Während in früheren Jahren die Registrierungen unmittelbar auf Film festgehalten wurden, werden heute in der angewandten Seismik die Daten in digitaler Form auf Magnetband gespeichert, um für das anschließende recht kostspielige "processing" zur Verfügung zu stehen.

Die gewonnenen und verarbeiteten Daten werden als Seismogrammsektionen zusammengestellt, die als Profilschnitt gelesen werden können. In einem ersten Schritt werden lediglich längs des Profils die "Lotzeiten" der Reflexionen dargestellt. Man erhält aus diesem Bild bereits eine recht gute qualitative Vorstellung über die Struktur des Untergrundes. In einem zweiten, anschließenden Schritt wird migriert, d.h. die Reflexionen werden längs des Profils tiefen- und neigungsmäßig in ihre richtige Lage gebracht.

Neuere Entwicklungen in der angewandten Seismik haben zum Ziel, die Struktur des Untergrundes dreidimensional zu erfassen *(3-D Seismik)*. Außerdem wird versucht, aus der Amplitude der reflektierten Welle Rückschlüsse auf das Gestein selbst zu ziehen, um z.B. gasgefüllte Schichten von solchen zu unterscheiden, die mit Flüssigkeit (Öl oder Wasser) gefüllt sind.

1.2.3.5 Radioaktive Methoden

Bestimmte Atomkerne spalten sich unter Aussendung von α-Strahlen (Helium-Kerne) und β-Strahlen (Elektronen und Positronen). Aus solchen Elementen mit natürlicher Radioaktivität entstehen auf diese Weise neue Elemente, die ihrerseits wieder radioaktiv sein können (Zerfallsreihen von Uran, Thorium, Kalium). Nach dem Zerfall befindet sich der Atomkern in einem energetisch angeregten Zustand und sendet bei der Rückkehr in einen stabileren Zustand elektromagnetische Strahlung, die γ-Strahlen, aus. Die Zeit, in der die Hälfte der vorhandenen Menge radioaktiver Substanz zerfallen ist, wird Halbwertszeit genannt. Sie ist für die betreffende Substanz charakteristisch und liegt zwischen Bruchteilen von Sekunden und Jahrmillionen.

In der Prospektion wird die Radiometrie nicht nur zur Suche nach Uran- und Thoriumerzen eingesetzt, sondern auch indirekt zum Nachweis von Zirkon-, Rutil- oder Zinnerzen, die mit dem thorium-haltigen Monazit in Seifen vergesellschaftet sind oder wie Zirkon radioaktives Hafnium enthalten.

Gemessen wird bei der radioaktiven Prospektion nur die γ-Strahlung, da α- und β-Teilchen auch sehr geringmächtige Deckschichten nicht durchdringen können. Als Meßgerät wird in der Praxis heute nur noch das Gammaspektrometer (früher Geigerzähler) verwendet. Bestimmte Kristalle, wie z.B. thalliumaktiviertes NaJ, senden beim Auftreffen von γ-Strahlen Lichtblitze, d.h. Photonen aus, die ihrerseits auf eine Photokathode fallen, um hier Elektronen auszulösen. Diese Elektronen treffen unter gleichzeitiger Beschleunigung nacheinander auf weitere Elektroden und lösen hier Sekundärelektronen aus (Photomultiplier). Dieser verstärkte Elektronenstrom wird als Stromstoß gemessen. Registriert werden die Anzahl der Impulse pro Sekunde oder pro Minute (cps, counts per second; cpm, counts per minute) oder die Strahlungsintensität (Dosis in μR/h, Mikro-Röntgen pro Stunde oder neuerdings in Coulomb pro kg). Bei der Prospektion werden mit transportablen, batteriebetriebenen Gammaspektrometern (3,5 − 4 kg) systematisch Linien abgeschritten oder abgefahren, und im Abstand von etwa 0,5 m über dem Erdboden wird die γ-Strahlung registriert, entweder total oder auf 4 Kanälen für die Totalintensität, Uran, Thorium und Kalium (K^{40}) getrennt. Bei der Auswertung ist der "Background" zu berücksichtigen. Die Höhenstrahlung wirkt sich auf Meeresspiegelniveau mit 20 - 40 cps aus, in 1000 m Höhe mit 30 - 55 cps. Auch die Gesteine haben — insbesondere wegen ihres natürlichen Urangehaltes — eine Radioaktivität von 10 - 200 cps. Uranerze dagegen erzeugen deutliche Anomalien, denn bei geringer Oberflächenbedeckung weisen beispielsweise Erze mit 0,1 % U_3O_8 zwischen 1000 und 3000 cps und Erze mit 1 % U_3O_8 schon 30000 bis 40000 cps auf. Die Ergebnisse radiometrischer Prospektionen werden in Anomalenkarten dargestellt, wobei neuerdings die Konturen als Maßeinheit bevorzugt $\mu R/h$ erhalten.

Bei einer modifizierten Methode der Radiometrie wird auch die Neutronenaktivierung eingesetzt. Die vom künstlich erzeugten Beryllium-Isotop Be^9 emittierte Neutronenstrahlung wird mit einem Beryllometer (Be-Detektor) gemessen.

1.2.3.6 Laser-Methoden

Auch Ultraviolett-Laser werden neuerdings in der Prospektion eingesetzt. Die kanadische Firma SCINTREX ließ sich das *Luminex*-Verfahren patentieren, das Laserstrahlen (30 pro sec.) in den Boden sendet. Die von den Mineralen remittierten Lichtstrahlen können zu deren Identifikation führen. Für verschiedene Erzprospektionen können die Kosten erheblich reduziert werden.

1.2.3.7 Airborne-Geophysik

Magnetische, elektromagnetische und radioaktive Methoden der Prospektion werden nicht nur an der Erdoberfläche, sondern auch von Flugzeugen und im wachsenden Umfang von Hubschraubern aus ("airborne geophysics") eingesetzt. Insbesondere in unwegsamem Gelände, wie z.B. in Urwäldern, Sümpfen, Seengebieten oder Gletscherregionen, haben sich diese Airborne-Methoden sehr bewährt, da sie schnell und billig sind.

Für die Airborne-Geophysik mußten spezielle Geräte entwickelt werden (z.B. Doppler-Navigations-System mit Magnetbandregistrierung der Positionskoordinaten), um eine hohe Meßrate zu erreichen. Daneben sind eine Reihe von Hilfsgeräten erforderlich, die der späteren Ortsbestimmung jedes einzelnen Meßortes dienen.

Für Airborne-Magnetik werden meist Protonen-Präzessions-Magnetometer (z.B. Geometrics G 803) verwendet, die die Totalintensität des erdmagnetischen Feldes mit Anzeigegenauigkeiten von 1 nT messen. Die Sonden dafür sind 0,5 bis 1 m lang.

Für die *elektromagnetischen Messungen aus der Luft* gibt es verschiedene technische Versionen:

Für Systeme mit nachgeschleppter Sonde (z.B. INCO-System, Quadrem-System) werden Flugzeuge verwendet. Die Sendespule ist über die Flügelenden und über das Leitwerk des Flugzeuges gespannt, während die Empfangsspule in einem Sondenkörper

100 bis 150 m hinter dem Flugzeug geschleppt wird. Eine starre Stabilisierung der Sonde ist nicht möglich, so daß nur die out-of-phase-Komponente registriert werden kann. Zur Verbesserung der Information werden deshalb mehrere Frequenzen verwendet (Mehrfrequenz-out-of-phase-Systeme, z.B. INPUT-System = Induced Puls Transient-System).

Bei anderen Systemen sind Sende- und Empfangsspule in einem Sondenkörper untergebracht, der 10 m lang und relativ schwer ist und deshalb am zweckmäßigsten mit Hubschraubern transportiert wird. Am bekanntesten wurde das in Kanada entwickelte DIGHEM-System der Fa. Dighem Ltd., Toronto, in der ursprünglichen (DIGHEM I) und in der erweiterten Version mit zwei Sendern und 3 Empfängerspulen (DIGHEM II). Der Hubschrauber fliegt in etwa 60 m Höhe mit einer Geschwindigkeit von rund 100 km/h. Beim Vorhandensein sehr schlecht leitender Deckschichten besitzt das DIGHEM-System eine Eindringtiefe von ca. 100 m. Neben dem DIGHEM-System ist das Texas-Gulf-System mit starrem Flugkörper im Einsatz.

Radioaktive Airborne-Prospektionen werden mit hochempfindlichen Vierkanal-Gamma-Spektrometern (TC, K, U, Th) mit NaJ-Kristallen bis zu 49,2 l (3000 cu.in.) Volumen in geringen Flughöhen von 50 - 70 m durchgeführt. Die Detektoren müssen gegen die kosmische Strahlung zusätzlich geschützt werden.

Neuerdings werden auch *Ultraviolett-Lichtenergie-Messungen aus der Luft* erprobt. Beim kanadischen "Luminex-Verfahren" werden UV-Laser als Energiequelle verwendet, die insbesondere fluoreszierende Minerale identifizieren können, wobei die Messungen auch aus 50 bis 75 m Höhe von Hubschraubern aus erfolgen können (vgl. Abschn. 1.2.3.6).

1.2.3.8 Bohrloch-Geophysik

Um den Aussagewert der teuren Schürfbohrungen noch zu erhöhen, werden neben der Entnahme von Bohrproben (vgl. Abschn. 1.3.1.2) auch eine Vielzahl von Bohrlochmessungen durchgeführt. Diese geophysikalischen Sondierungen (logs) dienen zur lithologischen Gliederung des Bohrprofils, zur Bestimmung gesteinsphysikalischer Parameter (Dichte, Porosität), zur Erkennung der Schichtenlagerung, zur Kontrolle geophysikalischer Oberflächenmessungen und zur Ermittlung technischer Daten (Spülverluste, Zementierungshöhe usw.).

Bei der Anwendung der Bohrloch-Geophysik kann deshalb zumindest teilweise auf die besonders kostspieligen Kernbohrungen verzichtet werden und außerdem werden zusätzliche Daten aus der Umgebung des Bohrlochs gewonnen. Da einige Ergebnisse der Bohrlochmessungen mit dem Informationswert von Bohrproben vergleichbar sind, nimmt die Bohrloch-Geophysik eine Zwischenstellung zwischen Prospektion und Exploration ein. Das Hauptanwendungsgebiet liegt in der Sondierung von Erdöl- und Erdgasbohrungen, aber auch Schürfbohrungen zur Erschließung von Erzlagerstätten werden immer häufiger geophysikalisch vermessen. Von den elektrischen, elektromagneti-

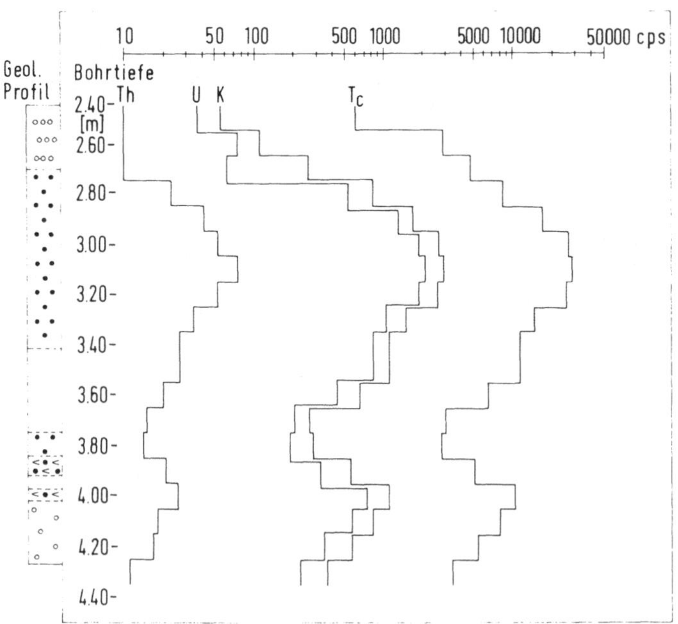

Abb. 1.8.   Radiometrische Bohrlochmessungen mit einer stabilisierten SCINTREX-Sonde und einem 4-Kanal Gammaspektrometer. Bohrungen im Gebiet einer Uranmineralisation bei Phu Wiang/NE-Thailand (W. Gocht, 1982).

schen, magnetischen, radioaktiven, thermischen und seismischen Verfahren sollen nur die gebräuchlichen kurz erwähnt werden:

Eigenpotentialmessungen (self-potential curve, SP): Messung der natürlichen Potential-differenz (mb) zwischen einer festen Elektrode an der Erdoberfläche und einer beweglichen Elektrode im Bohrloch zur Ermittlung poröser Schichten (Speichergesteine) und zur Bestimmung des Tongehaltes von Sedimenten.

Widerstandsmessungen: Messung des spezifischen Widerstandes der Gesteine durch eine Sonde, um Schichtgrenzen, Porosität von Sedimenten und Erdölaustritte zu bestimmen (verschiedene Verfahren wie Fokussierte Widerstandsmessungen, Induktionsverfahren, Mikrowiderstands-Log).

Magnetometermessungen: Messung der gesteinsmagnetischen Eigenschaften (Magnetisierung, Suszeptibilität) der durchteuften Gesteine ("magnetisches Kernen") zur Ortung magnetischer Störkörper in der Bohrloch-Umgebung.

Akustik-Log (sonic log): Messung der Laufzeit von Longitudinalwellen längs einer fixen Strecke (Sondenlänge) zur Bestimmung von Schichtgrenzen, Gesteinsfazies und Porosität. Spezielle Ultraschallsonden dienen zur genauen Darstellung der

Bohrlochinnenwand durch Aufnahme eines Ultraschallbildes, das bei der akustischen Abtastung der Innenwand entsteht.

Dichte-Log (density log):   Messung der Intensität der Compton-Strahlung, die durch den Beschuß der Gesteine mit γ-Strahlung entsteht und die proportional zur Gesteinsdichte ist.

Gamma-Log (gamma log):   Messung der natürlichen γ-Strahlung zur Bestimmung der Lithologie (vgl. Abb. 1.8).

Neutronen-Log (neutron gamma log):   Messung der Bremsung von ausgesandten Neutronenstrahlen durch Wasserstoffatome in den Gesteinen. Damit können poröse, wasserführende Gesteine (größtenteils Speichergesteine) von dichten, impermeablen Gesteinen unterschieden werden.

Neben den eigentlichen geophysikalischen Bohrlochsondierungen gibt es noch geometrische und technische Messungen, wie Messung des Bohrlochdurchmessers und des Bohrfortschritts, die Rückschlüsse auf die Lithologie der durchteuften Gesteine zulassen.

1.2.4 Geochemische Prospektion

Geochemische Prospektionsmethoden werden vornehmlich zur Suche nach Erzvorkommen eingesetzt. Dabei wird nach Anreicherungen von chemischen Elementen an der Erdoberfläche gesucht, die auf Erzkonzentrationen in der Erdkruste hindeuten. Bei der Entstehung von Erzen, insbesondere der magmatischen Erze, und später durch Verwitterungsprozesse, kommt es zur Kontamination der Umgebung. Primäre oder sekundäre Dispersionen von bestimmten Elementen in Form von Dispersionshöfen (Aureolen) zeigen sich in Gesteinen, Bodenbildungen, Sedimenten, Oberflächenwässern, Pflanzen und der Luft.

Nach ersten Anfängen während der Dreißiger Jahre in Schweden, Finnland, Deutschland und der Sowjetunion wurden verstärkt seit 1950 verschiedenartige Methoden entwickelt, um diese geochemischen Anomalien aufzuspüren. Wobei unter geochemischen Anomalien alle Anreicherungen eines oder mehrerer Elemente gegenüber der Normalverteilung (Clarke-Werte) zu verstehen ist.

Primäre Anomalien entstehen bei der Genese von Erzvorkommen durch Zufuhr von Elementen in das Nebengestein. Die meisten magmatischen Vererzungen haben Aureolen mit Spurenelementen, die aber bei hydrothermalen Gängen kaum mehr als 5 m breit sind (*Leutwein, 1960*), bei liquidmagmatischen Vorkommen dagegen bis 100 m. Eine Art primärer Anomalien können sogar ganze Gesteinskomplexe aufweisen, wie etwa sogenannte Zinngranite, die nicht nur erhöhte Zinngehalte, sondern mitunter charakteristische geochemische Merkmale, wie spezifische Thoriumgehalte in Monaziten oder spezifische Hafniumgehalte in Zirkonen, aufweisen.

Sekundäre Anomalien werden hauptsächlich durch Verwitterungsprozesse hervorgerufen und haben weitaus größere Ausdehnung. Einige Elemente aus dem Erzvorkommen werden mobilisiert, in gelöster oder kolloider Form weggeführt und teilweise in der näheren oder weiteren Umgebung wieder abgelagert. Der Abhängigkeit der Verwitterungsprozesse und der Bodenbildungen von den Klimazonen der Erde muß bei geochemischen Prospektionen natürlich besondere Aufmerksamkeit gewidmet werden.

Da geochemische Prospektionen einerseits die Entdeckung von bestimmten Erzen und andererseits die allgemeine Bestandsaufnahme einer Region zum Ziel haben können, richten sich die Methoden vornehmlich nach der regionalgeologischen Situation, nach dem gesuchten Erz oder nach dem Klimagebiet. Dabei gilt das Hauptinteresse immer mehr den sekundären Dispersionshöfen, nachdem moderne Analysemethoden die Nachweisgrenzen für bestimmte Elemente auf weniger als 1 ppm (parts per million = 0,0001 %) oder sogar auf einige ppb (parts per billion 0,0000001 %) gedrückt haben und damit das Auflösungsvermögen für geochemische Befunde entscheidend verstärkten (Tab. 1.4).

Tabelle 1.4.　Durchschnittsgehalte wichtiger Elemente im Boden und in Pflanzenaschen sowie ihre geochemische Nachweisbarkeit (Angaben in ppm)

Element	Gehalt im Boden[1]	Gehalt in Pflanzenaschen[1]	Nachweisgrenze Colorimetrie[2]	Spektrographie[2] (Feldgerät)	Spektrographie[3] (modernes Laborgerät)
Antimon	2 - 10	0,06	1	200	10
Arsen	6	30	10	500	10
Blei	10	11	25	10	1
Eisen	38000	10000	50	100	1
Kobalt	8	15	10	10	2
Kupfer	20	200	10	5	0,1
Molybdän	2	20	4	5	10
Nickel	40	50	25	5	1
Quecksilber	0,03	0,001	2	−	10
Silber	0,1	1	−	1	0,1
Vanadium	100	61	50	10	0,3
Wismut	0,2	0,06	10	10	10
Wolfram	1,5	0,07	20	100	100
Uran	1	0,5	4	200	30
Zink	50	900	25	200	30
Zinn	10	5	10	10	2

[1]　nach Vinogradov, 1959 und Taylor, 1964.
[2]　nach Ward et al., 1963.
[3]　nach Schroll, 1975.

1.2.4.1 Methoden geochemischer Beprobung

Nach Art der Probenahme werden folgende Bereiche geochemischer Prospektion unterschieden (vgl. Abb. 1.9):

Gesteinsgeochemie: Die Proben werden vom Primärgestein (bedrock) entnommen, in Gebieten ohne Vegetation (Steinwüsten, Gletscherabschliffe, Hochgebirge) direkt vom anstehenden Gestein abgeschlagen oder in Gebieten mit geringer Verwitterungsdecke durch Schürfe bzw. sehr flache Bohrungen (1 bis 2 m) gewonnen. In Sonderfällen werden Oxidationszonen von Vererzungen oder glaziale Deckschichten beprobt. Der Abstand der Probenahme richtet sich natürlich danach, ob es sich nur um Vorerkundungen oder um eine systematische Prospektion handelt. Bei systematischer Bemusterung werden üblicherweise Proben netzförmig im Abstand von 100, 150 oder 200 m entnommen. Die Proben werden zur Vorbereitung für die Analysen gebrochen und aufgemahlen, bis sie mindestens -80 mesh (0,157 mm), besser -200 mesh (0,063 mm) fein sind.

Bodengeochemie: Dafür werden die Proben von den Bodenhorizonten entnommen, möglichst immer vom gleichen Horizont (A, B oder C). Der Beprobungsabstand ist oft geringer als bei Gesteinsgeochemie. Bodenproben werden in 10 oder 20 m Intervallen entlang von Traversen entnommen, die 50, 100 oder 200 m Abstand haben. Es werden kleinere Grabungen angelegt oder Flachbohrungen von wenigen Metern. Wenn es eine relativ geringe Mächtigkeit der Bodenhorizonte erlaubt, werden Proben bevorzugt, die aus dem Bereich direkt über dem Bedrock stammen. Sichtbares organisches Material wird entfernt und die Bodenprobe wird fraktioniert. Die Fraktion -200 mesh (0,063 mm) kann sofort zu Analysezwecken verwendet werden, während größere Fraktionen vorher aufgemahlen werden müssen.

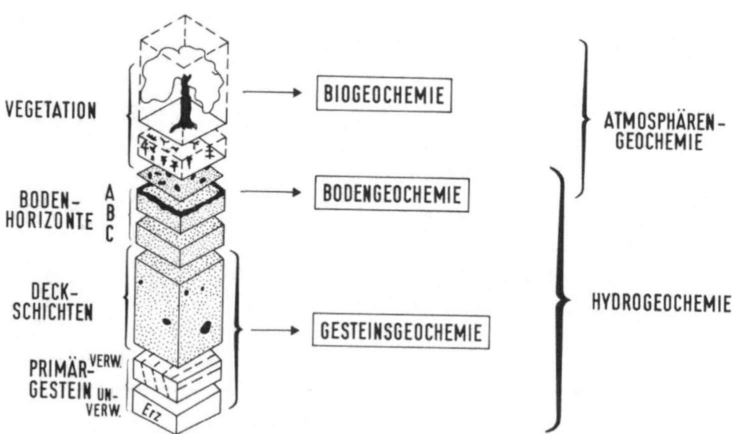

Abb. 1.9.   Anwendungsgebiete geochemischer Prospektion (nach Fortescue & Hornbrook, 1967).

Als besondere Form der Entnahme von Oberflächenproben soll die *Geochemie der Flußsedimente* erwähnt werden.Vor allem für Vorerkundungen (regionale Prospektionen, Reconnaissance) werden aus dem Bach- bzw. Flußbett an strategisch interessanten Stellen, wie Nebenflußeinmündungen, Veränderungen der Erosionsdeterminante oder Flußkrümmungen, Proben der jungen Sedimente entnommen und an Ort und Stelle ihre feinkörnigen Fraktionen (meist -80 mesh) für die Laboranalysen abgetrennt.

Biogeochemie: Da die Pflanzen auch Metalle aus dem Boden aufnehmen können, werden Teile bestimmter Pflanzen als Proben für biogeochemische Untersuchungen gesammelt. Es handelt sich oft um Pflanzengemeinschaften von Sträuchern (z.B. Magnoliengewächse), aber auch um bestimmte Laubbäume (z.B. Akazien, Birken), die als Indikator-Flora angesehen werden können. Bedingung dabei ist, daß diese Pflanzen möglichst tief und weitverzweigt im Boden verwurzelt sind. Der permanente Grundwasserspiegel sollte von den Wurzeln erreicht werden, damit eine Aufnahme der im Grundwasser zirkulierenden Spurenelemente erfolgen kann. Die Sträucher oder Bäume werden systematisch beprobt, beispielsweise durch Abreißen von Blättern und jungen Stengeln in gleichbleibender Höhe von 1 bis 1,5 m rund um die Pflanze herum *(Chaffee, 1976)*. Dabei werden keine ganz junge Sprosse genommen, sondern mindestens 1 bis 2 Jahre alte Ästchen. Wenn das Alter der Ästchen nicht feststellbar ist, werden mindestens 20 cm lange Stengel abgebrochen.

Die Blätter und die Stengel werden zunächst voneinander getrennt und zur Vermeidung von Staubkontaminationen mit chemisch reinem Wasser gewaschen. Danach werden sie im Gelände an der Luft oder im Labor bei etwa 60°C getrocknet und in einer Wiley-Mühle zerkleinert. Jeweils 5 bis 10 g des zerkleinerten und möglichst zu Kügelchen gepreßten Materials werden sorgfältig im Muffelofen verascht, indem 24 Stunden eine Hitze von 400 bis 500°C einwirkt oder aber die Temperatur pro Stunde um 50°C bis auf 550°C gesteigert wird und diese Hitze dann für weitere 10 Stunden beibehalten wird. Für den Nachweis einiger Elemente genügt auch ein Säureaufschluß der zerkleinerten Pflanzenteile. Dazu wird meist in einem Gemisch von Schwefelsäure und Salpetersäure 20 bis 30 Minuten gekocht, bis sich das organische Material zersetzt hat.

Hydrogeochemie: Proben von Grundwässern und von Oberflächenwässern werden auch für geochemische Prospektionen verwendet. Die Gehalte an Spurenelementen richten sich nach deren Löslichkeit und sind im allgemeinen sehr gering, während die Entfernung von gesuchten Erzvorkommen groß sein kann (bis zu 100 km!). Hydrogeochemische Kartierungen von Flußsystemen dienen der Übersichtsprospektion, wobei alle Quellen, Brunnen, Bäche und Flüsse beprobt werden, in der Regel mit gleichzeitiger Entnahme von Flußsedimenten. Die Probenahmeabstände betragen etwa 500 m und auf Einmündungen von Nebenflüssen wird besonders geachtet.

Bei der Entnahme hydrogeochemischer Proben spielt die Jahreszeit eine beträchtliche Rolle, denn der Gehalt an Spurenelementen ist abhängig von der Wasserführung der Flüsse und von der Menge mitgeführter Schwebstoffe. Wiederholte Beprobungskampagnen mit Berücksichtigung der Jahreszeit haben sich deshalb bewährt.

Für hydrogeochemische Übersichtsprospektionen eignet sich auch in dichter besiedelten Regionen die Beprobung aller Brunnen. In Klimazonen mit ausgeprägten Trocken- und Regenzeiten haben Tests ergeben, daß kurz nach Beginn der Regenzeit die signifikanten Metallgehalte im Grundwasser (z.B. Uran; vgl. *Gocht, 1982*) bis zum zehnfachen Wert ansteigen können. Entsprechende Korrekturen sind deshalb notwendig.

Alle Wasserproben werden dann sofort nach der Entnahme angesäuert, um auch die in den Schwebstoffen enthaltenen Metalle in Lösung zu bringen, und dann im Geländelabor oder im Standquartier analysiert.

Atmosphärengeochemie: Einige leichtflüchtige Elemente wie Quecksilber oder Arsen und einige Gase wie Helium, Schwefelwasserstoff oder auch Kohlenwasserstoffe befinden sich in der Bodenluft oder in der Atmosphäre in der Umgebung von Vererzungen bzw. Erdölvorkommen und bilden weiträumige Dispersionshalos. Die Verdünnung ist dabei besonders hoch, was den Einsatz von Spezialgeräten nötig macht. So wurde beispielsweise ein Quecksilberdetektor (Hg-Spektrometer) für den Nachweis von Quecksilber in der Luft (z.B. Bodenluft) konstruiert oder für den Nachweis gasförmiger Schwefelverbindungen ein spezielles gaschromatographisches Verfahren entwickelt.

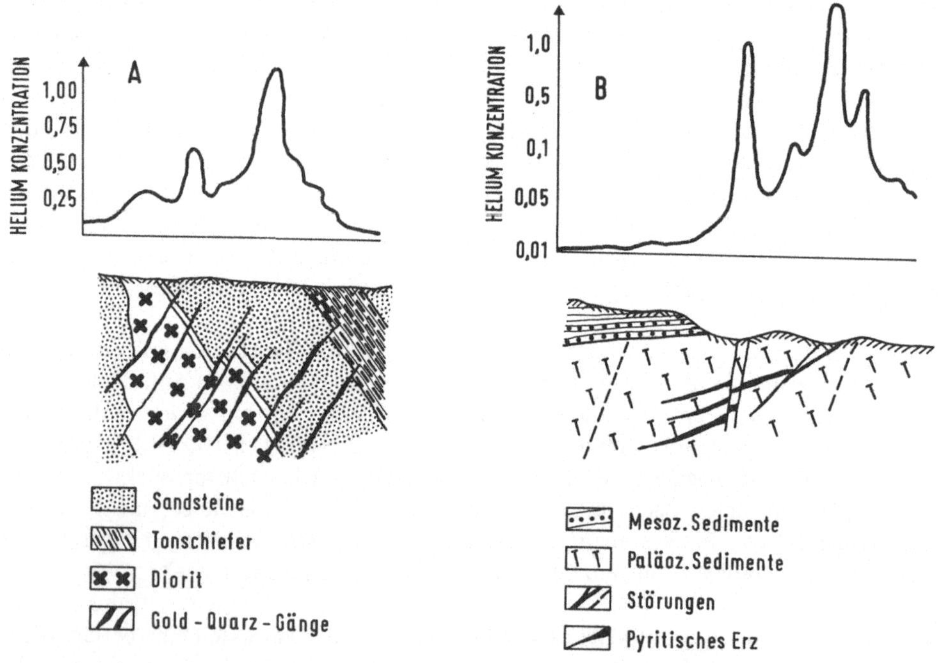

Abb. 1.10. Heliumprospektionen in der Sowjetunion (nach A.I. Fridmann, 1975).
A: Gold-Quarz-Gänge in N-Kasachstan.
B: Kupfer-Lagerstätte im Kaukasus.

Die Nachweisgrenze liegt beim Hg-Spektrometer bei 1 bis 5 ppb, wobei die Verflüchtigung des Quecksilbers noch künstlich durch Erhitzen des Bodens angeregt werden kann. Das Quecksilber wird dann im Detektor mit Gold amalgamiert und durch Absorption von UV-Strahlen nachgewiesen. Der Quecksilberdetektor kann natürlich auch für die Messung des Quecksilbergehaltes in Bodenproben verwendet werden.

Eine Zwischenstellung zwischen Hydrogeochemie und Atmosphärengeochemie nimmt eine Methode ein, die vor allem in der Sowjetunion mit eindrucksvollen Resultaten eingeführt wurde. Hierfür wird der Gehalt an natürlichem Helium in Untergrundwässern gemessen. Die Wasserproben stammen aus 30 bis 50 m Tiefe, wobei tektonische Strukturen mit aufsteigenden Grund- bzw. Spaltenwässern als Probenahmestellen bevorzugt werden. Der Heliumgehalt im Wasser wird mit Hilfe einer Ionenpumpe bestimmt und in Volumenprozent der äquivalenten Gasphase ausgedrückt. Die *Heliumprospektionsmethode* wurde im Kaukasus an so unterschiedlichen Vererzungen wie Karbonatit-Komplexen (Barchensk), Gold-Quarz-Gängen, Blei-Zink- sowie Kupfervorkommen erprobt (vgl. Abb. 1.10).

Bei modernen Prospektionsprogrammen wird eine Kombination der Methoden bevorzugt, etwa Hydrogeochemie zusammen mit Geochemie der Flußsedimente oder Bodengeochemie zusammen mit Gesteinsgeochemie und Biogeochemie.

1.2.4.2 Methoden geochemischer Analyse

Entscheidend für den Erfolg geochemischer Prospektionen ist die Wahl der Analysenmethode. Für Arbeiten unter primitiven Bedingungen sind insbesondere *colorimetrische Verfahren* und einfache Geräte für Atomabsorption oder energiedispersive Röntgenfluoreszenzanalyse geeignet. Apparative Laborverfahren sind neben der Atom-Absorptions-Spektrophotometrie (AAS) die Multielementanalysenverfahren Röntgenfluoreszenzanalyse (RFA) und optische Emissionsspektroskopie (OES). Von den zur Zeit nur in Großforschungszentren anwendbaren Spurenanalysenmethoden sind die Neutronenaktivierungsanalyse (NAA), die Funkenquellenmassenspektrometrie (MS) und die protonen-induzierte Röntgenspektrometrie (PIXE) auch für die geochemische Prospektion von Bedeutung. Weitere einzelne Methoden sind nur jeweils für bestimmte Elemente anwendbar (Fluorimetrie für Uran, ionensensitive Elektrode für Fluor).

Für die Auswertung der Prospektionsdaten ist die Kenntnis der natürlichen Elementverteilung in der Region ("Hintergrund", background) unabdingbar. Zur Feststellung dieses Backgroundes werden Serien von Kontrollanalysen angefertigt und statistisch (Varianzanalyse) ausgewertet.

Colorimetrie: Bei colorimetrischen Methoden werden durch Reaktion mit verschiedenen Chemikalien charakteristische farbige Lösungen erzeugt. Zum Einsatz im Gelände sind verschiedene Standards für colorimetrische Vergleiche geeignet. Neben angefärbten Lösungen lassen sich auch Plastik-Standards verwenden, die aus wärmebeständigem Polyesterharz ("Castolite") bestehen und gefärbt werden können. Die Plastik-

Standards haben für den Feldgebrauch Vorteile, wie längere Haltbarkeit, leichterer Transport und Unzerbrechlichkeit.

Im Labor werden wegen ihrer größeren Farbvariationsbreite und Genauigkeit ausschließlich Standardlösungen verwendet. Gebräuchlich sind Serien von 15 bis 20 Vergleichslösungen verschiedener Konzentration für colorimetrische Bestimmungen von Zink, Blei, Kupfer, Zinn, Arsen, Wismut, Molybdän, Thorium und Wolfram *(Stanton, 1976)*. Die Lösungen müssen vor Sonnenlicht geschützt und in der Regel täglich neu zubereitet werden. Für Wasseranalysen und für die Arbeit im Gelände sind käufliche Reagenziensätze (field kits) besonders nützlich.

Neben den üblichen colorimetrischen Methoden mit spezifischen Farbreaktionen für die oben erwähnten Elemente und für Bor, Palladium, Platin und Vanadium werden vornehmlich für die bei der geochemischen Prospektion besonders häufig analysierten NE-Schwermetalle Kupfer, Zink und Blei die *Dithizon-Verfahren* eingesetzt. Hierbei handelt es sich meist um eine kalte Extraktion dieser Metalle vornehmlich aus Boden- und Gesteinsproben unter Verwendung von Dithizon (Diphenylthiocarbazon). Dabei wird zwar nur der leichter lösliche Teil dieser Metalle aus den Proben extrahiert, doch hat sich herausgestellt, daß dies für Übersichtsprospektionen vollkommen ausreicht. Beim Nachweis von Zink beispielsweise wird eine 0,01 %ige Dithizon-Lösung in Tetrachlorkohlenstoff hergestellt und mit der zinkhaltigen Probe geschüttelt. Die Farbmischungen von grün (nichtreagiertes Dithizon) über blau und purpur bis rosa lassen die Bestimmung der Zinkgehalte durch Vergleich mit Standardlösungen zu (vgl. *Koch & Koch-Dedic, 1974; Grundlach et al., 1981)*.

Atom-Absorptions-Spektrophotometrie (AAS): Spurenanalysen durch AAS haben sich in der geochemischen Prospektion gut bewährt, weil Resultate sehr schnell vorliegen können und die Durchführung der Analyse wenig aufwendig ist. Die Probe wird in Lösung gebracht und zerstäubt einer Gasflamme oder einem erhitzbaren Graphitrohr (Graphitrohrküvette) zugeführt. Dabei gehen Metallionen teilweise in den atomaren Zustand über und absorbieren Licht einer für das Element charakteristischen Wellenlänge. Diese Absorption, die eine Funktion der Konzentration des Elements in der Lösung ist, wird gemessen.

Wie bei der colorimetrischen Analyse ist es oft sinnvoll, bestimmte Elemente oder Elementgruppen selektiv zu extrahieren. Daher werden bestimmte Reagenzien zur Herstellung der Analysenlösung für spezifische Elementgruppen verwendet *(Stanton, 1976)*.

Röntgenfluoreszenz-Analyse (RFA): Diese Methode wird zwar auch für Routineprospektionen angewendet, mehr aber noch in der geochemischen Forschung, wenn hohe Ansprüche an die Genauigkeit gestellt werden. Die RFA eignet sich sowohl für die Analyse der Hauptelemente als auch für Spuren. Für die Bestimmung geringer Gehalte an seltenen Metallen wie Arsen, Gold, Palladium, Platin, Selen, Tellur, Wismut und Uran können jedoch Anreicherungsverfahren verwendet werden (Analyse des Filtrats nach chemischer Fällung, Ionenaustauschverfahren). Eine vor allem auch im Ge-

lände anwendbare Variante ist die energiedispersive RFA (mit Anregung der Röntgen-
strahlung durch Radioisotope), die von *Bowie 1965* in die geochemische Prospektion
eingeführt wurde. Ein tragbares Gerät hat sich inzwischen gut bewährt, auch bei
Prospektionen und Exploration in Meeresgebieten (Erzschlämme, Manganknollen).

Optische Emissionsspektroskopie (OES): Als ältestes Multielementverfahren wird
auch heute noch häufig die OES eingesetzt, bei der gleichzeitig mehr als 20 Elemente
bestimmt werden können. Die pulverförmige Gesteins- oder Bodenprobe wird im
Lichtbogen verdampft, wobei jedes Element ein charakteristisches, heterochromati-
sches Linienspektrum emittiert. Die Intensität der Linien ist abhängig vom Gehalt des
Elements in der Probe. Moderne Quantometer haben deshalb eine Meßeinrichtung zur
exakten Bestimmung und Aufzeichnung der Intensität der individuellen Wellenlänge
(Photomultiplier mit elektronischem Integrationsgerät zur direkten Ablesung der Ergebnisse). Mit solchen modernen Geräten ist es immerhin möglich, 50 bis 80 Proben
innerhalb von 8 Stunden auf bis zu 40 Elemente zu analysieren.

Nicht oder schwer bestimmbar sind Sb, As, Te, W, U und einige andere Elemente. Die
klassische OES ist für genaue quantitative Analysen, insbesondere der Hauptelemente,
weniger geeignet. Für diese Aufgabe wird sie durch eine andere Art der Anregung, der
induktiv gekoppelten Plasmaanregung (ICP), abgelöst, die wie die AAS jedoch gelöste
Proben voraussetzt.

1.2.4.3 Auswertung geochemischer Prospektionsdaten

Bei der modernen geochemischen Prospektion fallen eine Vielzahl von Analysendaten
an, insbesondere bei Multielement-Bestimmungen. Zur Auswertung müssen deshalb
statistische Methoden herangezogen werden und zur Verarbeitung der Daten ein Computer. Bewährt haben sich *Häufigkeitskurven* (cumulative frequency curves; *Lepeltier,
1969)*, bei denen für jedes Element getrennt die kumulative Häufigkeit der Analysendaten auf Wahrscheinlichkeitspapier, meist nach Konzentrationsintervallen, dargestellt wird. Aus diesen Kurven ist vor allem das Vorhandensein von Abweichungen
von der Normalverteilung zu erkennen, da sich die Normalverteilung als gerade Linie in den Kurvendiagrammen darstellt. Übrigens kann aus den Kurven auch an-
näherungsweise der geochemische Background dadurch festgelegt werden, daß beim
Vorhandensein von Anomalien die Kurve im Wahrscheinlichkeitsnetz aus zwei linearen
Teilstücken aufgebaut ist. Das eine Teilstück bildet den Background ab, das andere
Teilstück stellt die Anomalie dar. Der Knickpunkt der beiden linearen Systeme ("point
of inflaction") gibt auf der Ordinate die prozentualen Anteile der als normal verteilt
angenommenen Population an. Üblich ist darüber hinaus die Konstruktion von geochemischen Element-Verteilungskarten oder *Anomalien-Karten* (vgl. Abb. 1.11).

Hierfür werden die Konzentrationen für jedes der untersuchten Elemente in die *Probe-
nahme-Karten* eingetragen und die Linien gleicher Konzentrationen konstruiert. Dadurch wird das Auftreten und die Intensität geochemischer Anomalien erkennbar.
Durch den Vergleich mehrerer Anomalien-Karten lassen sich diese Anomalien auch lokalisieren.

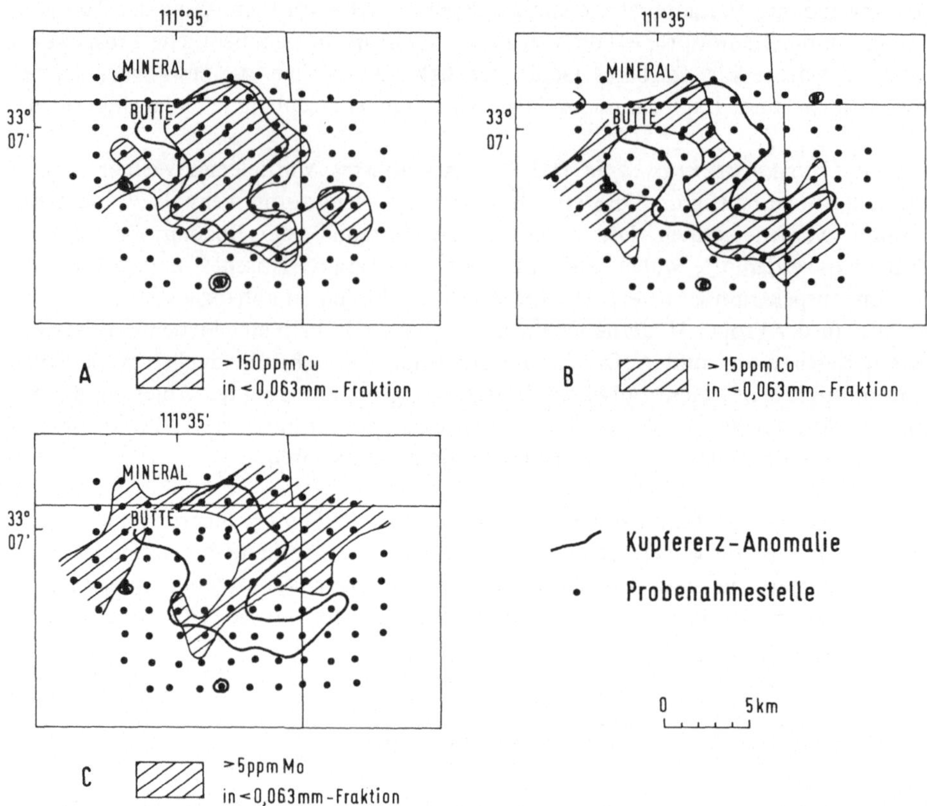

Abb. 1.11.   Anomalien-Karten einer bodengeochemischen Prospektion im Gebiet Butte/Arizona
(nach M.A. Chaffee, 1976).

Eine simultane Auswertung der Multielement-Analysen geschieht mit Hilfe der *Multivariaten Statistik*. Ausgangspunkt ist eine (n,m)-Datenmatrix $X = (x_{ij})$, i=1...n, j=1...m, mit n Proben und m Variablen.

$$
X = \begin{bmatrix}
x_{11} & x_{12} & \cdots\cdots & x_{1m} \\
x_{21} & x_{22} & \cdots\cdots & x_{2m} \\
\vdots & & & \vdots \\
x_{n1} & x_{n2} & \cdots\cdots & x_{nm}
\end{bmatrix}
$$

Die Zeilen enthalten die Proben, die Spalten die Multielement-Analysenwerte.

In der Multivariaten Statistik unterscheidet man im wesentlichen zwei Gruppen von Untersuchungsverfahren:

— Untersuchung der Beziehungen der Variablen untereinander (Korrelationsanalyse, Faktorenanalyse, Kanonische Variable),
— Untersuchung der Ähnlichkeit zwischen den Proben (Varianzanalyse, Cluster-analyse, Diskriminanzanalyse).

Diese beiden Untersuchungsmethoden entsprechen einer dualen Betrachtung der Datenmatrix X: die Spaltenvektoren enthalten die Variablen, die Zeilenvektoren die Proben.

Die statistische Analyse der Spalten liefert Mittelwert $\overline{x}_i$ und Streuung s_i der i-ten Variablen. Das Skalarprodukt zwischen dem i-ten und j-ten Spaltenvektor liefert — im wesentlichen — die Kovarianz zwischen den entsprechenden Variablen X_i und X_j

$$\mathrm{Cov}\,(X_i, X_j) \;=\; \frac{1}{n}\;\sum_{k=1}^{n}\;(x_{ki} - x_i)\,(x_{kj} - x_j) \tag{2}$$

aus der man sofort die Korrelation zwischen diesen Variablen erhält

$$r_{ij}^2 \;=\; \frac{\mathrm{Cov}\,(X_i, X_j)}{s_i \; s_j} \tag{3}$$

Die Korrelationsmatrix $R = (r_{ij})$ ist eine symmetrische (m,m)-Matrix, die die Beziehungen der Variablen untereinander beschreibt. Sie ist Grundlage für die Hauptkomponentenanalyse und die Faktorenanalyse (R-Modus-Analysen).

In beiden Verfahren wird versucht, die Variablen zu Gruppen zusammenzufassen oder die Variablenzahl zu reduzieren und dabei möglichst den Informationsgehalt des multivariaten Systems — dargestellt durch die Gesamtvarianz s^2

$$s^2 \;=\; \sum_{j=1}^{m}\; s_j^2 \tag{4}$$

zu erhalten.

Diese Reduktion des m-dimensionalen Variablenraums auf $p < m$ erzeugt p neue Variable, die als Hauptkomponenten bzw. Faktoren bezeichnet werden.

Sie erlauben häufig eine einfachere Beschreibung geochemischer Multielementanalysen, eine Strukturierung des Datensatzes, die eine bessere Interpretation des Baus oder der Genese der Lagerstätte erlauben.

Während im R-Modus die Korrelationen zwischen den Variablen untersucht werden, analysiert man im Q-Modus die Ähnlichkeit zwischen den Proben, d.h. den Zeilenvektor der Datenmatrix. Zwei Proben i und j ähneln sich um so mehr, je stärker sie in allen m Analysenwerten übereinstimmen. Quantitativ kann dieser Sachverhalt durch verschiedene Ähnlichkeitskoeffizienten oder die Verschiedenheit durch Distanzmaße angegeben werden.

Definiert man im m-dimensionalen Variablenraum die (euklidische) Distanz

$$d^2_{ij} = \frac{1}{m} \sum_{k=1}^{m} (x_{ik} - x_{jk})^2 \tag{5}$$

so erhält man eine symmetrische (n, n)-Matrix, die die Lage der Proben im Variablenraum beschreibt.

Die verschiedenen Verfahren der Strukturanalyse der Distanzmatrix führen zu Gruppenbildungen der Proben, wobei diese Gruppen häufig genetisch interpretiert werden können. Als Darstellungsform für Ähnlichkeit von Proben bzw. Variablen wird in der Clusteranalyse das Dendrogramm verwendet (Abb. 1.12), in der Faktorenanalyse verwendet man auch Scattergramme, wobei die Koordinatenachsen durch die (neu definierten) Faktoren gebildet werden.

Bei der Prospektion nach mineralischen Rohstoffen ist es oft das Ziel, Multielementanalysen von Boden- oder Wasserproben danach zu klassifizieren, ob sie auf das Vor-

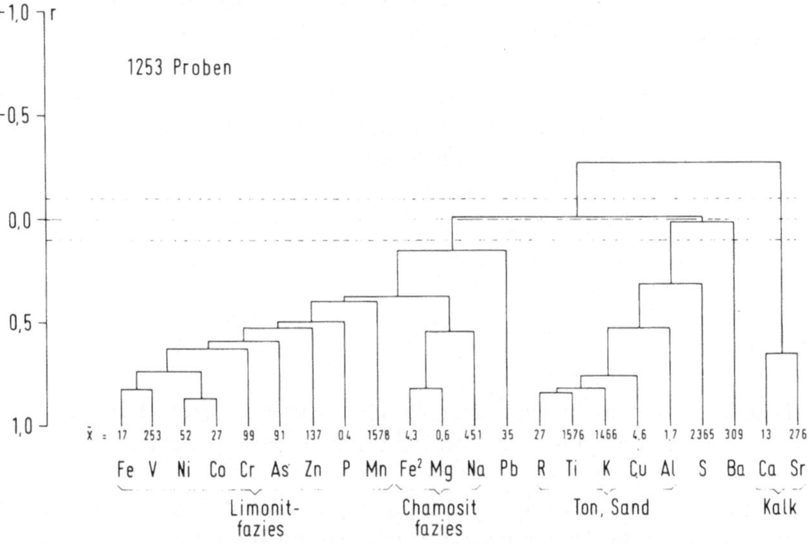

Abb. 1.12.   Dendogramm der Matrix der Produkt-Moment-Korrelationskoeffizienten. Der gestrichelte Bereich zeigt die Zufallshöchstwerte der paarweisen Korrelation bei 99 % an (nach A. Siehl et al., 1978).

handensein von Rohstoffen hinweisen oder nicht. Hat man eine a priori-Kenntnis über die Gruppenzugehörigkeit von Proben, so kann man mit Hilfe der Diskriminanzanalyse Funktionen berechnen, die eine Zuordnung von neu analysierten Proben zu einer dieser Gruppen erlauben.

J.C. Davis (1973) gibt als Beispiel Prospektionsdaten an, die auf Flußwasseranalysen beruhen. Die erste Gruppe besteht aus Flußproben in einem aktiven Bergbaugebiet, die andere Gruppe aus intensiv prospektierten, geologisch ähnlichen Gebieten, in denen aber keine nennenswerten Mineralisationen gefunden wurden. Die Diskriminanzfunktion gibt nicht nur die Möglichkeit, neue Proben einem dieser beiden Gebiete zuzuordnen, sondern gleichzeitig die Signifikanz zu messen, mit der die einzelnen Variablen zu dieser Klassifizierung beitragen. Dadurch kann der Analysenaufwand häufig erheblich gemindert werden.

1.3 Methoden der Exploration

Explorationsarbeiten dienen dem Nachweis von Vorräten an mineralischen Rohstoffen nach Menge und Qualität als Grundlage für die Bewertung des Vorkommens und für die Betriebsplanung.

Die Tätigkeit im Rahmen von Explorationsprojekten konzentrieren sich auf Schürfungen zur Erreichung der Mineralisation, die Entnahme von Proben aus dem Mineralisationskörper und die Analysierung dieser Proben. Die Schürfmethoden und die Beprobungsmethoden richten sich nach Lage, Form und Art der Mineralisation. Bohrungen sind ohne Zweifel am besten geeignet, Proben aus dem gesamten räumlichen Bereich eines Vorkommens zu erhalten.

1.3.1 Schürfen

Alle Explorationsarbeiten zum Zwecke der Entnahme von Proben aus dem Mineralisationsbereich sollen hier als Schürfarbeiten bezeichnet werden. Mitunter wird der Begriff des Schürfens nur für oberflächennahe Grabungen verwendet, doch sind Bezeichnungen wie Schürfbohrungen und bergmännische Schürfungen im Rahmen der Exploration durchaus gebräuchlich, was die Benutzung des Ausdrucks Schürfen für alle Aufschlußarbeiten gestattet.

1.3.1.1 Schürfgräben, Schürfschlitze und Schürfschächte

Zur Untersuchung oberflächennaher Rohstoffvorkommen werden Grabungen durchgeführt. Es handelt sich insbesondere um Schwermineralseifen und Verwitterungserze sowie um Steine und Erden, doch können auch Erzkörper oder Erzgänge bis nahe an die Erdoberfläche herantreten. Drei Arten von Grabungen können unterschieden werden:

Schürfgräben: gradlinige Einschnitte in die Erdoberfläche von etwa 1 m Breite, einer Länge von einigen Metern bis zu einigen 100 Metern und einer Tiefe von einigen Metern bis maximal 25 m.

Schürfschlitze: senkrechte Einschnitte in die Erdoberfläche an Hängen von 20 bis 50 cm Breite und 10 bis 50 cm Tiefe.

Schürfschächte: senkrechte Löcher (pits) in die Erdoberfläche mit rundem oder viereckigem Querschnitt, 80 bis 120 cm Durchmesser und maximal 40 m Tiefe.

Die Grabungen können nur in Lockersedimenten, allenfalls in Tonen und Lehmen durchgeführt werden. Sie werden per Hand mit Hacke und Schaufel – Schürfgräben auch maschinell mit Grabenbaggern – angelegt, nachdem die Vegetation abgetragen wurde.

Für die Anordnung der Schürfe gibt es zwei gebräuchliche Systeme: das Netzsystem und das Liniensystem (Profilsystem). Beim Netzsystem werden die Gräben schachbrettartig angelegt und kreuzen sich jeweils im Abstand von 50 bis 200 m bei Übersichtsexplorationen und im Abstand von 10 bis 30 m bei Detail-Explorationen. Schürfschächte werden entsprechend netzartig angeordnet. Das Liniensystem eignet sich vornehmlich für langgestreckte Mineralisationen wie Erzgänge oder Flußseifen. Von einer Basislinie aus, die auch gekrümmt oder abgeknickt sein kann, werden parallele Schürfgräben gezogen oder perlschnurartig die Schürfschächte niedergebracht. Die Abstände der Linien schwanken je nach Art der Mineralisation zwischen 10 und 100 m. Tendenziell sind die Abstände der Grabungen bei beiden Systemen um so geringer, je wertvoller der Rohstoff ist und je komplizierter die Wertmineralverteilung im Vorkommen.

1.3.1.2 Schürfbohrungen

Die Vorteile von Bohrungen gegenüber Grabungen bestehen insbesondere darin, daß einerseits größere Tiefen erreicht und andererseits Festgesteine durchteuft werden können. So werden Schürfbohrungen zwar auch in Lockersedimenten (Seifen, Verwitterungserze) eingesetzt, doch vornehmlich zur Exploration von Erzkörpern (bis 2000 m Tiefe) und von Erdöl und Erdgas (bis 7000 m Tiefe).

Nach Art des anfallenden Probenmaterials wird unterschieden zwischen

– *Kernbohren* oder Kronenbohrungen, wobei eine ringförmige, diamantbesetzte Bohrkrone einen festen Bohrkern aus dem Gestein heraustrennt, der nahezu ungestörte Proben liefert.
– *Vollbohren* oder Meißelbohrungen, wobei ein Meißel (z.B. Rollenmeißel) das Ge-

stein weitgehend zerkleinert. Das Bohrklein wird mit der Wasserspülung oder mittels Preßluft kontinuierlich ausgetragen, doch ist eine Lokalisierung der genauen Probenahmestelle schwierig.

Das dominierende Verfahren der Schürfbohrtechnik ist heute das Diamantkernbohren (vgl. *Marx, 1980*). Dabei kann unterschieden werden zwischen einem Kernbohrsystem mit ziehbarem Innenrohr (Seilkernsystem) und einem System mit mechanisierter Gestängehandhabung (Diamec-System). Das Diamec-System eignet sich besonders für harte Gesteine.

Eine Studie über den Leistungsvergleich zwischen Kernbohren und Spülbohren *(Broicher, 1980)* ergab, daß das Rotary-Verfahren mit Umkehrspülung zwar kostengünstiger (140,- DM/m gegenüber 250,- DM/m bei Kernbohrungen) und schnellere Resultate erbringt, aber erheblich weniger Informationen über die Lagerstätte (Klüftung, Gesteinsfestigkeit), vor allem aber über die Aufbereitbarkeit des Erzes (spezifisches Gewicht, Zerkleinerungsenergie), vermittelt.

Nach der Art des Bohrvorganges läßt sich eine andere Gruppeneinteilung vornehmen, nämlich in

— *Schlagbohren* (Rammbohren): ein schlagendes bzw. rammendes Bohren, indem im freien Fall (Freifallverfahren) oder durch Antrieb mit Preßluft (Schnellschlagverfahren) eine Sonde in den Boden getrieben wird. Die Sonde hängt an einem Gestänge oder an einem Seil. Druckluftschlagbohrgeräte mit hydraulischer Winde können Teufen von 60 bis 80 m erreichen und eignen sich auch zur Entnahme von ungestörten Proben in Lockersedimenten.

— *Drehschlagendes Bohren:* ein Schlagbohren mit Bohrhämmern, das vornehmlich untertage zu Explorationsarbeiten Verwendung findet.

— *Drehbohren:* ein drehendes Bohren, wobei die Bohrkrone, der Bohrmeißel oder auch eine Schappe durch rotierende Bewegungen in die Erde gedreht werden. In Lockersedimenten kann das Drehen manuell geschehen (z.B. Bangka-Handdrill für Zinnseifen), doch normalerweise erfolgt der Antrieb durch einen Dieselmotor oder eine Turbine. Die beiden bedeutsamen Drehbohrverfahren sind das Kernbohren mit Diamantkronen oder Hartmetallkronen und das Rotary-Verfahren mit Rollenmeißel aus Hartmetall.

Kernbohrungen arbeiten mit Wasserspülung. Meist werden Doppelkernrohre verwendet, wobei das innere Rohr die Gestängedrehungen nicht mitmacht, um den Kern besser zu schützen. Beim Seilkernverfahren kann das Innenrohr sogar mit dem Kern getrennt herausgezogen werden, was zeitraubenden Gestängewechsel erspart.

Die Bohrdurchmesser liegen bei Kernbohrungen zwischen 30 mm (Englochkernbohrungen) und 146 mm. Sie sind häufig genormt und ergeben Kerndurchmesser zwischen 18,3 mm und 116 mm, etwa nach dem X-Code (EX = 21,4 mm, AX = 29,4 mm,

BX = 42,1 mm) oder mit dem Q-Code (BQ = 37 mm, NQ = 48 mm, HQ = 64 mm, PQ = 85 mm).

Rotary-Bohrmaschinen sind im allgemeinen größer dimensioniert und werden meist nur für tiefe Bohrungen (1000 bis 2000 m) eingesetzt. Hier liegen die Bohrlochdurchmesser zwischen 124 mm und 228 mm, bei Übergrößen auch bis zu 900 mm.

Aus Schürfbohrungen können nicht nur Gesteinsproben in Form von Kernen oder Bohrklein gewonnen werden, sondern das Bohrloch kann für weitere Untersuchungen benutzt werden. Für Beobachtungen der Bohrlochwand werden Fernsehsonden verwendet, für geophysikalische Messungen im Bohrloch eine Reihe von Sonden (logs) mit Magnetometern, Gammaspektrometern und elektrischen Widerstandsmessungen (vgl. Abschn. 1.2.3.7).

1.3.1.3 Bergmännische Schürfungen

Im letzten Stadium der Exploration werden auch bergmännische Arbeiten durchgeführt, die beispielsweise einen unterirdischen Erzkörper oder Kohleflöze direkt aufschließen, eine detaillierte systematische Probenahme ermöglichen und damit einen hohen Aussagewert besitzen. Insbesondere handelt es sich um die Anlage von Explorationsstollen, indem von einem Berghang oder von einem Schacht aus ein Stollen in den Erzkörper oder zu den Kohleflözen aufgefahren wird. Die Explorationsstollen haben einen relativ geringen Querschnitt, können aber 1 bis 2 km lang sein. Das in erheblichen Mengen anfallende Probenmaterial dient auch zu aufbereitungstechnischen Untersuchungen.

1.3.2 Bemusterung

Die Bemusterung eines Vorkommens mineralischer Rohstoffe dient der quantitativen und qualitativen Erfassung des Lagerstätteninhaltes durch Entnahme und Analysierung von Proben aus Schürfaufschlüssen. Die Methoden der Probenahme sind lagerstättenspezifisch, die Methoden der Probenvorbereitung sind materialspezifisch und die Methoden der Probenanalyse sind elementspezifisch. Die Bemusterung ist Grundlage der Lagerstättenbewertung, der Bergbauprojektplanung und schließlich auch der Projektdurchführung und muß entsprechend sorgfältig ausgeführt werden. Besonders die verantwortungsvolle Tätigkeit der Probenahme verlangt trainiertes Personal und *ständige Aufsicht* durch den Geologen.

Durch die Wahl eines geeigneten Probenahmeverfahrens versucht der Geologe, die Bemusterung möglichst repräsentativ für die Mineralisation durchzuführen, doch darf dabei nicht vergessen werden, daß zum einen nur winzige Teile des Vorkommens erfaßt werden können und zum anderen eine Fülle von Fehlerquellen bei der Entnahme, der Bearbeitung, der Analysierung und der Auswertung vorhanden ist. Es gilt natürlich, die möglichen Fehler zu minimieren.

1.3.2.1 Probenahmen

Durch die Anwendung verschiedener Schürfmethoden (Abschn. 1.3.1) entstehen unterschiedliche Probenahmestellen. Nach ihrer Lage können diese zwei Gruppen zugeordnet werden:

— freiliegende Aufschlüsse in Schürfgräben, Schürfschächten oder Schürfstollen,
— verdeckte Aufschlüsse in Schürfbohrungen.

Bei der Probenahme in Erzlagerstätten sind beide Gruppen vertreten. An freien Flächen werden insbesondere entnommen:

— *Pickproben* in Form von Stückproben, Punktproben und Flächenproben. Es werden dabei Stücke von der Oberfläche des Schürfaufschlusses abgeschlagen. Bei der Stückprobe sind es Einzelstücke, die mehr oder weniger willkürlich aus dem Anstehenden oder dem Haufwerk gepickt werden. Punktproben werden dagegen ganz systematisch nach einem Beprobungsschema entnommen (Abb. 1.13), wobei auch die Probemenge festgelegt ist. Zur Gewinnung von Flächenproben (chip samples) wird am Aufschluß eine Fläche von 0,5 bis 1 m² markiert, von der dann möglichst gleichmäßig kleine Stücke abgeschlagen werden. Die Pickproben sind heute in der Regel auf Explorationsvorhaben in laufenden Bergwerken beschränkt. Sie werden dort auch mitunter aus kurzen Bohrungen entnommen.

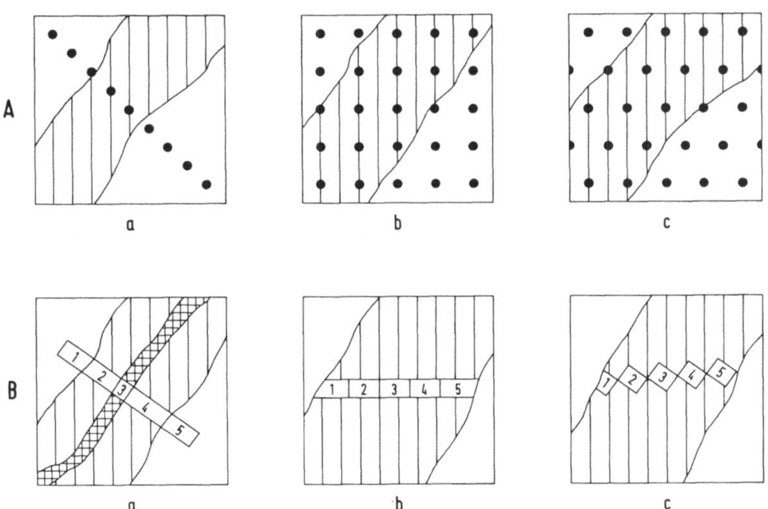

Abb. 1.13.   Beprobungsmuster in gangförmigen Erzvorkommen.
  A: Punktproben (a: gepunkteter Schlitz, b/c: gepunktete Flächen).
  B: Schlitzproben (a: Sektionen nach Gangteilen, b: Sektionen nach horizontaler Mächtigkeit, c: Sektionen nach wahrer Mächtigkeit).

– *Schlitzproben* (channels samples) in Form von flachen Rinnen mit rechteckigem oder dreieckigem Querschnitt, die aus dem Schürfaufschluß herausgehackt werden. Das Material wird in pfannenförmigen Probeschaufeln oder auf Plastiktüchern aufgefangen. Bei normalen Primärvererzungen haben die Schlitze eine Breite von 10 cm und eine Tiefe von 2 bis 3 cm, bei Schwermineralseifen sind sie jedoch etwa 30 cm breit und 5 cm tief. Die Länge richtet sich entweder nach der Erzverteilung (Abb. 1.13), indem beispielsweise definierbare Teile eines Ganges einzeln beprobt werden, oder sie richtet sich nach der benötigten Probemenge und ist dann in gleichmäßige Sektionen geteilt. Normalerweise wird ein Schlitz senkrecht zum Generalstreichen des Erzkörpers angelegt (Querschlitz), doch gibt es in Ausnahmefällen auch Längsschlitze. Durch Schlitze beprobt werden Untertageaufschlüsse wie Firsten, Stöße, Strecken und Strebe, aber auch Wände und Boden von Schürfgräben oder die Wände von Schürfschächten. Schlitzproben werden noch oft manuell entnommen, für Festgesteine sind aber auch schon Werkzeuge im Einsatz wie Drucklufthämmer mit Spezialmeißel oder Nutenfräsmaschinen.

– *Haufwerkproben* (bulk samples) aus dem hereingeschossenen Haufwerk beim Vortrieb bergmännischer Schürfungen oder Auffahrungen. Bei einem Abschlag fallen große Probemengen (mehrere Tonnen) an, deren Weiterbehandlung zeitaufwendig ist. Deshalb werden entweder nur bestimmte Teile entnommen oder bewußt kurze Abschläge geschossen. Im ersten Fall wird etwa beim Laden nur jede zwanzigste Schaufel zur Probe gerechnet, im zweiten Fall werden spezielle Schußproben mit wenigen, nur 30 bis 50 cm langen Sprenglöchern gewonnen.

– *Bohrmehlproben* (cutting samples) in Form von zerkleinertem Bohrgut aus mehr oder weniger horizontalen Bohrungen. Geeignete Bohrungen werden meist nur beim Streckenvortrieb in laufenden Bergwerken angesetzt. Das Bohrmehl von Trockenbohrungen wird in Sammelbehältern aufgefangen, der Bohrschlamm von Naßbohrungen in Rinnen oder Trichtern.

Aus Schürfbohrungen werden in der Regel Bohrkerne bzw. Lockersedimente gewonnen. Wichtig bei Kernbohrungen ist der Kerngewinn, der die Genauigkeit der Probenahme entscheidend bestimmt. Der Kerngewinn muß mindestens 80 % betragen, um den Fehler in vertretbaren Grenzen zu halten. Die Bohrkerne werden nach dem Ziehen abgewaschen, in Kernkisten eingelagert und exakt beschriftet. Danach wird der Kern halbiert, damit eine Hälfte für Kontrolluntersuchungen erhalten bleibt. Für die Längstrennung wurden spezielle Kernspaltvorrichtungen konstruiert oder es werden Trennsägen mit Carborundscheiben verwendet.

Die Probenahme zur Exploration von Erdöl- und Erdgaslagerstätten beschränkt sich auf Bohrproben, wobei Basisbohrungen zu 60 bis 100 % gekernt werden und Suchbohrungen zu 20 bis 30 %, vor allem im Bereich des Speichergesteins. In modernen Rotary-Bohranlagen haben die Kernrohre eine Länge von 5 bis 6 m, selten bis 10 m. Am unteren Teil des Kernrohres befindet sich ein Kernfänger, der sich fest um den Kern anlegen läßt, damit der Kern abgerissen und sicher nach oben transportiert werden kann.

1.3.2.2 Probenbearbeitung

Zur Vorbereitung für die Analysen muß das Probenmaterial in der Regel noch bearbeitet werden. Die Art der Bearbeitung hängt zwar von der Analysenmethode ab, doch sowohl bei physikalischen wie bei chemischen Methoden sind zur Vorbereitung der Proben drei Arbeitsgänge nötig:

— das Zerkleinern der Probe mit Kontrollsiebung,
— die sorgfältige Mischung des zerkleinerten Probenmaterials,
— die Verringerung der Probenmenge.

Die Ausgangsprobe ist durch die meist sehr ungleichmäßige Verteilung der Minerale inhomogen und sie ist oft wesentlich umfangreicher als die benötigte Analyseneinwaage. Deshalb ist die Zerkleinerung vor der Verjüngung durchzuführen. Je nach Stückung wird die Ausgangsprobe erst in Backenbrechern vorzerkleinert und danach in Kugel- oder Scheibenmühlen auf Analysenfeinheit aufgemahlen. Zur Kontrolle des Mahlvorganges wird das Mahlgut gesiebt. Eine sorgfältige Durchmischung schließt sich an, um eine möglichst weitgehende *Homogenisierung* des Probenmaterials zu erreichen. Das Vorliegen einer homogenen Probe ist Voraussetzung für eine korrekte Verjüngung. Der Reduzierungsvorgang kann erfolgen

— indem die aufgemahlene und homogenisierte Probe in gleichgroße Teilmengen geteilt wird, von denen eine die Analyseneinwaage darstellt, oder
— indem die aufgemahlene und homogenisierte Probe in zwei gleiche Teilmengen geteilt wird, von denen eine verworfen wird. Diese Teilung wird fortgesetzt, bis der Umfang der Analyseneinwaage erreicht wird.

Der zweite Weg ist vorzuziehen, da Prüfungen ergaben, daß so eine repräsentativere Teilmenge zur Analyse vorliegt.

Die Teilung kann von Hand geschehen, indem auf einem Stahlblech die Probemenge zu einem Kegel aufgehäuft und mit einem Probenahmekreuz geviertelt wird, wobei die jeweils gegenüberliegenden Viertel als Probenhälfte gelten, von denen die eine verworfen und die andere weiter geteilt wird. Doch auch mechanische Probenteiler sind erhältlich, mit Mischraum, Mischflügel und einem rotierenden Trichter, der die Teilmengen in Sammelflaschen füllt.

1.3.2.3 Probenuntersuchung

Den Abschluß der Bemusterung bildet die Analysierung der Proben. Als Ergebnis werden Daten über die lagerstättenspezifischen Bewertungskoeffizienten erwartet (vgl. Abschn. 2.1.2). So müssen beispielsweise für Erze die Gehalte der Hauptbestandteile, der wertsteigernden Nebenbestandteile und der wertmindernden Nebenbestandteile ermittelt werden, aber auch Korngröße der Erzminerale, Gangart und Erzverteilung. Oder für Kohleflöze müssen Kohlenart, Inkohlungsgrad, Kohlenstoffgehalt, Gehalt an flüchtigen Bestandteilen, Aschegehalt, Feuchtigkeitsgehalt, Schwefelgehalt, Heizwert und Bläheigenschaften festgestellt werden. Oder bei der Untersuchung von Erdölproben kommt es auf die Analyse der Trennschnitte, der Viskosität, der Dichte, des Gas-Öl-Verhältnisses, des Formationsvolumenfaktors, des Stockpunktes, des Siedebereiches, des Schwefelgehaltes, des Paraffingehaltes und des Salzgehaltes an.

Die Analysenmethoden sind entsprechend vielseitig und können nicht im einzelnen beschrieben werden. Teilweise sind sie im Kapitel über geochemische Prospektionsmethoden angeführt (Abschn. 1.2.4). Es lassen sich nach der Probenart zwei Gruppen unterscheiden:

— Analyse von Probenstücken,
— Analyse von aufgemahlenem Probegut

und nach der Analysenart drei hauptsächliche Gruppen:

— *mineralogisch-petrographische Untersuchungen,* die ausschließlich am Material der Ausgangsproben vorgenommen werden. Hierzu gehören Untersuchungen an Dünnschliffen oder Anschliffen zur Bestimmung der Minerale, Mineralverwachsungen, Mineralgrößen, Gesteinsgefüge oder der Porenausbildung. Es gehören auch dazu die Korngrößenanalysen von Lockersedimenten oder die Ermittlung von Porosität und Permeabilität an Gesteinskernen und die Röntgendiffraktometrie zur Bestimmung der Mineralphasen.

— *chemische Analysen,* die vorrangig mit aufbereitetem, feingemahlenem Probengut angefertigt werden. Es werden dann für die Analyse von Metallen colorimetrische Methoden bevorzugt, zur Analyse von Industriemineralen oder Kalksteinen andere naß-chemische Methoden. Aber auch Originalproben können chemisch analysiert werden, in Form von Anfärben mit chemischen Reagenzien zur visuellen Beurteilung. Solche Färbemethoden sind gebräuchlich zur Untersuchung von oxidischen Bleierzen, die mit Kaliumjodid eine typische Gelbfärbung ergeben, oder von oxidischen Zinkerzen, die mit Diäthylanilin eine Rotfärbung ergeben, oder von Nickelerzen, die mit Dimethyldioxim eine hellrote Färbung ergeben, oder von Kalisalzen, die mit Dipikrylamin eine zinnoberrote Färbung ergeben. Färbemethoden können sogar direkt in Schürfaufschlüssen zu semiquantitativen Gehaltsbestimmungen herangezogen werden.

— *chemische und physikochemische Lösungsanalysen,* deren Ausgangsmaterial das aufbereitete, feingemahlene Probengut ist, das durch einen Säure- oder Schmelzaufschluß teilweise oder vollständig in Lösung gebracht wird. Neben den klassischen Methoden der Gesteinsanalyse (Gravimetrie und Titrimetrie), die nur noch sporadisch für die Bestimmung der Hauptelemente eingesetzt werden, ist die instrumentelle Lösungsanalyse zur Bestimmung der Haupt- und Spurenelementgehalte in Gesteinen und Erzen von großer Bedeutung. Es sind vor allem die Atom-Absorptions-Spektrometrie (AAS), die Flammenspektrometrie (AES), die Spektralphotometrie und die Polarographie.

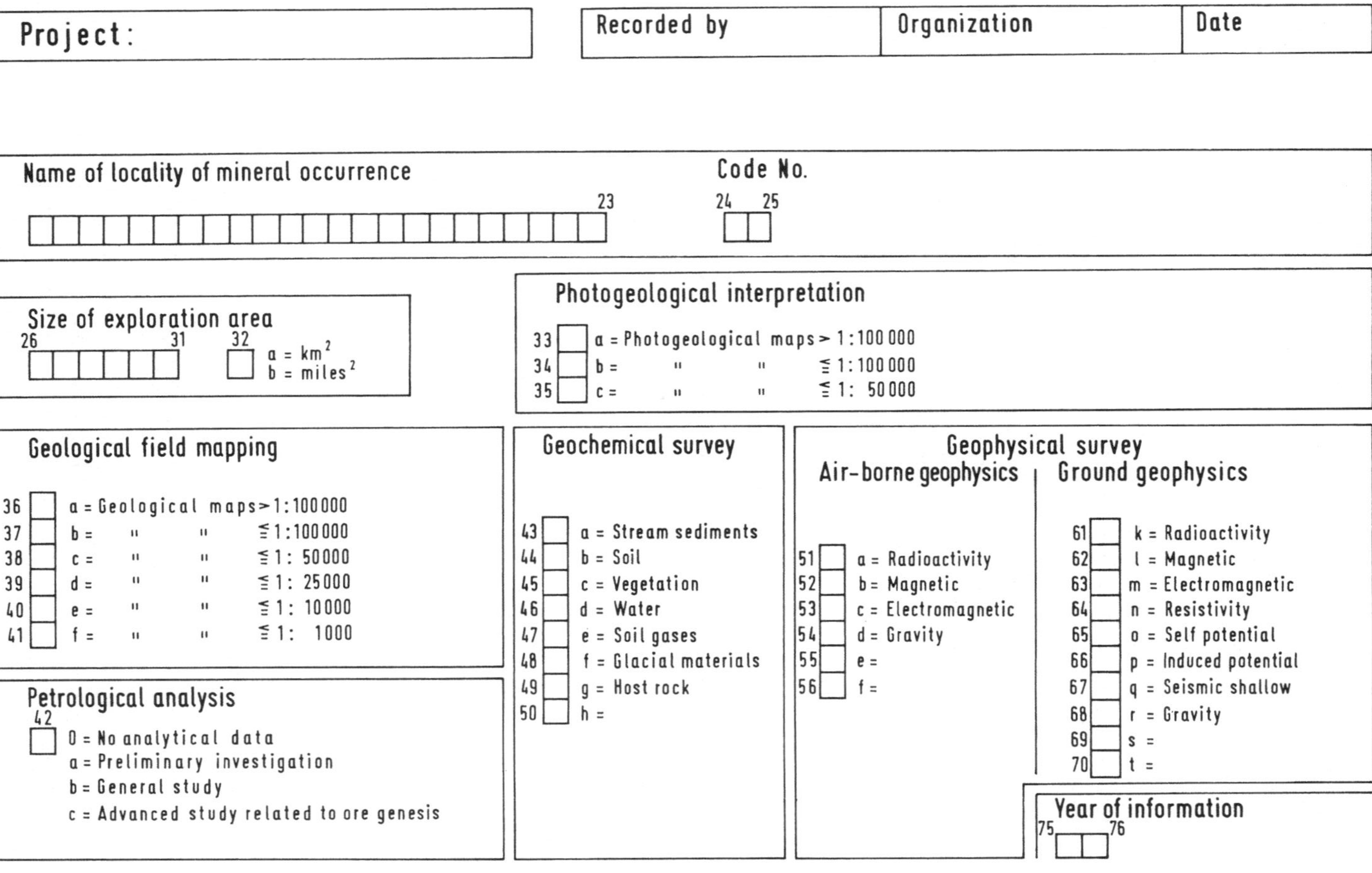

Abb. 1.14. Datenerfassungsbogen für Prospektionsarbeiten (nach H. Gebert, 1977).

— *physikochemische Analyse von Pulverproben* mit Hilfe der Röntgenfluoreszenz-Spektrometrie (wellenlängendispersiv, XRF oder energiedispersiv, EDX), Optische Spektroskopie (OS), Neutronenaktivierung (NAA) und Radiometrie (RM). Diese Methoden eignen sich für die Bestimmung von Haupt- und Spurenelementen (XRF, EDX, NAA) Spurenelementen (OS) oder zur Analyse der Elemente K, U und Th (RM).

Bei der Prospektion und Exploration von Erzlagerstätten werden neben den o.g. Methoden noch vielfach einfache, colorimetrische Verfahren eingesetzt. Färbemethoden können sogar direkt in Schürfaufschlüssen zu semiquantitativen Gehaltsbestimmungen herangezogen werden.

Für die Auswertung der anfallenden Analysendaten werden heute vielfach Computer eingesetzt. Voraussetzung ist eine computergerechte Erhebung der Daten auf speziellen Datenerfassungsbögen (Abb. 1.14). Damit können auch die Informationen für Vorrats-kalkulationen (vgl. Abschn. 1.5) aufbereitet werden.

1.4 Methoden der Vorratsberechnung

Das Ziel von Explorationsarbeiten soll der Nachweis von Vorräten an mineralischen Rohstoffen sein. Nach der Entnahme von Proben und ihrer Analysierung müssen deshalb die Vorratsmengen kalkuliert werden. Grundsätzlich sind dafür zwei (drei) Gruppen von statistischen Methoden brauchbar:

— geometrische Methoden,
— statistische (und geostatistische) Methoden (vgl. Abb. 1.15).

Die Methoden richten sich im einzelnen nach dem Lagerstättentyp, nach dem Lagerstätteninhalt und auch nach der Bemusterungsmethode. Die folgenden Ausführungen beziehen sich exemplarisch auf die beiden wichtigsten Rohstoffgruppen Erze und Erdöl/Erdgas.

1.4.1 Geometrische Methoden

Die hauptsächlichen Parameter einer Vorratsberechnung von Erzvorkommen sind:

— die Abbaufläche (F in m^2): bei horizontalen oder schwach einfallenden Erzkörpern eine Projektion des Umrisses der Lagerstätte auf die Kartenebene,
— die durchschnittliche Mächtigkeit des Erzkörpers (M in m): als gewogenes Mittel,
— das durchschnittliche Raumgewicht des Erzes (D in t/m^3),
— die Abbauverluste (V): als geschätzter Korrekturfaktor (0,.......).

Abb. 1.15.   Input und Output statistischer Vorratsberechnungen.

Daraus läßt sich mit einer linearen Gleichung eine Erz-Vorratsmenge (Q in t) ermitteln

$$Q = F \cdot M \cdot D \cdot V \tag{6}$$

Der Metallinhalt (P in t) dieser Vorratsmenge beträgt dann theoretisch

$$P = Q \cdot G \cdot A \tag{7}$$

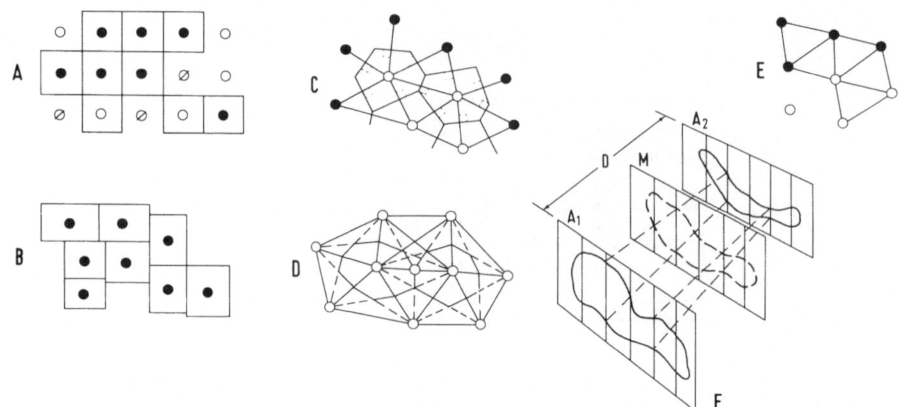

Abb. 1.16.   Geometrische Figuren zur Bestimmung der Einflußbereiche von Schürfproben.
A: Quadratische Blöcke bei gleichmäßigen Probenahmeabständen.
B: Rechteckige Blöcke bei ungleichmäßigen Probenahmeabständen.
C: Polygonale Blöcke durch Verbindung der mittleren Probenahmeabstände.
D: Polygonale Blöcke durch räumliche Festlegung der nächsten Umgebung der Probenahmestellen.
E: Dreieckige Blöcke durch Verbindung von jeweils drei benachbarten Probenahmestellen.
F: Profilschnitte, konstruiert durch den Mineralisationskörper.

wobei G der durchschnittliche Gehalt an einem Metall im Erz und A das Ausbringen des Metallgehaltes in der Aufbereitung (als geschätzter Korrekturfaktor, 0,...) ist.

In der Praxis besteht das größte Problem aber in der Ermittlung der durchschnittlichen Metallgehalte. Das liegt daran, daß die entnommenen Proben oft unterschiedliche Einflußbereiche haben, da keine Lagerstätte homogen aufgebaut ist. Zur Bestimmung der Einflußbereiche von Probenentnahmestellen werden geometrische Figuren wie Rechtecke, Dreiecke, Polygone oder Profilschnitte verwendet (Abb. 1.16). Die geometrischen Methoden gehen also davon aus, daß der Einfluß jeder Probenanalyse eine Funktion des Abstandes zu jeder benachbarten Probenahmestelle ist.

Die hauptsächlichen Parameter einer Vorratsberechnung von Erdöl- und Erdgas-Vorkommen sind:

— die Fläche der Erdölführung (F in m^2),
— die durchschnittliche Mächtigkeit des erdölführenden Speichergesteins (M in m),
— die Porosität des Speichergesteins (φ),
— der Anteil an Haftwasser im Speichergestein (W),
— die Dichte des Erdöls (γ),
— der Entölungsfaktor (a) oder "Erdölabgabekoeffizient",
— der Formationsvolumenfaktor (B), durch den die Vergrößerung des Volumens von Erdöl durch die Lösung von Gas im Öl angegeben wird.

Zur Berechnung der Vorräte (V in t) wird dann folgende Formel benutzt (Volumenmethode)

$$V = F \cdot M \cdot \varphi \cdot (1 - W) \, \frac{\gamma}{B} \cdot a \tag{8}$$

1.4.2 Statistische Methoden

Bei der statistischen Behandlung von Probedaten eines Mineralvorkommens unterscheidet man verschiedene Methoden, deren Anwendung sich nach dem Prospektionsstadium richtet. Während bei Prospektion und auch noch bei einleitender Exploration (vgl. Abschn. 2.2.1.1) die klassische Statistik mit ihrer Untersuchung der Häufigkeitsverteilung der Probengehalte befriedigende Ergebnisse über die Vorratsmengen und Bauwürdigkeitskoeffizienten eines Vorkommens liefert, spielen bei der Detail-Exploration (z.B. bei der Auswahl von Abbaublöcken) die von Matheron u.a. entwickelten Methoden der Geostatistik eine immer größere Rolle. Für eine Untersuchung der *Häufigkeitsverteilung* von Probegehalten sind prinzipiell nur Einheitsproben geeignet.

Bei der Erstellung eines Histogramms der Probengehalte ergeben sich meist symmetrische oder schiefe Glockenkurven (Abb. 1.17). Paßt man diese Kurven einem theoretischen Modell an, so kann man Aussagen über den mittleren Probengehalt, die Streuung oder die Vertrauensbereiche für den Mittelwert machen. Die häufigsten Verteilungstypen in der Lagerstättenkunde sind die Normalverteilung (Abb. 1.17 B) und die Log-Normalverteilung (Abb. 1.17 A). Eine Darstellung der Summenkurven auf Wahrscheinlichkeitspapier mit arithmetisch oder logarithmisch geteilter Abszisse ergibt in den meisten Fällen angenähert eine Gerade. Hat die Kurve einen Knick oder ist sie gebogen, so liegt eine Mischverteilung vor oder ein komplizierterer Verteilungstyp.

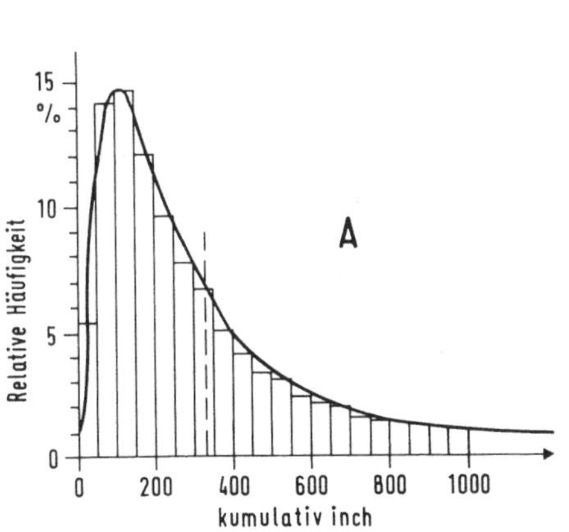

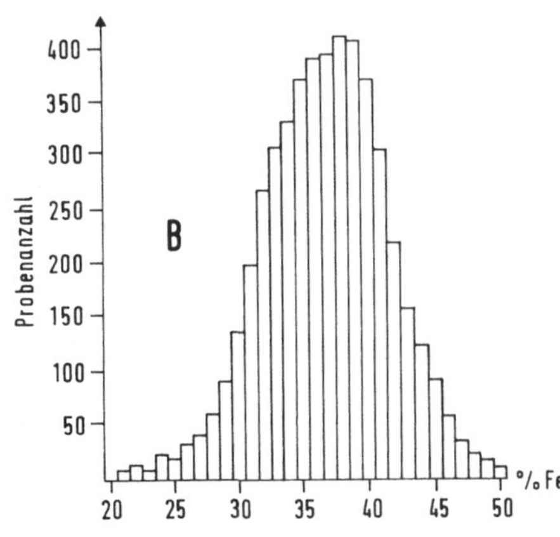

Abb. 1.17 Histogramme der Analysendaten von Explorationsprojekten.
    A: 28334 Proben einer Goldmine des Witwatersrandes/Südafrika (nach Krige, 1962).
    B: 4838 Proben einer Magnetitmine (nach Blais & Carlier, 1968).

Vorratsschätzungen, die auf dem Modell der Normalverteilung beruhen, sind dann nicht möglich.

Nur für Vorkommen mit Normalverteilung sollen nachfolgend die wichtigsten Berechnungsformeln angeführt werden, denn bei Log-Normalverteilung sind wesentlich komplizietere Formeln zu verwenden *(David, 1977)*.

Der Mittelwert berechnet sich nach

$$\overline{x} = \frac{1}{n} \sum_{i=1}^{n} x_i \tag{9}$$

Als Maß für die Streuung der Werte um den Mittelwert wird meist die Standardabweichung s benutzt:

$$s^2 = \frac{1}{(n-1)} \sum_{i=1}^{n} (\overline{x} - x_i)^2 \tag{10}$$

wobei s^2 die Varianz der Verteilung heißt. Die beiden mathematischen Parameter $\overline{x}$ und s werden benutzt, um den mittleren Gehalt m der Lagerstätte abzuschätzen. Grundlage für diese Schätzung ist die Tatsache, daß der Probenmittelwert $\overline{x}$ eine Zufallsgröße ist mit dem Mittelwert m und der Standardabweichung

$$\sigma_m = s/\sqrt{n}, \tag{11}$$

Die Abweichung des Probenmittels $\overline{x}$ vom Mittelwert m der Lagerstätte wird also mit 95 % Wahrscheinlichkeit kleiner als $2s/\sqrt{n}$ sein. Diese Formel kann auch in umgekehrter Richtung verwendet werden und man kann die notwendige Anzahl weiterer Proben bestimmen, die zur vorgegebenen Genauigkeit für m führt.

Grundlage für diese Formeln ist allerdings, daß die *Proben unabhängig* voneinander sind, was nicht immer der Fall ist. Liegt Unabhängigkeit vor, so können mit Hilfe von Tabellen oder Nomogrammen weitere Kenngrößen für eine Lagerstätte bestimmt werden.

Liegt beispielsweise eine Eisenerzlagerstätte mit normalverteilten Erzgehalten mit $\overline{x}$ = 55 % und s = 8 % vor, dann können die Vorräte für verschiedene Güteklassen von Erzen berechnet werden: Liegt die Bauwürdigkeitsgrenze bei 45 % und betrachtet man Erze mit mehr als 45 % und weniger als 60 % als Vorkonzentrat, mit mehr als 60 % als Verkaufskonzentrat, so erhält man nach einer Transformation auf Standardnormalverteilung

$$z = \frac{x - \overline{x}}{s} = \frac{x - 55}{8} \tag{12}$$

und unter Verwendung einer Tafel mit der kumulativen Standardnormalverteilung F folgende Prozentanteile für die drei Güterklassen

$$\text{Fe I} = 100\,F(z_1) = 100\,F\left(\frac{45-55}{8}\right) = 10,6\,\%$$

$$\text{Fe II} = 100[F(z_2)-F(z_1)] = 100\left|F\left(\frac{60-55}{8}\right) - F\left(\frac{45-55}{8}\right)\right| = 66,0\,\%$$

$$\text{Fe III} = 100[1-F(z_2)] = 23,4\,\%$$

wobei Fe I der Anteil von Erzen unterhalb der Bauwürdigkeitsgrenze ist, Fe II der Vorratskonzentratanteil und Fe III der Verkaufskonzentratanteil. Kennt man den Gesamtvorrat der Lagerstätte, so kann man also die Einzelvorräte berechnen.

Die klassische Statistik läßt folgende wichtige Fragen offen:

— Welchen Einfluß hat die Probengröße auf die Schätzung von m?
— Wie wirkt es sich aus, wenn die Proben abhängig voneinander sind?
— Wie sieht die räumliche Verteilung der Erzgehalte aus?

Zur Beantwortung dieser Fragen wurde in den letzten 15 Jahren die *Geostatistik* entwickelt *(Matheron, 1971)*.

Geostatistische Vorratsschätzungen basieren auf den räumlichen Beziehungen der entnommenen Proben, die sich in einem Variogramm beschreiben lassen

$$2\gamma(h) = \frac{1}{N(h)}\,\Sigma\,[Z(x)-Z(x+h)]^2\,, \tag{13}$$

wobei $Z(x)$ der Erzgehalt im Punkt $x = (x_1, x_2, x_3)$ ist, h ein Vektor $h = (h_1, h_2, h_3)$ und $N(h)$ die Anzahl der Probenpaare, die in der (gerichteten) Distanz h vorhanden sind. $\gamma(h)$ beschreibt, wie ähnlich die Erzgehalte benachbarter Probenpunkte sind. Typisches Beispiel eines Variogramms einer Blei-Zink-Lagerstätte ist in Abb. 1.18 gegeben. Bis zu einer Entfernung von ca. 4,6 m (Reichweite, "range") ist eine positive Korrelation der Probengehalte vorhanden. Die Proben, die weiter als die Reichweite voneinander entfernt liegen, können als unabhängig betrachtet werden. Anisotropien in der Lagerstätte machen sich dadurch bemerkbar, daß die Variogramme in verschiedenen Richtungen unterschiedlich sind. So ist die Reichweite einer sedimentären Lagerstätte in vertikaler Richtung meist viel kleiner als in horizontaler.

Man kann nun zeigen, daß die Blockmittelwerte mit Hilfe der Probemittelwerte und dem Variogramm geschätzt werden können. Um Sicherheitsschranken für den mittleren Erzgehalt eines Abbaublockes zu schätzen, braucht man eine Schätzung der *Varianz* in diesem Block. Diese Varianz ist im allgemeinen kleiner als die Varianz der Proben dieses Blockes. So wird in einer Goldlagerstätte die Probenvarianz zwischen 100 % (Goldnugget) und 0 % schwanken, die eines Blockes von $30 \cdot 30 \cdot 30$ m aber viel weniger. *Krige (1951)* fand folgende Beziehung zwischen den Varianzen dreier verschiedener Volumina (v; V und W).

$$s^2\,(v/W) = s^2\,(v/V) + s^2\,(V/W). \tag{14}$$

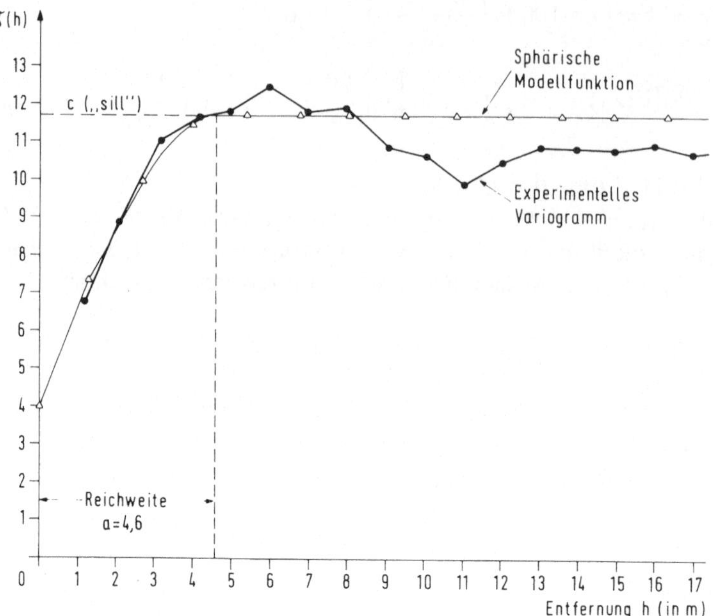

Abb. 1.18.   Variogramm der Probenahme in einer Blei-Zink-Lagerstätte im Harz.

Ist v das Volumen der Proben, V das Volumen der Abbaublöcke und W die gesamte Lagerstätte, so heißt das, daß sich die Varianz der Proben in der Lagerstätte zusammensetzt aus der Varianz der Proben in den Blöcken und der Varianz der Blöcke in der Lagerstätte.

Das Variogramm beinhaltet, wie stark sich die Probengehalte räumlich ändern. Aus diesem Grunde ist es möglich, die Varianz eines Blockes aus dem Variogramm zu berechnen. Diese Varianz wird Dispersionsvarianz genannt.

Von größerer Bedeutung ist jedoch die Ausdehnungsvarianz, mit deren Hilfe der Fehler ermittelt wird, der entsteht, wenn der mittlere Gehalt eines Abbaublockes auf der Grundlage einer zentralen Probe — oder auch auf der Basis mehrerer im Block verteilter Proben — abgeschätzt wird.

Zur Planung des Abbaufortschrittes in einer Lagerstätte ist es notwendig, möglichst genaue Aussagen über den Gehalt der einzelnen Blöcke zu erhalten. Als Maß für die Genauigkeit einer solchen Schätzung kann man das mittlere Fehlerquadrat benutzen

$$\epsilon = E[Z^* - Z]^2 \,, \tag{15}$$

wobei Z^* der Schätzwert und Z der wahre Gehalt ist. Im Verfahren des *Kriging* (nach *Krige* benannt) werden zur Schätzung eines Blockes nicht nur die Proben in diesem Block verwendet, sondern weitere Proben aus den benachbarten Blöcken, die so gewichtet werden, daß der Fehler minimal wird. Die Bestimmung der Gewichte a_i in der Schätzung geschieht wiederum mit Hilfe des Variogramms, das eine zentrale Rolle

$$Z^* = \sum_{i=1}^{n} a_i Z_i \tag{16}$$

in der Geostatistik spielt. Die so erhaltene Schätzung für die Gehalte eines Blockes ist in gewissem Sinne optimal. Das Verfahren des *Kriging* bietet gegenüber anderen Verfahren (z.B. Trendflächen) Vorteile:

— Bei der Erstellung einer Konturenkarte durch die Schätzung von Zwischenpunkten erhält man für die Probenpunkte eine Interpolation.
— Die räumliche Verteilung der Probenpunkte (regelmäßige Gitter, zufällige Verteilung usw.) wird bei der Vorratsberechnung maßgeblich berücksichtigt.
— *Kriging* liefert neben der Konturenkarte die mögliche Fehlergröße der Schätzung in jedem Punkt oder für jeden Abbaublock, was zur Konstruktion einer Fehlerkarte führt.

Letzteres ist für die Vorratsklassifizierung besonders wichtig: nimmt man an, daß die Schätzfehler normalverteilt sind, so erhält man bei einem Signifikanzniveau von 95 % eine "optimistische" Schätzung des Blockgehalts von $Z_o^* = Z^* + 2\sigma$ und eine "pessimistische" von $Z_u^* = Z \cdot 2\sigma$. Summiert man die Z_u^*, Z^*, Z_o^*-Werte aller Blöcke, so erhält man eine Klassifizierung in sichere, wahrscheinliche und angedeutete Vorräte (vgl. Abschn. 1.4.3).

Komfortable Programmpakete zur Durchführung dieser Berechnungen sind käuflich zu erwerben: einfache Programme sind bei *David (1977)* und *Journel & Huijbregts (1978)* beschrieben. Man sollte Geostatistikprogramme jedoch nicht im "black-box"-Verfahren benutzen. Die Vorbereitung der Daten, die Berechnung des experimentellen Variogramms, die Anpassung einer Modellfunktion, die Interpretation der Vorratsberechnung und der Karte der Schätzfehler erfordern ein gutes Zusammenspiel von geologischen, lagerstättenkundlichen und geostatistischen Kenntnissen und Erfahrungen, um Fehlinterpretationen zu vermeiden und die Aussagekraft der Methode optimal zu nutzen.

1.4.3 Vorratskategorien

Die durch Exploration nachgewiesenen Vorräte an mineralischen Rohstoffen sind hinsichtlich Quantität und Qualität mit Unsicherheit behaftet, die um so geringer sind, je höher der Untersuchungsaufwand war. Jedes Programm zur Erschließung von Rohstoffvorkommen stellt aber ein technisch-wirtschaftliches Optimierungsproblem dar, denn ein Maximum an Kenntnissen sollte immer mit geringsten Mitteln — und in kürzester Zeit — erreicht werden. Die Kosten für Prospektion und Exploration bringen es also mit sich, daß vor Beginn der Rohstoffgewinnung nur eine Mindestreservemenge nachgewiesen wird, während andere Lagerstättenteile noch nicht so genau bekannt sind. Es gibt also bei den Vorratsangaben technische Grenzen, bestimmt von der Nachweissicherheit bzw. von der geologischen Gewißheit. Und es gibt wirtschaftliche Grenzen, bestimmt von der Bauwürdigkeit bzw. von der bergbaulichen Bedeutung.

Diese beiden Hauptkriterien sollen bei der Einteilung von Vorräten in Kategorien Beachtung finden. Eine ausgiebige Diskussion um eine praxisorientierte und allgemein akzeptierte Klassifizierung von Vorräten mineralischer Rohstoffe lief in den Siebziger Jahren ab. Publikationen aus dem US Geological Survey *(McKelvey, 1973, 1975)*, dem kanadischen Department of Energy, Mines and Resources *(Zwartendyk, 1975)* und Mitteleuropa *(Fettweis, 1976, 1979)* haben zu Vorschlägen der Vereinten Nationen für ein internationales Klassifizierungsschema geführt, das 1978/79 von 8 Experten erstellt wurde und vom Wirtschafts- und Sozialrat der UNO im Juni 1979 allen Mitgliedsländern zur Einführung empfohlen wurde.

Die Grundlage hatte unbestritten das gemeinsame, zweidimensionale *Einteilungsschema* des US Bureau of Mines und des US Geological Survey von 1973 gelegt (sogenannte McKelvey-Box), die 1980 in revidierter Fassung veröffentlicht wurde (Abb. 1.19). Auch die Grundstruktur des UN-Systems ist matrixartig gestaltet (Abb. 1.20).

In senkrechter Richtung ist der Grad der Nachweissicherheit als Einteilungsmaßstab gewählt. Dabei wurden 3 Hauptkategorien aufgestellt:

Kategorie R-1 umfaßt diejenigen Vorräte, die auf "zuverlässigen Schätzungen" beruhen und eine Fehlergrenze von weniger als 50 % aufweisen. Die Vorräte sind hinsichtlich ihrer chemischen und physikalischen Kennwerte so gut untersucht, daß sie als Planungsgrundlage für die technische Konzeption von Bergbau und Aufbereitung dienen können. Die Kategorie R-1 beinhaltet demnach die traditionellen Klassen der "sicheren", "wahrscheinlichen" und "angedeuteten" Vorräte (A, B, C_1).

Kategorie R-2 umfaßt diejenigen Vorräte, die auf "vorläufigen Schätzungen" beruhen und deshalb eine Fehlergrenze von mehr als 50 % aufweisen. Diese Vorratsangaben sollen für die Planung weiterführender Explorationsarbeiten geeignet sein. Die Kategorie R-2 beinhaltet die bisher als "vermutete" Vorräte (C_2) eingestuften Mengen mineralischer Rohstoffe.

Kategorie R-3 umfaßt diejenigen Vorräte, die auf "versuchsweisen Schätzungen" beruhen und unentdeckte Vorkommen betreffen. Die Schätzungen wurden vorgenommen auf der Grundlage geologischer Analogien, geophysikalischer und geochemischer Indikationen und statistischer Extrapolationen. Die Kategorie R-3 beinhaltet deshalb nur hypothetische Vorräte und entspricht etwa den bisher als "prognostisch" bezeichneten Klasse D-Vorräten.

In horizontaler Richtung wird in der Einteilungsmatrix (Abb. 1.20) die Abbauwürdigkeit, also die bergwirtschaftliche Bedeutung der Vorräte berücksichtigt. Dabei wurde eine Untergliederung in zwei Kategorien gewählt:

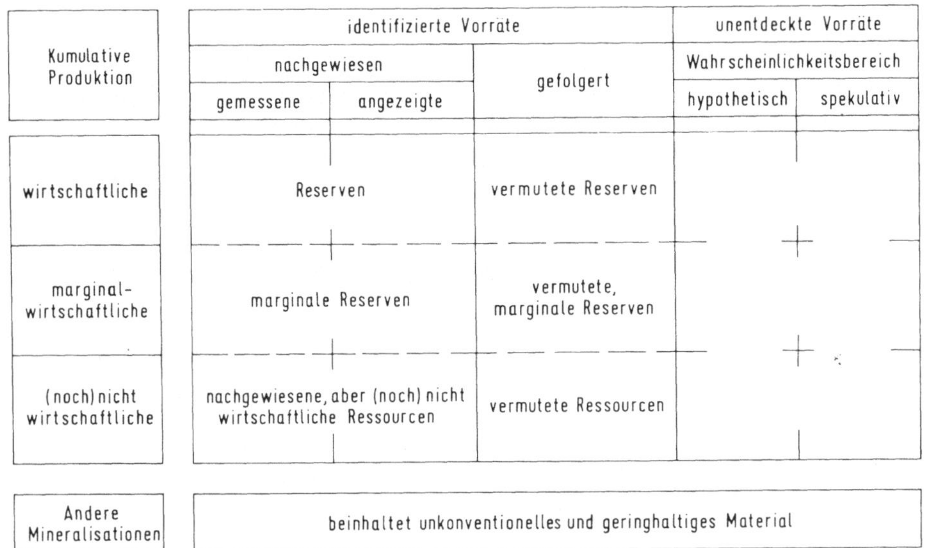

Abb. 1.19.   Vorratsklassifikation nach US Geological Survey and US Bureau of Mines (1980).

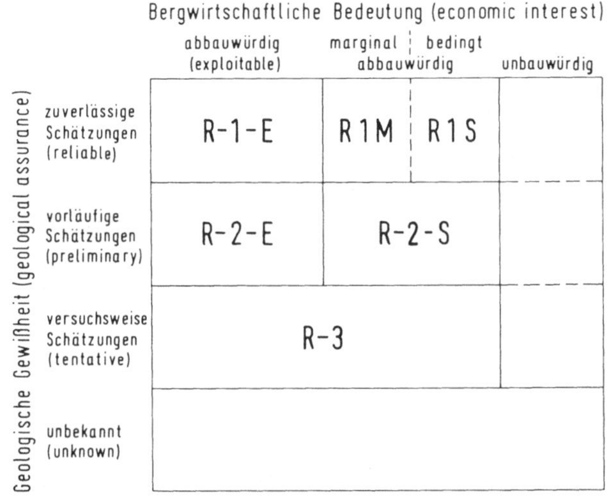

Abb. 1.20.   Vorratsklassifikation nach den Empfehlungen der UNO (1979).

Kategorie E ("Economic") umfaßt diejenigen R-1 und R-2 Vorräte, die zum Zeitpunkt der Kalkulation unter den lokalen sozioökonomischen und technischen Bedingungen abbauwürdig sind.

Kategorie S ("Subeconomic") dagegen umfaßt alle R-1 und R-2 Vorräte, die zwar noch

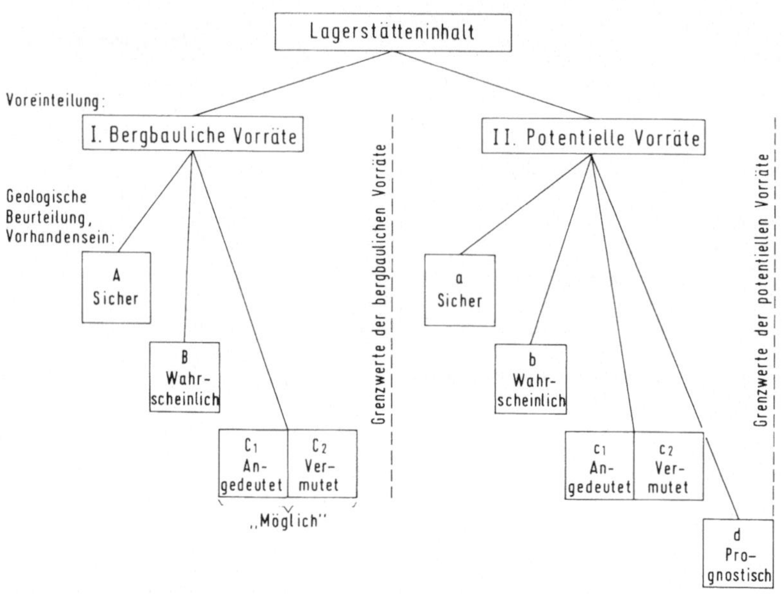

Abb. 1.21.   Vorratsklassifikation der Gesellschaft Deutscher Metallhütten- und Bergleute (1959).

nicht abbauwürdig sind, die jedoch in absehbarer Zukunft (20 bis 30 Jahre) von
bergwirtschaftlichem Interesse sein dürften.

Bei den R-1 Vorräten wurde noch eine zusätzliche Kategorie M ("marginally economic") geschaffen, die Vorratsmengen umfassen soll, die vermutlich schon bald aufgrund eines voraussehbaren Wandels der Technologie oder der Preise abbauwürdig werden dürften.

Da die Empfehlungen der UN-Experten von 1979 noch längst nicht überall bekannt
sind oder gar gebräuchlich sind, werden in den meisten Ländern noch die traditionellen
Klassifikationsschemata verwendet. Erwähnt werden sollen die Einteilungsprinzipien
in der Bundesrepublik Deutschland, in den USA und in der Sowjetunion.

In der *Bundesrepublik Deutschland* hat der Lagerstättenausschuß der Gesellschaft
Deutscher Metallhütten- und Bergleute (GDMB) 1959 eine Klassifikation empfohlen,
die noch immer verbreitete Anerkennung genießt (vgl. Abb. 1.21).

Danach werden zunächst zwei Vorratsgruppen gebildet:

a)   derzeit nutzbare Vorräte ("Bergbauliche Vorräte"), die unter gegenwärtigen Be-
       dingungen bauwürdig sind.
b)   potentielle Vorräte, die künftig für eine Nutzung in Betracht kommen könnten.

Die Gruppe *Bergbauliche Vorräte* wird in vier Kategorien (Klassen) unterteilt:

Kategorie A, sichere Vorräte: Dazu gehören alle Vorräte, deren Konturen zusammen-
hängend bekannt oder durch eng liegende Aufschlüsse gesichert sind. Die obere
Fehlergrenze liegt bei ± 10 %, die Aussagesicherheit bei über 90 %.

Kategorie B, wahrscheinliche Vorräte, deren Konturen lückenhaft bekannt sind oder
deren Zusammenhang mit sicheren Vorräten durch Aufschlüsse in hinreichendem
Abstand festgestellt wurde (Fehlergrenze ± 20 %, Aussagesicherheit 70 bis 90 %).

Kategorie C_1, angedeutete Vorräte, die durch Aufschlüsse in weitem Abstand oder
durch gesicherte geophysikalische Indikationen erkundet wurden (Fehlergrenze
± 30 %, Aussagesicherheit 50 bis 70 %).

Kategorie C_2, vermutete Vorräte, die durch Einzelaufschlüsse erkundet oder deren
Vorhandensein nach der geologischen Position und nach geophysikalischen oder
geochemischen Indikationen anzunehmen ist (Fehlergrenze ± 30 %, Aussagesicherheit 30 bis 50 %).

Auch die Gruppe *Potentielle Vorräte* ist in diese vier Kategorien (mit den Bezeichnungen a, b, c_1, c_2) unterteilt und enthält dann noch zusätzlich die Kategorie d, *prog-
nostische Vorräte*, die aus der Kenntnis der geologischen und lagerstättenkundlichen
Analogien abgeleitet werden können (Aussagesicherheit bis 30 %).

In den *USA* (Abb. 1.20) werden zunächst die Gruppe der nachgewiesenen (identified)
Vorräte von der Gruppe der unentdeckten (undiscovered) Vorräte unterschieden, wobei die abbauwürdigen (economic) und die marginal bauwürdigen (marginally economic) nachgewiesenen Vorräte als Reserven gelten.

In der *Sowjetunion* ist eine Einteilung in fünf Reservekategorien üblich, wobei die Definition für Erzvorräte auch Bedingungen hinsichtlich der Kenntnisse über hydrogeolo-
gische Verhältnisse und Abbaukonditionen stellen:

Kategorie A_1: Vorräte, die hinsichtlich Mineralgehalt und Mineralverteilung vollständig bekannt sind durch vorgerichtete Abbaublöcke im Bergbau. Die hydrogeologischen Verhältnisse sind aus der Bergbautätigkeit bekannt.

Kategorie A_2: Vorräte, die direkt an vorgerichtete Abbaublöcke oder Bohrungen grenzen, wobei die gewinnbaren Gehalte, die hydrogeologischen Verhältnisse und die
Abbaukonditionen bekannt sind.

Kategorie B: Vorräte, die mit Abbaublöcken oder Bohrungen in Verbindung stehen
und deren Lagerungsverhältnisse gut bekannt sind. Die Mineralparagenese und die
gewinnbaren Gehalte sind untersucht, aber nicht im Detail festgestellt. Die hydrogeologischen Verhältnisse und die Abbau-Konditionen sind hinreichend erkundet.

Kategorie C_1 :   Vorräte, die unterhalb von Abbaublöcken oder zwischen größeren Bohrabständen auftreten. Rohstoffqualität und Rohstofftyp sind durch Labortests bestimmt oder durch Analogieschlüsse festgestellt. Die hydrogeologischen Verhältnisse und die allgemeinen Abbaukonditionen sind vorerkundet.

Kategorie C_2 :   Vorräte, die in einigem Abstand zu solchen der Kategorien A_2, B oder C_1 auftreten und durch geologische und geophysikalische Daten belegt sind.

1.4.4 Konzepte globaler Vorratsermittlung

Für die weltwirtschaftliche Versorgung mit mineralischen Rohstoffen ist die *Gesamtverfügbarkeit* der einzelnen Bodenschätze auf der Erde von Interesse. Daher werden immer wieder Versuche unternommen, die gesamten Ressourcen global zu ermitteln. Dabei geht man nicht selten vom Maximalwert aus, nämlich dem Vorhandensein eines Rohstoffes in der Erdkruste. Die einzelnen chemischen Elemente sind in sehr unterschiedlichen Mengen am Aufbau der Erdkruste beteiligt, wobei von verschiedenen Forschern der Versuch unternommen wurde, die durchschnittlichen Gehalte der Elemente in der Erdkruste zu bestimmen. Diese Angaben werden nach Fersman als *Clarke-Werte* bezeichnet. Sie schwanken bei den Metallen zwischen 0,001 g/t für Rhodium und 27 700 g/t Silizium. Realistischere Modifikationen dieses Konzeptes beziehen nur

Tabelle 1.5. Gegenüberstellung von Rohstoffinhalt der kontinentalen Erdkruste und von bekannten Rohstoffvorräten in Lagerstätten

Rohstoff	Inhalt der Erdkruste[1] (in t)	Lagerstättenvorräte[2] (in t)
Eisen	$4{,}57 \cdot 10^{16}$	$2{,}65 \cdot 10^{11}$
Aluminium	$7{,}90 \cdot 10^{16}$	$2{,}28 \cdot 10^{10}$
Titan	$5{,}05 \cdot 10^{15}$	[3]
Mangan	$9{,}52 \cdot 10^{14}$	$4{,}9 \cdot 10^{9}$
Chrom	$7{,}33 \cdot 10^{13}$	$1{,}2 \cdot 10^{9}$
Nickel	$5{,}81 \cdot 10^{13}$	$5{,}4 \cdot 10^{7}$
Zink	$7{,}71 \cdot 10^{13}$	$2{,}4 \cdot 10^{8}$
Kupfer	$4{,}76 \cdot 10^{13}$	$4{,}9 \cdot 10^{8}$
Blei	$1{,}24 \cdot 10^{13}$	$1{,}6 \cdot 10^{8}$
Zinn	$1{,}52 \cdot 10^{12}$	$1{,}0 \cdot 10^{7}$
Antimon	$4{,}28 \cdot 10^{11}$	$4{,}7 \cdot 10^{6}$
Silber	$6{,}19 \cdot 10^{10}$	$1{,}8 \cdot 10^{5}$
Gold	$3{,}33 \cdot 10^{5}$	$3{,}7 \cdot 10^{4}$
Uran	$2{,}09 \cdot 10^{12}$	$2{,}5 \cdot 10^{6}$
Kohlen	$3{,}00 \cdot 10^{13}$	$6{,}2 \cdot 10^{12}$

1) Kontinentale Erdkruste ohne Antarktis bis 2500 m Tiefe, Quelle: Fettweis 1981.
2) Nachgewiesene bauwürdige einschließlich marginal bauwürdige Vorräte (Reserven). Quellen: US Bureau of Mines, Weltenergiekonferenz 1980.
3) keine Angaben.

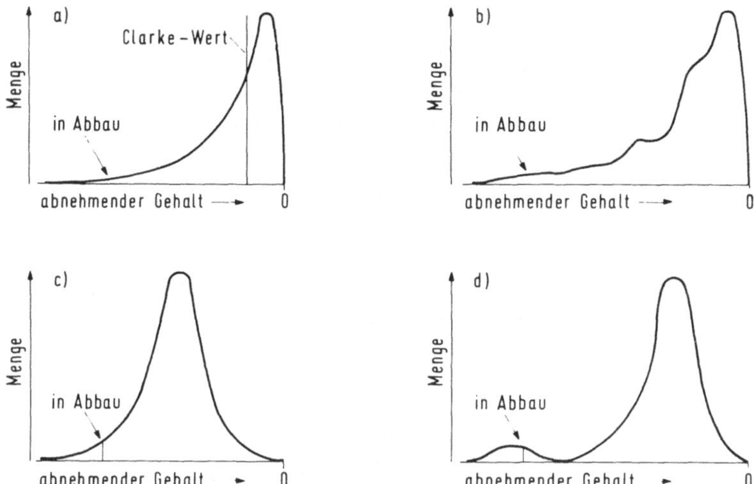

Abb. 1.22. Modelle zur Verteilung mineralischer Rohstoffe in der Erdkruste
a)   log-normale Verteilung (Fettweis, 1975);
b)   Verteilungskonzept mit Teilkollektiven (Fettweis, 1980);
c)   kontinuierliche eingipflige Verteilung für häufige Elemente wie Fe, Al, Ti (Skinner, 1976);
d)   zweigipflige Verteilung für seltenere Elemente (Skinner, 1976).

die kontinentale Erdkruste (ohne Antarktis) bis zur Tiefe von 2500 m (vgl. *Fettweis, 1981* und Tab. 1.5) ein. Von diesen Maximalmengen ausgehend werden dann Modellrechnungen angestellt, wie etwa das *Mimik-Modell (1971)*, das Ressourcen bis 2500 m Tiefe zu Metallpreisen ermittelte, die zwei- bis dreimal niedriger als die tatsächlichen Preise lagen oder das Modell des US Geological Survey, was Ressourcen bis 1000 m Tiefe bei aktuellen Preisen berücksichtigte. Bei diesen Berechnungsmodellen spielen die Vorstellungen über die Verteilung der Elementgehalte in der Erdkruste eine wesentliche Rolle.

Oft wird dabei von der logarithmisch normalen Verteilung der mineralischen Rohstoffe ausgegangen (Abb. 1.22a), doch werden auch begründete Bedenken gegen eine so gleichmäßige Verteilung vorgebracht *(Fettweis, 1981)*, was schließlich auch zu anderen Verteilungsmodellen führte, entweder getrennt nach Elementgruppen *(Skinner, 1976,* vgl. Abb. 1.22c, d) oder "stufenweise" mit erkennbaren Teilkollektiven (Abb. 122b).

Die Metalle und Industrieminerale sollen übrigens noch eher eine log-normale Verteilung in der Erdkruste aufweisen als die organischen Energieträger. Daraus würde eine relativ hohe natürliche Verfügbarkeit metallischer Rohstoffe mit hohen *Clarke-Werten* (Si, Al, Fe, Mg, Ti, Mn) resultieren und eine stärker begrenzte natürliche Verfügbarkeit für Kohlen, Erdöl und Erdgas.

Den globalen Schätzungen über die Ressourcen an mineralischen Rohstoffen liegen verschiedene Konzepte zugrunde, die wie folgt beschrieben werden können:

— das *Erdkrustenkonzept*, nach dem im Extremfall der Inhalt der gesamten Erdkruste zur Verfügung steht. Vergleicht man die derzeit bekannten Lagerstättenvorräte der wichtigsten Metalle und ihr Vorkommen in der kontinentalen Erdkruste bis 2500 m, so liegt das Verhältnis zwischen 1 : 10 und 1 : 1000000 (Tab. 1.5). Dieses Konzept ist jedoch aus technischer und wirtschaftlicher Sicht völlig unrealistisch.

— das *geologische Konzept*, nach dem alle geologisch möglichen Mineralkonzentrationen in der Erdkruste als Vorräte betrachtet werden. Zur Ermittlung werden lagerstättengenetische (z.B. metallogenetische) Provinzen abgegrenzt, ihr Potential abgeschätzt und auf Gebiete mit vergleichbaren geologischen Strukturen übertragen.

— das *wirtschaftsgeologische Konzept*, das sich auch an den geologisch möglichen Vorkommen orientiert, aber dazu die Möglichkeiten der wirtschaftlichen Nutzung in absehbarer Zukunft, beispielsweise in den nächsten 25 Jahren, berücksichtigt.

— das *bergwirtschaftliche Konzept*, das als konkretisiertes wirtschaftsgeologisches Konzept bezeichnet werden kann, weil es Zeiträume auf der Grundlage der bergtechnischen Gewinnungsmöglichkeiten angibt.

— das *Lagerstättenkonzept*, das von den technisch-wirtschaftlichen Verhältnissen der Gegenwart ausgeht und nur die schon entdeckten, bauwürdigen Vorräte berücksichtigt, die als Reserven bezeichnet werden können.

Welchem Konzept der Vorzug gegeben wird, hängt letztlich von der persönlichen Grundeinstellung eines Rohstoffwirtschaftlers oder Futurologen ab. Optimisten neigen mehr zum geologischen Konzept, Pessimisten mehr zum Lagerstättenkonzept.

2 Bewertung von Vorkommen mineralischer Rohstoffe

Ein Hauptziel wirtschaftsgeologischer Betätigung ist der Nachweis einer Lagerstätte mineralischer Rohstoffe. Dazu gehört in technischer Hinsicht die Identifizierung von ausreichenden Vorratsmengen und in wirtschaftlicher Hinsicht die Bewertung der Bauwürdigkeit. Beide Aktivitäten sollten sich in mehreren Etappen vollziehen (Prospektionsphasen, Explorationsphasen, Produktionsphasen, vgl. Abschn. 1.1), die aufeinander sinnvoll abzustimmen sind.

Wichtigstes Grundprinzip verantwortungsvollen Handelns im wirtschaftlichen Bereich sollte es immer sein, den höchsten Wirkungsgrad anzustreben. Der Zweck sollte also mit dem geringsten Einsatz von Mitteln erreicht werden (Rationalprinzip). Ob dieses Prinzip nun tatsächlich verwirklicht werden konnte, muß eine Bewertung (Evaluierung) der Tätigkeiten aufzeigen. Bewertung bedeutet zunächst nur eine Gegenüberstellung von Zweckerfolg und Mitteleinsatz. Je nach Art der Bewertung können deshalb bei einem Projekt verschiedene Kriterien ermittelt werden:

- eine *Effektiviät* durch Prüfung der Wirksamkeit der eingesetzten Untersuchungsmethoden (wissenschaftlich-technische Bewertung),

- eine *Effizienz* als Vergleich von Kosten (bzw. Aufwand) und Erlösen (bzw. Nutzen) eines Projektes (wirtschaftliche bzw. wirtschaftsgeologische Bewertung),

- eine *Signifikanz* durch Analyse der Nebeneffekte eines Projektes hinsichtlich der sozioökonomischen Entwicklung einer Region (entwicklungspolitische Bewertung).

Der Wirtschaftsgeologe wird sich auf die wirtschaftliche bzw. wirtschaftsgeologische Bewertung eines Projektes zur Gewinnung mineralischer Rohstoffe konzentrieren. Er wird zunächst versuchen, den Erfolg eines Projektes durch Gegenüberstellung von Kosten und Erlösen zu ermitteln. Aber darüber hinaus müssen alle Determinanten, die auf die Höhe der Kosten und Erlöse einwirken, festgestellt werden, um eine Optimierung anzustreben. Eine Unterscheidung zwischen Determinanten (Einflußgrößen), die im Produktionsprozeß beeinflußbar sind und solchen, die es nicht sind, ist dabei von entscheidender Bedeutung. Um dies auch nomenklatorisch auszudrücken, sollen folgende Gruppen von Bewertungsdeterminanten unterschieden werden:

- *Bewertungskoeffizienten:* alle Einflußgrößen, die gar nicht oder nur in sehr engen Grenzen variierbar sind. Hierzu zählen vor allem die verschiedenartigen naturgegebenen Faktoren, also geologisch-lagerstättenkundliche und morphologische Gegebenheiten.

– *Bewertungsparameter:* alle Einflußgrößen, die durch betriebliche Entscheidungen festgelegt werden und daher auch innerbetrieblich variierbar sind. Hierzu zählen praktisch alle technischen und wirtschaftlichen Faktoren.

Um einer Verwechslung der Begriffe vorzubeugen, soll folgendes angemerkt werden: Parameter sind variable Größen. In der Lagerstättenkunde treten viele geologische Faktoren (Erzgehalte, Inkohlungsgrad, Speichervermögen) als Parameter auf (lagerstättenkundliche Parameter), weil sie während eines Bildungsprozesses veränderlich sind. Beim Produktionsprozeß eines Bergbaubetriebes sind diese Faktoren jedoch Daten, also bewertungsmäßig keine Parameter, sondern Koeffizienten (Bewertungskoeffizienten).

Aus der Zeitabhängigkeit von Kosten und Preisen folgt, daß eine dynamische Bewertungsmethode der Realität näher kommt. Der Einsatz von EDV-Anlagen sowie die Erstellung geeigneter mathematischer Modelle und Programme ist deshalb für die Lösung von Evaluierungsaufgaben erforderlich.

2.1 Unternehmensziele und Unternehmensstrategien

Jede Aktivität zur Gewinnung von mineralischen Rohstoffen stellt für das (privatwirtschaftliche oder staatliche) Rohstoff-Unternehmen eine Investition dar, denn es werden Ausgaben getätigt und natürlich Einnahmen erhofft. Leistungswirtschaftlich überwiegen bei jeder Investition zu Beginn die Aufwendungen (Kosten), später die Erlöse (Nutzen).

Die Investition als Entscheidungsproblem weist mindestens drei Zielkriterien auf:

– die Wahl der optimalen Investitionsalternative, die der ökonomischen Zielvorstellung des Investors am nächsten kommt;

– die Wahl der optimalen Investitionsdauer, die den höchsten Gesamtnutzen erbringt;

– die Wahl des optimalen Investitionsprogrammes, das die günstigste Kombination von gleichzeitig zu realisierenden Projekten beinhaltet.

Jede Investition ist mit Zielsetzungen verbunden, die oft ein ganzes Zielbündel darstellen. Private Unternehmen werden vorrangig monetäre Ziele (Gewinnmaximierung) verfolgen, staatliche Unternehmen daneben auch nicht-monetäre Interessen. Investitionsrechnungen können nur die Vorteilhaftigkeit der ökonomischen Komponenten nachweisen, während Nutzen-Kosten-Analysen auch die sozialpolitischen Aspekte berücksichtigen.

2.1.1 Zielvorstellungen zur Rohstoffgewinnung

Die Projektziele im Bereich der Rohstoffgewinnung richten sich eindeutig nach dem Investitionsträger. Private und öffentliche Investoren können zwar gleichartige Ziele verfolgen, oft lassen sich jedoch getrennte Zielkataloge erkennen.

Erwerbswirtschaftlich orientierte Unternehmen verfolgen als Zielvorstellungen:

a) *reine Investitionsinteressen*, wie
   — Streben nach lukrativen Gewinnen bzw. hoher Rentabilität,
   — Ausnutzung von Subventionen

   oder

b) *Produktionsinteressen*, wie
   — Versorgung von Verarbeitungsbetrieben (Erzkonzentrate für Hütten, Rohöl für Raffinerien usw.),
   — Vergrößerung des Handelsvolumens bei Firmen des Metallhandels oder Mineralölhandels,
   — Erweiterung des Know-how auf einem bestimmten Gebiet der Gewinnung mineralischer Rohstoffe.

Die Zielvorstellungen des Staates sind zwar auch erfolgsorientiert, beinhalten aber zusätzlich noch nichtmonetäre Aspekte wie:

a) *Interessen der Entwicklungspolitik* (vgl. Abschn. 7), wie
   — Verbesserung der Devisenbilanzen,
   — Verminderung der Arbeitslosigkeit,
   — Ausgleich regionaler Ungleichgewichte,
   — Diversifizierung der Produktion

   oder

b) *Interessen der Rohstoffversorgung* (vgl. Abschn. 6.1), wie
   — Sicherung von Rohstoffbezügen,
   — Milderung von starken Preisschwankungen,
   — Verbesserung der Struktur der Rohstoffversorgung.

Selbstverständlich werden mit einem Projekt mehrere Ziele gleichzeitig verfolgt. Deshalb ist aber eine Überprüfung des Zielsystems notwendig, vor allem um festzustellen, ob

— die Ziele miteinander vereinbar sind (Ziel-Kompatibilität),
— das Zielsystem in sich logisch ist (Ziel-Konsistenz),
— das Zielsystem realistisch ist.

2.1.2 Unternehmensstrategien bei Investitionsentscheidungen

Die Strategien zur Erreichung der Ziele werden von allgemeinen Rahmenbedingungen begrenzt, die auch die Unternehmensphilosophie prägen. Solche begrenzenden Faktoren sind etwa die Wirtschaftspolitik des Staates, die Anschauungen der Öffentlichkeit, die Aktionärsinteressen, die Arbeitnehmerinteressen einschließlich der Mitbestimmungsmöglichkeiten, die Unternehmensstruktur oder auch das Verhalten von Zulieferindustrie oder Kunden.

Dieser strategische Rahmen prägt den Entscheidungsprozeß, der normalerweise eine Alternativauswahl darstellt. Drei strategische Grundsatzentscheidungen kommen in Betracht:

- Expansion des Unternehmens (Wachstum),
- Erhaltung der Umsätze oder der Gewinne (Konsolidierung),
- Schrumpfung zum Zwecke des Überlebens (Rationalisierung).

Hinsichtlich des Betriebserfolges können für einen bestimmten Zeitraum Prioritäten gesetzt werden für

- Erhöhung des Umsatzes,
- Erhöhung der Gewinne,
- Erhöhung der Marktanteile.

Wenn die Entscheidung für eine Alternative gefallen ist, müssen die operativen Einzelmaßnahmen angepaßt werden. Dies geschieht dann mit Methoden der Unternehmensforschung (Operations Research), die sich statistischer Verfahren, linearer Programmierung, der Spieltheorie, der Informationstheorie, der Monte-Carlo-Theorie oder Methoden der Logistik bedient.

Als strategische Maßnahmen von Rohstoffunternehmen können erwähnt werden:

- die Rohstoffauswahl, wobei sich Unternehmen auf traditionelle Rohstoffe konzentrieren, wie etwa International Nickel Co. auf Nickel, Kupfer und Platinmetalle;– Alcan Aluminium Ltd. auf Aluminium;– Metallgesellschaft AG auf Blei und Zink. Oder es wird eine Diversifizierung angestrebt, wie etwa AMAX Inc., die ursprünglich auf Molybdän spezialisiert war (als American Metal Climax Inc.), dann aber die Aktivitäten auf Kupfer, Blei, Zink, Nickel, Wolfram und sogar Kohle, Erdöl und Erdgas ausdehnte. Oder einige Mineralölgesellschaften diversifizierten und expandierten durch Erwerb von Unternehmen des Kohlebergbaus oder des Erzbergbaus.

- die regionalen Präferenzen, wobei eine Konzentration der Exploration auf bestimmte Länder oder Regionen erfolgt. Als Beispiel soll Noranda Mines Ltd. erwähnt werden, die sich auf die kanadische Provinz Quebec spezialisiert. Oder andere Unternehmen bevorzugen bestimmte Länder, wie Kanada und Australien. Und wieder andere Unternehmen treffen zu einem bestimmten Zeitpunkt die strategische Entscheidung, weltweit tätig zu sein.

— die Zusammenarbeit mit anderen Unternehmen, die sich vor allem in der Bildung von Konsortien und Joint Ventures äußert (vgl. Abschn. 7.2). Damit werden vor allem Explorations- und Investitionsrisiken verteilt oder der Zugang zu bestimmten Konzessionsgebieten ermöglicht.

2.2 Bewertungsmethoden

Die Wirtschaftswissenschaft hat verschiedene Methoden für die Bewertung der Vorteile von investitionspolitischen Maßnahmen entwickelt.

Bei den Kosten für Prospektion, Exploration und Gewinnung mineralischer Rohstoffe handelt es sich um Investitionen, zumindest im weitesten Sinne. Das Verhältnis von Aufwand für eine Investition zum Nutzen aus einer Investition ist ein Maß für die Wirtschaftlichkeit der Investition. Eine Bewertung der Investition muß sich dabei immer an den angestrebten Zielen orientieren. Es besteht beispielsweise oft ein deutlicher Unterschied zwischen Investitionen privater Unternehmen und Investitionen öffentlicher Verwaltungen. Während erstere immer einen erwerbswirtschaftlichen Erfolg anstreben, sind letztere häufig auf einen gesamtwirtschaftlichen Nutzen aus. So unterschiedlich also die angestrebten Ergebnisse sind, so unterschiedlich sind auch die Methoden für die Bewertung des Mitteleinsatzes. Als wichtigste Erfolgsrelationen gelten:

— die *Wirtschaftlichkeit* einer Investition (wirtschaftliche Effizienz): das Verhältnis von Erlösen und Kosten.
— die *Rentabilität* einer Investition (finanzielle Effizienz): das Verhältnis von Gewinn zum eingesetzten Kapital.
— die *Produktivität* einer Investition (technische Effizienz): das Mengenverhältnis von Input und Output (Faktoreneinsatzmengen und Faktorenertragsmengen).
— die *Vorteilhaftigkeit* einer Investition (Gesamteffizienz): das Verhältnis von Nutzen und Aufwand.

Grundsätzlich wird zwischen statischen und dynamischen Rechenverfahren unterschieden. Die statischen (einperiodischen) Methoden basieren auf einer vergleichenden Kosten- und Leistungsrechnung bzw. Aufwands- und Ertragsrechnung, während die dynamischen (mehrperiodischen) Methoden die Zahlungsströme (Ausgaben und Einnahmen im Zeitablauf) berücksichtigen. Bei den dynamischen Methoden wird der Investitionsprozeß also als Kostenreihe und als Erlösreihe dargestellt. Dieser Cash-Flow berücksichtigt bei

— den Ausgaben: laufende Betriebsausgaben, wie Arbeitskosten (Löhne, Gehälter,

Sozialabgaben) und Materialkosten (Dieselöl, Sprengstoff, Ersatzteile, Schmier-
stoffe usw.); Investitionsausgaben (Grundstücke, Gebäude, Abbaugeräte, Trans-
portfahrzeuge, Aufbereitungsanlage) sowie Steuern.
— den Einnahmen: Umsatzerlöse aus dem Verkauf der Bergbauprodukte und Liqui-
dationserlöse beim Verkauf von Restwerten am Ende des Betriebszeitraumes.

2.2.1 Wirtschaftlichkeitsrechnungen

Wesentlich bei jeder Wirtschaftlichkeitsrechnung ist die wertmäßige Erfassung aller
Kosten und Erlöse. Die Kosten werden dabei zweckmäßigerweise nach Kostenarten
gruppiert, nach folgendem Schema:

— Arbeitskosten: alle Personalkosten, wie Löhne, Gehälter, Personalversicherungen,
— Kapitalkosten oder kalkulatorische Kosten: Kalkulatorische Abschreibungen und
  Zinsen, Darlehnszinsen, Risikoprämien,
— Materialkosten: Roh-, Hilfs-, Betriebsstoffe (wobei Energiekosten mitunter als
  eigenständige Kostenart ausgegliedert werden),
— Fremdleistungskosten: Transportkosten, Mieten, Versicherungen,
— Sonstige Kosten: Steuern, Gebühren, Abgaben, Zölle.

Die Erlöse richten sich nach den Produktmengen und den Rohstoffpreisen. Bei statischen Wirtschaftlichkeitsrechnungen wird lediglich ein Vergleich der (meist abge-
schätzten) Kosten und Erlöse durchgeführt. Eine solche Betrachtungsweise ist recht
realitätsfern, weil Kosten und Erlöse in aller Regel zu unterschiedlichen Zeitpunkten
entstehen.

Eine Berücksichtigung des Zeitmoments geschieht bei den Methoden der dynamischen
Wirtschaftlichkeitsrechnung, wobei insbesondere die Kapitalwertmethode und die Interne Zinsfußmethode in der Bewertungspraxis von Bedeutung sind. Diese Methoden
beruhen auf dem Prinzip der Diskontrechnung und gehen davon aus, daß die Ausga-
benreihe und die Einnahmenreihen einer Investition mit Hilfe eines Kalkulationszins-
fußes auf einen gleichen Zeitpunkt diskontiert werden können.

Erwähnt werden soll noch die Annuitätsmethode, bei der der Anschaffungswert und
alle zukünftigen Kosten in gleich große Jahresbeträge (Annuitäten) verrechnet werden.
Auch die Erträge werden auf Jahresreihen umgerechnet und beide Reihen in äquivalen-
te Reihen umgeformt. Diese Bewertungsmethode hat keine weite Verbreitung bei Rohstoffprojekten gefunden.

2.2.1.1 Kapitalwertmethode

Bei der Kapitalwertmethode werden alle zukünftigen Zahlungen (Einnahmen und Ausgaben) mit einem festen Zinssatz auf einen Bezugszeitpunkt diskontiert. Dabei wird der

Investitionszeitraum in eine Reihe gleicher Perioden unterteilt (z.B. Jahre).

Das Ergebnis der Kapitalwertmethode ist ein Kapitalwert, der als Differenz abgezinster Erträge und Kosten für einen bestimmten Kalkulationszeitpunkt berechnet wird. Für die Abzinsung wird ein Kalkulationszinssatz verwendet, der aus dem landesüblichen Zinsfuß plus einem Risikozinsfuß besteht. Die Höhe des Risikozinsfußes ist eine rein unternehmerische Entscheidung, die sich nach der Einschätzung des Projektrisikos richtet. Vor allem Mineralölfirmen beurteilen das Risiko eines Erdölprojektes im allgemeinen hoch, was auch zu einem hohen Risikozinsfuß führt (5 bis 10 % p.a.). Der Kapitalwert C_0 ist also die Differenz zwischen dem Barwert der Erträge (E_0) und dem Barwert der Kosten (K_0):

$$E_0 = \frac{e_1}{q} + \frac{e_2}{q^2} + \frac{e_3}{q^3} + \dots + \frac{e_n}{q^n} + \frac{A}{q^n} \tag{17}$$

$$K_0 = K_1 + \frac{k_2}{q} + \frac{k_2}{q^2} + \frac{k_3}{q^2} + \dots + \frac{k_n}{q^{n-1}} \tag{18}$$

$$C_0 = E_0 - K_0 \tag{19}$$

$$
\begin{aligned}
e &= \text{Jahreserträge,} \\
A &= \text{Restwert der Anlage,} \\
q &= \text{Zinsfaktor } 1 + p/100, \\
k &= \text{Jahreskosten,} \\
p &= \text{Kalkulationszinsfuß.}
\end{aligned}
$$

Ist der Kapitalwert positiv, also der Barwert der Erträge höher als der der Kosten, ist die Investition vorteilhaft.

Ein hoher Kapitalwert deutet auf eine günstige Investition hin. Natürlich liegt die Unsicherheit der Aussage vor allem darin begründet, daß die durchschnittlichen Jahreserträge und -kosten in solchen Wirtschaftlichkeitsanalysen als gleichgroß angenommen werden. Man geht also davon aus, daß sich Kosten und Preise etwa im gleichem Verhältnis erhöhen (was beispielsweise bei Erdöl durch die OPEC-Preispolitik keineswegs gilt).

Der Kapitalwert wird vom Kalkulationszinsfuß ganz entscheidend beeinflußt. Die Ermittlung oder Festsetzung dieses Zinsfußes ist gerade für Bergbauinvestitionen umstritten, denn es werden dabei zwei völlig unterschiedliche Komponenten vermischt, nämlich die Rentabilität der Investitionen und das Risiko der Investitionen. Investitionsrisiken sollen aber eigentlich nicht in Wirtschaftlichkeitsrechnungen eingehen, sondern bestenfalls bei der Beurteilung von Kapitalrückflußzeiten herangezogen werden. Trotzdem wird dies immer wieder getan, auch bei der Bewertung von laufenden Bergbauunternehmen oder laufenden Bergbaubetrieben. Wenn ein Betrieb verkauft werden soll oder wenn die Höhe von Entschädigungen für Enteignungen festgestellt werden soll, wird ein Tageswert oder Gegenwartswert eines Bergwerkes berechnet. Noch heute wird für eine solche Bewertung in der Praxis vielfach die *Hoskold-Formel* benutzt.

Danach wird der Gegenwartswert R wie folgt berechnet:

$$R = \frac{G}{\dfrac{p}{(1+p)^n - 1} + p_1} \tag{20}$$

$$
\begin{aligned}
G &= \text{Jahres-Reingewinn,} \\
p &= \text{landesüblicher Zinsfuß,} \\
p_1 &= \text{Risiko-Zinsfuß,} \\
n &= \text{verbleibender Betriebszeitraum.}
\end{aligned}
$$

Beispiel: Die Förderleistung eines Bergwerkes beträgt 100000 t/a, an nachgewiesenen Erzvorräten sind noch 1,2 Mio. t vorhanden, der durchschnittliche Reingewinn beträgt 1,20 DM/t Roherz, der normale Zinsfuß liegt bei 6 % und der zusätzliche Risiko-Zinsfuß soll 5 % betragen ($G = 120000$,- DM, $n = 12$ Jahre, $p = 0{,}06$, $p_1 = 0{,}05$).

$$R = \frac{120\,000}{\dfrac{0{,}06}{1{,}06^{12} - 1} + 0{,}05} = 1\,097\,895\text{,– DM}$$

Dieses Bergwerk ist also noch rund 1 Mio. DM wert.

2.2.1.2 Interne Zinsfußmethode

Die Methode des internen Zinsfußes ermittelt die interne Rendite einer Investition. Es wird derjenige Zinsfuß berechnet, bei dem der Gegenwartswert einer Investition gleich Null ist. Der interne Zinsfuß entspricht damit der Effektivverzinsung einer Investition, die erwartet werden kann.

In der Formel

$$\frac{e_1}{1+r} + \frac{e_2}{(1+r)^2} + \frac{e_3}{(1+r)^3} + \dots + \frac{e_n}{(1+r)^n} - I = 0 \tag{21}$$

ist r der interne Zinsfuß in Bruchform p/100 und I die Investition. Ist der interne Zinsfuß höher als der Kalkulationszinsfuß, ist die Investition lohnend, ist er niedriger, ist die Investition unrentabel.

In der Praxis wird die interne Zinsfußmethode oft der Kapitalwertmethode vorgezogen. Doch vom wissenschafts-theoretischen Standpunkt aus hat die Methode des internen Zinsfußes erhebliche Schwächen. Für einen Kapitalwert von Null sind nämlich theoretisch n Lösungen möglich. Doch in der Praxis ergeben sich normalerweise eindeutige Lösungen, denn anfänglichen Netto-Auszahlungen folgen später nur noch Netto-Einzahlungen. Außerdem wird der Methode angelastet, daß sie impliziert, daß alle Einzahlungen zu dem errechneten Zinsfuß wieder angelegt werden können, was meist unrealistisch ist. Diese Unzulänglichkeiten deuten letzten Endes darauf hin, daß Bewertungen zwar Entscheidungshilfen liefern können, das unternehmerische Risiko aber nicht völlig vermeiden können.

2.2.2 Entscheidungstechniken

Wenn die Entscheidungsträger von Investitionsvorhaben Behörden sind, dann ist nicht, wie bei gewerblichen Rohstoffunternehmen, die Gewinnmaximierung relevant, sondern die volkswirtschaftliche Effizienz (Gesamteffizienz). Öffentliche Investitionen, zu denen in Entwicklungsländern immer häufiger auch Rohstoffprojekte zählen, werden nach Kriterien der Wohlfahrtsökonomik getätigt. Zur Quantifizierung des vollen volkswirtschaftlichen Nutzens von Mineralrohstoffprojekten können die gebräuchlichen Entscheidungstechniken der Wohlfahrtstheorie herangezogen werden, nämlich

—   die Nutzen-Kosten-Analyse (Cost-Benefit-Analysis),
—   die Nutzwertanalyse und
—   die Kostenwirksamkeitsanalyse.

Die größten Schwierigkeiten bereitet bei diesen Bewertungsmethoden die monetäre Bewertung von sozialen Nutzen.

Für Rohstoffprojekte ist übrigens die Nutzen-Kosten-Analyse (NKA) den anderen beiden Methoden vorzuziehen, weil

—   die NKA alleine die absolute Vorteilhaftigkeit bestimmt und nicht nur die relative Vorteilhaftigkeit. Nur die NKA kann Auskunft darüber geben, ob ein positiver Netto-Nutzen durch das Projekt erzielt werden kann;
—   die NKA die Dimension Zeit zumindest explizit in die Analyse aufnimmt, was gerade bei Rohstoffprojekten wichtig ist.

2.2.2.1 Nutzen-Kosten-Analyse

Die NKA ermittelt den Gegenwartswert aller wirtschaftlichen und sozialen Nutzen und Kosten eines Projektes. Die sozialen Nutzen sollen alle positiven Veränderungen des Bedürfnisbefriedigungsniveaus sein, die sozialen Kosten alle negativen Veränderungen. Nutzenzuwächse und Nutzenentgänge (Kosten) müssen also erfaßt werden, doch bereitet dies in der Praxis erhebliche Schwierigkeiten, da intangible Nutzen und Kosten schwer quantifizierbar sind.

Zur Bewertung der Nutzen und Kosten benutzt die NKA, wo immer möglich, Marktpreise. Wo dies nicht möglich ist, werden "Schattenpreise" verwendet. Darunter werden fiktive Preise für Leistungen verstanden, die nicht über Märkte an die Verbraucher gelangen. Da Nutzen und Kosten eines Projektes zu unterschiedlichen Zeitpunkten anfallen, muß ein Gegenwartswert ermittelt werden. Dies ist mit Hilfe der Kapitalwertmethode (vgl. Abschn. 2.2.1.1) möglich, wobei auch hier wieder die Wahl eines geeigneten Zinsfußes Schwierigkeiten bereiten kann.

Eine Reihe von Institutionen hat Richtlinien zur Durchführung von Nutzen-Kosten-Analysen erlassen, etwa die OECD, die Weltbank, die UNIDO.

Das Ergebnis einer Nutzen-Kosten-Analyse ist ein positiver oder negativer Nutzwert als Summe von Teilnutzwerten. Dieser Nutzwert sollte möglichst eine monetäre Größe sein.

Aus den Resultaten der Nutzen-Kosten-Analysen läßt sich für die Explorationsprojekte ein Bewertungsschema entwickeln, das der Entscheidungsfindung dienen kann bei

- der Auswahl alternativer Explorationsprojekte,
- der Kontrolle der Vorteilhaftigkeit laufender Prospektions- oder Explorationsprojekte,
- der Prüfung der Finanzierungswürdigkeit von Bergbauprojekten nach Abschluß der Explorationsarbeiten.

Die Durchführung einer Nutzen-Kosten-Analyse konzentriert sich auf die Ermittlung der erwähnten Teilnutzwerte.

Je nach Genauigkeit einer monetären Nutzenerfassung müssen unterschieden werden:

- direkte Nutzen, monetär bestimmbare Erlöse oder Gewinne,
- indirekte Nutzen, nur über Schattenpreise bestimmbare Gewinne,
- intangible Nutzen, nur verbal erfaßbare Vorteile.

Die direkten Nutzen eines Bergbauprojektes lassen sich als finanzielle Gewinne (bzw. Verluste) ermitteln. Die Gewinne können unter Benutzung der Formeln (17 bis 19) berechnet werden und ergeben den Teilnutzwert N_1.

Als indirekte Nutzen eines Projektes zur Gewinnung mineralischer Rohstoffe können hinzukommen:

- Devisenerlöse und/oder Deviseneinsparungen,
- Verminderung der Arbeitslosigkeit,
- Ausbildung und Weiterbildung von Arbeitskräften,
- Erhöhung der inländischen Wertschöpfung,
- Verbesserung der Kapazitätsauslastung von Hütten oder Halbzeugfabriken.

Insbesondere in Ländern mit Devisenbewirtschaftung und Zahlungsbilanzdefiziten sind die Devisenerlöse aus dem Export mineralischer Rohstoffe, respektive die Devisenersparnisse durch Verringerung von Rohstoffimporten, von erheblichem Nutzen. Für eine monetäre Bewertung dieser Nutzen können als Wertmaßstab die Zinsen für einen Devisenkredit angesetzt werden, wobei die Zinssätze des Internationalen Währungsfonds (2 bis 5 % p.a.) gelten können. Ein Teilnutzwert N_2 würde dann wie folgt berechnet:

$$N_2 = E_n \left(1 + \frac{i}{100} \right) - E_n \tag{22}$$

wobei E_n die Devisenerlöse im Betriebszeitraum und i der Kalkulationszinsfuß sind.

Als Schattenpreise für die Verminderung der Arbeitslosigkeit kann die Differenz zwischen Arbeitslosenunterstützung (oder Sozialhilfe) und dem Arbeitseinkommen der neu einzustellenden Belegschaft herangezogen werden, woraus sich dann der Teilnutzwert N_3 ergibt.

Der Nutzen für Ausbildung und Weiterbildung von einheimischem Personal während der Dauer eines Explorationsprojektes oder eines Bergbaubetriebes läßt sich meist als Differenz zwischen der Besoldung vor und nach der Ausbildung ermitteln oder noch einfacher als Differenz zwischen dem Lohnniveau für ungelernte Arbeitskräfte und dem Lohnniveau für angelernte Arbeitskräfte. Daraus entsteht dann ein Teilnutzwert N_4.

Eine zusätzliche inländische Wertschöpfung ist vielfach sehr leicht als Preisunterschied zwischen weniger veredelten und mehr veredelten Produkten zu kalkulieren (Teilnutzwert N_5).

Unter der Kategorie intangible Nutzen werden schließlich verbal alle weiteren Nutzen eines Projektes aufgezählt, beispielsweise Verbesserungen der materiellen Infrastrukturen (vgl. Abschn. 8.3.1), regionaler Wirtschaftsausgleich, "gerechtere" Einkommensverteilung, volkswirtschaftliche Sparquote, Diversifizierung der Produktion oder auch Beitrag zur Sicherung der Rohstoffversorgung eines Importlandes.

Die UNIDO hat ein spezielles Konzept der Kosten-Nutzen-Analyse entwickelt *(Hansen, 1978)*. Die Eignung dieser Methode für die Bewertung der Gesamteffizienz von Explorationsprojekten und von Bergbauprojekten wurde mit Erfolg erprobt (C. Brixel und W. Gocht, DFG-Projekt 1982/83). Die Projektbewertung erfolgt in 5 Phasen, wobei in den Phasen 2 bis 5 jeweils Berichtigungen der reinen Finanzanalyse (Rentabilitätsanalyse) durch volkswirtschaftlich relevante Nutzenfaktoren durchgeführt werden. Eine zentrale Bedeutung wird bei der UNIDO-Methode den Einkommenseffekten und der Einkommensverteilung zugemessen (social benefit-cost-analysis). In der Phase 1 werden Input-Output-Tabellen zu Marktpreisen aufgestellt, also eine normale betriebswirtschaftliche Rechnung für das Projekt durchgeführt. Die Kosten und Erlöse werden dabei dynamisch bewertet, also nach ihrer zeitlichen Entstehung abgezinst (vgl. Abschn. 2.2.1.1).

Die erste Korrektur der Kapitalwerte erfolgt in Phase 2, indem für die Inputs und Outputs nicht mehr Marktpreise, sondern Schattenpreise ("tatsächliche volkswirtschaftliche Preise") kalkuliert werden. Beispielsweise werden bei Importgütern die Zölle abgezogen, bei subventionierten Preisen die tatsächlichen Produktionskosten verwendet und Löhne nach dem volkswirtschaftlichen Nutzen berechnet (für ehemals Arbeitslose werden höhere Werte eingesetzt als für Facharbeiter, die aus anderen Projekten abgezogen wurden). Im allgemeinen liegen die Kapitalwerte nach diesen Korrekturen niedriger (vgl. Abb. 2.1). In der Phase 3 werden dann die volkswirtschaftlichen Spareffekte des Projektes berücksichtigt, wobei die Sparquote einzelner Gruppen von Projektbeteiligten (Unternehmer, Führungskräfte, Angestellte, Arbeiter) ermittelt wird. Für die Phase 4 wird eine Analyse der Einkommensverteilung durchgeführt, also alle Effekte auf die Verteilung der Nutzen und Kosten unter den Einkommensgruppen werden kalkuliert. Dabei ergibt sich oft, daß die Einkommensverteilung "gerechter" wird bei Industrie- und Bergbauprojekten, denn das Lohnniveau der einfachen Arbeiter steigt überproportional.

Zuletzt werden in Phase 5 noch alle sozioökonomischen Nebenwirkungen (Sekundäreffekte) erfaßt, insbesondere die Nutzen von materiellen Infrastrukturen (Transportwege, Wasserversorgungs- und Energieversorgungsanlagen) als Investitionsmultiplikator oder aber die Kosten zusätzlichen Verbrauches importierter Mineralölprodukte. In einem Beispiel soll die Bewertungspraxis der UNIDO erläutert werden (Tab. 2.1 und Abb. 2.1).

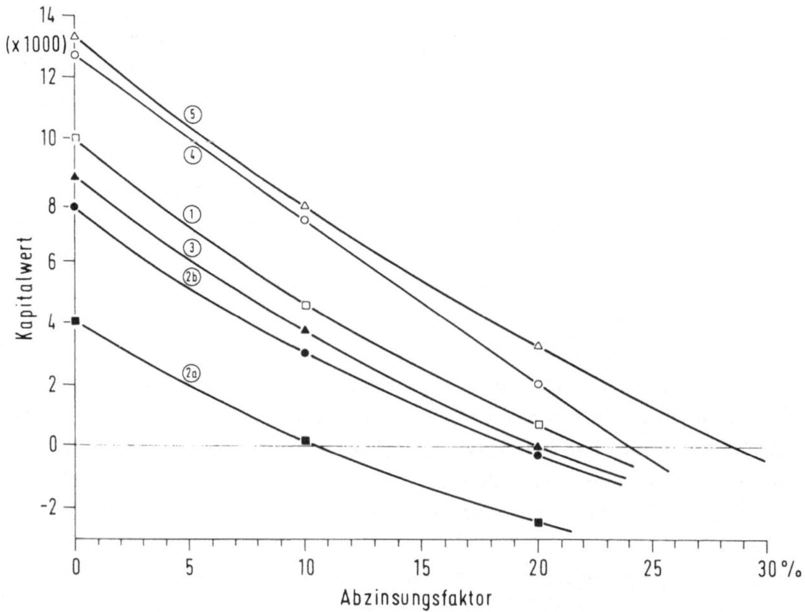

Abb. 2.1.   Nutzwert-Kurven für Projektbewertungen nach der UNIDO-Methode (Nutzwerte 1 - 5 entsprechen den Bewertungsphasen in Tab. 2.1).

Tab. 2.1.   Bewertungsmatrix für eine NKA nach der UNIDO-Methode

Bewertungsphase	Kapitalwert bei Abzinsung von			interner Zinsfuß (%)	
	0 %	10 %	20 %		
(1) Finanzwirtschaftlicher Kapitalwert	10000	4581	773	22	
(2) a) Volkswirtschaftlicher Kapitalwert	4125	301	-2371	11	
b) nach Berücksichtigung der Deviseneffekte	7755	3079	- 205	19	
(3) nach Berücksichtigung der Spareffekte	8691	3899	- 142	20	
(4) nach Berücksichtigung der Einkommensverteilungseffekte	12704	7357	2904	24	
(5) nach Berücksichtigung der Sekundäreffekte	13209	7763	3235	29	

Quelle: Hansen (1978).

2.2.2.2 Nutzwertanalyse

Die Nutzwertanalyse (NWA) wurde vor allem als Entscheidungstechnik bei mehreren Projektalternativen entwickelt. Der Entscheidungsträger soll eine Hilfestellung für die Auswahl der optimalen Alternative erhalten. Es wird nicht wie bei der NKA eine eindimensionale Optimierung durchgeführt, sondern für mehrere Zielkriterien. Die Alternative mit dem höchsten Nutzwert wird ausgewählt, wobei allerdings der Nutzwert keine monetäre Größe, sondern ein dimensionsloser Ordnungsindex ist. Dadurch ist es nicht möglich, über die Wirtschaftlichkeit des Projektes eine Aussage zu treffen. Auch die Alternative mit dem höchsten Nutzwert braucht nämlich noch keinen Gewinn (positiven Nutzen) abzuwerfen.

Die Vorgehensweise der NWA läßt sich in Stufen einteilen. Zunächst müssen alle zur Auswahl stehenden Alternativen ermittelt werden (z.B. Exploration in verschiedenen Konzessionsgebieten), danach muß der Entscheidungsträger sein Zielsystem festlegen. Für die Alternativen werden dann die angestrebten Zielerträge in einer Matrix zusammengefaßt, die durch Bewertungen in eine Zielwertmatrix transformiert wird. Schließlich werden Teilnutzen ermittelt, gewichtet und zum Nutzwert addiert.

Die Gewichtung der Teilnutzen ist oft subjektiv, ja mitunter intuitiv und deshalb für Dritte nur schwer nachvollziehbar.

2.2.2.3 Kostenwirksamkeitsanalyse

Die Kostenwirksamkeitsanalyse (KWA) verbindet Elemente der NKA und der NWA und dient ebenfalls zur Auswahl einer optimalen Projektalternative. Zielkriterien und Alternativen müssen deshalb zuerst festgelegt werden. Danach muß entschieden werden, ob nach einem Wirksamkeitskonzept (fixed-effectiveness-approach) oder nach einem Kostenkonzept (fixed-cost-approach) vorgegangen werden soll. Beim Wirksamkeitskonzept gilt dasjenige Projekt als bestes, das eine vorgegebene Wirksamkeit mit den geringsten Kosten erreicht. Beim Kostenkonzept wird das Projekt ausgewählt, das bei gegebenem Budget die höchste Wirksamkeit erzielt.

Auf der Kostenseite werden nur die monetär erfaßbaren, direkten Projektkosten berücksichtigt, während alle indirekten Kosten als Negativnutzen auf der Nutzenseite erscheinen.

Als Ergebnis der KWA erhält man einen Wirksamkeitswert, der durch Sensitivitätsanalysen noch auf seine Änderungen bei unterschiedlichen Gewichtungen untersucht werden kann.

2.2.2.4 Sensitivitätsanalysen

Bei Sensitivitätsanalysen (SA) wird der Einfluß einer Veränderung von Inputgrößen bzw. von Bewertungsparametern auf die Outputgrößen bzw. die Zielgrößen untersucht. Sensitivitätsanalysen können grundsätzlich für alle Arten von Investitionsrechnungen durchgeführt werden, also etwa für statische Kostenvergleichsrechnungen oder für dynamische Kapitalwertrechnungen; darüber hinaus auch für Nutzen-Kosten-Analysen.

Unterschieden wird zwischen globaler Sensitivitätsanalyse und lokaler Sensitivitätsanalyse. Bei globaler SA wird meist der Parameter identifiziert, der den größten Abweichungseinfluß auf die Zielgröße ausübt. Bei lokaler SA wird dagegen die zulässige Abweichung der Parameter bestimmt, die gerade noch ohne Gefährdung der Zielgröße akzeptiert werden kann.

In einer ausführlichen Studie über Bewertungsparameter für Zinnlagerstätten wurden verschiedene Sensitivitätsanalysen durchgeführt *(v. Bismarck/Volz, 1983)*, nämlich die Sensitivitäten der Produktionskosten in bezug auf die Korngrößenverteilung im Erz, auf die Erzmächtigkeit, auf die Morphologie der Abbauregion, auf die Schwermineralzusammensetzung und auf das Abraum-Erz-Verhältnis. Dabei wurde festgestellt, daß die Produktionskosten besonders sensitiv auf eine Variation der Korngrößenverteilung im Erz reagieren. Aber auch die Sensitivität der gesamten Betriebskosten auf Veränderung einzelner Kostenarten (Energiekosten, Kapitalkosten, Lohnkosten) kann untersucht werden. Für das Beispiel des Seifenzinn-Bergbaus in Südostasien ergaben sich dabei die stärksten Einflüsse durch Energiepreisänderungen (Abb. 2.2).

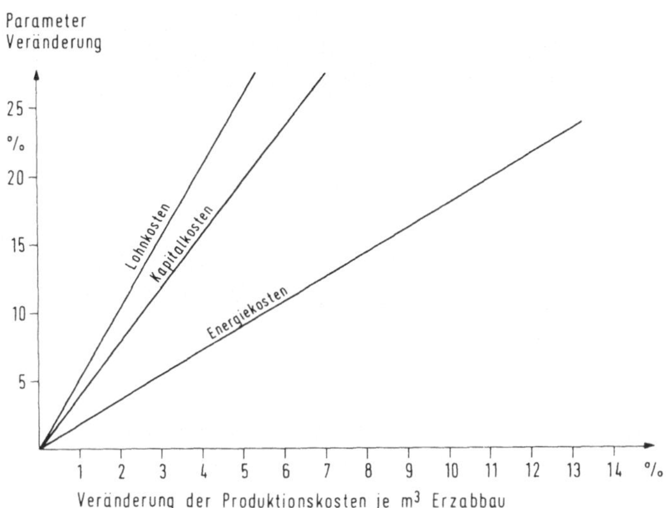

Abb. 2.2.   Sensitivität der Produktionskosten auf die Veränderung der Lohn-, Kapital- und Energiekosten (nach F. v. Bismarck, 1983).

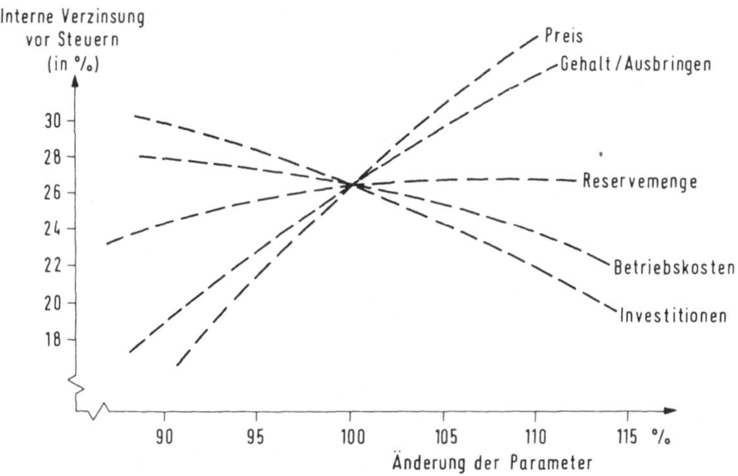

Abb. 2.3.   Sensitivitäten von bergbaulichen Parametern in bezug auf die Rentabilität eines Bergbauprojektes (nach v.d. Linden, 1980).

In sehr globalen Darstellungen wird deutlich, daß die einzelnen Parameter eines Rohstoffprojektes sehr unterschiedlichen Einfluß auf den Betriebserfolg haben können und deshalb eine Sensitivitätsanalyse wertvolle Erkenntnisse für die Investitionsentscheidung bringen kann (Abb. 2.3).

Schließlich soll noch die Verwendung der lokalen Sensitivitätsanalyse bei der Beurteilung von Explorationsprojekten erwähnt werden. Es läßt sich beispielsweise mit dieser Methode der Bereich feststellen, in dem die Vorratsmengen und Gehalte schwanken dürfen, ohne den Explorationserfolg zu gefährden.

2.2.3 Graphische Bewertungsmethoden

Für graphische Ermittlung von Bewertungsdeterminanten werden normalerweise Nomogramme benutzt. Diese dienen insbesondere zur schnellen Abschätzung der Auswirkungen, die Veränderungen von Bewertungsdaten nach sich ziehen. Außerdem werden sie häufig für erste Vergleiche mit analogen Projekten benutzt.

In den Nomogrammen können eine Reihe von Variablen als Kurvenschar (Isokostenlinien, Kostenisoquanten) dargestellt werden. Als Beispiele wurden ausgewählt:

— die Bestimmung der Bauwürdigkeitsgrenze für primäre Zinnerze (Abb. 2.4),
— die Ermittlung des Kapitalwertes für Seifenzinn-Betriebe in Südostasien
  (Abb. 2.5),
— die Ermittlung von Ertragsgrößen für Kupfererz-Tagebaue (Abb. 2.6).

Wie aus der Formel (23) hervorgeht, ist die Bauwürdigkeitsgrenze von 4 Variablen abhängig, nämlich von den Produktionskosten, der Fördermenge, dem Ausbringen und dem Produktpreis. Der Quotient Produktionskosten durch Fördermenge kann als spezifische Produktionskosten (z.B. £/t Roherz) ermittelt werden, so daß nur 3 Variable übrig bleiben, die in Abb. 2.4 berücksichtigt sind. Die Pfeillinie gibt ein Berechnungsbeispiel an. Bei einem Kassiterit-Konzentratpreis (Basis 72 % Sn) von 6400 £/t, einem Ausbringen von 70 % (Ausbringenskoeffizient 0,7) und spezifischen Produktionskosten von 32 £/t Roherz liegt die Bauwürdigkeitsgrenze bei 0,715 % Sn.

Ein anderes Modell bietet Abb. 2.5, doch wird diesmal der Kapitalwert (vgl. Abschn. 2.2.1.1) einer Zinnmine bestimmt, die in Südostasien Seifenerze abbaut (Bewertungsjahr 1981). Der Einstieg in der Bewertung geschieht über die Erlöse des Betriebes, die im Berechnungsbeispiel (gestrichelte Pfeillinie) 1,14 Mio. US-$ betragen. Zunächst findet das Abraum-Erz-Verhältnis von 1 : 2 Berücksichtigung, dann die Betriebskosten von 1,36 US-$ pro m^3 Roherz, dann die Energiekostensteigerung von 6 % und schließlich der Steuersatz von 40 %. Als Ergebnis wird ein Kapitalwert des Betriebes (der Lagerstätte) von 0,37 Mio. US-$ ermittelt.

Die Abb. 2.6 schließlich zeigt ein Modell, daß von Charter Consolidated Ltd. entwickelt wurde und besonders den Einfluß der Besteuerung auf die Gewinnsituation einer Bergbauinvestition zeigt. Als Beispiel wurden Kupfererze vom Typ "porphyries" gewählt, die im Großtagebau abgebaut werden können. Die Nomogramme eignen sich natürlich nicht nur zur Bestimmung einer Ertragsgröße, sondern sind zur Ermittlung verschiedener Daten verwendbar, wie die Pfeillinien andeuten.

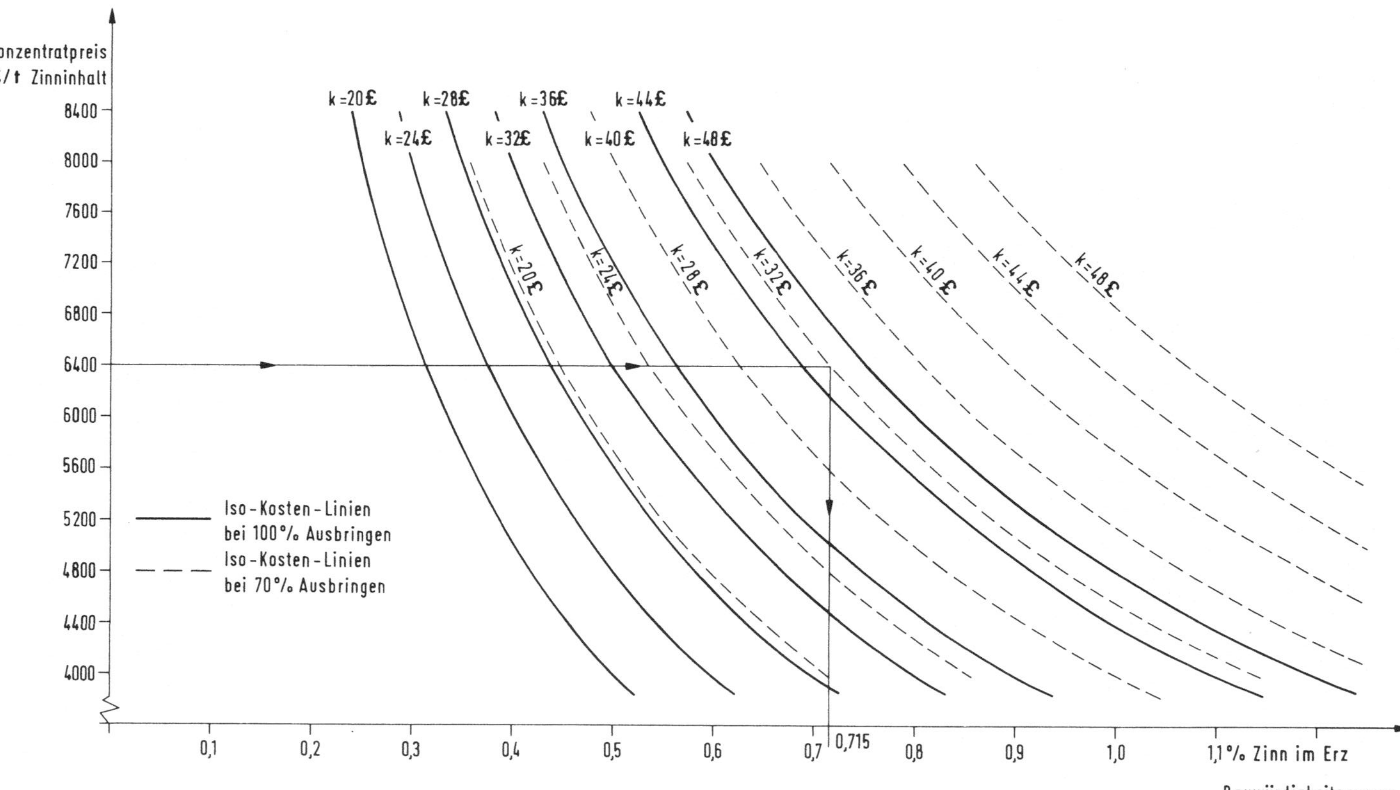

Abb. 2.4. Nomogramm zur Ermittlung der Bauwürdigkeitsgrenze in primären Zinnvorkommen (k = spezifische Gewinnungskosten in £ pro t Roherz).

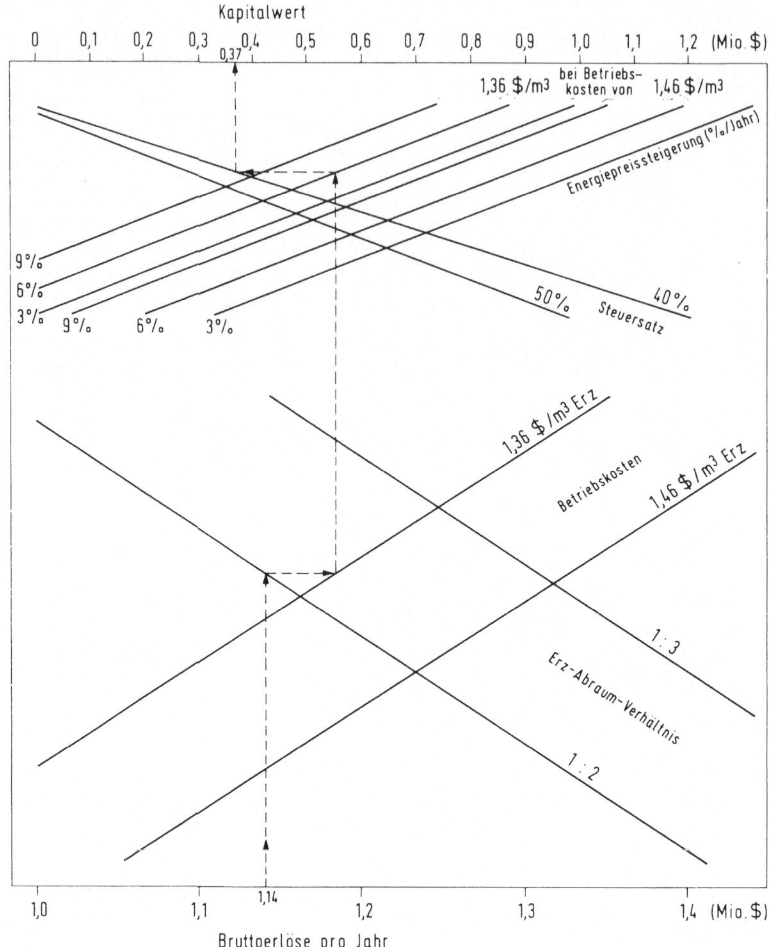

Abb. 2.5.   Nomogramm zur Ermittlung des Kapitalwertes einer kleineren Zinnmine (Kalkulationszinsfuß 10 %, nach E. Volz, 1983).

Berechnungsbeispiel I:

Kalkulation der Rentabilität eines Projektes: Roherzgehalt 0,50 % Cu, Produktpreis 1,25 US-$/kg, Roherzfördermenge 21 Mio. t/Jahr, Abraum-Erz-Verhältnis 1 : 2, Investitionsvolumen 220 Mio. US-$, Betriebszeitraum 20 Jahre.

Ergebnis: Der gepunkteten Linie (Abb. 2.6) in Pfeilrichtung folgend ergibt sich ein Nettoertrag von 15,7 % im Land mit geringerer Besteuerung und von 12 % im Land mit höherer Besteuerung.

Berechnungsbeispiel II:

Kalkulation des Kupferpreises, der für einen Nettoertrag von 15 % erforderlich ist:

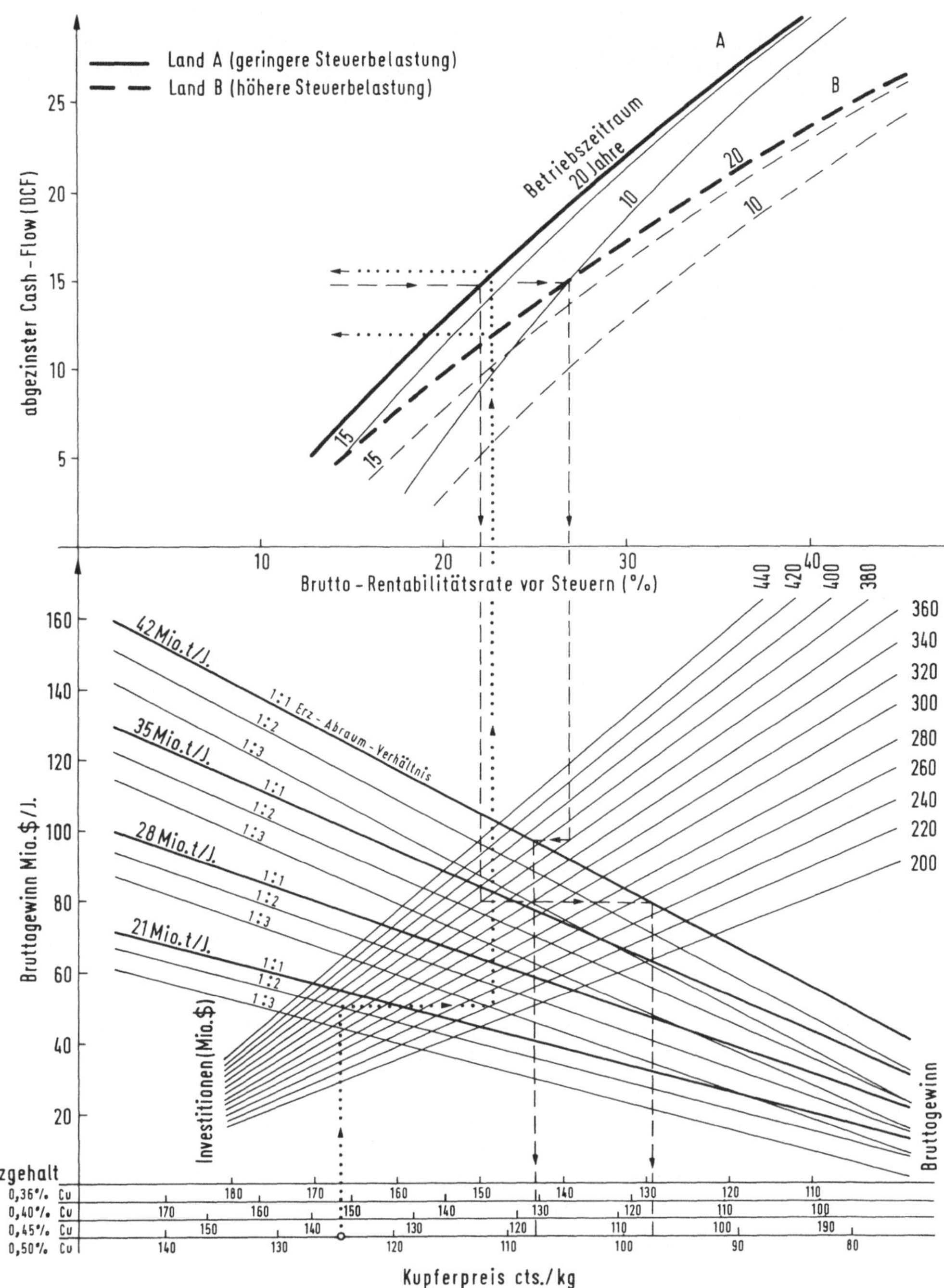

Abb. 2.6. Multivariables Nomogramm zur Ermittlung von Ertragsgrößen in Kupfererz-Tagebauen.

Roherzgehalt 0,36 % Cu, Roherzfördermenge 42 Mio. t/Jahr, Abraum-Erz-Verhältnis 1 : 1, Investitionsvolumen 360 Mio. US-$, Betriebszeitraum 20 Jahre. Ergebnis: Den gestrichelten Linien in Pfeilrichtung folgend ergibt sich ein Kupferpreis von 1,29 US-$/kg für ein Land mit geringerer Besteuerung und von 1,43 US-$/kg für ein Land mit höherer Besteuerung.

2.2.4 Bewertungsmodelle

Ökonometrische Modelle für die Bewertung von Vorkommen mineralischer Rohstoffe sind vor allem in der Erdölindustrie entwickelt worden. Erwähnt werden soll das *Fisher-Modell* von 1964, das 3 Grundgleichungen benutzt zur Vorhersage

- der jährlichen Anzahl von Explorationsbohrungen (wild cats),
- der Fündigkeitsrate (Verhältnis von Explorationsbohrung zu fündigen Bohrungen) und
- dem Umfang der Neufunde.

Die drei Variablen können zur Abschätzung der neuentdeckten Erdölvorräte im Vorhersagejahr genutzt werden.

Das Konzept von Fisher wurde 1975 benutzt von *MacAvoy* und *Pindyck* zur Weiterentwicklung des Modells, das dann 1978 von Pindyck noch einmal modifiziert wurde. Dabei wird stets Bezug genommen auf eine Referenzperiode, die Daten über bisherige Fündigkeitsraten und Fundmengen liefert. Außerdem gehen der Ölpreis (Durchschnitt der letzten 3 Jahre), die Anfangsvorräte in einem Lagerstättendistrikt und die kumulative Produktion in die Gleichungen ein.

2.3 Bewertung von Explorationsprojekten

Eine Bewertung von Projekten zur Exploration mineralischer Rohstoffe ist schwierig, weil für das Ergebnis normalerweise kein Markt vorhanden ist. Das Produkt der Explorationstätigkeiten stellt lediglich den mehr oder weniger sicheren Nachweis von Vorkommen mineralischer Rohstoffe in bestimmten Mengen, von bestimmten Qualitäten, in einem bestimmten Gebiet dar. Wenn ein entdecktes Mineralvorkommen auch keinen Marktpreis hat, besitzt es jedoch unbestreitbar einen Wert. Um den Wert bzw. Nutzen eines Explorationsergebnisses erfassen zu können, sind verschiedene theoretische Ansätze denkbar:

- Der Wert der gefundenen Vorräte wird dadurch bestimmt, daß die Möglichkeiten der Errichtung eines rentablen Bergbaubetriebs geprüft werden (vgl. Abschn. 2.2.1).

— Der Nutzen der Vorräte wird durch eine Vorteilhaftigkeitsrechnung ermittelt, die
   die Gesamteffizienz des Projektes berücksichtigt (vgl. Abschn. 2.2.2).
— Der Nutzen des Vorkommens wird am Aufwand zur Reproduktion (Neuerschlie-
   ßung) vergleichbarer Vorratsmengen gemessen (eine Art Wiederbeschaffungspreis
   wird kalkuliert).

Bisher hat sich die Bewertung von Explorationsprogrammen auf den ersten Ansatz
konzentriert. Nach Abschluß der geologischen und lagerstättenkundlichen Arbeiten
wurde eine *Wirtschaftlichkeitsanalyse (Prefeasibility-Studie)* für künftige Bergbauinvestitionen angestellt.

Als Nachteile dieser Bewertungspraxis wären zu nennen:

— während der Durchführung eines Explorationsprogrammes sind keine Entscheidungshilfen für Abbruch oder Weiterführung der Arbeiten erhältlich;
— die Effizienz der Prospektions- und Explorationsarbeiten wird nicht ermittelt. Mitunter bleibt der Aufwand dafür in den Investitionsrechnungen sogar unberücksichtigt;
— die üblichen Wirtschaftlichkeitsrechnungen sind streng genommen nur für kommerzielle Investitionen konzipiert. Für Projekte, die durch öffentliche Mittel getragen oder gefördert werden, müssen aber auch soziale und entwicklungspolitische
   Nutzeffekte berücksichtigt werden, was bei reinen Prefeasibility-Studien kaum geschieht.

2.3.1 Projektphasen bzw. Bewertungsphasen

Für den Bewertungsvorgang ist es erforderlich, das gesamte Rohstofferschließungspro-
jekt in bewertungsfähige Phasen aufzuteilen. Bewertungsfähig bedeutet dabei, daß
Perioden mit einer Vorratskalkulation abgeschlossen werden müssen, damit eine Quantifizierung des Nutzens möglich ist. Programme der Vorerkundung (Reconnaissance)
ergeben also in der Regel noch keine bewertungsfähigen Resultate. Als generelle Einteilung der Projekte in Bewertungsphasen bietet sich an:

Phase I: *Detail-Prospektion*

   Methoden: Geologisch-tektonische Spezialkartierungen, geophysikalische
   und geochemische Felduntersuchungen, Orientierungsprobenahmen aus
   ersten Schürfen, petrographische Studien.
   Ergebnisse: Lokalisierung und Umgrenzung eines höffigen Gebietes, Angaben zur geologischen Position, zur Mineralführung, über den Lagerstättentyp, über Gewinnungsmöglichkeiten; Ermittlung der Größenordnung
   des Vorkommens, versuchsweise Abschätzung von Vorratsmengen.

Phase II: *Einleitende Exploration*

   Methoden: Systematische Probenahme aus Schürfen und ersten Bohrungen,

Ergebnisse: Umgrenzung eines Vorkommens, Angaben über Mineralqualitäten, Tiefenerstreckung der Mineralführung, Aufbereitungsmöglichkeiten, Transportmöglichkeiten; vorläufige Abschätzung von Vorratsmengen.

Phase III: *Detail-Exploration*

Methoden: Verdichtung der systematischen Probenahme aus Bohrungen und bergmännischen Aufschlüssen.
Ergebnisse: Abgrenzung des Vorkommens, Auswahl der (alternativen) Abbau- und Aufbereitungsverfahren; zuverlässige Abschätzung von Vorratsmengen.

Jede weitere Unterteilung eines Projektes ist nützlich, um in kürzeren Abständen eine Bewertung vornehmen zu können. Die Projektphasen sollten zweckmäßigerweise von vornherein so geplant werden, daß jede einzelne Phase mit einer Abschätzung von Vorratsmengen abschließt, um damit die Basis für Bewertungen zu schaffen.

2.3.2 Bewertungsdeterminanten

Die wirtschaftsgeologische Bewertung basiert auf der Ermittlung zahlreicher Determinanten, die gruppiert werden können zu

– lagerstättenspezifischen Determinanten (vorrangig Bewertungskoeffizienten),
– gewinnungstechnischen Determinanten (vorrangig Bewertungsparameter) und
– wirtschaftlichen Determinanten (Bewertungsparameter).

Solche Determinanten sind rohstoffspezifisch, zumindest spezifisch für eine bestimmte Gruppe von Mineralrohstoffen, wie an ausgewählten Beispielen demonstriert werden soll. Im folgenden werden exemplarisch sieben Determinantenkataloge von wichtigen Rohstoffen aufgeführt.

A Blei-Zink-Erze

Bewertungsdeterminanten	Lagerstätte Gays River/Kanada, 1977 (Angaben der Preussag AG)
a) lagerstättenspezifische Determinanten	
Erzart	"Mississippi-Valley"-Typ
Lagerstättenform	mehrere Vererzungszonen; je ca. 6,5 m mächtig
Teufenlage der Erze	0 - 300 m
Erzverteilung	sehr unregelmäßig
Hauptminerale	eisenarme Zinkblende, Bleiglanz
Wertmetalle	Zn, Pb
wertsteigernde Nebenbestandteile	Ag, Cu, Cd

wertmindernde Nebenbestandteile	S
Durchschnittsgehalte	4,77 % Zn, 2,59 % Pb
geologischer Grenzgehalt	1,78 % Zn + Pb
spez. Gewicht Roherz (in situ)	$2,6 - 3,3 \text{ g/cm}^3$
Vorratsmengen	5,3 Mio. t

b) gewinnungstechnische Determinanten

Abbauverfahren	Tiefbau mit Rampe, Kammer-Pfeiler-Bau, LKW-Förderung
Erzverdünnung	10 %
Abbauverluste	20 %
Aufbereitungsverfahren	Brechen, Mahlen, Flotation
Ausbringen	Zn 88 %, Pb 90 %
Produkte	Zinkkonzentrat mit 61 % Zn, Bleikonzentrat mit 73 % Pb

c) wirtschaftliche Determinanten

Metallpreise (1977)	Pb: 614 US-$/sh.t, Zn: 688 US-$/sh.t
Produktionskosten	wesentlich höher als Preise
Interner Zinsfuß wäre bei	
Pb-Preis 900 US-$/sh.t und Zn-Preis 2100 US-$/sh.t	0 %
Pb-Preis 1200 US-$/sh.t und Zn-Preis 2100 US-$/sh.t	5,7 %
Pb-Preis 1500 US-$/sh.t und Zn-Preis 2100 US-$/sh.t	11,7 %

B Nickel-Kupfer-Erze

Bewertungsdeterminanten	Lagerstätte Montcalm/Kanada, 1980 (Angaben der Metallgesellschaft AG)

a) lagerstättenspezifische Determinanten

Erzart	massive und disseminierte Ni-Cu-Sulfide, gebunden an Gabbro-Intrusion
Lagerstättenform	zwei steilstehende Erzkörper unter glazialer Bedeckung (10 - 30 m)
Lagerstättengröße	Länge: 300 m, Breite: 20 m, Tiefe: 300 bis 350 m
Erzverteilung	sehr unregelmäßig
Hauptminerale	Magnetkies, Pentlandit, Pyrit, Kupferkies
Wertmetalle	Ni, Cu
wertsteigernde Nebenbestandteile	Co, Ag
wertmindernde Nebenbestandteile	Fe, S
Korngrößenbereich	5μ bis 2 mm
Durchschnittsgehalte	1,41 % Ni, 0,66 % Cu
spez. Gewicht Roherz (in situ)	$3,3 \text{ g/cm}^3$
Vorratsmengen ("drill indicated")	4,5 Mio. t

b) gewinnungstechnische Determinanten

Abbauverfahren	Kammer-Bau mit Schachtförderung
Erzverdünnung	10 %
Abbauverluste	25 %

Aufbereitungsverfahren	Brechen, Mahlen, Flotation
Ausbringen	Cu 74,2 %, Ni 80,4 %
Produkte	Cu-Konzentrat mit 23,5 % Cu, 0,4 % Ni, Ni-Konzentrat mit 11 % Ni, 1,25 % Cu, 0,35 % Co

c) wirtschaftliche Determinanten

Metallpreise (1980)	Ni: 3,42 US-$/lb, Cu: 1,01 US-$/lb
Bauwürdigkeitsgrenze (preisbezogen)	Ni: 2,9 US-$/lb, Cu: 1,00 US-$/lb
Sensitivität des Kapitalwertes (Diskontierungsfaktor 15 %):	
Ni-Preis 2,95 US-$/lb und Cu-Preis 1,00 US-$/lb	0
Ni-Preis 3,50 US-$/lb und Cu-Preis 1,00 US-$/lb	10,2 Mio. $
Ni-Preis 4,00 US-$/lb und Cu-Preis 1,00 US-$/lb	19,2 Mio. $

C Zinnerze (Seifen)

Bewertungsdeterminanten	Lagerstätte in Selangor/Malaysia, 1981

a) lagerstättenspezifische Determinanten

Erzart	alluviale Seife
Erzmächtigkeit	12 m
Abraummächtigkeit	7 m
Abraum-Erz-Verhältnis	1 : 1,7
Abraummaterial	Sand $\gg$ Ton $>$ Silt
Bedrock-Beschaffenheit	Kalkstein, z.T. verkarstet
Überkorn	2 % $>$ 1 inch, 2 % 1/8 - 1 inch
Korngröße Kassiterit	90 % zwischen 0,1 und 1 mm
Erzverteilung	ungleichmäßig, Anreicherungen am Bedrock
Erzvorräte	3,6 Mio. m^3
Erzgehalt (durchschnittlich)	0,30 kg/m^3
Begleitminerale, wertsteigernd	Monazit, Zirkon, Ilmenit (ca. 0,05 kg/m^3)
Morphologie	Niveauunterschied für Frischwasser-Pumpen: 30 m, für Erzförderung: 25 m

b) gewinnungstechnische Determinanten

Abbauverfahren	Monitorabbau (Spüler)
Förderverfahren	Kiespumpe und Rohrleitung
Aufbereitungsverfahren	Dichtesortierung auf Setzrinnen (Palong), Setzmaschinen in Lanchutes
Arbeitskräfte	36
Ausbringen	80 %
Verkaufsqualität	Konzentrat mit 72 - 74 % Sn

c) wirtschaftliche Determinanten

Erzförderung (Kapazität)	30000 m^3/Monat
kalkulierte Lebensdauer der Mine	10 Jahre
Kapitalzinsen	15 % p.a.
kalkulierte Betriebskosten	2 M$/m^3 (M$ = malays. Ringgit)
Produktpreis (Konzentrat)	22,5 M$/kg (1981)

D Kohle

Bewertungsdeterminanten	Lagerstätte im nordöstlichen Ruhrrevier, 1983 (nach Angaben des EBV)
a) lagerstättenspezifische Determinanten	
Anzahl bauwürdiger Flöze	10
Anzahl bedingt bauwürdiger Flöze	5
derzeit nicht bauwürdige Flöze	29
Teufenlage der Flöze	1050 - 1500 m
Flözneigung	0 - 20 gon
Flözmächtigkeit (Durchschnitt)	1,90 m
Tektonische Störungen (Flözversatz)	0 - 100 m
Geothermische Tiefenstufe	$3,5\,^{\circ}$C/100 m
Kohlenart	Gaskohle
Vorratsmengen	205,0 Mio. t
Qualitätsmerkmale:	
Kohlenstoffgehalt	83,9 %
flüchtige Bestandteile	34,3 %[1]
Aschegehalt	6,2 %[1]
Feuchtigkeitsgehalt	3,5 %
Schwefelgehalt	1,2 - 1,4 %
Phosphorgehalt	0,015 %
Heizwert H_u	7615 kcal/kg (= 31,9 MJ)
Blähzahl	8
b) gewinnungstechnische Determinanten	
Abbauverfahren	Untertagebau, 2 Tagesschächte, Strebbruchbau mit vollmechanisierter Gewinnung und schreitendem Ausbau
Abbauverluste	36 %
Aufbereitungsverfahren	Kohlenwäsche und Flotation
Ausbringen	60 %
c) wirtschaftliche Determinanten	
Bergwerkskapazität (Kohleförderung)	2 500 000 t/a
Produktionskosten	—[2]
Verkaufspreis	—[2]

1) Durchnittswerte für die bauwürdigen Flöze.
2) Betriebsinterne Lieferungen an unternehmenseigene Kokereien.

E Erdöl

Bewertungsdeterminanten	Lagerstätte Bramberg/Deutschland 1976
a) lagerstättenspezifische Determinanten	
Lagerstättentyp (Fallentyp)	Fazieswechsel, Antiklinale
Anzahl der Speicherhorizonte	1
Mächtigkeit der Speicherhorizonte	26 m (im Mittel, max. 50 m)

Tiefenlage der Speicherhorizonte	600 - 950 m
Art des Speichergesteins	Bentheimer Sandstein
Porosität des Speichers	23 %
Haftwasser-Sättigung	8 - 12 %
Speicherpotential des Speichers	OIP: 40 Mio. t
Permeabilität des Speichers	1000 - 3000 mD (Millidarcy)
Fließkapazität des Speichers	12 m^3/d/bar
Flächenausdehnung Speicherhorizonte	9,5 km^2

Qualitätsmerkmale des Rohöls

Trennschnitte	Benzinfraktion ($<$ 185°): 16,7 %; Mitteldestillate (185 - 340°C): 21,2 %; Rückstand: 62,1 %
Viskosität (20°C)	65 cp (= 6,5 Pas)
Dichte (20°C)	0,880 g/cm^3
Gas-Öl-Verhältnis	36
Formationsvolumenfaktor Öl	1,091
Stockpunkt (DIN 51583)	$-$ 23°C
Siedebereich	Siedebeginn: 66°C; bis 200°C sieden 19,0 %, bis 300°C sieden 35 %
Schwefelgehalt	0,88 %
Salzgehalt	0,007 %
Paraffingehalt	13,04 %

b) gewinnungstechnische Determinanten

Bohrverfahren	Rotary
lagerstättentechnische Verfahren	Wasserfluten
fördertechnische Verfahren	eruptiv/Tiefpumpen
Förderhilfsmittel	Gaslift-Förderverfahren
Entölungsgrad	22 %

c) wirtschaftliche Determinanten

Förderkapazität des Feldes	570000 t/a
Produktionskosten Rohöl	ca. 160 DM/t
Verkaufspreis Rohöl	ca. 200 DM/t

Quelle: Deutsche Schachtbau- und Tiefbohrgesellschaft, Lingen

F Asbest

Bewertungsdeterminanten	Lagerstätte Normandie Mine (Asbestos Corp.), Quebec/Kanada 1976

a) lagerstättenspezifische Determinanten

Mineralart	Chrysotil-Asbest (Weißasbest)
Teufenlage des Asbestkörpers	0 - 260 m
Vorratsmengen	42 Mio. t mit 1,6 Mio. t Asbestinhalt

Rohstoffqualität

Asbestgehalt des Rohmaterials	3 - 6 %
Fasertextur	massfibre, crossfibre, slipfibre
Faserlängen des Rohmaterials	10 % $>$ 3/4 inch; 10 % 3/8 - 3/4 inch; 80 % $<$ 3/8 inch

Dehnbarkeit $30000\ kp/cm^2$
Farbe   weiß bis grünlich
wertmindernde Bestandteile   Magnetit (0 - 5,2 %), Brucit
                                                     Talk, Peridotit

b) gewinnungstechnische Determinanten
    Abbauverfahren   Tagebau mit 12 m-Strossen;
                                                     Schießen, Laden, 45 t LKW
    Abbauverluste   12 %
    Abraum   0,5 t Abraum je t Asbestmaterial
    Aufbereitungsverfahren   Brechen, Trocknen, Aufmahlen,
                                                     Druckluft-Separation, Sieben, Ver-
                                                     packen
    Ausbringen   65 %
    Verkaufsqualität (nach Quebec   Gruppe 3 (3 F, 3 K, 3 R, 3 Z)
    Standard Test, QST)

c) wirtschaftliche Determinanten
    Bergwerkskapazität   3,2 Mio. sh.t/a
    Förderung 1976   2,4 Mio. sh.t
    Produktionskosten   ca. 700 can.$/sh.t
    Produktpreis (f.o.b. works)   900 can.$/sh.t (3 R),
                                                     700 can.$/sh.t (3 Z)

G Füllstoffkreide (Kalke)

Bewertungsdeterminanten	Lagerstätte Mittleres Kalk-Vorkommen Niedersachsen (Cenoman- und Turon-Pläner) 1976

a) lagerstättenspezifische Determinanten
    Mächtigkeit der Kalke   80 - 100 m
    Mächtigkeit des Abraumes   5 - 10 m
    Mächtigkeit der Mergel-Zwischenschichten   5 - 10 cm
                                                     (ca. 5 % des Vorkommens)
    Schichteinfallen   8 - 15 gon
    Korngefüge   dicht
    Bankung   plattig
    tektonische Störungen   2 Abschiebungen, 10 - 15 m Versatz
    Klüftung   stark
    Grundwasserspiegel   30 m unter Gelände

    Qualitätsmerkmale der Rohkalke:
    Wassergehalt   10 - 18 %
    $CaCO_3$-Gehalt   93 - 95 %
    $MgCO_3$-Gehalt   1 %
    SiO_2-Gehalt   2 - 4 %
    Fe_2O_3-Gehalt   0,3 - 0,6 %
    Al_2O_3-Gehalt   0,8 - 1 %
    MnO-Gehalt   0,05 - 0,07 %
    Vorratsmengen Rohkalk   850 000 t

b) gewinnungstechnische Determinanten
   Abbauverfahren   Bohren, Schießen, Laden, LKW-
                                             Transport

Abbauverluste (Reinigungsschnitt, Mergellagen)	10 - 15 %
Aufbereitungsverfahren	Brechen, Sieben, Trocknen, Mahlen, Sichten
Aufbereitungsverluste	15 - 20 %

Verkaufsqualität

Wassergehalt	0,3 %
$CaCO_3$-Gehalt	95 %
$MgCO_3$-Gehalt	1 %
SiO_2-Gehalt	2,5 %
Fe_2O_3-Gehalt	0,25 %
Al_2O_3-Gehalt	0,5 %
MnO-Gehalt	0,01 %
Korngrößenverteilung: $> 40 \,\mu m$	0,01 %
$< 15 \,\mu m$	99 %
$< 5 \,\mu m$	80 %
$< 2 \,\mu m$	45 %
Pulverhelligkeit (Elropho-Gerät, Grünfilter)	80
Ölaufnahme (Rub out)	21

c) wirtschaftliche Determinanten

Abbaukapazität (Rohkalk)	80000 t/a
Produktionskapazität (Füllstoffkreide)	30000 t/a
Nebenproduktion (Düngemergel, Futterkalk)	20000 t/a
Produktionskosten Füllstoffkreide (Vorkalkulation 1974)	36 DM/t
Preis Füllstoffkreide (ab Werk 1975)	42 DM/t

Für je einen Vertreter der wichtigsten Metallgruppen (Stahlveredler, Buntmetalle, Leichtmetalle, Edelmetalle, Nebenmetalle) wurden die vorrangigen Bewertungsdeterminanten in Tabelle 2.2 zusammengestellt.

Tabelle 2.2. Hauptsächliche Bewertungsdeterminanten für ausgewählte Metalle

Metall	Eisen (Fe)	Nickel (Ni)	Kupfer (Cu)
Wichtigste Minerale	Hämatit, Magnetit	Pentlandit, Garnierit (Magnetkies, Limonit)	Kupferkies (Kupferglanz, Bornit)
Wichtigste Erzarten (Lagerstättenform)	lagerförmige oder massige Erzkörper	massige Erzkörper, Verwitterungserze	stockförmige Erzkörper, Verdrängungskörper
Mindestreservemenge	500 000 t Fe-Inhalt	10 000 t Ni-Inhalt	30 000 t Cu-Inhalt

Fortsetzung Tabelle 2.2.

Metall	Eisen (Fe)	Nickel (Ni)	Kupfer (Cu)
Roherzgehalte	25 - 66 % Fe	0,7 - 3 % Ni	0,5 - 6 % Cu (0,3 - 0,5 % mit Nebenprodukten)
Nebenbestandteile im Konzentrat wertsteigernd	Ni, Mn, V, P	Cu, Co, Pt, Au	Mo, Co, Au, Ag
Nebenbestandteile im Konzentrat wertmindernd	$S > 0,2\%$ $Ti > 6\%$ $Cu > 0,2\%$	Ag, Se Pb, Zn Bi, As	Sb, As
Konzentratqualität	62 - 65 % Fe	10 - 15 % Ni	25 - 35 % Cu
Gewinnungsmethode für Konzentrate	Tagebau, Zerkleinern, Spiralscheider, Magnetscheider, Flotation	Tiefbau oder Tagebau, Zerkleinern, Magnetscheidung, Flotation oder hydrometallurgische Prozesse	Tagebau und Tiefbau, Erzlaugung oder Flotation
Metallpreis (Jan. 1983)	Pellets: 83,7 cts/lb	Ni 99,9 %: 3,24 US-$/lb	Drahtbarren: 79,5 cts/lb
Hauptverwendungsgebiete	Stahl, Stahllegierungen Gußeisen	Edelstähle, Superlegierungen, andere Legierungen, Vernickeln, Münzen	Elektroindustrie, Armaturen, Kabel, Bauwesen, chem. Industrie

Metall	Aluminium (Al)	Gold (Au)	Niob (Nb)
Wichtigste Minerale	Bauxit	gediegenes Au, Metallsulfide (Beimengung)	Pyrochlor, Columbit
Wichtigste Erzarten (Lagerstättenform)	Verwitterungserze	Gangerze, Seifen	massive Erzkörper, Seifen
Mindestreservemenge	50 000 t Al_2O_3-Inhalt	5 t Au-Inhalt	5000 t Nb-Inhalt (Seifen: 500 t)
Roherzgehalte	45 - 60 % Al_2O_3	5 - 20 g/t (Primärerz) 0,5 - 3 g/t (Seifen)	0,2 - 3 % Nb_2O_5 (Seifen: 0,01 - 0,02 %)
Nebenbestandteile im Konzentrat wertsteigend	—	Ag, U	Ta, Sc, Seltene Erden

Fortsetzung Tabelle 2.2.

Metall	Aluminium (Al)	Gold (Au)	Niob (Nb)
Nebenbestandteile im Konzentrat wertmindernd	SiO_2 > 5 % Fe_2O_3 > 10 % TiO_2 > 4 %	–	P, Ti Sn > 4 %
Konzentratqualität	60 - 65 % Al_2O_3 (getrocknet)	95 - 98 % Au	Pyrochlor-Konzentr. 59 - 64 % Nb_2O_5 Columbit-Konzentr. 40 - 70 % Nb_2O_5
Gewinnungsmethode für Konzentrate	Tagebau, Zerkleinerung Rohbauxit, Tonerdegewinnung	Amalgamieren oder Cyanid-Laugung, Dichtesortierung (Seifen)	Tagebau; Flotation (Pyrochlor), Dichtesortierung (Columbit)
Metallpreis (Jan. 1983)	Al-Metall: 76 cts/lb	Feingold: 481 US-$/oz	Ferroniob: 6 US-$/lb Nb-Inhalt
Hauptverwendungsgebiete	Baustoff, Verkehrsmittel, Verpackungsmittel, Elektrotechnik	Währungsmetall, Schmuck, Elektronische Industrie, Dentallegierungen	Stahlveredler, Hochtemperatur-Legierungen, Reaktorbau

2.3.3 Bewertungsschritte

Die Erhebung der Bewertungsdeterminanten bildet die Grundlage der Bewertung. Alle verfügbaren kostenwirksamen oder erlöswirksamen Daten werden zweckmäßigerweise in *Datenermittlungsbögen* zusammengestellt. Beispiele dafür sind in Abschn. 2.3.5 zu finden. Dabei wird zweckmäßigerweise unterschieden zwischen

- Technischen Erhebungsbögen, in denen alle geologisch-lagerstättenkundlichen und gewinnungstechnischen Kosteneinflußgrößen aufgelistet werden.
- Kostenermittlungsbögen, in denen nach Kostenstellen (z.B. Exploration, Abbau, Aufbereitung, Verwaltung) und nach Kostenarten (Arbeits-, Material-, Kapital-, Fremdleistungskosten) alle Kostendaten zusammengestellt werden.
- Zeitablaufplan, der Angaben über die zeitliche Abfolge von Ausgaben und Einnahmen enthält.

Mit diesem Rüstzeug können dann die Bewertungen erfolgen, wobei aufeinanderfolgende Schritte zweckmäßig sind. Für ein Explorationsvorhaben ist die Ermittlung von

verschiedenen Kennzahlen wichtig, denn diese können Aussagen über die Vorteilhaftigkeit des Projektes machen und damit letztendlich über Fortführung oder Abbruch eines Explorationsprogrammes die Entscheidungsgrundlage liefern.

2.3.3.1 Ermittlung der Mindestvorratsmenge

Für jedes Explorationsvorhaben gibt es sozusagen ein Minimalziel. Es stellt diejenige
Menge an Vorräten mineralischer Rohstoffe dar, die mindestens nachgewiesen werden
muß, um einen industriellen Abbau des Vorkommens zu ermöglichen. Diese Mindestvorratsmenge ist zum kleinen Teil technisch bedingt, da Abbau- und Aufbereitungsverfahren eine Mindestkapazität aufweisen, zum größeren Teil aber wirtschaftlich bedingt,
da es eine optimale und auch eine minimale Betriebsgröße für Bergwerke gibt.

Die Mindestvorratsmenge für den industriellen Abbau ist wegen der Kostenabhängig-
keit projektspezifisch, wie übrigens die Bauwürdigkeitsgrenze auch. Trotzdem kann ein
Eindruck von der Variation der Mindestvorratsmenge für einzelne Rohstoffe oder Roh-
stofftypen durch exemplarische Durchschnittswerte vermittelt werden (vgl. Tab. 2.3).

Tabelle 2.3. Durchschnittliche Mindestvorratsmengen für den industriellen Abbau ausgewählter
Erze (in t Metallinhalt)

Fe	Itabirit-Erze	1000000 t
	(Typ Oberer See)	
	Oolith-Erze	500000 t
	(Typ Clinton)	
Mn	marin-sedimentäre Erze	30000 t
	hydrothermale Erze	5000 t
Cr	liquidmagmatische Erze	50000 t
	lateritische Erze	5000 t
Cu	hydrothermale Erze	50000 t
	(porphyries)	
	sedimentäre Erze	30000 t
	(Typ Katanga)	
Pb/Zn	hydrothermale Erze	25000 t
	vulkanogen-sedimentäre Erze	50000 t
Ni	sulfidische Erze	10000 t
	lateritische Erze	20000 t
Sn	magmatische Erze	5000 t
	(Primärerze)	
	Seifen	3000 t
Sb	hydrothermale Erze	1000 t

Bei der Kalkulation von Mindestvorratsmengen müssen zwei wichtige Gesichtspunkte
berücksichtigt werden:

— Die bei der Exploration ermittelten Vorratsmengen gehören in aller Regel unterschiedlichen Vorratskategorien (vgl. Abschn. 1.4.3) an, unterscheiden sich also

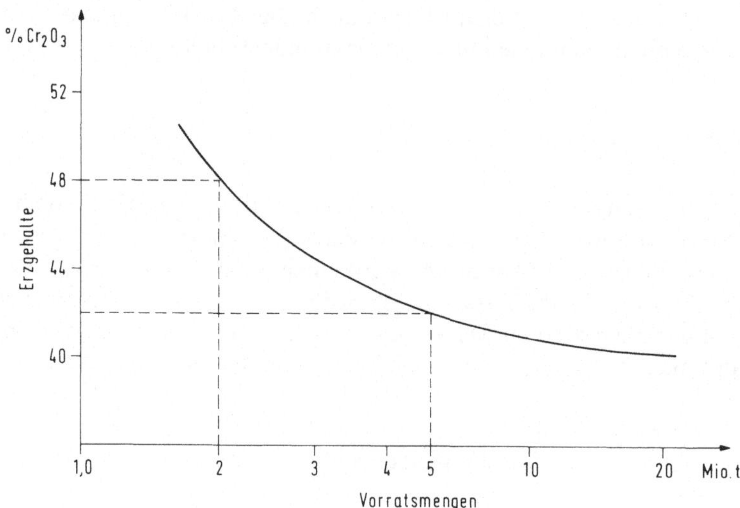

Abb. 2.7.   Schematische Indifferenzkurve zwischen Vorratsmengen und Erzgehalten

nach ihrer geologischen Gewißheit *(Aussagesicherheit)*.
— Die Vorräte haben immer eine quantitative Komponente (Tonnage) und eine qualitative Komponente (Wertmineralgehalte), die in einem funktionalen Verhältnis
  zueinander stehen (vgl. Abb. 2.7).

Eine Berücksichtigung der unterschiedlichen Aussagesicherheit kann durch eine Gewichtung der einzelnen Vorratsklassen geschehen.

Bei einer Klassifikation der Vorräte nach dem Schema der GDMB (Abb. 1.22) müssen
die "sicheren Vorräte" mit einem Faktor 0,9 multipliziert werden (Aussagesicherheit
90 %), die "wahrscheinlichen Vorräte" mit dem Faktor 0,8 (Aussagesicherheit 80 %)
und die "angedeuteten Vorräte" mit dem Faktor 0,6 (Aussagesicherheit 60 %). Nach
den entsprechenden Reduzierungen können die Vorratsmengen aller Kategorien zu einer Gesamtvorratsmenge (Q_n) addiert werden.

Eine Berücksichtigung des Verhältnisses zwischen Erzmengen und Erzgehalten ist
schwieriger, weil dabei auch wirtschaftliche Überlegungen eine entscheidende Rolle
spielen. Die Abhängigkeit von beiden Variablen soll in einer schematisierten Indifferenzkurve demonstriert werden (Abb. 2.7), die auch als Zielfunktion für Explorationsprojekte gelten kann. Firmenseitig können mit Hilfe solcher Kurven Minimalziele
festgelegt werden, etwa alternative Mindestvorratsmengen bei verschiedenen Durch-
schnittsgehalten (in Abb. 2.7 müssen bei 42 % Cr_2O_3-Erzen 5 Mio. t nachgewiesen
werden, bei 48 % Cr_2O_3-Erzen nur 2 Mio. t).

2.3.3.2 Ermittlung der optimalen Abbaumenge

Für jeden Bergbaubetrieb gibt es theoretisch hinsichtlich der Wirtschaftlichkeit eine optimale Betriebsgröße, ausdrückbar beispielsweise in der Roherzfördermenge (Q). In der Praxis wird allerdings die Optimierung der Betriebskapazität häufig von den verfügbaren Vorräten begrenzt.

Die Ermittlung einer optimalen Abbaumenge beginnt mit der Festlegung alternativer Fördermengen. Je nach Umfang der kalkulierten Gesamtvorräte werden Varianten des Betriebszeitraumes zwischen 8 und 30 Jahren gewählt. Für eine industrielle Bergbautätigkeit sind Betriebszeiträume unter 8 Jahren wegen der Kostenbelastung durch hohe Anfangsinvestitionen, die hohe Abschreibungen und damit hohe Fixkosten bedingen, in der Regel von vornherein unwirtschaftlich.

Für jede alternative Abbaumenge werden nun die spezifischen Produktionskosten (k in DM pro t Rohmaterial) eines projektierten Bergbaubetriebes abgeschätzt. Die Bestimmung der optimalen Fördermenge kann dann mit Hilfe einfacher graphischer Methoden erfolgen, die die Funktion k = f(Q) darstellen. Der Normalverlauf einer solchen Kurve ist in Abb. 2.8 dargestellt.

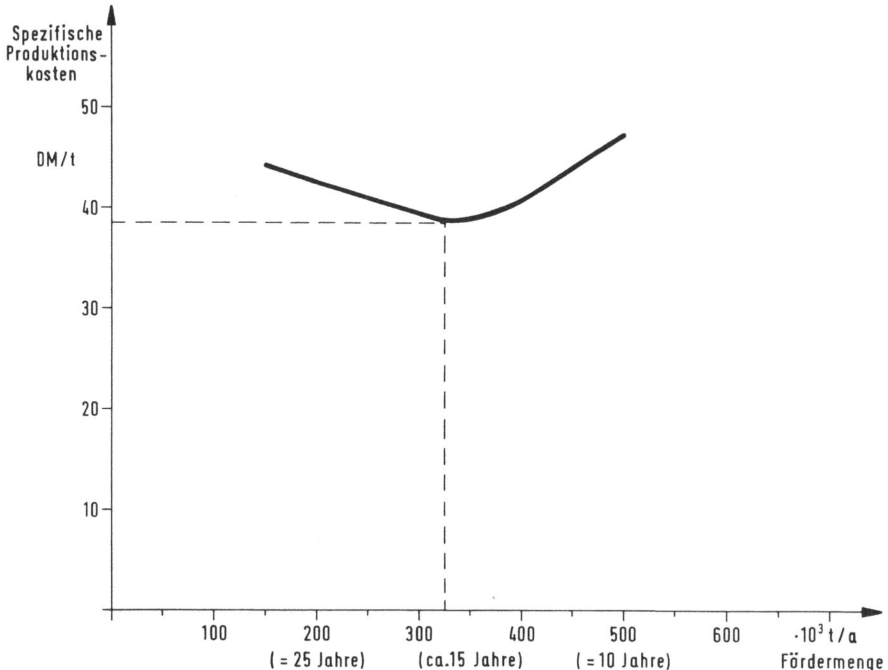

Abb. 2.8.   Modell zur Ermittlung der optimalen Abbaumenge für ein Erzbergwerk mit Vorräten von 5 Mio. t Roherz.

Ein Minimum für die *Betriebskosten* ergibt sich in den meisten Fällen daraus, daß

— längere Betriebszeiträume mit entsprechend kleinen Abbaumengen unwirtschaftlich sind, weil bis zu einer gewissen Grenze größere Geräteeinheiten im Abbau-
   betrieb und in der Aufbereitung eine Abnahme der spezifischen Produktionskosten bewirken;

— kurze Betriebszeiträume mit entsprechend großen Abbaumengen auch unwirtschaftlich sind, weil einerseits viel zu hohe Kapitalkosten durch kurzfristige Abschreibungen langlebiger Anlagen entstehen und andererseits die Kosten für Was-
   ser- und Energieversorgung überproportional steigen können.

Für die Abschätzung der alternativen *Produktionskosten* sind allerdings schon recht genaue Vorstellungen über die Gewinnungsmethoden nötig. Wenn dem Wirtschaftsgeologen keine Daten aus vergleichbaren Projekten vorliegen, ist eine Zusammenarbeit mit
Bergleuten und Aufbereitern zur Erarbeitung der Projektkonzeption unerläßlich.

Wie stark die Kostenstruktur von Bergbaubetrieben sich von Land zu Land ändern
kann, soll ein Vergleich der Produktionskosten des Zinnbergbaus in Malaysia und dem
benachbarten Indonesien verdeutlichen. Obwohl die Lagerstättenverhältnisse sehr ähnlich und die Gewinnungsmethoden praktisch identisch sind, fallen erhebliche Unterschiede in der Kostenstruktur auf, die vornehmlich auf landesspezifische Wirtschaftspolitik (Besteuerung u.a.) oder Unternehmensmanagement zurückzuführen sind.

In Tab. 2.4 sind die durchschnittlichen Prozentanteile der hauptsächlichen Kostenarten für den Abbau und die Aufbereitung von Zinnerzen mit Schwimmbaggern bzw. in
Kiespumpenbetrieben zusammengestellt.

Tabelle 2.4.   Vergleich der Kostenstrukturen im Zinnbergbau von Malaysia und Indonesien
               (Angaben in % der gesamten Produktionskosten)

Kostenarten	Malaysia		Indonesien	
	Schwimmbagger	Kiespumpen	Schwimmbagger	Kiespumpen
Energiekosten	15,6	25,6	11,1	11,3
Arbeitskosten	17,7	21,5	23,0	22,0
Materialkosten	16,5	12,1	16,7	17,0
Verwaltungskosten	9,9	8,6	23,8	24,2
Abschreibungen	8,3	5,7	4,0	4,0
Explorationskosten	0,4	1,0	0,8	0,8
Verwertungskosten	3,7	1,7	8,8	8,6
Steuern und Abgaben	27,9	25,8	11,8	12,1

Quelle: Gocht, W.: Wirtschaftsgeologische Bewertungsdeterminanten für Zinnseifen in Südost-
        asien, Erzmetall, Stuttgart 1977.

2.3.3.3 Ermittlung der Bauwürdigkeitsgrenze und des Grenzgehaltes

Die Bauwürdigkeitsgrenze ist eine wirtschaftliche Größe. Die Definitionen variieren deshalb auch in verschiedenen Wirtschaftsordnungen. In wettbewerbsorientierten Marktwirtschaften versteht man unter der Bauwürdigkeitsgrenze den mittleren Gehalt an nutzbaren Mineralen einer Lagerstätte, der während einer bestimmten Periode eine kostendeckende Gewinnung mineralischer Rohstoffe ermöglicht. In Zentralverwaltungswirtschaften, in denen als grundlegender Wertmaßstab für Lagerstätten die Nützlichkeit eines Rohstoffes für die Gesellschaft angesehen wird *(Jancovic, 1967)*, wird von einem "industriellen Minimalgehalt" gesprochen, der sogar für eine ganze Lagerstättenprovinz gelten kann.

Die Bauwürdigkeitsgrenze dagegen ist immer projektspezifisch, da sie von einer Vielzahl von Indikatoren bestimmt wird. Deshalb ist es auch unkorrekt, Bauwürdigkeitsgrenzen pauschal für bestimmte Rohstoffe anzugeben. Lediglich statistische Mittelwerte können zur Orientierung hilfreich sein. Die Berechnung der Bauwürdigkeitsgrenze (G_{min} in %) erfolgt nach der Grundformel

$$G_{min} = \frac{k \cdot 100}{Q \cdot a \cdot p} \ , \tag{23}$$

wobei k die Produktionskosten des Betriebes (DM pro Jahr), Q die Abbaumenge (t pro Jahr), a der Ausbringungskoeffizient (Verhältnis von gewonnenen Mineralien zum Mineralinhalt des Fördergutes) und p der Verkaufspreis des Bergbauproduktes (DM pro t) sind. Diese Grundformel kann variiert werden gemäß verfügbarer Daten. So muß bei bestimmten Projekten ein Erzverdünnungskoeffizient berücksichtigt werden oder bei der Gewinnung von Nebenprodukten deren Verkaufserlöse.

Da sich insbesondere die Produktionskosten und die Produktpreise ständig ändern, ist die Bauwürdigkeitsgrenze zeitabhängig. Dieser Aspekt muß bei der Einbeziehung der berechneten Bauwürdigkeitsgrenze in die Gesamtbewertung der Lagerstätte stets berücksichtigt werden. Vor allem eine fundierte Prognose über die Preisentwicklung ist schwierig, da sie eine umfangreiche Marktanalyse erfordert.

Es soll noch einmal betont werden, daß die Bauwürdigkeitsgrenze einen mittleren Gehalt an nutzbaren Mineralien angibt, nicht dagegen den geologischen *Grenzgehalt*, bis zu dem nutzbare Minerale in die Förderung einbezogen werden können. Dieser Grenzgehalt ist eine geologisch-technische bzw. bergbauliche Größe, die den untersten Mineralgehalt angibt, der zum Verschneiden reicherer Partien in die Reservekalkulation einbezogen werden kann. So wie die Bauwürdigkeitsgrenze ist auch der geologische Grenzgehalt Schwankungen unterworfen. Variationen können sich einerseits aus Veränderungen der Bauwürdigkeitsgrenze direkt ergeben. Wenn diese fällt, ist es durchaus möglich, den Grenzgehalt auch nach unten zu revidieren. Variationen können andererseits auf unternehmerischen Entscheidungen beruhen, wenn nämlich zu Beginn eines Bergbaubetriebs der Grenzgehalt höher angesetzt wird, um eine möglichst kurze Kapitalrückflußperiode zu erreichen. Bei stark ungleicher Verteilung der Erzgehalte in der Lagerstätte kann eine gezielte Variation des Grenzgehaltes sogar Kostenvorteile erbringen, wenn beispielsweise in Zeiten hoher Zinsen oder hoher Abschreibungen vorübergehend die Grenzgehalte höher angesetzt werden.

Da es sich bei der Bauwürdigkeitsgrenze und dem Grenzgehalt um wichtige wirtschaftliche Kennzahlen handelt, lassen sich mit ihrer Hilfe Indikatoren für die Bewertung von Vorkommen mineralischer Rohstoffe und für den Erfolg von Bergbauunternehmen ermitteln. Hierzu wird die Bildung von Koeffizienten vorgeschlagen, und zwar:

- der Quotient aus dem durchschnittlichen ausbringbaren Erzgehalt einer Lagerstätte und der Bauwürdigkeitsgrenze, der als *Betriebserfolgskoeffizient* bezeichnet werden kann. Ist dieser Koeffizient größer als 1, erzielt die Mine einen Gewinn, ist er kleiner als 1, arbeitet die Mine mit Verlust.

- der Quotient aus dem geologischen Grenzgehalt und der Bauwürdigkeitsgrenze, der *Erzverteilungskoeffizient* genannt werden soll, weil sich aus seiner Größe Hinweise auf eine gleichmäßige oder ungleichmäßige Erzverteilung ableiten lassen. Der Koeffizient wird nie größer als 1 sein. Wenn er 1 oder nahe 1 ist, bedeutet dies eine gleichmäßige Erzverteilung (z.B. bei einigen schichtgebundenen Lagerstätten); je kleiner er aber wird (z.B. 0,7; 0,5; 0,4), desto ungleichmäßiger ist die Verteilung der Metallgehalte in einer Lagerstätte.

2.3.3.4 Ermittlung von Ertragsgrößen (Cash-Flow, Kapitalrückflußdauer)

Zur Bewertung des Betriebserfolges sowie zur Entscheidungsfindung über die Finanzierung eines Projektes sind eine Reihe von Indikatoren gebräuchlich, die insbesondere Aussagen über den Kapitalrückfluß und die Kapitalverzinsung gestatten.

Der Cash-Flow ist derjenige Teil des betrieblichen Erlöses, dem keine Aufwendungen gegenüberstehen, der also frei verfügbar ist für Dividendenzahlungen, Schuldentilgung oder Ersatzinvestitionen. Der Cash-Flow ist in dieser Form eine Kennzahl der Ertragskraft eines Unternehmens und sogar ein besserer Indikator als der ausgewiesene Jahresgewinn, weil letzterer oft durch Rücklagen, stille Reserven usw. verzerrt ist. Zur Abschätzung der internen Liquiditätssituation eines Unternehmens wurde zusätzlich der Discounted Cash-Flow (DCF) eingeführt. Hierbei werden nur Geldbewegungen erfaßt, also Einzahlungen und Auszahlungen. Dieser zahlungsströmebezogene Cash-Flow ist dabei ein Einzahlungsüberschuß, denn bei Investitionsprojekten werden alle mit der Investition verbundenen Zahlungen abgezinst zu Barwerten (Investition − Desinvestition). Daraus können dann Renditeschätzungen vorgenommen werden (DCF-Rate), aber auch die Kapitalrückflußdauer. Sowohl DCF-Rate als auch Kapitalrückflußdauer sind bei einem Bergbauprojekt sehr stark abhängig vom Zeitpunkt und von der Höhe der ersten Geldeinnahmen. Grundsätzlich kann es drei Arten von Ertragsentwicklungen geben:

- die Erträge sind zu Beginn der Produktionsperiode relativ hoch, nehmen dann aber

ab (Beispiel A in Tab. 2.5);
— die Erträge bleiben während der Produktionsperiode praktisch konstant (Beispiel B);
— die Erträge steigern sich während der Produktionsperiode (Beispiel C).

Tabelle 2.5.　　Indikatoren für den Investitionserfolg bei verschiedenen Ertragsentwicklungen (Investitionsvolumen 1,75 Mio. DM; Angaben in 1000,- DM)

Jahr	Beispiel A		Beispiel B		Beispiel C	
	Einnahmen	Barwert	Einnahmen	Barwert	Einnahmen	Barwert
1	700	607	500	440	300	267
2	600	449	500	390	400	321
3	500	324	500	345	500	362
4	400	224	500	305	600	390
5	300	146	500	270	700	410
	2500	1750	2500	1750	2500	1750
Kapitalrückflußdauer	2,9 Jahre		3,5 Jahre		3,9 Jahre	
DCF-Rate	15,6 %		13,2 %		11,4 %	

Aus Tabelle 2.5 geht klar hervor, daß frühzeitige Erlöse zur günstigsten Verzinsung des Kapitals und zum schnellsten Kapitalrückfluß führen. Das Risiko der Investition wird um so geringer, je kürzer die Kapitalrückflußdauer (Payback-Periode, Payoff-Periode, Payout-Periode) ist.

Die Verzinsung des Investitionskapitals wird als Rentabilitätsquote oder DCF-Rate (discounted cash flow rate) bezeichnet. Die Berechnung des DCF als interner Zinsfuß der Investition geschieht auf folgende Weise: angenommen, die Konstruktionsperiode dauert 6 Jahre, die Produktionsperiode mit Erlösen 15 Jahre, dann ergibt sich für die Ausgaben:

$$A = a_1 (1 + r)^5 + a_2 (1 + r)^4 + a_3 (1 + r)^3 + a_4 (1 + r)^2 + a_5 (1 + r) + a_6 \qquad (24)$$

und für die Einnahmen

$$E = \frac{e_1}{(1 + r)} + \frac{e_2}{(1 + r)^2} + ... + \frac{e_{15}}{(1 + r)^{15}} \qquad (25)$$

E wird gleich A gesetzt und r als DCF-Rate aus dieser Gleichung ermittelt.

An einem (fiktiven) Beispiel soll die Berechnung der Ertragsgrößen Schritt für Schritt erläutert werden. Wenn etwa die Errichtung einer mittleren Zinnmine in Südostasien evaluiert werden soll, sind größenordnungsmäßig folgende Faktoren relevant:

Zeitplan

Vorarbeiten:	3 Jahre
Aus- und Vorrichtungen der Mine, Konstruktion der Aufbereitung:	2 Jahre
Produktionsperiode:	8 Jahre

Kosten (Tageswerte)

Vorkosten für Explorationen:	0,5 Mio. US-$
Vorkosten für Infrastrukturen:	0,5 Mio. US-$
Erstinvestitionen Mine:	1 Mio. US-$ (1. Jahr) und 2 Mio. US-$ (2. Jahr)
Erstinvestitionen Aufbereitung:	2 Mio. US-$ (1. Jahr) und 1 Mio. US-$ (2. Jahr)
Ersatzinvestitionen Mine (Fahrzeuge):	1 Mio. US-$ (5. Jahr)
Umlaufkapital:	0,2 Mio. US-$
Betriebskosten:	2 Mio. US-$/Jahr

Erlöse (Tageswerte)

Konzentratverkäufe:	3,5 Mio. US-$/Jahr (nach Produktionsbeginn)
Restwert der Anlagen:	1 Mio. US-$

Kapitalveränderungen

Inflationsrate:	5 %
Zinsfuß:	8 %

Tabelle 2.6. Cash-Flow-Tabelle für ein Projekt zur Errichtung einer mittleren Zinnmine

Jahr	0	1	2	3	4	5	6	7	8	9	10
Kosten											
Exploration	0,5										
Infrastrukturen	0,5										
Mine		0,95	1,81			0,78					
Aufbereitung		1,90	0,91								
Umlaufkapital		0,19									- 0,12
Betriebskosten		1,90	1,81	1,73	1,65	1,57	1,49	1,42	1,35	1,29	1,23
Summe Kosten	1,00	4,94	4,53	1,73	1,65	2,35	1,49	1,42	1,35	1,29	1,11
Erlöse											
Verkaufserlöse		3,33	3,17	3,02	2,88	2,74	2,61	2,49	2,37	2,26	2,15
Liquitationserlös											0,61
Summe Erlöse	0	3,33	3,17	3,02	2,88	2,74	2,61	2,49	2,37	2,26	2,76
Netto-Cash-Flow (Erlöse − Kosten)	- 1,00	- 1,61	- 1,36	1,29	1,23	0,39	1,12	1,07	1,02	0,97	1,65

Die Kosten und Erlöse in der vorangegangenen Cash-Flow-Tabelle (Tab. 2.6) sind
bereits inflationsbereinigt (5 %; Abzinsungsfaktoren s. Tab. 2.7). Sie beziehen sich also
alle auf den Zeitpunkt der Bewertung (Jahr 0 in der Tabelle 2.6).

Tabelle 2.7.   Abzinsungsfaktoren für verschiedene Inflationsraten bzw. Zinssätze

Jahr	5 %	8 %	10 %	15 %	20 %
1	0,9524	0,9259	0,9091	0,8696	0,8333
2	0,9070	0,8573	0,8264	0,7561	0,6944
3	0,8638	0,7938	0,7513	0,6575	0,5787
4	0,8227	0,7350	0,6830	0,5718	0,4823
5	0,7835	0,6806	0,6209	0,4972	0,4019
6	0,7462	0,6302	0,5645	0,4323	0,3349
7	0,7107	0,5835	0,5132	0,3759	0,2791
8	0,6768	0,5403	0,4665	0,3269	0,2326
9	0,6446	0,5002	0,4241	0,2843	0,1938
10	0,6139	0,4632	0,3855	0,2472	0,1615

Aus dem Netto-Cash-Flow (letzte Zeile in Tabelle 2.6) läßt sich durch Abzinsung der
jeweiligen Beträge (Abzinsungsfaktoren s. Tab. 2.7; hier für Zinssatz von 8 %) der Kapitalwert C_O ermitteln:

$$C_O = (-1,00 \cdot 1) - (1,61 \cdot 0,9259) - (1,36 \cdot 0,8573) + (1,29 \cdot 0,7938)$$
$$+ (1,23 \cdot 0,7350) + (0,39 \cdot 0,6806) + (1,12 \cdot 0,6302) + (1,07 \cdot 0,5835)$$
$$+ (1,02 \cdot 0,5403) + (0,97 \cdot 0,5002) + (1,65 \cdot 0,4632) = 1,66 \text{ Mio. US-\$}.$$

Der Kapitalwert des Projektes beträgt demnach 1,66 Mio. US-\$.

Durch Aufzinsung wird die Kapitalrückflußdauer aus dem Netto-Cash-Flow (siehe Tabelle 2.6, letzte Zeile) berechnet. In unserem Beispiel beträgt der Aufzinsungsfaktor
von einem zum jeweils nächsten Jahr 1,08. Es ergibt sich folgende Wertetabelle:

Jahr	0	1	2	3	4	5	6	7	8	9	10
Netto-Cash-Flow	-1,00	-1,61	-1,36	1,29	1,23	0,39	1,12	1,07	1,02	0,97	1,65
NCF · 1,08*		-1,08	-2,91	-4,61	-3,59	-2,55	-2,33	-1,31	-0,26	0,82	1,93
Kapitalstand	-1,00	-2,69	-4,27	-3,32	-2,36	-2,16	-1,21	-0,24	0,76	1,79	3,58

* aufgezinster Kapitalstand des Vorjahres

Ein Kapitalstand von 0 wird zwischen dem 7. und dem 8. Jahr erreicht. Durch Interpolation kann die genaue Kapitalrückflußdauer mit 7,24 Jahren berechnet werden.

Der interne Zinsfuß (DCF-Rate) läßt sich am besten graphisch ermitteln, indem die
Kurve der Funktion $C_O = f(i)$ konstruiert wird (Abb. 2.9). Die Wertetabelle für die Kur-

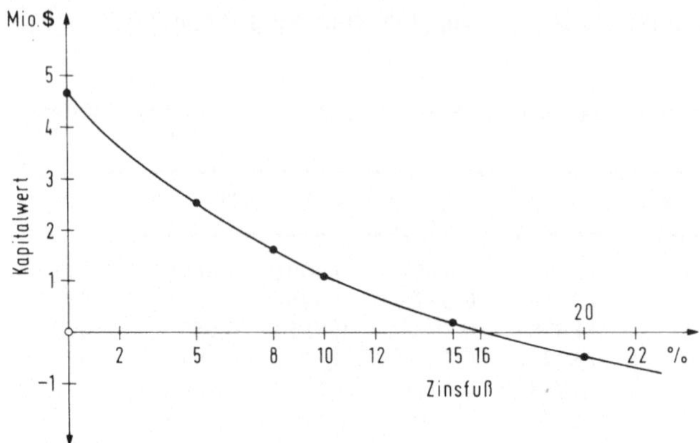

Abb. 2.9.   Ermittlung des internen Zinsfußes durch die Funktion C_O = f(i).

ve hat in unserem Beispiel folgendes Aussehen:

Zinsfuß i (%)	0	5	8	10	15	20
Kapitalwert C_O (Mio. US-$)	4,77	2,59	1,66	1,17	0,22	- 0,43

Wie aus der Kurve ersichtlich ist, ist der Kapitalwert 0 bei einem Zinsfuß von 16 % erreicht. Also beträgt der interne Zinsfuß (DCF-Rate) 16 %.

Zum Vergleich soll noch gezeigt werden, wie sich eine Verminderung der Verkaufserlöse durch Rückgang der Zinnpreise auf die Vorteilhaftigkeit des (fiktiven) Projektes auswirkt: Wenn die Erlöse nur von 3,5 Mio. US-$ auf 3 Mio. US-$/Jahr zurückgehen, ergibt sich unter sonst gleichen Bedingungen (Inflationsrate 5 %, Zinsfuß 8 %) folgende Netto-Cash-Flow-Reihe:

Jahr	0	1	2	3	4	5	6	7	8	9	10
Netto-Cash-Flow	- 1,00	- 2,08	- 1,81	0,86	0,82	0	0,75	0,71	0,68	0,64	1,34

Der Kapitalwert wird dann negativ (C_O = -1,01 Mio. US-$), die Errichtung der Zinnmine ist also nicht mehr rentabel.

Graphische Darstellungen von Cash-Flow-Analysen (Abb. 2.10) vermitteln eindrucksvoll, wie sich die Kosten- und Ertragsgrößen im Zeitablauf entwickeln. Während die Betriebskosten während der 10-jährigen Produktionsperiode (Abb. 2.10) annähernd konstant bleiben, nehmen die Zinszahlungen rasch ab und die Steuerzahlungen erheblich zu. Die rückläufige Zinsbelastung steht natürlich in direktem Zusammenhang mit den Kreditrückzahlungen, die nach etwas mehr als 5 Jahren abgeschlossen sind (Kapitalrückflußdauer demnach ca. 5,2 Jahre). Danach ergeben sich nennenswerte Netto-Erlöse, die natürlich zu sprunghaft steigenden Steuern führen. Im letzten Betriebsjahr

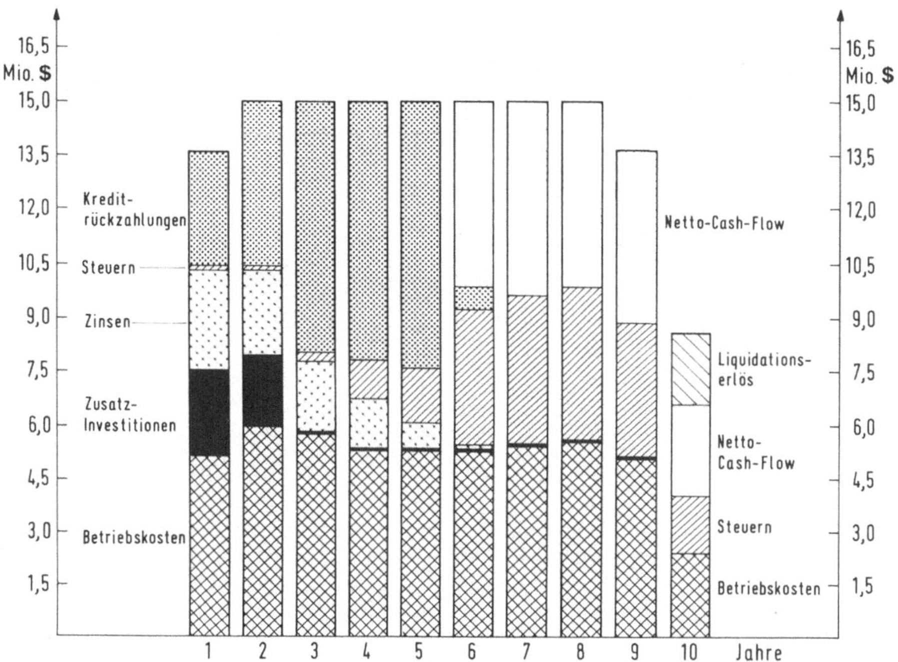

Abb. 2.10. Graphische Darstellung einer Cash-Flow-Analyse am Beispiel des Nickel-Kupfer-Vorkommens Montcalm, Ontario/Kanada (nach Angaben der Metallgesellschaft AG, Frankfurt).

wird der Netto-Cash-Flow um den Liquidationserlös erhöht, der beim Verkauf von Restanlagen entsteht.

2.3.4 Entscheidungskriterien für Abbruch und Weiterführung

Nach Abschluß jeder Explorationsperiode stehen 3 Entscheidungsalternativen zur Auswahl:

— Beendigung der Explorationsarbeiten, weil die zur Errichtung eines Produktionsbetriebes notwendige Mindestvorratsmenge (vgl. Abschn. 2.3.3.1) bereits nachgewiesen wurde.
— Weiterführung der Explorationsarbeiten zum Nachweis weiterer Vorratsmengen oder zur Gewinnung fehlender Daten für eine fundierte Bewertung.
— Abbruch der Explorationsarbeiten, da die Erfolgsaussichten nicht ausreichen.

Die beiden letzteren Entscheidungen sind normalerweise von Chefgeologen eines

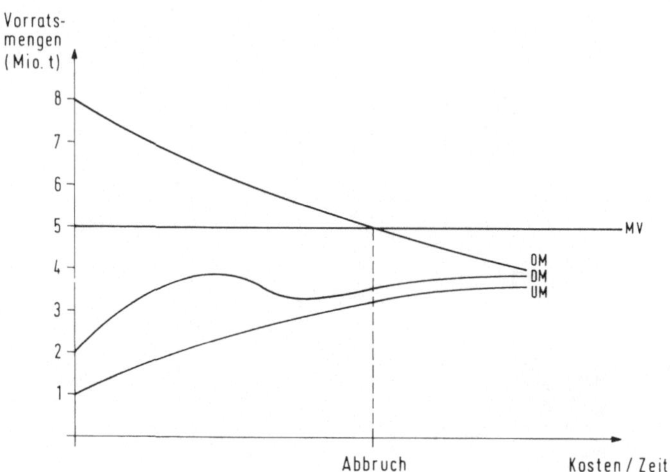

Abb. 2.11.   Modellartige Darstellung des Zeitpunktes für den Abbruch eines Explorationsprojektes (MV = Mindestvorratsmenge; DM = durchschnittliche, vorläufige Vorrats-
schätzung; OM = obere Vorratsmenge, bei optimistischen Annahmen; UM = untere
Vorratsmenge, bei pessimistischen Annahmen).

Unternehmens zu fällen und können von erheblicher Tragweite sein. Fällt die Entscheidung zunächst für Weiterführung, und der Erfolg stellt sich letztendlich nicht ein,
wurden unnötige Kosten verursacht. Wird für einen Abbruch entschieden und ein Kon-
kurrent findet später im aufgegebenen Konzessionsgebiet eine Lagerstätte, sind dem
Unternehmen Vorteile entgangen.

Es gilt deshalb, Kriterien als Entscheidungshilfen zu finden. Gemeint sind hier nur
technisch-wirtschaftliche Kriterien des Explorationserfolges, nicht jedoch übergeordne-
te unternehmenspolitische oder wirtschaftspolitische Kriterien (wie Änderung der
bergrechtlichen oder steuerlichen Rahmenbedingungen, Finanzierungsschwierigkeiten
usw.).

Die projekterfolgsbedingten Kriterien orientieren sich in erster Linie nach der Möglichkeit, den Nachweis einer Mindestvorratsmenge mit vertretbaren Kosten — also auch in
einer bestimmten Zeit — zu erreichen. Dabei spielt der Zuwachs von Vorratsmengen
während des Ablaufes eines Explorationsprojektes eine wichtige Rolle. Die Exploration sollte abgebrochen werden, wenn der Mengenzuwachs die Explorationskosten
nicht mehr deckt (vgl. Abb. 2.11), die Exploration kann weitergeführt werden, wenn
die Grenzkosten der Exploration geringer sind als der Ertrag zusätzlich gefundener
Vorratsmengen.

Die Erfolgswahrscheinlichkeiten sind bei Explorationsprojekten relativ gering. Selbst in
recht gut geologisch erforschten Gebieten, wie in den USA, wurden folgende Eckwerte
ermittelt *(Brant, 1968):*

– Im Westen der USA ist die Erfolgswahrscheinlichkeit 1 : 150, eine Kupferlager-
  stätte mit einem Erlöswert von 100 Mio. US-$ zu finden.
– Die Erfolgswahrscheinlichkeit in der gleichen Region sinkt auf 1 : 1000 für eine
  Lagerstätte mit einem Erlöswert von 1 Mrd. US-$.

2.3.5 Erstellung von Prefeasibility-Studien

Prefeasibility-Studien sollen die Durchführbarkeit und die Wirtschaftlichkeit eines Projektes zur Gewinnung mineralischer Rohstoffe analysieren. Die Studien basieren auf allen relevanten Bewertungsdeterminanten, die während des Explorationsprogrammes
und bei der Konzeption der Gewinnungsmethode (Flowsheet) ermittelt wurden (vgl.
Abschn. 2.3.2). Diese Daten werden zweckmäßigerweise in einem *Technischen Erhebungsbogen* zusammengestellt (vgl. Tab. 2.8). Die Wirtschaftlichkeitsanalyse stellt
dann mitunter nur eine Kosten-Erlös-Vergleichsrechnung dar, wobei die Kosten und
Erlöse zum Tageswert des Bewertungszeitpunktes kalkuliert werden. Immer häufiger
aber werden die Wirtschaftlichkeitsrechnungen dynamisiert, wie das auch das angeführ-
te Beispiel (vgl. Tab. 2.9) demonstriert. Hierbei handelt es sich um die Bewertung des
Zink-Blei-Vorkommens Nanisivik am Strathcona Sound im arktischen Nordosten
Kanadas. An dieser Lagerstätte, die nach mehrjähriger Exploration 1972/73 bewertet
wurde und ab Ende 1976 abgebaut wird, ist die Metallgesellschaft AG, Frankfurt beteiligt (11,25 % Anteile an der Nanisivik Mines Ltd.).

Eine typische Prefeasibility-Studie berücksichtigt die folgenden projektrelevanten Problemkreise:

– *Projektbeschreibung:* Geographische Lage, vorhandene Zugangsmöglichkeiten,
  Topographie, Klimaverhältnisse, Projektgeschichte, Konzessionsbedingungen, Zeitablaufplan für die Entwicklung von Bergwerk und Aufbereitung.

– *Geologie:* Abriß der regionalen Geologie, ausführliche Beschreibung der Geologie
  im Konzessionsgebiet, Bemusterungspläne, Analysendaten, Vorratskalkulationen.

– *Bergbau:* Beschreibung der Geometrie des Erzkörpers, Vorschläge zum Abbauverfahren (auch alternativ), Darstellung der Arbeiten für Aus- und Vorrichtungen,
  Abriß des Betriebsablaufes nach Produktionsaufnahme.

– *Aufbereitung:* Angabe der aufbereitungsrelevanten Kennwerte des Erzes, Spezifi-
  kation des Aufbereitungsproduktes, Abschätzung des Ausbringens, vorläufige Darstellung eines Aufbereitungsstammbaumes (Flowsheet) und des Mengenflußdia-
  grammes, Vorschläge zur Lagerung und zum Abtransport der Konzentrate, Vorschläge zur Bergebeseitigung bzw. Bergelagerung.

– *Versorgungseinrichtungen:* Darstellung der Möglichkeiten der Energieversorgung, der Wasserversorgung, der Betriebsmittelversorgung (Dieselöl, Spreng-

stoff, Ersatzteile). Vorschläge zum Bau und Betrieb von Tanklager, Sprengstofflager, Ersatzteillager.

— *Transporteinrichtungen:* Beschreibung der zusätzlich benötigten, materiellen Infrastrukturen (Zufahrtsstraßen, Landepiste, Brücken und Hafenbauten).

— *Siedlung:* Entwurf eines Konzeptes zum Aufbau der Bergbausiedlung (einschließlich Krankenhaus, Schule, Gemeinschaftshäuser) und der Verwaltungsgebäude.

— *Arbeitskräfte:* Kalkulation der benötigten Arbeitskräfte nach Einsatzbereich und Qualifikation. Darstellung der Arbeitsmarktsituation und der gesetzlichen Sozialmaßnahmen.

— *Umweltschutz:* Vorschläge zur Verhinderung oder Minimierung von Umweltschäden; Beschreibung der Umweltschutzgesetzgebung.

— *Rechtliche Rahmenbedingungen:* Darstellung relevanter Bestimmungen der Berggesetze, Erläuterung der Besteuerungsgrundsätze, Hinweise auf staatliche Unterstützungsmaßnahmen (Subventionen u.a.).

— *Wirtschaftlichkeitsanalyse:* Abschätzung der Kosten für Investitionsgüter (Gebäude, Maschinen, Fahrzeuge), der Kosten für Infrastrukturmaßnahmen, der Personalkosten und der Materialkosten; — Kalkulation der Betriebskosten und der Kapitalkosten; — Darstellung der Steuersätze; Analyse der Marktstruktur und Preisentwicklung; Kalkulation der Erlöse; — Darstellung einer Cash-Flow-Tabelle und Berechnung der Ertragsgrößen; — Sensitivitätsanalysen.

Tabelle 2.8.   Technischer Erhebungsbogen für Prefeasibility-Studien (Beispiel: Zink-Blei-Vorkommen Nanisivik, Kanada)

Lokalität: Strathcona Sound an der Nordküste von Baffin Island, North West Territories, Kanada. 760 km nördlich des Polarkreises.

Bewertungszeitpunkt: Anfang 1973 und Mitte 1976 (Cash-Flow-Analyse)

1. *Lagerstättentyp:*

   Form der Lagerstätte: horizontale, S-förmig verlaufende Sulfid-Linse (streichende Länge 3000 m, Breite 80 m, durchschnittliche Mächtigkeit 6 m) mit einer vertikalen Wurzelfortsetzung

   Erzverteilung: Erzminerale sind relativ gleichmäßig im Erzkörper verteilt

   Erzparagenese: Zinkblende (mit 3 - 5 % Fe), Bleiglanz, dazu Pyrit, Markasit

   Korngrößenbereiche: Zinkblende > 5 mm, Bleiglanz durchschnittlich 3,5 mm, Pyrit etwas feinkörniger

2. *Lagerstätteninhalt:*

   Hauptprodukte: Zinkblende, Bleiglanz
   Nebenprodukte: Silbergehalt im Bleiglanz
   Geologischer Grenzgehalt
   (cut-off):   7 % Zink-Äquivalent
   Durchschnittsgehalte: 14 % Zn; 1,4 % Pb; 1,77 oz/t Ag
   Erzvorräte: "geologische" Vorräte 6,97 Mio. t, "bergmännische" Vorräte 5,85 Mio. t

3. *Gewinnungsverfahren:*

   Erzabbau: Kammer-Pfeiler-Bau
   Erzführung: LHD-Technik mit anschließender Bandförderung zur untertage installierten Brecher-Anlage
   Erzaufbereitung: Brechen, Mahlen, Blei-Flotation, Zink-Flotation
   Durchsatzkapazität Aufbereitung: 1500 - 1600 t/Tag
   Ausbringen: 96 % Zink: 80 % Blei
   Konzentratqualität: Zinkkonzentrat mit 58 - 59 % Zn, Bleikonzentrat mit 60 % Pb und 8 - 10 oz/t Ag

4. *Infrastrukturmaßnahmen:*

   Betriebsgebäude: Aufbereitungsanlagen, Lagerhäuser, Nebengebäude, Verwaltung
   Kraftwerk: 6000 kW, Dieselgeneratoren
   Zufahrtswege: Hafenanlage für 50000 BRT-Schiffe, Flugplatz mit 2000 m Landebahn.
   Siedlung: Ein- und Zweifamilienhäuser für 850 Personen, Schule, Krankenhaus, Feuerwehr, Polizeistation, Restaurant, Kino, Sportzentrum

---

Quelle: Metallgesellschaft, Frankfurt/Main.

Tabelle 2.9. Wirtschaftlichkeitsanalyse für Prefeasibility-Studien (Beispiel Zink-Blei-Vorkommen Nanisivik, Kanada)

1. *Projektierte Betriebsgröße:*

Roherzabbaumenge:	525 000 t/Jahr
Abraummenge:	400 000 t/Jahr
Mindestbetriebszeitraum:	13 Jahre
Betriebszeiten:	350 Tage/Jahr
Personalbedarf:	150 - 180 Arbeitskräfte (davon ca. 40 Eskimos)
Produktmengen:	ca. 125 000 t Konzentrate/Jahr

2. *Geschätzte Gewinnungskosten:*

Investitionen:		
	Vorkosten Exploration	4,3 Mio. US-$
	Sachanlagen	36,9 Mio. US-$
	Zinsen und Kapitalbeschaffung	3,1 Mio. US-$
	Umlaufkapital	5,0 Mio. US-$
	(Finanzierungsmodell:)	
	Regierungszuschuß Kanadas	8,5 Mio. US-$
	Eigenkapital Anteilseigner	10,0 Mio. US-$
	Kredit kanad. Regierung	5,0 Mio. US-$
	Bankkredite	21,5 Mio. US-$

Betriebskosten (ohne Abschreibungen und Zinsen):   14,36 US-$/t

3. *Sensitivitätsanalyse* (Ausschnitt):

(Sensitivitäten des internen Zinsfußes (DCF-Rate) bei alternativen Zinkpreisen)

Fallbeispiel	Zinkpreise (cts/lb)		
	22,8	24,4	27,8
Normalfall (siehe 2.)	15 %	19 %	26 %
ohne Regierungszuschuß	11 %	14 %	20 %
zusätzlicher Regierungszuschuß von 5 Mio. US-$	20 %	24 %	31 %
Betriebskostensteigerung um 10 %	13 %	17 %	24 %
Investitionserhöhung um 10 %	12 %	16 %	22 %
alle Konzentrate werden in Europa verkauft	17 %	21 %	27 %

4. *Cash-Flow-Analyse* (Ausschnitt, Stand 1976)

s. Seite 123

4. *Cash-Flow-Analyse* (Ausschnitt)   (Stand 1976)

	Einheit	1977	1978	1979	1980	1981	1982	1983	1984	1985	1986	1987
Erzproduktion	t	490000	490000	490000	490000	490000	490000	490000	490000	490000	490000	490000
Zn-Gehalt	%	15,8	17,41	16,54	15,3	15,3	15,3	15,3	14,4	11,0	11,0	11,0
Zn-Konzentrat netto	t	121354	133875	127192	117669	117822	117822	117822	110449	84719	84719	84719
Pb-Konzentrat netto	t	3560	7640	12010	10700	9970	9970	9970	10480	12370	12370	12370
Zn-Konzentrat Erlöse	1000 US-$	29989	33082	31431	29078	29175	29175	29175	27349	20465	20465	20465
Pb-Konzentrat-Erlöse	1000 US-$	319	685	1077	960	894	894	894	940	1110	1110	1110
Erlöse total	1000 US-$	30308	33768	32077	30038	30070	30070	30070	28290	21576	21576	21576
Kosten total	1000 US-$	16631	17356	17346	16901	17266	17036	16876	17096	16420	16190	16280
Betriebsergebnis	1000 US-$	13677	16411	15163	13136	12803	13033	13193	11193	5155	5385	5295
./. Zinsen	1000 US-$	6721	6035	5064	4121	3355	2532	1919	1919	1919	1919	1919
./. Steuern	1000 US-$	0	0	0	0	0	0	1828	1912	151	90	50
./. Abgaben	1000 US-$	0	0	0	707	688	701	711	591	237	249	244
Cash-Flow	1000 US-$	6955	10375	10098	8307	8760	9799	8734	6770	2846	3126	3081
Geplante Darlehns-rückzahlung	1000 US-$	7885	11396	11223	8547	8760	9799	3109	—	—	—	—
Unterdeckung (-) bzw. Überdeckung (+)	1000 US-$	- 930	- 1023	- 1125	- 240	—	—	+5625	+6770	+2846	+3126	+3081

Quelle: Metallgesellschaft AG, Frankfurt/Main.

2.3.6 Zeitplan und Kostenentwicklung

Zwischen dem Beginn eines Prospektionsprogrammes und der Produktionsaufnahme eines Bergwerkes kann bei größeren Projekten ein Zeitraum von 20 Jahren verstreichen (vgl. Abb. 0.1). Selbst für eine mittlere Lagerstätte sind etwa 5 Jahre für die Durchführung der Prospektionen und Explorationen zu veranschlagen (vgl. Abb. 1.1). Durch sorgfältige Planung der einzelnen Projektphasen, die sich sinnvoll überlappen können, läßt sich wertvolle Zeit und damit Kosten sparen. Ein Zeitablaufplan (vgl. Abb. 1.1) — oder besser noch ein Netzplan — muß alle Projektaktivitäten optimal koordinieren. Verzögerungen bei den Arbeiten oder auch bei den Entscheidungen haben erheblichen Einfluß auf die Rentabilität des Projektes (vgl. Abb. 2.12).

Der Aufwand für Explorationsarbeiten wächst nicht linear zu den nachgewiesenen Vorratsmengen. Für das Aufsuchen kleinerer Lagerstätten entstehen vergleichsweise höhere Kosten als für große Lagerstätten. Der Anteil von Explorationskosten bei unterschiedlichen Betriebsgrößen ist aus Abb. 2.13 (Modell A) zu entnehmen. Es soll in diesem Zusammenhang darauf hingewiesen werden, daß die Mindestkosten für das Aufsuchen einer industriell abbauwürdigen Erzlagerstätte bei 2 Mio. US-$ (1982) liegen. Die Abb. 2.13 (Modell B) zeigt aber auch den Anstieg der Explorationskosten für ein vergleichbares Projekt innerhalb von 25 Jahren, wobei sich der Kostenanstieg inflationsbedingt beschleunigt.

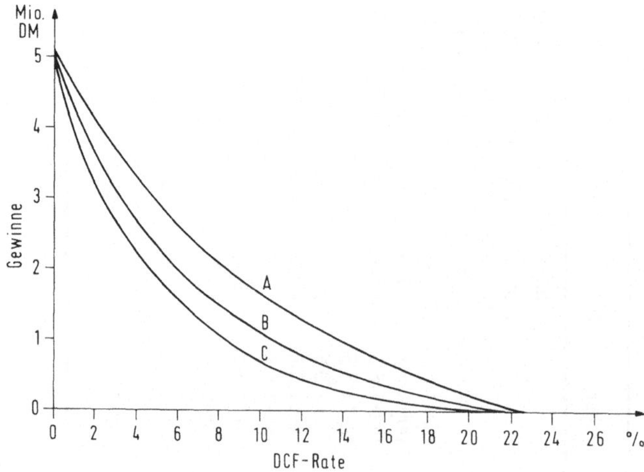

Abb. 2.12. Veränderung der Ertragsgrößen bei Projektverzögerungen (A = planmäßiger Produktionsbeginn; B = 5 Jahre Verspätung; C = 10 Jahre Verspätung).

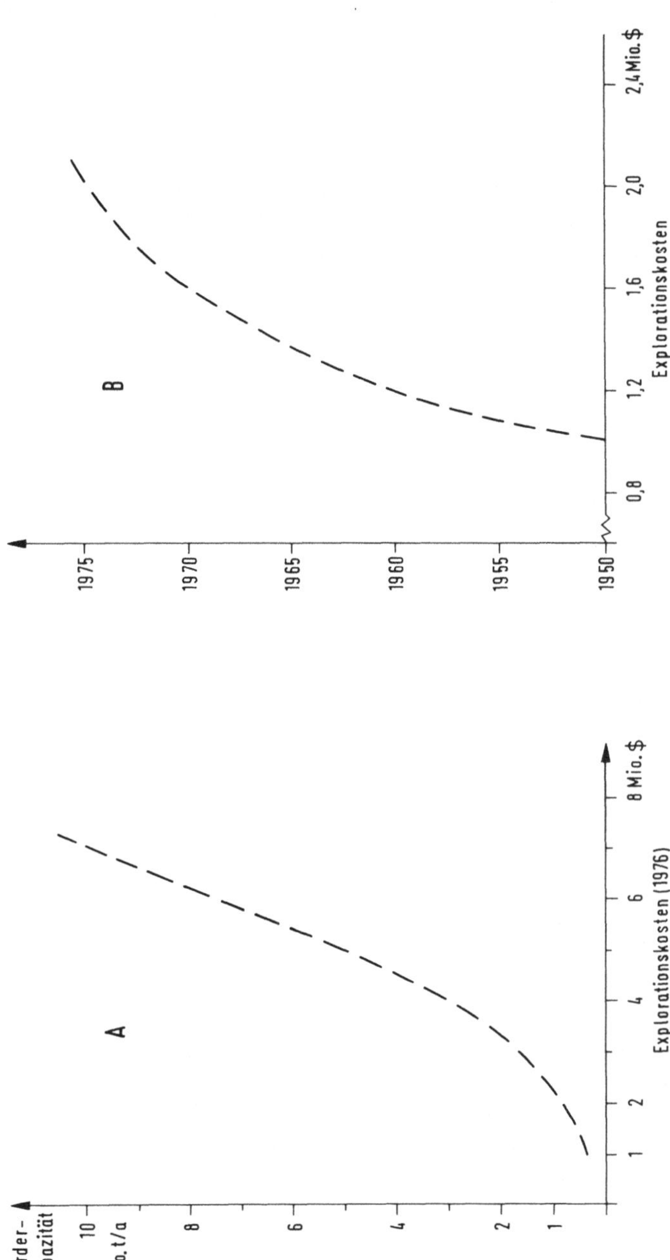

Abb. 2.13. Modelle zur Variation von Explorationskosten im Erzbergbau.
A: Abhängigkeit der Explorationskosten von der Kapazität des Bergbaubetriebes.
B: Entwicklung der Explorationskosten zwischen 1950 und 1975 für ein Erzbergwerk mit einer Roherzförderung von 1 Mio. t pro Jahr.

2.4 Bewertung von Bergbauprojekten

Mit der Erstellung einer Prefeasibility-Studie endet normalerweise die Arbeit des Wirtschaftsgeologen an einem Projekt zur Gewinnung mineralischer Rohstoffe. Danach sind Bergleute, Aufbereiter, Hüttenleute, Kaufleute und Juristen vorrangig mit dem Projekt beschäftigt. Aus sachlichen Gründen sollte jedoch eine gewisse Mitwirkung des Wirtschaftsgeologen bei der Bewertung von Bergbauprojekten angestrebt werden. Die Vielfalt der technischen, wirtschaftlichen und rechtlichen Probleme bewirkt, daß für die Feasibility-Untersuchungen vergleichsweise höhere Aufwendungen nötig sind. Größenordnungsmäßig werden für Prefeasibility-Untersuchungen rund 1 % der gesamten Projektinvestitionen veranschlagt, für Feasibility-Untersuchungen dagegen rund 3,5 %.

2.4.1 Projektplanung und Projektprüfung

In der Feasibility-Phase eines Projektes müssen alle Details über die technischen Daten und Kennziffern der Produktionsanlagen und Maschinen ermittelt werden (Engineering), dazu aber auch die gesamte Planung des Betriebsablaufes (Design). Diese technischen Planungen umfassen zunächst Art und Zeitablauf der Vorbereitungsarbeiten (Grubenerschließung, Bauarbeiten, Montage, Bergebeseitigung) und der Produktion (Materialbilanzen, Gerätelisten mit genauen Spezifikationen). Weiterhin müssen alle Versorgungseinrichtungen und Nebenanlagen geplant werden, wie Wasserversorgung, Energieversorgung, Materialversorgung, Zufahrtswege, Werkstätten und Labors.

Die Projektprüfung dient dann der letzten Entscheidungsfindung über die Verwirklichung des Projektes und umfaßt eine Zielanalyse, eine wirtschaftspolitische und vertragsrechtliche Analyse, eine Wirtschaftlichkeitsbeurteilung mit Marktanalyse und eine Finanzanalyse.

2.4.2 Rechtliche Rahmenbedingungen

Die gesetzlichen Regelungen eines Landes in bezug auf die Gewinnung mineralischer Rohstoffe betreffen nicht nur die Berggesetze (vgl. Abschn. 1.1.3), sondern auch das Gesellschaftsrecht, das Steuerrecht und das Vertragsrecht. Alle diese rechtlichen Rahmenbedingungen sind vor rohstoffwirtschaftlichen Investitionen zu prüfen, insbesondere dann, wenn das Projekt im Ausland durchgeführt werden soll.

Zunächst müssen Informationen über die allgemeinen rechtlichen Bedingungen für Kapitalanlagen gesammelt werden. Hierzu gehören

Investitionsrecht: Gesetze über Investitionen und ihren Schutz (einschließlich Enteignungsschutz), auch völkerrechtliche (bilaterale) Verträge, wie Investitionsschutzabkommen, die nicht nur Enteignungsschutz, sondern auch den Transfer von Erträgen und von Liquidationserlösen der Kapitalanlagen garantieren können.

Bankrecht: Insbesondere Gesetze über den Zugang zum örtlichen Kapitalmarkt, über Kreditsicherungen und über Kreditprüfungen.

Investitionslenkung: Steuervergünstigungen, Zollmaßnahmen, Investitionsbeihilfen, Investitionsauflagen, Reinvestitionszwang.

Außenhandelsrecht: Gesetze und Rechtsverordnungen über Devisenverkehr, Ein- und Ausfuhr von Investitionsgütern und Rohstoffen, Gewinntransfer, Lizenzrecht.

Danach sind alle einschlägigen Gesetze und Rechtsverordnungen aus speziellen Regelungsbereichen interessant, wie

Gesellschaftsrecht: Unternehmensverfassung, insbesondere alle Vorschriften über die Rechtsformen einer Gesellschaft (Satzungsbestimmungen, Registrierpflichten, Organe, Buchführung, eventuell Beteiligungsschranken für ausländische Investoren oder Zwangsbeteiligungen des Staates bzw. der Arbeitnehmer).

Vertragsrecht: Rechtsnormen über den Abschluß von Verträgen, insbesondere Sonderregelungen für relevante Vertragstypen (Kaufverträge, Werkverträge, Lizenzverträge).

Steuerrecht: Rechtsnormen über die Besteuerung von Unternehmen, sowohl in materieller als auch in formeller Hinsicht, insbesondere die Abgabenordnungen und bei Auslandsinvestitionen völkerrechtliche Verträge (Doppelbesteuerungsabkommen).

Schließlich sind auch Informationen über die zuständigen Behörden und deren Arbeitsweise zu sammeln, wie etwa Erfahrungen mit der Verwaltungspraxis oder Zeitabläufe von Genehmigungsverfahren. Auskünfte in diesen Angelegenheiten erteilen beispielsweise gemischte Handelskammern (deutsch-indonesische Handelskammer in Jakarta, deutsch-thailändische Handelskammer in Bangkok usw.).

Die Arbeitsweise von Behörden in Entwicklungsländern kann mitunter ein Investitionshemmnis sein. Die Zuständigkeiten sind dort nicht selten auf zahlreiche Instanzen verteilt, die Entscheidungsbereitschaft des Verwaltungspersonals oft gehemmt, die Korruption nicht immer auszuschließen. In Entwicklungsländern spielen auch die Vorschriften über staatliche Beteiligungen an Direktinvestitionen eine erhebliche Rolle. Einzelheiten darüber sind in Abschn. 7.2 ausgeführt.

2.4.3 Fiskalische Rahmenbedingungen (Besteuerung)

Angesichts der Bedeutung des Bergbaus für die gesamte Volkswirtschaft und unter Berücksichtigung der speziellen Gegebenheiten der Produktion mineralischer Rohstoffe, haben sich viele Länder zum Erlaß eigenständiger Besteuerungsnormen für den Bergbau entschlossen. Vorrangig werden fiskalische Ziele angestrebt, also Erzielung möglichst hoher Staatseinnahmen, aber Steuergesetze können auch als wirtschaftspolitisches oder entwicklungspolitisches Instrumentarium genutzt werden (vgl. Abschn. 7.3.).

In der *Bundesrepublik Deutschland* sind Bergbaugesellschaften unbeschränkt körperschaftssteuerpflichtig und unterliegen auch der normalen Gewerbesteuer und Umsatzsteuer. Das Bundesberggesetz vom 13. August 1980 (vgl. Abschn. 1.1.3.1) regelt dann die bergbauspezifischen Sonderabgaben, nämlich die Feldesabgabe als Jahresbetrag für die Explorationserlaubnis (je km^2) und die Förderabgabe als gewinnunabhängige Mengensteuer (10 % des Marktwertes).

Wesentlich komplizierter ist das Besteuerungssystem in *Kanada*, wo nicht nur eine Körperschaftssteuer des Bundes (federal corporate income tax), sondern daneben auch eine Körperschaftssteuer der Provinz (provincial corporate income tax) und eine spezielle Bergbausteuer (provincial mining tax) entrichtet werden muß. Die Sätze für die Provinzsteuern variieren erheblich. Die Provinzkörperschaftssteuer beträgt beispielsweise in Manitoba 15 %, in Saskatchewan 14 %, in Ontario 13 %, in Quebec 12 % und im Yukon Territory nur 10 %. Die Abschreibungssätze liegen in Ontario für Kapital zur Entwicklung des Bergwerkes bei 100 %, für Investitionsgüter in der Mine und in der Aufbereitung bei 30 % linear und für Kapital zum Bau von Infrastrukturen bei 15 %. In Manitoba dagegen ist der Abschreibungssatz einheitlich für alle Investitionen mit 20 % festgesetzt und in den anderen 8 Provinzen gibt es wieder andere Regelungen.

Unter den bergbaurelevanten Steuern haben die *"Royalties"* die längste Tradition. Es ist eine nach dem Warenwert bemessene Fördersteuer (ad valorem royalty), die dem Eigentümer des Grundstückes (bei Grundeigentümermineralen) oder bei Bergfreiheit dem Staat zufließt. Die Royalties machen in der Regel 10 bis 15 % vom Marktwert der Bergwerks- oder Ölförderung aus. Die Ölindustrie kennt eine ganze Reihe von speziellen Typen dieser Royalties, etwa

- overriding royalty: eine zusätzliche Fördersteuer, die außer der normalen Royalty gezahlt werden muß.
- participating royalty: eine spezielle Steuer für Beteiligungen an den Explorationskosten, also am Projektrisiko.
- sliding royalty: eine nach bestimmten Förderhöhen gestaffelte Fördersteuer.

Weitere Informationen über Besteuerung von Bergbauvorhaben in Entwicklungsländern sind aus Abschn. 7.3 zu entnehmen.

2.4.4 Finanzierungsprobleme

Die " Global Mining and Metals Division" der Chase Manhattan Bank in New York hat
Anfang 1983 den Investitionsbedarf des Bergbaus zwischen 1983 und 1993 auf
65 Mrd. US-$ geschätzt. Über 50 % der dabei ins Auge gefaßten rund 350 Projekte lie--
gen in Entwicklungsländern, mit Großprojekten in Brasilien, Mexiko und Papua - Neuguinea. Sind die Finanzierungsprobleme im Bergbau wegen der rückläufigen Gewinne
der Unternehmen schon grundsätzlich groß, so sind sie in den Entwicklungsländern besonders ausgeprägt. Bei Großprojekten gehen die Erstinvestitionen heute in die Milliarden US-$, etwa bei

— dem *Eisenerz-Projekt Carajás (Brasilien)*, einem Teilvorhaben in der umfangrei-
    chen Mineralprovinz der Carajás Mountain Range im brasilianischen Bundesstaat
    Pará, dessen Finanzierung 1981 begonnen wurde und für das ein Investitionsvolu-
    men von ca. 3,6 Mrd. US-$ kalkuliert wurde (Produktionsziel ab 1985: 35 Mio. t/
    Jahr Eisenerz mit 64 % Fe).

— dem *Kupfer-Gold-Projekt Ok Tedi (Papua - Neuguinea)*, das ebenfalls 1981 begon-
    nen wurde mit einem vorläufigen Investitionsvolumen von 1,25 Mrd. US-$ (Pro-
    duktionsziel ab 1986: 22 500 t Roherz pro Tag mit 2,86 g/t Gold, 0,7 % Kupfer
    sowie Spuren von Silber und Molybdän. — ab 1990: 45 000 t/Tag).

— dem *Erdgas-Projekt Trollfeld (Norwegen)* in der Nordsee, für das ab 1982 ca.
    6,25 Mrd. US-$ bereitgestellt werden müssen.

— dem *Ölschiefer-Projekt Piceance Basin (USA)*, für das 2 Mrd. US-$ ab 1983 erfor-
    derlich sind, um ab 1988 über 50 Mio. bbl/Tag Öl zu produzieren.

Die Finanzierung eines Projektes stellt jedenfalls den entscheidenden Schritt für seine
Verwirklichung dar. Eine Finanzierungsanalyse muß dabei insbesondere Angaben ent-
halten über das Finanzierungsvolumen, die Finanzierungsstruktur (Eigenfinanzierung/
Fremdfinanzierung) und den Finanzierungszeitraum.

Die Finanzierungsstruktur wird von dem Verhältnis Eigenkapital zu Fremdkapital, von
der Gesellschaftsform des Unternehmens und von den Finanzierungspartnern bestimmt. Der Anteil des Fremdkapitals liegt normalerweise bei über zwei Drittel des gesamten Investitionsvolumens. Art und Rangfolge des Fremdkapitals können eine wesentliche Rolle spielen, wobei es sich etwa um staatliche Kredite — bei Projekten in
Entwicklungsländern also auch um bilaterale und multilaterale Kapitalhilfe — oder etwa um Beteiligungen anderer Unternehmen handeln kann. Gerade wegen des hohen
Kapitalbedarfes (und auch wegen des relativ hohen Risikos) werden immer häufiger
Rohstoffprojekte auf partnerschaftlicher Basis (Konsortium, Joint Venture, vgl.
Abschn. 6.2.1 und 7.2) durchgeführt. Die Zusammenarbeit mit Partnern beginnt häufig
nach erfolgreicher Prospektionsarbeit, also meist schon während der Explorationspha-
se. Grundsätzlich bieten sich drei Möglichkeiten einer so begründeten Partnerschaft an:

- Der erfolgreiche Prospektor sucht sich einen Partner, der den überwiegenden Teil der Finanzierung gegen eine Mehrheitsbeteiligung übernimmt.
- Der erfolgreiche Prospektor vergibt eine oder mehrere Minderheitsbeteiligungen gegen Investitionskapital.
- Der erfolgreiche Prospektor geht eine Partnerschaft zu gleichen Teilen ein, wobei ihm mindestens die Hälfte der Prospektionskosten erstattet werden.

Die Möglichkeiten der Eigenfinanzierung von Bergbauprojekten durch Bergbauunternehmen nahmen Ende der Siebziger Jahre ständig ab, weil die Gesellschaften unter chronischer Unterkapitalisierung leiden. Finanzkräftige Mineralölkonzerne engagierten sich deshalb zunehmend auch im Bergbau. In den Jahren 1980/81 erreichte die Übernahme von Bergbauanteilen durch Mineralölgesellschaften ihren vorläufigen Höhepunkt. 1982/83 wurden die Gewinnaussichten im Bergbau schon wieder viel skeptischer beurteilt, was sogar zu einem teilweisen Rückzug der Ölgesellschaften führte.

Einige Beispiele sollen die gravierenden Änderungen der Besitzverhältnisse im internationalen Bergbau erläutern, wodurch allerdings die Finanzierungsbasis verbreitert wurde. Schon 1970 kaufte die Royal Dutch-Shell die Billiton-Gruppe. Ende der Siebziger Jahre begann dann der eigentliche Übernahmeprozeß, als nämlich British Petroleum (mit der 1978 gegründeten Tochter BP Minerals International Ltd.) den Londoner Bergbaukonzern Selection Trust Ltd. erwarb (1980) und auch 50 % von Norzinc (Norwegen) sowie 50 % von Boliden (Schweden) übernahm. Durch die Tochtergesellschaft Standard Oil Co. of Ohio (Sohio) kaufte BP schließlich 1981 noch die große amerikanische Kupfergesellschaft Kennecott Corp. Aber auch Atlantic Richfield erwarb die nicht minder bekannte Kupfergesellschaft Anaconda Co., die Standard Oil of California (Socal) kaufte 20 % der AMAX Inc., und die Metallgesellschaft gab 10 % der Aktien zunächst an die kuwaitische Regierung und dann noch einmal 10 % an die Kuwait Petroleum Corp. ab.

Wie zuvor schon erwähnt, hat das Interesse der Mineralölkonzerne am Bergbau inzwischen wieder nachgelassen, da die übernommenen Unternehmen rote Zahlen schreiben. Allein 1981 entstanden bei Selection Trust (BP) 28 Mio.£ Verluste, bei Kennecott (Sohio = BP) 101 Mio. US-$ Verluste, bei Anaconda (Atlantic Richfield) gar 261 Mio. US-$ Verluste und bei Billiton (Shell) 53 Mio. £ Verluste.

Dieser Meinungswandel ließ die Probleme der Investitionsfinanzierung für den Bergbau noch anwachsen. Es deutet vieles darauf hin, daß Großprojekte und Projekte mit hohen Vorkosten für aufwendige Infrastrukturmaßnahmen künftig kaum noch Finanzierungsträger finden.

2.4.5 Erstellung von Feasibility-Studien

Die Feasibility-Studie ist eine erweiterte und fundierte Prefeasibility-Studie. Sie gibt möglichst zuverlässige Entscheidungshilfen für die geplante Investition, indem technische Durchführbarkeit und Wirtschaftlichkeit des Vorhabens so exakt wie möglich analysiert werden. Als Grundlage muß anders als bei Prefeasibility-Studien vor allem ein Detail-Engineering mit Konstruktionsplänen, Materialbilanzen und Beschaffungspreisen vorliegen. Die genauen technischen Angaben sind wichtig für

— die Ermittlung der Leistung und der Lebensdauer aller Investitionsgüter, aus der sich die jeweiligen Abschreibungszeiträume ergeben;
— die Festlegung von Höhe und Zeitpunkt für Auszahlungen und Einnahmen, aus denen sich die Rentabilitätskennzahlen des Projektes ergeben (DCF-Rate, Kapitalrückflußdauer);
— die Kalkulation von Art und Menge der Betriebsmittel, aus denen sich die Beschaffungspläne und die Lagerhaltung ergeben, aber auch die dafür relevanten Kosten;
— die Ermittlung von Art und Anzahl der benötigten Arbeitskräfte, die die Grundlage bildet zur Aufstellung der Personaleinsatzpläne, der Ausbildungsprogramme und der Lohnlisten.

2.4.6 Spezielle Probleme von Bergbauprojekten

Bei der Gewinnung mineralischer Rohstoffe treten eine Reihe spezieller Probleme auf, die sich aus den natürlichen Gegebenheiten der Urproduktion ergeben. So sind Bodenschätze — abgesehen von geologischen Zeiträumen — weder natürlich noch künstlich regenerierbar. Das Gesamtangebot wird also durch Abbau ständig verringert. Auch eine Qualitätsverbesserung der Bodenschätze ist nicht möglich und der Standort des Abbaubetriebes ist nicht variabel, sondern naturbedingt festgelegt.

Die speziellen Problembereiche betreffen insbesondere Gefahren des Raubbaues, Umweltbeeinträchtigungen, Abbau alter Halden oder Wiedereröffnung stillgelegter Gruben.

2.4.6.1 Raubbau

Als Raubbau können alle direkten und indirekten Schäden an den Bodenschätzen eines Landes bezeichnet werden. In der Regel werden diese Schäden von einzelnen Unternehmen verursacht, aber von ihnen nur zu einem Teil getragen. Sie erscheinen zumindest nicht in der betrieblichen Wirtschaftsrechnung, sondern werden de facto auf die gesamte Volkswirtschaft abgewälzt.

Durch eine Verschwendung von Rohstoffen entstehen demnach Vermögensverluste der Allgemeinheit, die als volkswirtschaftliche oder soziale Kosten bezeichnet werden können. Sie sind allerdings schwer kalkulierbar und finden selbst in einer erweiterten volkswirtschaftlichen Gesamtrechnung bislang keine Berücksichtigung. In der Mehrzahl aller Fälle tritt Raubbau ungewollt und ungeplant auf, läßt sich aber durch geschärftes Bewußtsein und durch zielgerichtete Maßnahmen minimieren oder gar verhindern.

Raubbau an mineralischen Rohstoffen kann in verschiedenen Formen auftreten, von denen als besonders wichtig und kostenwirksam genannt werden sollen:

—   ein selektiver Abbau von Reicherzen, bei dem geringhaltigere, aber dennoch wertvolle Abbaureste in aufgegebenen Bergwerken oder Abbaufeldern verbleiben. Die Abbaureste sind dann in Untertagebetrieben oft für immer verloren oder können in Tagebaubetrieben später nur in begrenztem Umfang und mit viel höherem Kostenaufwand gewonnen werden. Ohne intime Kenntnisse über die Lagerstätte und den Betriebsablauf ist selektiver Abbau nicht nachweisbar. Diese klassische Form des Raubbaus kann vorsätzlich betrieben werden und wird dann möglichst vertuscht. — Meist sind die Motive für selektiven Abbau wirtschaftlicher Art. In Zeiten sinkender Rohstoffpreise kann sich das Minenmanagement für den Abbau von Reicherzen entscheiden, um vielleicht sogar die Schließung der Mine zu vermeiden. In Ländern mit hohem Investitionsrisiko kann selektiver Reicherzabbau in den ersten Betriebsjahren bevorzugt werden, um das investierte Kapital möglichst rasch zurückzuerhalten. Oder ausländische Minengesellschaften greifen zu dieser Abbaumethode, weil sie eine baldige Verstaatlichung ihrer Bergwerke befürchten. Schließlich betreiben viele Kleinminen selektiven Abbau, weil sie nur in der Lage sind, hochgradige Erze mit sichtbarem Mineralinhalt abzubauen und zu konzentrieren.

—   ein Verzicht auf die Einführung moderner Technologien beim Abbau von Erzen, bei der Aufbereitung von Erzen oder auch bei der Verhüttung von Erzkonzentraten. Vor allem beim Einsatz veralteter Aufbereitungsmaschinen muß mit einem erheblich niedrigerem Ausbringen der Wertminerale gerechnet werden. Diese technologisch bedingten Verluste sind nicht nur vermeidbar, sondern können auch verstärkte Umweltschäden verursachen. Eine spezielle Variante dieser Form des Raubbaus entsteht durch unsachgemäße Bedienung oder durch ungenügende Wartung der Aufbereitungsmaschinen, ist also oft auf unzureichende Ausbildung von Arbeitskräften zurückzuführen.

—   eine partielle oder gar fehlende Gewinnung von Nebenprodukten. In nahezu allen Erzen sind die Hauptwertminerale mit anderen Erzmineralen assoziiert, die als Beiprodukte oder Kuppelprodukte zumindest kostendeckend gewonnen werden können. Abgesehen vom Verlust dieser Rohstoffe kann ein Verzicht auf die Gewinnung der paragenetisch auftretenden Nebenminerale wiederum zusätzliche Umweltbeeinträchtigungen hervorrufen.

—   eine mangelhafte Planung von Bergbaubetrieben, bei der aus Unkenntnis oder Nachlässigkeit nicht die effektivsten Abbau- und Aufbereitungsmethoden ausgewählt werden. Wenn solche Planungsschwächen auftreten, ist ein optimaler Erzabbau und ein maximales Ausbringen in der Aufbereitung nicht gewährleistet, wodurch wiederum vermeidbare Verluste entstehen.

Raubbau tritt natürlich nicht nur bei Bergbau in engerem Sinne auf, sondern auch beispielsweise bei der Erdölförderung. Eine unsachgemäße oder extensive Entwicklung eines Ölfeldes erreicht nur geringe Entölungsgrade und führt zur Verhinderung optimaler Lagerstättenausbeute.

Raubbau an mineralischen Rohstoffen hat zur Folge:

— eine Verringerung der naturgegeben begrenzten Vorräte an bauwürdigen mineralischen Rohstoffen,
— eine zusätzliche Belastung der Umwelt durch stärkere Kontamination von Luft und Wasser durch metallhaltige Abgänge,
— eine Verkürzung der Lebensdauer von Bergwerken mit erheblichen regionalentwicklungspolitischen Nachteilen, da die Gefahr der Bildung nur kurzlebiger Wirtschaftsoasen zunimmt.

Raubbau wird immer noch aus verschiedenen wirtschaftlichen Gründen stillschweigend akzeptiert. Vor allem in Entwicklungsländern können wirtschaftspolitische Zielvorstellungen mit der Vermeidung jeder Art von Raubbau im Konflikt stehen. Etwa, wenn möglichst schnell die Bergbauproduktion gesteigert werden soll, um dringend benötigte Devisen zu erhalten. Oder wenn der einheimische Kleinbergbau nicht so beraten und unterstützt wird, daß unbeabsichtigt Schäden an den Lagerstätten verursacht werden (vgl. Abschn. 8.4.1). Oder wenn eine plötzliche Nationalisierung dazu führt, daß unerfahrene einheimische Führungskräfte einen sachgerechten Betrieb der Anlagen nicht gewährleisten können. Dann wird Raubbau als das vermeintlich kleinere Übel in Kauf genommen, zumal die ökologischen Gefahren und die regionalentwicklungspolitischen Nachteile noch wenig erforscht sind.

In bezug auf den einzelnen Minenbetrieb können also die Ursachen des Raubbaues immanent bzw. intern oder aber extern sein. Natürlich lassen sich nur die internen Ursachen durch Entscheidungen des Minenmanagements beseitigen. Empirische Untersuchungen haben jedoch gezeigt, daß gerade die externen Ursachen überwiegen, auf die die Betriebsleitung also keinen Einfluß hat. Bei diesen externen Ursachen handelt es sich um die staatlich verfügbaren Rahmenbedingungen für die bergbauliche Produktion, die dann auch nur regierungsseitig korrigiert werden können. Als Beispiele betriebsexterner Ursachen seien genannt:

— die Hemmnisse für Investitionen oder für Technologietransfer, die sich aus Importrestriktionen oder aus Vorschriften über Kapitaltransfer ergeben,
— der mitunter schwerfällige, entscheidungsgehemmte Verwaltungsapparat oder
— eine unklare Wirtschaftspolitik mit latenter Verunsicherung von Investoren.

Es kann jedoch darauf verwiesen werden, daß bei den aufgezeigten Formen des Raubbaus die rohstoffwirtschaftlichen Verluste nicht immer total sind. Ein nachträglicher Abbau von geringhaltigen Lagerstättenteilen oder die erneute Aufbereitung alter Halden ist in einigen Fällen möglich, allerdings mit vergleichsweise hohem Aufwand (vor allem an Energie) und manchmal auch unter schlechteren (gefährlicheren) Arbeitsbedingungen.

2.4.6.2 Umweltschutz

Seit einigen Jahren hat sich weltweit ein stärkeres Umweltbewußtsein entwickelt, nachdem die Schäden durch Verschmutzungen von Luft und Wasser für jedermann deutlich erkennbar wurden. Der Bestandsaufnahme folgte eine Erforschung der Ursachen und schließlich eine Gesetzgebung zur Umwelthygiene. Auch im Bereich der industriellen Gewinnung mineralischer Rohstoffe wird die Umwelt beeinflußt, was die Bergbau- und Hüttenindustrie zwingt, an der Bewältigung der Umweltprobleme zu arbeiten, auch wenn dies mitunter sehr kostspielig ist. Im Rahmen ökologischer Maßnahmen konnte eindrucksvoll bewiesen werden, daß sich die Kosten wesentlich verringern lassen, wenn die modernen Vorstellungen und Bestimmungen des Umweltschutzes schon bei der Planung und der Errichtung von Bergbau- und Hüttenbetrieben berücksichtigt werden. Daraus ergibt sich auch für den Wirtschaftsgeologen die Notwendigkeit, über fundierte Kenntnisse auf diesem Gebiet zu verfügen.

Die wichtigsten Umweltbeeinflussungen durch rohstoffwirtschaftliche Aktivitäten lassen sich wie folgt gruppieren:

a) *Vegetations- und Landschaftsschäden*

   — durch Großtagebau, insbesondere für Erz- und Braunkohlenförderung,
   — durch Steinbrüche sowie Sand- und Tongruben zur Ausbeute von Massenrohstoffen,
   — durch Abbaggern und hydraulischen Abbau von Seifen,
   — durch Anhäufung großer Abraumhalden und Anlage von Aufbereitungsschlammteichen,
   — durch Abholzen von Wäldern für Grubenholz.

b) *Massenbewegungen von Gestein und Böden*

   — durch Einbrüche und Setzungen nach unterirdischer Mineralförderung (Bergschäden, Pingen),
   — durch Hangrutschungen nach Materialförderung.

c) *Hydrologische Effekte*

   — durch Veränderungen des Grundwasserhaushaltes nach Wasserhaltungsmaßnahmen,
   — durch Verschmutzung von Oberflächenwässern und Grundwässern, insbesondere durch Aufbereitungsabgänge (Flotationsrückstände, Schwebstoffe),
   — durch Kühlwasserabgänge,
   — durch Transportunfälle (Kollision von Tankschiffen, Pipeline-Brüche).

d) *Luftverunreinigungen*

   — durch Abgase bei der Verhüttung von Erzen, besonders von Sulfiderzen (Emissionen von SO_2, Kohlenwasserstoffen, Fluorverbindungen),
   — durch Verbrennung fossiler Primärenergieträger (Emissionen von SO_2, CO_2 und Ruß),

- durch Abwehen von Staub von unstabilisierten Halden,
- durch Entstehung von Rauch und Gasen bei Erzhaldenbränden oder Kohlen-
  flözbränden.

e) *Unmittelbare Gesundheitsschädigungen von Berg- und Hüttenleuten*
- durch Einatmung von Gesteinsstaub (Silikose, Asbestose), besonders nach
  Sprengarbeiten,
- durch Kontakte mit giftigen Substanzen (Quecksilber, Arsen, Kadmium, Me-
  than, Radon),
- durch erheblichen Lärm und starke Vibrationen beim Einsatz von Maschinen
  untertage.

An ausgewählten Beispielen sollen noch einige Sanierungsmaßnahmen im Rahmen des
Umweltschutzes aufgezeigt werden:

Rekultivierungen im Niederrheinischen Braunkohlenrevier: Die Braunkohle-Tagebaue
des Rheinlandes gehören hinsichtlich ihrer Ausmaße und Produktionskapazitäten zu
den größten der Welt. Ganze Landstriche sind betroffen, denn Dörfer, Straßen, Eisen-
bahnen und Flüsse mußten verlegt werden. Das im Aufschluß befindliche Abbaufeld
"Hambach I und II" umfaßt beispielsweise eine Fläche von 13 700 ha, wobei maximale Tagebautiefen von 520 m erreicht werden sollen. Gemäß den gesetzlichen Bestimmungen müssen Rekultivierungen erfolgen. Die Böschungen und Bermen der Kippen
werden nach Aufbringen von Löß und Mutterboden aufgeforstet oder für den Acker-
bau hergerichtet. Die Restlöcher werden meist als Wasserreservoire gestaltet, wobei
künftig sogar an eine Koppelung mit Pumpspeicherwerken zur Deckung eines Spitzen-
strombedarfes gedacht wird. Die Kosten für Rekultivierungsarbeiten stellen für die
deutsche Braunkohlenindustrie sehr hohe Sonderbelastungen dar. Insgesamt hat der
rheinische Braunkohlenbergbau bis 1982 etwa 188 km^2 Wirtschaftsfläche in Anspruch
genommen. Davon sind noch 62 km^2 Betriebsfläche, während 56 km^2 eine forstwirt-
schaftliche Rekultivierung, 54 km^2 eine landwirtschaftliche Rekultivierung und
16 km^2 sonstige Rekultivierungen erfahren haben.

Haldenstabilisierung in Broken Hill/N.S.W., Australien: In 95 Jahren Bergbau wurden
hier rund 30 Halden aufgetürmt, die ein Areal von mehr als 100 ha bedecken, wobei
jährlich 700 000 t Bergematerial hinzukommen. Der Staub, der täglich von den Halden
abgeweht wird, bedeutet nicht nur eine Gefahr für die Gesundheit der Bevölkerung,
sondern auch für die Betriebsanlagen. Die Stabilisierung der Halden, aber vor allem
ihre botanische Regenerierung, wird im semiariden Klima von Broken Hill erschwert
durch Wassermangel. Zu den physikalischen Methoden der Haldenstabilisierung zählen
das Aufbringen von Ton oder von Kalkstein vermischt mit Bodenkrume oder von Mutterboden, wobei Schichtdicken von 10 cm auf der Haldenkrone und von 15 cm auf
den Seiten als ausreichend gelten. Bereits während des Aufschüttens einer Halde ist eine temporäre Stabilisierung mit Schweröl oder chemischen Bindemitteln gelungen. Die
Regeneration wird dann mit dem Aufbringen einer Vegetationsdecke abgeschlossen,
für die sich in dieser Gegend Eukalyptus, Akazien, Melden und Hirsegräser besonders

bewährt haben. Die Bewässerung geschieht teilweise mit Abwässern, die durch ein spezielles Röhrensystem gepumpt werden.

Maßnahmen der deutschen Steine- und Erdenindustrie: Als ökologische Problemkreise bei der Gewinnung von Baumaterialien treten einerseits die Landschaftsveränderungen durch Steinbrüche, Gruben, Halden und Klärteiche auf, andererseits die Belästigungen durch Staub, Abgase, Lärm, Abwasser und Erschütterungen. Die Entnahme umfangreichen Materials läßt große Restlöcher entstehen, die sich in aller Regel mit Grundwasser oder Stauwasser füllen. Rekultivierungen aber sind gesetzliche Pflicht und sollen ein Naturbiotop für die Besiedlung mit Pflanzen und Tieren schaffen. Dies geschieht durch Hangschulterrekultivierung, durch Begrünung von Bermen und Sohlen, durch Haldenbepflanzung, durch Klärteichregulierung und durch Ufergestaltung. – Bei den Fabrikationsanlagen müssen die Verwaltungsvorschriften der *TA Luft* und der *TA Lärm* beachtet werden. Maßnahmen zur Staubauswurfbegrenzung und zum Lärmschutz beim Zerkleinern und Brechen von Rohmaterial müssen ergriffen werden. Die Aufwendungen in der Industrie der Steine und Erden für den Umweltschutz steigen kontinuierlich. Von 1971 bis 1977 wurden in Deutschland 718 Mio. DM oder 9,2 % der Gesamtinvestitionen für Umweltschutzmaßnahmen aufgebracht, von 1978 bis 1980 waren es dann 455 Mio. DM oder 13,8 %.

Kontrolle von Emissionen in Kupferhütten: Die Spuren der Umweltbeeinträchtigungen bei der Verhüttung von Kupferkonzentraten waren früher besonders augenfällig, denn im Umkreis einiger Hütten wurde die Vegetation stark zerstört. Hauptsächliche Schadensquelle waren dabei SO_2-Emissionen aus den sulfidischen Erzen. Die Kupferkieskonzentrate enthalten normalerweise rund 25 % Cu und rund 35 % S. Eine Kupferhütte emittiert in ihren Abgasen Primärstaub (mechanisch mitgeführte feste Stoffe), Fume (meist Blei- und Zinkverbindungen aus Verflüchtigungsreaktionen, die wieder in fester Form vorliegen), flüchtige Stoffe (As- und Se-Verbindungen, Hg, SO_3, die erst bei niedrigen Temperaturen wieder kondensieren bzw. sublimieren) und gasförmige Stoffe (SO_2, HCl, HF).

Die Belastung der Umwelt, die bei der Verhüttung von Kupfer durch Luftfremdstoffe entsteht, hat nach der systematischen Erfassung dieser Stoffe in den einzelnen Prozeßstufen durch moderne Filteranlagen erheblich abgenommen. So konnte z.B. der spezifische Emissionswert von rund 7 kg Staub je Tonne Erzeugnis im Jahre 1970 auf etwa 0,75 kg je Tonne im Jahre 1980 reduziert werden. Der nach dem derzeitigen Stand der Technik reduzierte Emissionswert ist dennoch unübersehbar in Relation zur gesamten Kupferproduktion (Bundesrepublik Deutschland 1981: 387 000 t).

Der Verarbeitungsprozeß der Kupfererzeugung kann in folgenden Stufen (s. VDI-Richtlinie 2101, Auswurfbegrenzung Kupferhütten) aufgegliedert werden:

— Rösten der Kupferkonzentrate im Röstofen,
— Agglomerieren der Kupferkonzentrate auf dem Sinterband,
— Schmelzen der Kupferkonzentrate im Schachtofen auf Kupferstein oder Schmelzen der Kupferkonzentrate im Erzflammofen auf Kupferstein,

— Verblasen des Kupfersteins im Konverter auf Rohkupfer (Konverterkupfer),
— Fertigraffination des Konverterkupfers im Raffinierofen auf Raffinadekupfer oder Vorraffination des Kupfers auf Anodenkupfer,
— Elektrolyse des Anodenkupfers, Gewinnung der Kupferkathoden,
— Einschmelzen der Kupferkathoden und Vergießen zu Handelsformaten im Wirebarofen.

In jeder Prozeßstufe, die Elektrolyse ausgenommen, treten Emissionen auf, die je nach ihrer Art, Menge und Zusammensetzung durch geeignete Entstaubungsanlagen nach Maßgabe der *TA Luft* (= Technische Anleitung zur Reinhaltung der Luft von 1974, in der Neufassung der Bundesregierung vom Februar 1983) oder gemäß der für die Genehmigung der Anlage erteilten Auflagen und Nebenbestimmungen soweit reduziert werden müssen, wie dies der Stand der Technik erlaubt.

Bei *neueren Verfahren*, wie z.B. beim Flammzyklonreaktor und dem *Outokumpu-Verfahren*, wird durch das Zusammenfassen mehrerer Verfahrensschritte in einem Anlagenteil eine erhebliche Abgas- und Emissionsreduzierung erreicht. Zusätzlich ist bei diesen Verfahren noch eine Schwefelsäurekontaktanlage zur SO_2-Abscheidung vorhanden. Für die Umwelt noch günstiger sind solche Verfahren, bei denen die Kupferkonzentrate schon im Röstofen vom Schwefel befreit werden *(Brixlegg-Verfahren, Noranda-Verfahren, Worcra-Prozeß)*.

Zur Behandlung der prozeßbedingten Emissionen werden verschiedenartige Staubabscheider benutzt. In der Praxis hat sich gezeigt, daß Gewebe- und Elektrofilter mit nachgeschalteten Naßwäschern, die auch Anteile von gasförmigen Abgasstoffen abscheiden, die Forderungen der Genehmigungsbehörden am besten erfüllen. Als *Stand der Technik* auf diesem Gebiet können hier 20 mg Staub je m^3 Abgas angesehen werden. Der relativ hohe Anteil an Schwermetallen, der für Blei, Zink und Arsen etwa 1 % der Gesamtstaubmenge beträgt, macht es erforderlich, diesen Reingaswert noch weiter zu reduzieren, um die Kontamination des Bodens und die Einschleusung der für den menschlichen Organismus nur äußerst langsam abbaubaren Schwermetalle in die Nahrungskette zu vermeiden. Die TA Luft vom Februar 1983 wird die Neugenehmigung an alten Produktionsstandorten wegen der schon bestehenden Immissionsbelastung durch Emissionen der vergangenen Produktionszeiträume nur bei noch weiterer Restriktion der Emissionen auf etwa 5 mg/m^3 Abgas zulassen. Dies hat eine Erhöhung der Verhüttungskosten zur Folge.

Eine vollständige Vermeidung der Abgase aus Kupferhütten wird auch in naher Zukunft nicht möglich sein. Besondere Probleme bringt dabei in modernen Betrieben die Abscheidung von SO_2, wenn es in geringen Konzentrationen auftritt, beispielsweise bei der Trocknung von Sulfidkonzentraten oder als Endgas der Schwefelsäureanlage. Hierfür galt als günstigste Lösung immer noch der Bau möglichst hoher Schornsteine, um eine weiträumige Verteilung zu sichern. Dieser Weg wird in Zukunft wegen des dadurch bewirkten Ferntransportes der Luftfremdstoffe nicht mehr gangbar sein. Schwefeldioxid steht neben Stickstoffdioxid, Ozon und Schwermetallen im Verdacht, Waldschäden (selbst in industriefernen Regionen) zu verursachen.

In die Kupferverhüttung finden neuerdings auch *naßmetallurgische Prozesse* Eingang, wie chlorierende Röstung oder Laugung. Die Probleme der Umweltbelastung werden dadurch von der Luftverschmutzung auf die Wasserverschmutzung verlagert. Erst die Reinigung des belasteten Wassers in geeigneten Kläranlagen, die Schadstoffe gezielt abscheiden, und die umweltsichere Deponie dieser Stoffe bzw. deren Aufbereitung für einen Wiedereinsatz, macht diese naßmetallurgischen Verfahren umweltfreundlich.

Umweltschutz-Investitionen: Die Ausgaben der Grundstoffindustrie für den Umweltschutz liegen erheblich höher als in anderen Industriebranchen. Während die Elektroindustrie 2 bis 3 % der Gesamtinvestitionen für Umweltschutz ausgibt und der Maschinenbau 1,5 bis 2,5 %, liegen die Anteile in der Mineralölindustrie bei 20 bis 25 % und bei den Metallhütten bei 10 bis 20 % (Tab. 2.10). Die produktionsbezogenen Umweltschutzinvestitionen für Luftreinhaltung, Gewässerschutz, Abfallbehandlung und Lärmbekämpfung erreichen in der Mineralölindustrie der Bundesrepublik Deutschland durchschnittlich 500 Mio. DM pro Jahr, in den USA 2,5 Mrd. DM pro Jahr, wobei die größten Summen im Bereich der Raffinerien benötigt werden, daneben bei der Lagerhaltung, beim Transport (Pipelines) und beim Vertrieb (z.B. Tankstellen). Nicht nur die Investitionskosten sind hoch, natürlich auch die Betriebskosten für die Schutzanlagen. Jede Tonne Mineralölprodukt ist mit etwa 10,- DM pro Tonne durch solche zusätzlichen Betriebskosten belastet.

Die Investitionen für Umweltschutz werden in vielen Fällen nicht freiwillig getätigt, sondern sind durch Verordnungen des Gesetzgebers erzwungen worden. Von der Industrie wird deshalb eine Harmonisierung der umweltpolitischen Praktiken gefordert, zumindest im Rahmen der EG, möglichst auch mit den USA und Japan, um "wettbewerbsverzerrende Wirkungen" zu vermeiden. Das Ifo-Institut hat in einer 1981 veröffentlichten Studie (vgl. Tab. 2.10) im Vergleich zu den USA und Japan keine Nachteile für die Bundesrepublik Deutschland erkennen können. Allerdings muß ergänzt werden, daß vor allem die NE-Metallindustrie die Investitionen seit 1978 erhöht hat und 1981 schon bei einem Anteil von 13,4 % lag.

Tabelle 2.10. Umweltschutzinvestitionen der Grundstoffindustrie (in % der Gesamtinvestitionen für den Zeitraum 1971 - 1978)

Bereich	Bundesrepublik Deutschland	Japan	USA
NE-Metallindustrie	8,0	11,8	19,0
Eisen- und Stahlindustrie	10,4	15,9	14,7
Mineralölindustrie	20,6	21,6	9,8
Maschinenbau	1,4	5,8	2,1

Quelle: Sprengler, R.-U., Metall, 35, S.916, Berlin 1981.

3 Märkte mineralischer Rohstoffe

Als Markt wird das abstrakte Zusammentreffen von Angebot und Nachfrage nach einem bestimmten Gut bezeichnet. Die Beziehungen zwischen Angebot und Nachfrage sind dabei entscheidend für die Preisbildung. Die Märkte mineralischer Rohstoffe gehören zu den Sachgütermärkten und werden normalerweise wegen der günstigen Handelsfähigkeit dieser Rohstoffe als Weltmärkte betrachtet.

Streng genommen gibt es jedoch für viele mineralische Rohstoffe je nach Gewinnungsstufe oder Qualität gesonderte Märkte. So spaltet sich etwa der "Kupfermarkt" auf in

- einen Markt für Kupfererze (der nur noch lokal begrenzt für reiche Erze besteht),
- einen Markt für Kupferkonzentrate (der meist nur noch auf nationaler Ebene vorhanden ist),
- einen Markt für Rohkupfer (als Produkt der Kupferverhüttung),
- einen Markt für Elektrolytkupfer (als Produkt der Kupferraffination), der sich sogar noch aufspaltet in Märkte für Drahtbarren, Kathodenkupfer und feuerraffiniertes Kupfer

oder der "Rohölmarkt" in

- einen Markt für leichte Rohöle (34 - 40° API),
- einen Markt für schwere Rohöle (27 - 31° API),
- einen Markt für schwefelarme Rohöle und
- einen Markt für schwefelreiche Rohöle.

Diese Unterteilung ist besonders wichtig für detaillierte Marktanalysen. In der Praxis wird jedoch normalerweise Bezug genommen auf den Markt der handelsüblichen Standardqualität des Rohstoffes, also auf den Markt derjenigen Rohstoffart, die für den Welthandel die größte Rolle spielt. Im Falle von Kupfer wäre dies heute Elektrolytkupfer (Kupferkathoden) mit mindestens 99,9 % Cu, im Falle von Rohöl "Arabian Light" (34° API). Es liegt dann ein homogenes, fungibles Gut vor, das an Börsen gehandelt werden kann und für das sich ein annähernd einheitlicher Weltmarktpreis ergibt.

Doch die weltwirtschaftliche Bedeutung ist einem fortwährenden Wandel unterworfen. Nachdem die Exportländer von Rohöl immer mehr Verarbeitungskapazitäten aufbauen, verliert zum Beispiel der Handel mit Rohöl an Bedeutung und wird ersetzt durch Mineralölprodukte. Für andere Rohstoffe gilt oft ähnliches. Vor 30 Jahren war der Handel mit Zinnkonzentraten noch ausgeprägt, während heute praktisch nur noch Feinzinn auf dem Weltmarkt gehandelt wird. Dagegen wird Eisenerz oder Bauxit noch vorrangig als Bergbauprodukt exportiert, oft nicht einmal aufbereitet. Bei Wolfram

oder Antimon sind es hauptsächlich Erzkonzentrate, bei Tantal beispielsweise Hütten-
abfälle, wie Zinnschlacken, die den hauptsächlichen Welthandel ausmachen. Bei der
Analyse von Märkten mineralischer Rohstoffe müssen diese Handelsregelungen zualler-
erst beachtet werden, da die Preisbildung für die handelsübliche Rohstoffsorte am bedeutsamsten ist.

3.1 Marktstrukturen und Marktformen

Die Marktstruktur ergibt sich aus der Morphologie der Angebotsseite und der Morphologie der Nachfrageseite eines Marktes. Eine Strukturanalyse ermittelt deshalb Anzahl,
räumliche Verteilung und Marktanteile von Produzenten und Verbrauchern sowie ihre
Kommunikationsmöglichkeiten bzw. Konkurrenzbeziehungen. Die Marktstruktur richtet sich vorrangig nach den Dispositionen der einzelnen Marktteilnehmer. Doch die
Dispositionsmöglichkeiten sind für Produzenten von mineralischen Rohstoffen begrenzt, denn sie müssen sich nach den geologisch-lagerstättenkundlichen Verhältnissen
richten. Diese Abhängigkeit der Rohstoffmärkte von naturgegebenen Faktoren macht
die Mitwirkung von Wirtschaftsgeologen bei den Marktanalysen unverzichtbar.

Die Marktform richtet sich nach dem Grad der Wettbewerbsfreiheit auf einem Markt.
Es ist also die Summe aller Merkmale, die Wettbewerb und damit Preisbildung beeinflussen. Empirische Untersuchungen der Marktformen beschränken sich meist auf eine Feststellung von Anzahl, Größe und Stellung der Anbieter und Nachfrager. Dabei
wird davon ausgegangen, daß bei vielen Anbietern bzw. Nachfragern vollständiger
Wettbewerb besteht, bei dem sich ein Gleichgewichtspreis bilden kann, daß bei wenigen Anbietern bzw. Nachfragern nur noch beschränkter Wettbewerb besteht, bei dem
der Preis beeinflußbar ist, und daß bei einem Anbieter bzw. Nachfrager kein Wettbewerb mehr besteht und der Preis festgesetzt werden kann.

Die Marktformenlehre unterscheidet deshalb nach der Anzahl der Marktteilnehmer:

Polypole: Märkte mit einer großen Zahl von kleineren Anbietern, die eine atomisti-
sche Konkurrenz, aber auch einen unvollkommenen Markt hervorrufen, weil zwischen den vielen Anbietern zeitliche, räumliche und sachliche Differenzierungen
auftreten. Ein Nachfrage-Polypol wird auch *Polypson* genannt.

Oligopole: Märkte mit wenigen größeren Anbietern oder Nachfragern, bei denen nur
eingeschränkte Konkurrenz besteht, denn die einzelnen Marktteilnehmer können
gewissen Einfluß auf das Marktgeschehen ausüben.

Monopole: Märkte mit einem Anbieter oder Nachfrager, auf denen keine Konkurrenz
mehr besteht und der Monopolist erheblichen Einfluß auf das Marktgeschehen
hat.

Da die 3 Grundformen sowohl auf der Angebotsseite als auch auf der Nachfrageseite
auftreten können, ergeben sich 9 Kombinationen:

Angebot	Nachfrage		
	viele	wenige	einer
viele	bilaterales Polypol (Konkurrenz)	Nachfrage-Oligopol (Oligopson)	Nachfrage-Monopol (Monopson)
wenige	Angebots-Oligopol	bilaterales Oligopol	beschränktes Nachfragemonopol
einer	Angebots-Monopol	beschränktes Angebotsmonopol	bilaterales Monopol

In der Praxis gibt es unzählige Angebots- und Nachfragekonstellationen, die jedoch zu
einer der o.a. neun Marktformen tendieren.

Wichtig bei der Analyse der Marktformen ist aber auch das Verhalten der Marktteilnehmer, da hierdurch die Preisbildung wesentlich beeinflußt wird. Das Verhalten kann sich
in friedlicher Anpassung an die Marktverhältnisse äußern oder aber in Kampfstrategien.
Die Anpassung erfolgt als Mengenanpassung (meist ein polypolistisches Verhalten), als
Preisfixierung oder Mengenfixierung (meist ein monopolistisches Verhalten) oder als
Optionsfixierung (meist ein oligopolistisches Verhalten). Als Kampfstrategien sind
beispielsweise wettbewerbsbeschränkende Vereinbarungen (Kartelle) oder integrative
Vereinbarungen (Konzernbildung) bekannt.

Die entscheidende Frage bei einer morphologischen Marktanalyse ist natürlich, welcher
Marktanteil genügt, um eine Marktbeeinflussung (und damit Preisbeeinflussung) oder
gar eine Marktbeherrschung (und damit Preisfixierung) zu erzielen. Dieser Anteil ist
marktspezifisch und richtet sich nach der übrigen Konkurrenzsituation oder auch nach
den Substitutionsmöglichkeiten für den Rohstoff. Da die Elastizität des Angebotes in
bezug auf den Preis auf Märkten mineralischer Rohstoffe fast immer unelastisch ist,
liegt ein marktbeherrschender Anteil relativ niedrig, oft schon zwischen 30 und 40 %
der Gesamtproduktion. Das hat zur Folge, daß monopolistische Marktstrukturen bereits beim Vorhandensein eines Großproduzenten, der etwa 35 % des Angebotes auf
sich vereint, vorliegen.

3.1.1 Bestimmung und Veränderung der Marktformen

Der Welthandel mit mineralischen Rohstoffen konzentriert sich auf Erdöl/Erdgas und
Metalle. Das liegt daran, daß bei diesen Rohstoffen nur wenige Länder autark sind. Die

Trennung in Verbraucherländer, die vom Rohstoffimport abhängig sind, und in Erzeugerländer, die ihre Produktionsüberschüsse exportieren, ist im Laufe der letzten Jahrzehnte immer deutlicher geworden. In der 2. Hälfte des 19. Jahrhunderts waren die jungen Industriestaaten Westeuropas, an ihrer Spitze Großbritannien, auch die größten Bergbauländer. Zu Beginn des 20. Jahrhunderts traten auch die USA dazu. In dieser Zeit vor 50 bis 100 Jahren wurden in Westeuropa (sowie in den britischen Kolonien Südafrika, Kanada und Australien) und in den USA Mineralöl- und Bergbaugesellschaften gegründet, die stetig wuchsen und bald über die jeweiligen Landesgrenzen hinweg tätig wurden. Durch eine ständige Ausweitung der Geschäftstätigkeit, verbunden mit einem Konzentrationsprozeß, entstanden internationale Konzerne, die Marktmacht anhäuften. So wurde auf zahlreichen Mineralrohstoffmärkten der Wettbewerb eingeschränkt und oligopolistische oder sogar monopolistische Marktformen aufgebaut.

Der internationale Charakter der Bergbauindustrie muß bei jeder Marktanalyse besonders beachtet werden. Übliche Länderstatistiken über die Produktion und den Verbrauch von Rohstoffen helfen für die Bestimmung der Marktform wenig. Die Strukturverhältnisse auf der Angebots- und auf der Nachfrageseite eines Marktes sind viel komplizierter. Auch vollzieht sich ständig ein Strukturwechsel auf den Märkten, beispielsweise durch

— eine Politik der Nationalisierung des Grundstoffsektors, wie sie in zahlreichen Entwicklungsländern betrieben wurde.
— umfangreiche Änderungen der Eigentumsverhältnisse, wie sie um 1980 eintraten, als Mineralölkonzerne eine Reihe von Bergbau-Unternehmen aufkauften.
— die Entdeckung oder Nutzbarmachung neuer Lagerstätten, etwa durch den Meeresbergbau.

Die Komplexität und der Wandel von Marktstrukturen und Marktformen soll an einigen Beispielen erläutert werden. Ausgewählt wurden

— der *Zinnmarkt*, auf dem sich in den letzten Jahren tiefgreifende Strukturwandlungen vollzogen;
— der *Aluminiummarkt*, der durch ein ausgeprägtes Angebotsoligopol charakterisiert ist und eine starke vertikale Konzentration aufweist;
— der *Goldmarkt*, der besonders verschachtelte Besitzstrukturen zeigt und von außergewöhnlichen Einflüssen betroffen ist.

Bei jeder Marktstrukturanalyse muß zunächst beachtet werden, daß

— die verfügbaren Produktionsstatistiken in der Regel nicht geeignet sind, um die Angebotsstruktur zu ermitteln. Die Statistiken sind länderbezogen und sagen nichts aus über die tatsächlichen Marktteilnehmer. Dies macht die Analyse sehr viel komplizierter, denn es müssen detaillierte Recherchen über die Unternehmen, ihre Geschäftstätigkeit und ihre Besitzverhältnisse angestellt werden. Am aussage-

kräftigsten sind hierfür die Jahresberichte der Bergbaugesellschaften oder Mineralölgesellschaften.
— auf der Angebotsseite eines Rohstoffmarktes nicht selten eine Trennung zwischen dem Bergbausektor und dem Hüttensektor vorhanden ist. In der Regel muß die Marktanalyse sich auf denjenigen Sektor konzentrieren, der das bevorzugte Welthandelsprodukt herstellt, doch beeinflussen beide Sektoren sich gegenseitig und sind auch teilweise untereinander verflochten.

Zinnmarkt

Der Weltmarkt von Zinn hat sich ganz auf den Handel mit Feinzinn konzentriert, nachdem in allen Exportländern Zinnhütten in Betrieb genommen wurden.

Die üblichen Länderstatistiken (Tab. 3.1) lassen aber schon erkennen, daß sich zwischen 1972 und 1982 ein Strukturwandel auf dem Hüttensektor vollzogen hat, der insbesondere durch den Ausbau der Kapazitäten in Vinto/Bolivien (ENAF-Hütte) und durch die Erhöhung der Produktion in Volta Rendonda/Brasilien (CESBRA-Hütte) einerseits sowie durch die Schließung der Hütte in Kirkby/GB und durch den Rückgang der Produktion in Nigeria und Malaysia andererseits bewirkt wurde. Über die tatsächlichen Marktanteile der Anbieter von handelsüblichem Feinzinn sagen aber die Länderstatistiken kaum etwas aus. Erst bei der Analyse der Besitzverhältnisse in der Zinnindustrie werden die Marktpositionen deutlicher:

1972 entfielen auf die Consolidated Tin Smelters Ltd. in London etwa 40 % der Hüttenproduktion an Feinzinn. Die CTS war 1929 durch einen Integrationsprozeß in der damaligen Zinnindustrie hervorgegangen, indem der bolivianische "Zinnkönig" Patiño verschiedene Hüttengesellschaften in Großbritannien, Malaysia und den Niederlanden ganz oder teilweise erwarb. Verflochten war übrigens die CTS auch mit dem Zinnbergbau, einerseits durch Patiños Minenbesitz in Bolivien, aber auch durch eine Minderheitsbeteiligung an der 1925 entstandenen London Tin Corporation mit Bergbaubesitz in Malaysia und Nigeria.

1972 gehörten zur CTS die großen Zinnhütten der Sharikat Eastern Smelting Bhd. in Penang/Malaysia, der Williams, Harvey & Co.Ltd. in Kirkby/Großbritannien, der Makeri Smelting Co. in Jos/Nigeria und Anteile an der Associated Tin Smelters Ltd. in Alexandria/Australien. 4 weitere, mittelgroße Anbieter schwächten allerdings die exponierte, monopolartige Marktstellung der CTS ab. Es waren dies damals die Straits Trading Co. in Butterworth/Malaysia mit gut 15 % Marktanteil bei Feinzinn, die THAISARCO in Phuket/Thailand mit etwa 12 % Marktanteil, die P.T. Timah in Mentok/Indonesien mit etwa 8 % Marktanteil und die neugegründete ENAF in Vinto/Bolivien mit 4 % Marktanteil. Die Struktur des Angebotes konnte deshalb 1972 nach den Anteilen der Hüttengesellschaften als abgeschwächtes Monopol bezeichnet werden. Die Marktstruktur im Bergbausektor wies zu dieser Zeit übrigens einen wesentlich geringeren Konzentrationsgrad auf. Hier bildeten einige staatliche Unternehmen (P.T. Tambang Timah/Indonesien, COMIBOL/Bolivien) und private (London Tin Corp.,

Tabelle: 3.1. Produktion von Zinn (ohne Ostblock)

Bergwerksproduktion (t Zinn in Konzentraten)				Hüttenproduktion (t Feinzinn)			
Land	1972		1981	Land	1972		1981
Malaysia	76830 (39,1 %)		59938 (29,6 %)	Malaysia	91001 (47,7 %)		70326 (35,7 %)
Indonesien	21766 (11,1 %)		35314 (17,4 %)	Thailand	22281 (11,7 %)		32636 (16,6 %)
Thailand	22072 (11,2 %)		31474 (15,5 %)	Indonesien	12010 (6,3 %)		32519 (16,5 %)
Bolivien	32405 (16,5 %)		29801 (14,7 %)	Bolivien	6528 (3,4 %)		19937 (10,1 %)
Australien	11997 (6,1 %)		12925 (6,4 %)	Brasilien	3583 (1,9 %)		7639 (3,9 %)
Zaire	6731 (3,4 %)		2468 (1,2 %)	Großbrit.	21333 (11,2 %)		6863 (3,5 %)
Nigeria	5960 (3,0 %)		2383 (1,1 %)	Australien	7027 (3,7 %)		4286 (2,2 %)
Andere	18200 (9,6 %)		28500 (14,0 %)	Nigeria	6744 (3,5 %)		2489 (1,3 %)
				Andere	20200 (10,6 %)		20100 (10,2 %)
Gesamt	195961 (100,0 %)		202803 (100,0 %)	Gesamt	190707 (100,0 %)		196795 (100,0 %)

Quelle: TIN INTERNATIONAL, Statistical Supplement, London.

Charter Consolidated in Malaysia, Thailand und Nigeria) ein schwaches Oligopol mit je etwa 10 % Weltproduktionsanteil, doch existierten daneben sehr viele kleinere und mittlere Anbieter.

Innerhalb von 10 Jahren änderten sich die Besitzverhältnisse in der Zinnhüttenindustrie ganz erheblich. Die Consolidated Tin Smelters Ltd. wurde 1975 von der Holdinggesellschaft Patiño N.V. mit der 1968 gegründeten Amalgamated Metal Corporation (AMC) in London verschmolzen. 1978 erwarb dann die Preussag AG von der Patiño N.V. 79,3 % der AMC, die zwar weiterhin die Hüttengesellschaften in Penang (jetzt: Datuk Keramat Smelting Bhd., 50,5 %), in Jos/Nigeria (58 %) und in Australien (33,3 %) maßgeblich kontrolliert, deren Marktanteile aber auf etwa 25 % gesunken sind.

Auch die Straits Trading Co. Ltd. ist von den Kapitalumschichtungen nicht verschont geblieben. 1981 erwarb die neugegründete Malaysia Mining Corporation (MMC) 42 % der Aktien und hat damit erheblichen Einfluß auf die neue Malaysia Smelting Corp. Sdn. Bhd. in Butterworth/Malaysia und den 10 %igen Marktanteil dieser Hüttengesellschaft. Mit der MMC ist übrigens im Zinnbergbau eine Konzentration erfolgt, da dieser von der staatlichen malaysischen Holding PERNAS kontrollierte Konzern schrittweise die Anteile der London Tin Corp. und der Charter Consolidated übernommen hat.

Die THAISARCO ist inzwischen ganz in den Besitz von Billiton N.V. (Shell) übergegangen, nachdem 1975 die Union Carbide/USA ihre Anteile veräußerte. Obwohl in Bangkok eine neue, kleinere Zinnhütte ihren Betrieb aufnahm, beträgt der Anteil von THAISARCO an der Welt-Hüttenproduktion nun fast 15 %.

Vergrößern konnte auch die ENAF/Bolivien ihre Marktanteile, nachdem die Hütte in Vinto bei Oruro erheblich vergrößert wurde. Inzwischen werden dort etwa 12 % der

Weltproduktion erzeugt. Noch stärker stieg der Anteil der P.T. Timah/Indonesien nach der Erhöhung der Verhüttungskapazität in Mentok auf Bangka, denn die Staatsgesellschaft vereinte 1982 fast 15 % der Weltproduktion.

Die morphologische Marktstruktur hat sich demnach auf dem Zinnmarkt innerhalb von 10 Jahren durchgreifend geändert. Aus einem abgeschwächten Monopol wurde nun ein deutliches Oligopol mit 5 hauptsächlichen Anbietern.

Die Nachfrageseite des Zinnmarktes kennt übrigens diesen Konzentrationsgrad nicht. Einige große Weißblechproduzenten erreichen höchstens 1 bis 2 % des Weltverbrauches. Die Struktur der Nachfrage ist demnach polypolistisch.

Aluminium-Markt

Auf dem Markt von Aluminium ist die vertikale Konzentration sehr stark ausgeprägt. Obwohl drei wesentliche, meist getrennte Gewinnungsstufen bestehen — Bauxitbergbau, Aluminiumoxidwerke (Tonerdefabriken) und Aluminiumhütten — ist die Besitzstruktur dadurch gekennzeichnet, daß die Hüttengesellschaften auch gleichzeitig die Vorstufen kontrollieren. Diese vertikale Konzernbildung reicht dann nicht selten noch in die Halbzeugherstellung oder sogar in den Endverbrauch. So wird eine Analyse der Marktstrukturen erleichtert, denn die Marktanteile der Hüttenproduzenten entsprechen auch größenordnungsmäßig ihren Anteilen am Welthandel mit Bauxit bzw. Aluminiumoxid. Andererseits sind die Länderstatistiken (Tab. 3.2) sehr wenig aussagekräftig.

Tabelle 3.2. Produktion von Aluminium (ohne Ostblock) 1981 (in 1000 t)

Bauxitproduktion		Hüttenaluminiumproduktion	
Land	Produktion	Land	Produktion
Australien	25541	USA	4489
Guinea, Rep.	12838	Kanada	1118
Jamaika	11606	Japan	771
Brasilien	4463	BR Deutschland	729
Surinam	4006	Norwegen	636
Jugoslawien	3249	Frankreich	436
Griechenland	3216	Spanien	397
Indien	1912	Australien	379
Guyana	1907	Großbritannien	339
Frankreich	1828	Venezuela	312
USA	1510	Italien	274
übrige	4251	übrige	2591

Die Primäraluminiumindustrie (ohne Ostblock) weist eine Kapazität von etwa 14 Mio. t/Jahr auf. Über die Hälfte davon entfallen auf 6 große multinationale Unternehmen, nämlich auf

- die Aluminium Company of America (ALCOA) in Pittsburgh/USA mit Produktionsstätten in 17 Ländern, einer weltweiten Produktionskapazität von 2,227 Mio. t (Produktion 1981: ca. 2 Mio. t) und Aktivitäten im Bauxitbergbau (Australien, Brasilien, Dominikanische Republik, Guinea, Jamaika, Surinam und USA), bei der Aluminiumoxidproduktion (Australien, Brasilien, Jamaika, Japan, Surinam, USA) und bei der Verhüttung (Australien, Brasilien, Mexiko, Norwegen, Surinam, USA).

- die Alcan Aluminium Ltd. in Montreal/Kanada mit Produktionsstätten in 31 Ländern, einer weltweiten Produktionskapazität von 1,5 Mio. t/Jahr (Produktion 1981: 1,4 Mio. t) und Aktivitäten im Bauxitbergbau (Australien, Brasilien, Frankreich, Guinea, Indien, Jamaika und Malaysia), in der Aluminiumoxidproduktion (Australien, Brasilien, Indien, Japan, Jamaika, Kanada und Spanien) und bei der Verhüttung (Australien, Brasilien, Deutschland, Großbritannien, Indien, Japan, Kanada, Spanien und USA).

- Reynolds Metals Co. in Richmond/USA mit Produktionsstätten in 19 Ländern und einer weltweiten Produktionskapazität von 1,2 Mio. t/Jahr (Produktion 1981: 1 Mio. t) und Aktivitäten im Bauxitbergbau (Haiti, Jamaika, USA), in der Aluminiumoxidproduktion und bei der Verhüttung.

- Pechinery Ugine Kuhlmann S.A. in Paris/Frankreich mit Produktionsstätten für Aluminium in 10 Ländern, einer weltweiten Produktionskapazität von 1,2 Mio. t/ Jahr (Produktion 1981: 1 Mio. t) und Aktivitäten in Frankreich, Griechenland, Niederlande, Kamerun, Spanien, USA, Korea, Belgien, Argentinien und Australien.

- Kaiser Aluminium & Chemical Corp. in Oakland/USA mit Produktionsstätten in 18 Ländern, einer weltweiten Produktionskapazität von 1,1 Mio. t/Jahr (Produktion 1981: 1,07 Mio. t) und Aktivitäten, die sich im Bauxitbergbau auf Jamaika konzentrieren (daneben Ghana und Australien) und bei der Verhüttung auf die USA (daneben Kanada, Australien, Großbritannien und Bahrain).

- Alusuisse (Schweizerische Aluminium AG) in Zürich/Schweiz mit Produktionsstätten in mindestens 13 Ländern, einer weltweiten Produktionskapazität von 0,8 Mio. t/Jahr (Produktion 1981: 0,7 Mio. t) und Aktivitäten im Bauxitbergbau bzw. Tonerdeherstellung (Australien, Frankreich, Guyana, Guinea, Sierra Leone und Venezuela) und bei der Verhüttung (Schweiz, Deutschland, Österreich, Großbritannien, Niederlande, Norwegen und USA).

Diese 6 Konzerne bilden eine deutliche oligopolistische Marktform auf dem Aluminiummarkt aus und daneben auch auf dem Bauxitmarkt, wo jedoch beispielsweise in Jamaika, Guinea, Guyana, Venezuela und Australien einheimische Beteiligungen akzeptiert werden mußten. Dieses Oligopol wird lediglich ergänzt von einer Anzahl kleinerer und mittlerer (z.B. VAW in Bonn), meist europäischer Anbieter.

Die Nachfrageseite ist zumindest bei den Endverbrauchern polypolistisch.

Goldmarkt

Auf dem Weltmarkt des Edelmetalls Gold wird vorrangig Feingold in Barren mit einem Gehalt von 99,5 % gehandelt. Seit 1974 wird daneben — vor allem von privaten Käufern — Gold in Form der Krügerrand-Münzen nachgefragt. Der Umfang dieses Handels hat ein beträchtliches Volumen angenommen, denn 1978 wurden über 6 Mio. Unzen (187 t oder 26,5 % der südafrikanischen Produktion), 1981 5,3 Mio. Unzen (16,9 %) als Krügerrand-Münzen verkauft.

Tabelle 3.3. Weltproduktion von Gold (Bergwerksproduktion ohne Ostblock) 1981 (in t)

Land	Produktion	Land	Produktion
Südafrika	645,3	Papua-Neuguinea	17,2
Kanada	49,5	Australien	16,2
USA	40,6	Ghana	13,6
Brasilien	35,0	Dominikanische Republik	12,8
Philippinen	24,9	Zimbabwe	11,6
Kolumbien	17,7	übrige Länder	77,2

Quelle: Chamber of Mines of South Africa, Statistical Tables 1981,
Johannesburg 1982.

Ein Blick auf die Länderstatistik zeigt die herausragende Stellung Südafrikas bei der primären Goldproduktion (Tab. 3.3). An der Jahresproduktion von 645,3 t im Jahre 1981 (67,1 % der Weltproduktion) beteiligten sich 35 Goldminengesellschaften (vgl. Tab. 3.4). Eine Analyse der Besitzverhältnisse zeigt nun aber, daß praktisch alle diese Goldminengesellschaften großen Konzernen zugeordnet werden können, die eine direkte oder indirekte Kontrolle ausüben können (vgl. Tab. 3.4). Insbesondere sind 3 multinationale Bergbauunternehmen zu nennen, nämlich

— die Anglo American Corporation of South Africa Ltd. mit einem guten Drittel der Produktion,
— die Gold Fields of South Africa mit etwa einem Viertel der Produktion,
— die General Mining Union Corp. mit etwa einem Siebentel der Produktion.

Außerdem sind noch die Charter Consolidated, die Johannesburg Consolidated Investment und die Anglo-Transvaal Consolidated mit Produktionsanteilen zwischen 6 und 8 % zu erwähnen.

Eine weitere Konzentration des Angebotes kann gefolgert werden aus der Verflechtung einiger dieser Konzerne. So ist die Anglo American Corp. das Bindeglied zu Gold Fields über eine kleine direkte Beteiligung (3,3 %) sowie über eine Beteiligung an der

Tabelle 3.4. Goldminengesellschaften in Südafrika

Gesellschaft		Prod. 1981 (in kg)
Anglo Am./O.F.S. Joint	(AA)	3 496,2
Barberton	(GM)	1 185,0
Blyvooruitzicht	(GF)	18 794,4
Bracken	(GM)	3 485,6
Buffelsfontein	(GM)	28 133,3
Deelkraal	(GF)	5 335,2
Doornfontein	(GF)	11 889,5
Driefontein Cons.	(GF)	76 013,5
Durban Deep.	(CC)	8 248,0
E.R.P.M.	(CC)	11 632,2
Elandsrand	(GF)	5 204,3
Free State Geduld	(AA)	27 490,3
Grootvlei	(GM)	6 543,3
Harmony	(CC)	31 946,0
Hartebeestfontein	(AT)	30 533,1
Kinross	(GM)	9 654,5
Kloof	(GF)	29 767,1
Leslie	(GM)	3 994,6
Libanon	(GF)	10 127,2
Loraine	(AT)	6 576,7
Marievale	(GM)	1 216,9
President Brand	(AA)	26 729,7
President Steyn	(AA)	24 501,7
Randfontein	(JCI)	23 679,0
St. Helena	(GM)	15 569,0
Stilfontein	(GM)	14 891,3
Unisel	(GM)	7 330,5
Vaal Reefs	(AA)	73 507,3
Venterspost	(GF)	5 638,8
Western Areas	(JCI)	17 706,0
Western Deep Levels	(AA)	39 012,9
Western Holdings	(AA)	41 677,7
West Rand Cons.	(GM)	2 829,1
Winkelhaak	(GM)	13 932,3
Wit Nigel		1 124,6
Andere		5 898,3
Gesamt		645 295,1

AA = Anglo American Corp.;   GF = Gold Fields;
GM = General Mining Union Corp.;   JCI = Johannesburg Consolidated Investment Co.;
CC = Charter Consolidated;   AT = Anglo-Transvaal Cons.

Quelle: Chamber of Mines of South Africa, Statistical Tables 1981, Johannesburg 1982.

Holding Consolidated Gold Fields Ltd. (12,5 %), aber auch zu Charter Consolidated (35,8 % Anglo American) und zu JCI (41,3 %).

Diese Verschachtelung bringt es dann mit sich, daß doch mehr als 75 % (1981: 76,2 %) der südafrikanischen Goldproduktion und damit knapp über die Hälfte (1981: 51,2 %) der Weltproduktion (ohne Ostblock) von einem internationalen Bergbauunternehmen kontrolliert wird, nämlich von Anglo American. Das ergibt dann eine monopolistische Marktform für das Angebot an Primärgold.

Doch wird die Höhe des Angebotes auf dem Goldmarkt nicht nur von dieser Bergbauproduktion bestimmt, sondern auch von 3 weiteren Faktoren, die jedoch besonders schwer kalkulierbar sind. Es handelt sich dabei um

— die Nettoverkäufe der Sowjetunion, die stark schwanken (1970: - 3 t!, 1976: 412 t, 1980: 90 t, 1981: 283 t) und vom aktuellen Devisenbedarf dieses Landes abhängen,

— die Nettoverkäufe des Internationalen Währungsfonds (IMF), die sich nach dem Finanzbedarf dieser Institution richten und in den Jahren 1978 bis 1980 bis zu 100 t/Jahr ausmachten,

— die Nettoverkäufe des amerikanischen Finanzministeriums (US Treasurer) zum Ausgleich der Zahlungsbilanz, die 1979 Rekordhöhen von 365 t erreichten, 1980 aber vorübergehend ganz eingestellt wurden. Zu ähnlichen Transaktionen können auch die Regierungen bzw. Zentralbanken anderer Länder gezwungen sein.

Diese drei Großanbieter schwächen die o.a. monopolistische Marktposition der Anglo American Corp. dann erheblich ab, wenn ihre Verkaufsmengen netto ein nennenswertes Volumen ausmachen.

3.1.2. Marktanteile von Bergbau- und Mineralölgesellschaften

Aus den morphologischen Strukturanalysen wird der internationale Charakter der Gewinnung mineralischer Rohstoffe bereits deutlich. Einige Zusammenstellungen über die größten internationalen Mineralölgesellschaften und über die wichtigsten Bergbaugesellschaften sollen ergänzend einen Eindruck von der Marktstellung der Konzerne vermitteln (Tab. 3.5 und 3.6). Ein Vergleich der Umsätze zeigt vor allem die Bedeutung der Mineralölgesellschaften, von denen Exxon nach Angaben des amerikanischen Wirtschaftsmagazins "Fortune" auch 1982 an erster Stelle der Rangliste aller Großunternehmen stand. Als Maßstab für die Reihenfolge der Gesellschaften wurden die konsolidierten Konzernumsätze benutzt. Zusätzlich sind die Jahresgewinne angegeben, wobei gewisse Unterschiede zwischen dem durch eine Rohstoff-Hausse im Gefolge der Ölpreiserhöhungen gekennzeichneten Jahr 1980 und dem konjunkturell schwächeren Jahr 1981 bestehen (vgl. Tab. 3.5).

Die internationalen Mineralölgesellschaften haben ihre Geschäftätigkeit in den letzten Jahren stärker diversifiziert. Nachdem in vielen Förderländern der direkte Zu-

Tabelle 3.5. Betriebs- und Finanzdaten der bedeutsamsten Mineralölgesellschaften 1981

		Exxon		Royal Dutch/Shell		BP	Texaco	Mobil	Gulf	Socal
Rohölaufkommen	(Mio. t)	189,8		167		114,9	152,65	86,2	58,45	140,65
Raffineriedurchsatz	(Mio. t)	193,9		166		81,9	110,55	88,65	58,65	99,4
Erdgas-Verkäufe	(Mrd. m^3)	69,6		55		3,6	30,3	35,9	21,5	14,8
Reingewinn	(Mio. US-$)	5567	ca.	3432[1]	ca.	2047[1]	2310	2433	1231	2380
	(Mio. £)			1797		1072				
(Reingewinn 1980	Mio. US-$)	5650	ca.	4450[2]	ca.	2870[2]	2240	2813	1407	2401
Investitionen	(Mio. US-$)	11100	ca.	7457[1]	ca.	3516[1]	3166	4374	4325	3362
	(Mio. £)			3904		1841				
Anlagevermögen	(Mio. US-$)	36094	ca.	33106[1]	ca.	21596[1]	12753	17710	13013	11738
	(Mio. £)			28303		11307				

1) Währungsparität (Ende 1981): 1 £ = 1,91 US-$
2) Währungsparität (Ende 1980): 1 £ = 2,00 US-$

Quelle: Geschäftsberichte der Gesellchaften, Petroleum Economist, London Mai 1982.

Tabelle 3.6. Die größten Bergbaugesellschaften der Welt (ohne Kohle und Eisen)

Gesellschaft	Land	Hauptbergbauprodukte	Umsatz 1981 (Mio. US-$)[1]	Nettogewinne/ Verlust 1981 (Mio. US-$)[1]
Anglo-American Corporation Group	Südafrika	Au, Diamanten, Cu, Kohle, Pt	n.a. (3288)[2]	610,7
Rio Tinto-Zinc Corp. (RTZ)	Großbritannien	Cu, Al, Pb, Zn, Ag, Au, U, Fe, Kohle, Öl	5770	195,4
Broken Hill Proprietary Co.Ltd. (BHP)	Australien	Fe, Mn, Au, Kohle, Öl	5173	297,2
Barlow Rand Group (Rand Mines Ltd.)	Südafrika	Au, Kohle, Cr, U, CaF_2, Asbest	5166	475,3
Aluminium Company of America (ALCOA)	USA	Al	4978	296,2
Metallgesellschaft AG	BR Deutschland	Zn, Pb, Cd, W, $BaSO_4$	4634	14,9
Alcan Aluminium Ltd.	Kanada	Al	4261	222,6
Schweizerische Aluminium AG (Alusuisse)	Schweiz	Al	3806	- 28,9
Kaiser Aluminium & Chemical Corp.	USA	Al	3226	132,9
AMAX Inc.	USA	Mo, W, Ni, Zr, Hf, Pb, Zn, Cu, Cd, Ag, Au, Fe, Kali, Kohle, Öl	2799	230,8
Noranda Mines Ltd.	Kanada	Cu, Zn, Pb, Ag, Au, Mo, Co, Hg, CaF_2, Kali	2556	138,9
Kennecott Corp.	USA	Cu, Au, Ag, Mo, Pb, Zn	2256[3]	192,4[3]
CODELCO	Chile	Cu, Mo	2071[4]	467,0[4]
Consolidated Gold Fields Ltd.	Großbritannien	Au, Sn, Ti, Zr, Cu, Pb, Zn, V, W, Al, U, Fe, Kohle	1656	211,4
International Nickel of Canada, Ltd. (INCO)	Kanada	Ni, Cu, Co, Pt, Pt-Metalle, Au, Ag, Se, Te	1591	- 395,9
American Smelting & Refining Co. (ASARCO Corp.)	USA	Cu, Ag, Pb, Zn, Ti, Asbest, Kohle	1532	50,0

1) Wechselkurse 1981: 1 £ = 1,91 US-$; 1 $A = 1,13 US-$; 1 DM = 0,4427 US-$;
1 sfr = 0,5525 US-$; 1 can.$ = 0,8434 US-$; 1 R = 1,042 US-$;
2) ohne Beteiligungen;
3) 1980;
4) 1979.

Quellen: Jahresberichte der Gesellschaften.

gang zu den Lagerstätten verloren ging, wurde die Rohölverarbeitung und die Verteilung von Mineralölprodukten zu einem Schwerpunkt. Daneben aber weiteten sich die Aktivitäten aus auf andere Energiebereiche, andere Rohstoffbereiche und auf die chemische Industrie.

Auch einige der großen Bergbauunternehmen haben eine ähnliche Strategie verfolgt und wurden vor allem in der Verarbeitung von Bergbauprodukten, darüber hinaus in der metallverarbeitenden Industrie und mitunter sogar im tertiären Sektor tätig.

Außerdem wurde durch das verstärkte Engagement von Mineralölkonzernen im Bergbau, das sich in Kapitalbeteiligungen oder Direktinvestitionen äußerte, eine Verflechtung der beiden großen Bereiche der privaten Rohstoffwirtschaft herbeigeführt.

Wie auch aus den Tabellen 3.5 und 3.6 hervorgeht, besteht allerdings ein erheblicher Unterschied zwischen der Größenordnung von führenden Mineralölgesellschaften und führenden Bergbaukonzernen. Sowohl umsatzmäßig als auch gewinnmäßig sind die Ölkonzerne um mindestens eine Zehnerpotenz größer. Unter den *"Sieben Schwestern"* (Tab. 3.5) befinden sich allein 5 amerikanische Mineralölgesellschaften, während das bedeutsamste Bergbauimperium in Südafrika entstand, wo die Anglo American Corporation of South Africa Ltd. direkte und indirekte Beteiligungen in weit über 100 Unternehmen erwarb, worunter neben Bergbaugesellschaften auch andere Industrieunternehmen, Finanzierungsgesellschaften, Versicherungsgesellschaften und Handelsgesellschaften sind. Der Marktwert der Aktien belief sich 1980 auf 2,93 Mrd. Rand (ca. 6 Mrd. DM). Zu den bedeutsamsten Beteiligungen der Anglo American zählen die Anteile an der De Beers Consolidated Mines Ltd. (31 %), an der Charter Consolidated Ltd. (35,81 %), an der Johannesburg Consolidated Investment Co. Ltd. (41,27 %) und an der Mineral and Resources Corporation Ltd. (31,88 %).

3.2 Organisationsformen

Die Märkte mineralischer Rohstoffe sind durch einige Besonderheiten charakterisiert, etwa durch die Standortgebundenheit der Lagerstätten, durch die geringe Elastizität des Angebotes, durch einen oft hohen Konzentrationsgrad und durch ein hohes Maß an Preisfluktuation. Schon am Ende des 19. Jahrhunderts setzten deshalb Bemühungen der Marktteilnehmer ein, auf internationaler Ebene Absprachen zu treffen, um Einfluß auf das Marktgeschehen zu nehmen. Solche Regulierungsbemühungen sind bei Kupfer, Blei, Zink, Zinn, Aluminium und Nickel schon frühzeitig unternommen worden, etwa

-   bei *Kupfer* durch das Sécrétan-Syndikat (1887 - 1889), die Amalgamated Copper Co. (1899 - 1901), die Copper Export Association (1919 - 1923), die Copper Exporters Incorp. (1926 - 1932) und das International Copper Cartel (1935 - 1939);
-   bei *Zink* durch die European Smelter Convention (1909 - 1914) und das International Zinc Cartel (1931 - 1934);

– bei *Blei* durch die Lead Smelters Association (1909 - 1914), die Lead Producers Reporting Association (1931 - 1932) und die Lead Producers Association
   (1938 - 1939);
– bei *Zinn* durch den Bandoeng Pool (1921 - 1925), die Tin Producers Association (1929) und das International Tin Quota Scheme (1931 - 1946);
– bei *Aluminium* durch das Europäische Aluminiumkartell (1901 - 1907; 1912 -
   1915; 1923 - 1925; 1926 - 1931) und die Alliance Aluminium Compagnie
   (1931 - 1939);
– bei *Nickel* durch die Entente du Nickel (ab 1900).

Vor dem Zweiten Weltkrieg waren es also die großen Unternehmen, die sich organisierten, nach 1945 kamen noch Verträge und Abkommen hinzu, die zwischen Regierungen geschlossen wurden.

Ihrer Art nach können folgende Organisationsformen unterschieden werden:

1. *Produzentenvereinigungen* in der Form von Unternehmerverbänden oder Regierungsvereinbarungen zur Information von Mitgliedern, zur Öffentlichkeitsarbeit und zur Interessenvertretung bei rohstoffpolitischen Verhandlungen.
2. *Produzentenkartelle* zur Regelung oder Beschränkung des Wettbewerbs auf der
   Angebotsseite des Marktes und damit zur Beeinflussung der Preise.
3. *Internationale Studiengruppen* als gemeinsames Diskussionsforum von Produzenten und Verbraucherländern.
4. *Internationale Rohstoffabkommen* als vertragliche Vereinbarungen zwischen Produzentenländern und Verbraucherländern zur Marktbeeinflussung.

Mitunter werden auf einem Markt verschiedene Stufen der Organisation nacheinander
durchlaufen, wie *beispielsweise die Geschichte des Zinnmarktes* beweist. Hier bestand
zunächst zwischen Februar 1921 und Anfang 1925 der "Bandoeng-Pool", ein gemeinsames Vorratslager der Hauptproduzenten Niederländisch-Indien und Föderierte Ma-
laiische Staaten, um Angebotsüberschüsse vom Markt zu nehmen und damit einen
Preisverfall zu verhindern. Danach schuf die Anglo-Oriental Mining Corp. (Malayan
Tin Trust) 1929 auf einer Konferenz in London die "Tin Producers' Association", die
ihren Mitgliedern "freiwillige" Produktionseinschränkung zur Preisstützung auferlegte.
Vertreter der Hauptzinnländer British-Malaya, Bolivien, Niederländisch-Indien, Nigeria
und Siam unterzeichneten dann im Jahre 1931 das "Internationale Zinn-Kontrollsche-
ma", das bis Ende 1946 zumindest theoretisch in Kraft war. 1947 wurde schließlich
mit Sitz in Den Haag eine "International Tin Study Group" gegründet, die auch den
Entwurf eines Internationalen Zinnabkommens ausarbeitete, der auf einer Zinnkonferenz 1953 beraten wurde. Seit 1. Juli 1956 existiert das "International Tin Agreement" (vgl. Abschn. 3.2.2) als erstes Rohstoffabkommen auf einem Metallmarkt. Auf
dem Zinnmarkt bestanden demnach nacheinander die Organisationsformen Produzentenkartelle, Studiengruppe und Rohstoffabkommen.

3.2.1 Rohstoff-Produzentenkartelle

Wie zuvor erwähnt, waren es in den Anfängen kartellartiger Zusammenschlüsse auf Märkten mineralischer Rohstoffe ausschließlich private Bergbaugesellschaften, die gemeinsame Preispolitik betrieben. Heute sind es vorwiegend die Regierungen der Rohstoffländer, die eine internationale Kooperation anstreben oder vereinbaren. Allerdings hat sich gezeigt, daß eine wirkungsvolle Teilnahme an internationalen Rohstoffkartellen die Kontrolle der jeweiligen Regierungen über die Grundstoffindustrie voraussetzt. Dazu muß nicht notwendigerweise eine totale Verstaatlichung erfolgen, denn zum gewünschten Ergebnis führen auch Maßnahmen wie

— Vergabe von Exportlizenzen für Bergbauprodukte, da die Kontrolle nur für den Ausfuhranteil der Produktion notwendig ist,
— Verkaufszwang für Bergbauprodukte an staatliche Kontore wie "Minen-Banken",
— staatliche Beteiligungen an Bergbauunternehmen,
— Berggesetze mit Bestimmungen über staatliche Auflagen im Kontrollfall.

Die Rohstoffkartelle verfolgen alle eine *aktive Preispolitik*, wobei je nach den Marktverhältnissen als Ziele angestrebt werden:

— Vereinbarung von Mindestpreisen, die durch Kontrollmaßnahmen auch gesichert werden können;
— Bekanntgabe von Referenzpreisen, die als Preisempfehlung gelten;
— Festsetzung von Produzentenpreisen.

Es hat sich aber gezeigt, daß sich nicht jeder Rohstoffmarkt für die Errichtung eines Kartells eignet. Es müssen hinsichtlich der Marktstrukturen, hinsichtlich der geologisch-lagerstättenkundlichen Gegebenheiten und auch hinsichtlich der Nutzungsbereiche eine Reihe von Voraussetzungen vorhanden sein, insbesondere:

— muß eine weitgehende Trennung von exportorientierten Bergbauländern und importabhängigen Industrieländern bestehen;
— muß die Hauptmenge des Angebotes konzentriert sein auf einige Produzenten, um Außenseiterprobleme zu verringern;
— müssen die Produzentenländer über gewisse wirtschaftliche Reserven verfügen, um handelspolitische Reaktionen der Verbraucher durchzustehen;
— dürfen die potentiellen Lagerstättenreserven in anderen Ländern, die durch Preiserhöhungen abbauwürdig werden können, nicht zu umfangreich sein;
— müssen die technologischen Möglichkeiten des Recyclings beschränkt sein, da die Rückgewinnung von Rohstoffen normalerweise in den Verbraucherländern erfolgt;
— muß der Rohstoff Verwendungspräferenzen aufweisen, um Substitutionsmöglichkeiten einzuschränken.

Auf dem Hintergrund dieser Aussagen über notwendige Voraussetzungen zur Bildung von Rohstoffkartellen wird es verständlich, daß nur einige Märkte bisher betroffen sind. Hierzu gehören vornehmlich Rohöl, Kupfer, Bauxit, Eisenerz, Wolfram und Uran.

Angeregt durch die UN-Beschlüsse zur "Neuen Weltwirtschaftsordnung" (vgl. Abschn.

5.2) wollen die Produzentenkartelle sogar eine Dachorganisation gründen. Auf Initiative der OPEC trafen sich Vertreter von 8 Produzentenvereinigungen Anfang August 1977 in Georgetown/Guyana und diskutierten die Gründung eines gemeinsamen Sekretariats und eines Rates der Produzentenorganisationen. Im April 1978 wurde die Gründung dieses Council of Association of Developing Countries, Producers-Exporters of Raw Material (APEC) von 32 Entwicklungsländern zwar formal vollzogen, ohne daß der Rat jedoch bisher wesentlich in Erscheinung trat.

3.2.1.1 Rohölmarkt (OPEC, OAPEC)

Das Kartell der Erdölexportländer hat viele Diskussionen ausgelöst und wurde von zahlreichen anderen Rohstoffländern als Modell für eigene Marktregulierungsversuche angesehen. Deshalb ist ein Blick auf die Geschichte des Kartells und eine Analyse seiner Strategien und Erfolge aufschlußreich.

Die Gründung der *Organization of Petroleum Exporting Countries* (OPEC) wurde 1960 als eine Art Notgemeinschaft der Exportländer betrachtet, die sich einer Ölschwemme mit Preisverfall gegenübersahen. Die internationalen Ölgesellschaften, allen voran die heutige Exxon, senkten mehrfach den Steuerreferenzpreis (von 2,08 US-$ auf 1,76 US-$ pro Barrel) und reduzierten dadurch die Staatseinnahmen der wichtigen Produzentenländer. Auf dem Arabischen Erdölkongreß, der 1959 in Kairo stattfand, schlugen deshalb die Erdölminister von Venezuela und Saudi-Arabien eine Produzentenvereinigung vor. Im August 1960 verlangten die internationalen Mineralölkonzerne erneut Preiszugeständnisse, und es kam zu einem spontanen Treffen der Erdölminister von Irak, Iran, Kuwait, Saudi-Arabien und Venezuela in Bagdad vom 10. bis 14. September 1960. Ursprünglich sollte lediglich die Verhandlungsstrategie mit den Konzernen abgestimmt werden, doch einigten sich die Minister überraschend auf die Gründung der OPEC.

Zu den 5 Gründungsmitgliedern, denen in der Satzung ein Sonderstatus eingeräumt wurde, gesellten sich bald noch weitere Exportländer. Durch die Aufnahme von Qatar (1961), Indonesien (1962), Libyen (1962), Abu Dhabi (1967, ab 1974 als Vereinigte Arabische Emirate), Algerien (1969), Nigeria (1971), Ecuador (1973) und Gabun (1975) erhöht sich die Anzahl der Kartellmitglieder auf 13.

Als Organe der OPEC wurden etabliert:

— die "Konferenz" als höchste Instanz. Sie besteht aus Delegationen der Mitgliedsländer, die normalerweise vom zuständigen Erdölminister geleitet werden. Die Konferenz tritt zweimal im Jahr zu ordentlichen Sitzungen zusammen und faßt ihre Beschlüsse zur Erdölpolitik in Form von Resolutionen.

— der "Board of Governors" als Exekutivorgan, bestehend aus Vertretern der Mitgliedsländer und zuständig für die Ausführung der Konferenzbeschlüsse und für das laufende Budget.

- das "Sekretariat" mit einem Generalsekretär, das die laufenden Geschäfte führt, die Konferenzen vorbereitet und die Kommissionen unterstützt. Das OPEC-Sekretariat wurde 1961 zunächst in Genf eingerichtet, verlegte aber seinen Sitz im Juni 1965 nach Wien, weil in der Schweiz keine Anerkennung als internationale Körperschaft erreicht werden konnte. — Ab 1. Juli 1978 hat das Sekretariat eine neue Struktur erhalten mit Abteilungen für Forschung, für Verwaltung, für Information und für Rechtsfragen.

Die Schwerpunkte der OPEC-Politik veränderten sich im Laufe der Jahre. Folgende Strategien lassen sich seit 1960 aufeinanderfolgend erkennen:

- Harmonisierung der nationalen Gesetzgebung für die Erdölgewinnung, indem insbesondere das Konzessionswesen und die Steuerregelungen vereinheitlicht werden.
- Aufbau nationaler Erdölgesellschaften in allen Mitgliedsländern, um ein Gegengewicht zu den internationalen Mineralölkonzernen zu schaffen.
- Nationale Beteiligungen an ausländischen Mineralölkonzernen durch Übernahme von Kapitalanteilen durch die staatlichen Gesellschaften (participation).
- Erhöhung von Steuern, wie Förderzins (royalty), Gewinn- und Exportsteuern für ausländische Gesellschaften auf der Basis von festgesetzten Steuerreferenzpreisen (postal price).
- Nationalisierung ausländischer Mineralölgesellschaften durch Übernahme der gesamten Anteile.
- Abschluß von Dienstleistungsverträgen (z.B. PERTAMINA-Modell) und Lieferverträgen mit ausländischen Konzernen.
- Festsetzung von Richtpreisen für den Erdölexport.
- Vereinbarung von Produktionsquoten zur Vermeidung von Überangeboten.

Am meisten umstritten war immer die Preispolitik der OPEC, weil die Interessenlage der Mitglieder erhebliche Unterschiede aufweist. Sowohl die ordnungspolitischen Gegensätze sind gravierend als auch die wirtschaftliche Lage und die Bevölkerungsdichte in den 13 OPEC-Ländern.

Gemeinsam getragen wurden allerdings die starken *Preiserhöhungen* 1973/74 (1. "Ölkrise") und 1979 (2. "Ölkrise"). Doch es kam auch oft zu Auseinandersetzungen verschiedener Gruppierungen, etwa im Dezember 1976, als Saudi-Arabien, Kuwait und die Vereinigten Arabischen Emirate Preiserhöhungen nicht akzeptierten und bis Juli 1977 ein gespaltenes Preissystem vorhanden war. Die OPEC sah sich danach veranlaßt, ein "Longterm Strategy Committee" zu bilden, das im Jahre 1978 Vorschläge für langfristige Preispolitik unterbreitete. Danach sollen Preisanpassungen nach 3 wesentlichen Marktfaktoren erfolgen, nämlich nach den Inflationsraten, nach dem Dollarwechselkurs und nach den Wachstumsraten des BSP (Bruttosozialprodukt) in westlichen Industriestaaten. Doch schon Mitte 1979 widersetzten sich Iran, Algerien und Libyen diesem Preisanpassungsmechanismus, und es kam vor allem als Folge des Machtwechsels im Iran zur zweiten Welle substantieller Preiserhöhungen.

1982 wurde ein Überangebot von Rohöl auf dem Weltmarkt offensichtlich und die

OPEC unternahm den Versuch, *Produktionsquoten* zu vereinbaren, um das Angebot künstlich zu verringern. Eine Sonderkonferenz in Wien beschloß, die Produktion aller OPEC-Länder vom 1. April 1982 an auf 17,2 Mio. Barrel pro Tag (BOPD) zu drosseln (Produktion 1979: 32 Mio. BOPD. – Dezember 1981: 21,5 Mio. BOPD). Die entsprechenden Quoten wurden vereinbart (z.B. Saudi-Arabien 7 Mio., Venezuela 1,5 Mio., Indonesien 1,3 Mio., Nigeria 1,3 Mio., Iran 1,2 Mio., Irak 1,2 Mio. BOPD), doch das erforderliche Maß an Solidarität zur Verwirklichung solcher Produktionseinschränkungen wurde nicht erreicht. Trotz erneuter Versuche konnte die OPEC nicht alle Mitglieder zur Einhaltung der Quoten bewegen, denn insbesondere Iran und Libyen hielten sich nicht an die Zusagen. Es kam stattdessen zu einem Wettlauf um Marktanteile durch Gewährung von Preisnachlässen. Im März 1983 wurde erneut der Versuch unternommen, Quoten festzulegen in einer Größenordnung von 17,5 Mio. BOPD für alle OPEC-Länder. Gleichzeitig wurde der Richtpreis für Arabian Light, 34° API, f.o.b. Ras Tanura von 34 US-$/bbl. auf 29 US-$/bbl. gesenkt. Die Macht des Kartells hatte sich – vermutlich aber nur vorübergehend – deutlich verringert.

Unter Ausnutzung der Marktlage, die durch eine Abhängigkeit der Importländer gekennzeichnet war, gelangen dem Kartell zuvor aber zwischen 1973 und 1980 große Erfolge, wie

— ständige Erhöhung der Einnahmen der Mitgliederländer (vgl. Tab. 3.7), wodurch die finanziellen Mittel für eine rasche wirtschaftliche Entwicklung dieser Staaten beschafft wurden. Allerdings erzielte Saudi-Arabien den Löwenanteil und vor allem ab 1981 verringerten sich die Einnahmen einiger OPEC-Länder beträchtlich. Diese Tendenz setzte sich 1982 und 1983 fort.

— Durchsetzung einer einheitlichen "Erdölpolitik".

— Angleichung der nationalen Gesetzgebung in bezug auf die Erdölgewinnung, insbesondere Harmonisierungen von Konzessionsverträgen und von Abgaberegelungen.

— schrittweise Verstaatlichung des Erdölsektors in den Mitgliedsländern, indem die Beteiligungen (participation) an den Konzessionsgebieten ausländischer Mineralölgesellschaften ständig erhöht wurden bis hin zur völligen Übernahme.

— Preisdiktat durch eigenständige Festsetzung von Exportpreisen.

Diesen Erfolgen stehen eine Reihe weltwirtschaftlicher Auswirkungen gegenüber, denn

— die Zahlungsbilanzen der Importländer wurden – zumindest vorübergehend – krisenhaft belastet. Das "Recycling" der OPEC-Deviseneinnahmen klappte unter maßgeblicher Mitwirkung europäischer Banken nach 1974 noch relativ reibungslos, nach 1980 jedoch nur ungenügend.

— das Welthandelsvolumen schrumpfte nach 1980 im Zuge einer sprunghaften Erhöhung des Zinsniveaus und einer weltweiten Rezession.

Tabelle 3.7. Erdöleinkünfte der OPEC-Länder (in Mio. US-$)

Land	1966	1971	1974	1977	1979	1980	1981
Saudi-Arabien	777	2149	22600	38600	57700	102400	115500
Iran	593	1944	17500	21600	20800	12700	9300
Irak	394	840	5700	9800	23400	26100	9800
Venezuela	1112	1702	8700	6100	12000	17800	19000
Kuwait	707	1400	7000	7900	16000	18300	15000
Nigeria	–	915	8900	9600	16100	24500	18000
Libyen	479	1766	6000	8900	16300	22000	15700
Ver. Arab. Emirate	100	431	5500	9000	12800	19400	19200
Indonesien	240	284	3300	4700	8100	11300	14000
Algerien	–	350	3700	4300	8800	11400	10500
Qatar	92	198	1600	2000	3800	5400	5300
Gabun	–	–	700	600	1400	1800	1700
Ecuador	–	–	700	500	1800	1300	1500
OPEC-Länder insgesamt	4949	11979	91900	123600	199000	275000	254700

Quellen: Z. Petroleum Economist, London July 1978, 1982 – Shell International, London 1977.

– in Entwicklungsländern, die auf die Einfuhr von Energieträgern angewiesen sind, verschlechterte sich die wirtschaftliche Lage vor allem ab 1980 dramatisch. Es kam insbesondere zu einer enormen Verschuldung von Schwellenländern (Brasilien, Argentinien).

Die OPEC begann im Januar 1976 mit der Einrichtung eines Sonderfonds für Entwicklungshilfe (OPEC Special Fund), der Kredite an sogenannte NOEC-Länder (non-oil-exporting countries) zur Finanzierung von Projekten vergibt. Nach der zweiten "Preiswelle" 1979 wurde der Fonds im Mai 1980 von 2,4 Mrd. US-$ auf 4 Mrd. US-$ aufgestockt und eine Rückzahlung von Krediten direkt an den Fonds und nicht an einzelne OPEC-Länder vereinbart. Der Sonderfonds, der zunächst in Wien von einem Gouverneursausschuß verwaltet wurde, ist 1980 durch eine Statutenrevision in eine eigenständige internationale Körperschaft umgewandelt worden (OPEC Fund for International Development). Es werden Zahlungsbilanzhilfen geleistet, Beiträge zu internationalen Fonds gezahlt und direkte Projektkredite gewährt.

Durch rückläufige Einnahmen gerieten die OPEC-Länder 1982 und 1983 aber immer stärker in Verzug mit ihren Einlagen zum Entwicklungsfonds, was auch dessen Kreditvergabe behinderte.

Etwa 40 % der OPEC-Kredite gingen bisher an arabische Staaten. Neben dem OPEC-Fonds leisten einige arabische OPEC-Staaten auch in erheblichem Maße bilaterale Entwicklungshilfe, allerdings vorrangig an "Bruderstaaten". Der Kuwaitische Fonds für arabische Entwicklung ist dabei besonders aktiv, aber auch der Saudische Entwicklungsfonds und die Islamische Entwicklungsbank.

Neben der OPEC hat sich als zweites internationales Kartell auf dem Ölmarkt die OAPEC *(Organization of Arab Petroleum Exporting Countries)* mit Sitz in Kuwait gebildet. Anfang 1968 als lose Vereinigung von den arabischen OPEC-Mitgliedern Saudi-Arabien, Kuwait, Irak und Libyen gegründet, traten im Mai 1970 zunächst Algerien, Abu Dhabi, Dubai (beide ab 1974 als Vereinigte Arabische Emirate) und Qatar bei, nach einer Satzungsänderung, die auch die Aufnahme arabischer Nicht-OPEC-Länder vorsah, Ende 1971 Ägypten, Syrien und Bahrain. Die OAPEC hat als oberstes Organ einen "Ministerrat" (Council of Ministers) eingesetzt, daneben ein "Exekutivbüro" (Executive Bureau) und ein "Generalsekretariat" in Safat (Kuwait) mit Abteilungen für Erdölprojekte, Wirtschaft, Exploration, Training und Internationale Beziehungen. Neben rein wirtschaftlichen Zielen wurde schon 1968 eine Stärkung der arabischen Welt durch Nutzung des Erdölexportes als politische Waffe angestrebt. Die politisch bestimmten Maßnahmen der OAPEC wurden vor allem 1973/74 deutlich, als es nach dem Oktober-Krieg in Nahost zur ersten "Ölkrise" kam. Während die OPEC sich mit der Durchsetzung von Preiserhöhungen begnügte, beschlossen die OAPEC-Länder Förderkürzungen und vor allem ein politisch motiviertes Lieferembargo gegen die USA (Oktober 1973 – März 1974) und gegen die Niederlande (Oktober 1973 -- Juli 1974!) wegen der pro-israelischen Haltung dieser Importländer.

1974 proklamierte die OAPEC den Aufbau einer gemeinsamen Tankerflotte, die 1978 bereits 8 Tanker mit 2,1 Mio. dtw umfaßte (Arab Maritim Petroleum Transport Co.). 1975 wurde von 7 OAPEC-Mitgliedern die Arab Shipbuilding and Repair Yard Co. gegründet, die Ende 1977 das erste Großdock in Bahrain in Betrieb nahm. Die Arab Petroleum Investment Co. (1976), die Arab Petroleum Services Co. (1977) und die Arab Engineering Co. (1981) sollen die Eigenständigkeit der OAPEC-Länder bei Projektfinanzierungen und bei Explorationen fördern.

3.2.1.2 Kupfermarkt (CIPEC u.a.)

Nach dem Ersten Weltkrieg hatte der amerikanische Kupferbergbau eine dominierende Stellung, die auch zwei Drittel des Welthandels umfaßte. Als jedoch neue Produzenten in Südamerika und Afrika auf dem Markt erschienen und das Angebot erhöhten, sollte der Kupferpreis durch erste internationale Kartellabsprachen gestützt werden. 1926 wurde deshalb die "Copper Exporters Inc." (CEI) gegründet, ein "reines" Kartell, denn die Mitglieder waren Bergbaugesellschaften aus den USA, Chile, dem Kongo und Großbritannien.

Interessant ist die Strategie, mit der die CEI höhere Kupferpreise erreichen wollte. Ausdrücklich wurden Produktionsbeschränkungen abgelehnt, dafür aber ein Verkaufsbüro in Brüssel errichtet, um durch Ausschaltung von Zwischenhändlern (und natürlich damit auch unter Umgehung der Londoner Metallbörse!) in *direkten Vertragsabschlüssen* mit den europäischen Verbrauchern Preise festzusetzen. Die Copper Exporters Inc. war bis zum Beginn der Weltwirtschaftskrise Mitte 1929 recht erfolgreich und konnte zeitweilig den Kupferpreis monopolartig fixieren. Nicht nur die große Rezession machte jedoch diese Erfolge zunichte. Es formierten sich damals auch die Kartellaußenseiter, allen voran kanadische und rhodesische Firmen, um der CEI immer erfolgreicher Konkurrenz zu bieten. Während der Periode 1930 bis 1935 verfielen dann die Kupferpreise immer mehr, was schließlich zur Gründung des "Internationalen Kupferkartells" führte. Das Kartell beschloß Produktionsquoten und auch Exportquoten zur Angebotsverknappung. Der erhebliche Preisanstieg bis 1938 kann jedoch nur teilweise dem Kartell zugeschrieben werden, denn gleichzeitig erhöhte sich die Nachfrage als Folge von Aufrüstungsprogrammen und verbesserte so die Marktpositionen der Produzenten entscheidend.

Nach dem Zweiten Weltkrieg wurden verschiedene Ansätze für eine Zusammenarbeit von Kupferproduzenten, aber auch von Produzentenländern und Verbraucherländern gemacht, doch erst Anfang Juni 1967 wurden die Regierungen von Chile, Peru, Zambia und Zaire auf einer Konferenz in Lusaka konkret, indem sie einen *"Conseil Intergouvernemental des Pays Exportateurs de Cuivre"* (CIPEC) gründeten. Bei den 4 Gründungsmitgliedern handelt es sich um besonders wichtige Exportländer, deren Volkswirtschaft auch in hohem Maße vom Kupferhandel abhängig ist. Im November 1975 konnte die CIPEC erweitert werden, indem auf der 8. Ministerkonferenz in Lima Indonesien als Vollmitglied sowie Australien und Papua-Neuguinea als assoziierte Mitglieder aufgenommen wurden. 1976 entschlossen sich auch Australien, Jugoslawien und Mauretanien der CIPEC als assoziierte Mitglieder beizutreten (Mauretanien schied allerdings im August 1979 wieder aus), bis die 11. Ministerkonferenz am 21. Juni 1977 in Paris eine Modifikation des CIPEC-Vertrages beschloß.

Seitdem gibt es drei verschiedene Mitgliedschaften:

— Gründungsmitglieder, nämlich Chile, Peru, Zaire, Zambia.
— Vollmitglieder, derzeit die Gründungsmitglieder und Indonesien. Sie müssen Netto-Exportländer von einheimischem Kupfer sein.
— Assoziierte Mitglieder, derzeit Australien, Jugoslawien und Papua-Neuguinea. Sie müssen bereits oder in naher Zukunft Netto-Exportländer sein und von allen Vollmitgliedern akzeptiert werden.

Als Organe der CIPEC wurden gebildet:

— die "Mitgliederkonferenz", zu der die zuständigen Bergbauminister der Mitgliedsländer einmal im Jahr zusammenkommen. Dabei werden die Richtlinien der Kartellpolitik bestimmt und die Arbeit des Exekutivkomitees beurteilt. Angelegenheiten von "übergeordneter Bedeutung" bedürfen der Einstimmigkeit, andere Angelegenheiten der Zweidrittelmehrheit.

— das "Exekutivkomitee" (bis 1977 "Governing Board") aus mindestens einem permanenten Repräsentanten jedes Mitgliedslandes, das möglichst alle 2 Wochen tagt und mit Zweidrittelmehrheit Entscheidungen fällt über aktuelle Maßnahmen der Preispolitik, der technischen Zusammenarbeit, der Koordination von Ausbildungsmaßnahmen und der Harmonisierung von Marketing.

— das "Sekretariat" mit Sitz in Paris, das unter der Leitung eines Generalsekre-
   tärs Verwaltungsfunktionen ausübt und insbesondere Statistiken erstellt sowie
   Sitzungen vorbereitet, Öffentlichkeitsarbeit leistet und Publikationen (Quarterly
   Review, Statistical Bulletin) herausgibt.

Die 18. Ministerkonferenz Mitte Juli 1982 schuf dazu noch ein Spezialkomitee zur Zusammenarbeit mit der UNCTAD und dem Integrierten Rohstoffprogramm (vgl.
Abschn. 5.2.2) sowie zur Überwindung von Handelshemmnissen für Kupfer und Halbzeug.

Die CIPEC definiert ihre Ziele wie folgt:

— Maßnahmen zur Erhöhung von Kupferexporterlösen,
— Harmonisierung der Kartellpolitik zugunsten der Kupferproduktion,
— Verbesserung der Information und der Beratung für die Mitgliedsländer,
— Verbesserung der sozioökonomischen Entwicklung in den Mitgliedsländern,
— Förderung der Solidarität unter den Mitgliedsländern,
— Unterstützung von ähnlichen Bestrebungen internationaler Organisationen.

Die Aktionen zur Verwirklichung dieser Zielvorstellungen lassen sich wie folgt charak-
terisieren: Ende 1974 wurde der Versuch unternommen, durch Reduzierung von Produktion und Export das Angebot künstlich zu verknappen, um einen Preisrückgang
aufzuhalten. Zunächst wurden *Exportquoten* für jedes Mitgliedsland verfügt, die 10 %
unter dem Niveau des Vorjahres lagen. Von April 1975 bis Ende Juni 1976 wurden
dann sogar *Produktionskontingente* vereinbart, die die Kupfererzeugung um 15 %
gegenüber 1974 drosselten. Den Maßnahmen war ein begrenzter Erfolg beschieden,
denn die Kupferpreise erholten sich, was dann vor allem Chile bewog, weitere Produktionseinschränkungen ab Mitte 1976 zu verweigern. Um die Ertragssituation der
Exportländer zu verbessern, legte die CIPEC im Februar 1977 der UNCTAD Vorschläge für die Festlegung von "CIPEC-Produzentenpreisen" vor, die auf den LME-Notierungen und dem US-Produzentenpreis basieren sollen. Bei Lieferkontrakten, die
staatliche Marketingorganisationen der CIPEC-Länder ab 1978 abgeschlossen haben,
wurden auf der Basis von Kartellempfehlungen Aufgelder oder Prämien vereinbart, die
zusätzlich zu den Londoner Börsenpreisen gezahlt werden müssen. 1980 erreichten diese Zuschläge für Direktkontrakte beachtliche Beträge. Diskutiert wurden auf den Mi-
nisterkonferenzen auch andere Maßnahmen, wie Interventionen an der LME oder auch
der Aufbau eines Ausgleichslagers, ohne daß es aber bisher zu konkreten Absprachen
kam. 1982 schließlich empfahl die CIPEC ihren Mitgliedsländern individuelle
Stützungsmaßnahmen für den Kupferpreis. Vor allem Chile und Peru erklärten sich
prinzipiell dazu bereit, ohne daß konkrete Schritte bekannt wurden. Die CIPEC-Länder favorisieren vor allem längerfristige Direktverträge mit Verbrauchern unter Umgehung der Metallbörsen, da hierdurch eine Preisstabilisierung erreicht werden kann
und das System der Aufpreise erhalten wird.

Erfolge zeigten also insbesondere die Bestrebungen des Kartells um eine Koordinierung
des Marketing, aber auch die Bemühungen um größere Markttransparenz, die durch die

Statistiken der CIPEC verbessert werden konnte. Schließlich ist auch die enge Zusammenarbeit mit der UNCTAD zu erwähnen, wo seit Jahren eine Reihe von Verhandlungen über den Abschluß eines Internationalen Kupferabkommens geführt werden und die CIPEC die Interessen der Produzentenländer energisch vertritt. Die CIPEC setzt sich für den Abschluß eines Abkommens unter gleichzeitiger Beibehaltung des Kartells ein.

3.2.1.3 Bauxitmarkt (IBA)

Bei der Gewinnung von Aluminium sind der Bergbausektor und der Hüttensektor standortmäßig weitgehend getrennt. Zwar verfügt die Aluminiumindustrie vielfach über eigene Lagerstätten, doch liegen diese in Rohstoffländern. Somit geht ein großer Teil der Bauxitbergbauproduktion über den Welthandel, und die Exportländer erkannten die Möglichkeiten gemeinsamer Marktstrategie. Auf einer Tagung 1973 in Belgrad wurde deshalb die Gründung einer Vereinigung der Bauxitproduzentenländer beschlossen, die dann im März 1974 in Conakry/Guinea als *"International Bauxite Association"* (IBA) mit Sitz in Kingston/Jamaika vollzogen wurde. Zu den 7 Gründungsmitgliedern Australien, Guinea, Guyana, Jamaika, Jugoslawien, Sierra Leone und Surinam gesellten sich im November 1974 noch die Dominikanische Republik, Ghana, Haiti und Indonesien. Damit vereinen die IBA-Länder etwa 75 % (1982: 73 %) der Weltbergbauproduktion (ohne Ostblock) an Bauxit und verfügen auch über mehr als 70 % der bauwürdigen Vorräte.

Vorbild für die Zielvorstellungen des Bauxitkartells waren die Erfolge der OPEC 1973/74. Nachdem das letzte Gründungsmitglied den Kartellvertrag ratifiziert hatte, begann am 27. Juli 1975 offiziell die Arbeit der IBA mit folgenden Organen:

—   der "Ministerrat" (Council of Ministers) als oberste Instanz der Vereinigung, der sich aus den zuständigen Bergbauministern der Mitgliedsländer zusammensetzt und die Richtlinien der Kartellpolitik bestimmt.

—   ein "Exekutivausschuß" (Executive Board) aus zwei Vertretern jedes Mitgliedslandes, der mindestens dreimal im Jahr tagt und für die Verwirklichung der Ministerratsbeschlüsse sorgen soll.

—   das "Sekretariat" in Kingston, mit dem Generalsekretär an der Spitze, das in 4 Abteilungen (Verwaltung, Wirtschaft, Statistiken, Technische Informationen) die Tagesgeschäfte erledigt.

In Artikel III der Statuten sind die hauptsächlichen Ziele der IBA genannt:

—   Förderung der Bauxitindustrie.
—   Sicherung fairer Erlöse für die Mitgliedsländer bei der Gewinnung und Vermarktung von Bauxit.
—   Wahrnehmung aller Interessen der Mitgliedsländer.

Für viele Mitglieder der IBA gilt das gleiche wie für CIPEC-Länder: ihre Volkswirtschaft und vor allem die Außenhandelserlöse sind in entscheidendem Maße vom Bauxitexport abhängig. Nur wenige Mitgliedsländer verfügen übrigens über Weiterverarbeitungsanlagen zur Herstellung von Tonerde oder gar von Aluminium. Bauxit ist einer der (wenigen) mineralischen Rohstoffe, der sich durchaus nicht überall zur Weiterverarbeitung eignet, da die Aluminiumproduktion sehr energieaufwendig ist (Energiekostenanteil rund 45 %!). Zahlreiche IBA-Mitgliedsländer verfügen aber nicht über preiswerte Energie und können deshalb diese klassische Möglichkeit der Industrialisierung nur schwer ergreifen. Trotzdem forderten die IBA-Länder erneut Anfang 1982, daß internationale Unterstützungsmaßnahmen ergriffen werden, um ihren Anteil an der Weltaluminiumproduktion von nur rund 10 % substantiell zu erhöhen. Verbraucherländer sollen Abnahmegarantien geben, die Weltbank Kredite bereitstellen und die Aluminiumgesellschaften Beteiligungen anbieten.

Die Politik der IBA konzentriert sich auch auf die Erhöhung von Staatseinnahmen durch Erhebung von Steuern und Abgaben für Gewinnung und Export von Bauxit. Durch ein abgestimmtes Vorgehen der westafrikanischen und karibischen Mitgliedsländer konnten 1975 die Royalties (Förderzinsen) und speziellen Exportsteuern in den meisten Mitgliedsländern erheblich angehoben werden, beispielsweise in Jamaika, Surinam und Guyana von etwa 2 US-$/t 1974 auf 12 US-$/t 1975. Der Bauxitbergbau dieser Länder geriet durch diese steuerlichen Belastungen jedoch an die Rentabilitätsgrenze. Zwischen 1975 und 1980 verringerte sich die Förderung sogar um 25 %, während Kartellaußenseiter, wie Brasilien, ihre Produktion entsprechend erhöhen konnten.

Seit einigen Jahren empfiehlt die IBA ihren Mitgliedern Minimum-cif-Referenzpreise für Bauxit und für Tonerde. Diese Preisempfehlungen orientierten sich an den amerikanischen Listenpreisen für Aluminiumbarren (99,5 % Al). Die Preisempfehlungen gelten übrigens nicht für Australien, das Bauxit vornehmlich an Japan liefert.

Interessant ist überhaupt die Beteiligung von Australien an diesem Rohstoffkartell. Das Land begründet seine Teilnahme mit seinen Möglichkeiten, gerade als IBA-Mitglied radikalen Tendenzen entgegentreten zu können und auf einen Interessenausgleich von Produzentenländern und Verbraucherländern hinzuwirken. Australien bringt übrigens nicht nur das größte technische Wissen in die IBA ein, sondern auch den höchsten Beitrag zum 1,2 Mio. US-$Budget.

Die IBA nimmt zwar an den Konferenzen zur Vorbereitung eines Internationalen Bauxitabkommens, die unter der Schirmherrschaft der UNCTAD im Rahmen des Integrierten Rohstoffprogramms stattfinden, teil, steht einem Abschluß aber eher skeptisch gegenüber, da eine interventionistische Marktpolitik mit Lagerhaltung und Angebotssteuerung bei Bauxit, Tonerde und Hüttenaluminium für unwirksam gehalten wird. Noch immer ist die internationale Aluminiumindustrie so verflochten, daß Regulierungen kaum durchführbar sind (vgl. Abschn. 3.1.1).

Das Kartell der Bauxitproduzenten versucht auch, mit der Interessenvereinigung der Hüttenaluminiumproduzenten, dem *"International Primary Aluminium Institute"* (IPAI) Kontakte zu unterhalten.

Das IPAI mit Sitz in London ist ein internationaler Zusammenschluß von 49 Unternehmen aus 24 Ländern (z.B. ist auch die VAW in Bonn Mitglied), der am 28. April 1972 vollzogen wurde. Zu den Zielen gehören Förderung der Verwendungsmöglichkeiten für Aluminium, Informationsaustausch, Forschungsunterstützung, Publikation und Vertretung der Aluminiumindustrie bei internationalen Verhandlungsrunden. Damit kann das Institut nicht als Kartell klassifiziert werden, weil höchstens mittelbare Einflüsse auf die Preisgestaltung ausgeübt werden können.

3.2.1.4 Eisenerzmarkt (APEF)

Als 1968 die UNCTAD II (vgl. Abschn. 5.2.1) in New Delhi stattfand, begannen die Bemühungen der indischen Regierung um eine Organisation der Exportländer von Eisenerz. Nach einem Vorbereitungstreffen auf Ministerebene im November 1974 in Genf wurde die Association of Iron Ore Exporting Countries *(Association des Pays Exportateurs de Minerai de Fer, APEF)* im April 1975 formal gegründet und nahm mit dem Sekretariat in Genf im Oktober 1975 offiziell die Tätigkeit auf.

Die APEF setzt sich gegenwärtig aus folgenden Mitgliedsländern zusammen, die alle zu den Gründungsstaaten zählen und rund 50 % des Welthandels mit Eisenerz auf sich vereinen: Algerien, Australien, Indien, Liberia, Mauretanien, Peru, Sierra Leone, Schweden und Venezuela.

Die Statuten (Art. 2) erwähnen daneben noch Brasilien, Chile, Kanada, die Philippinen, Swaziland und Tunesien, denen der Beitritt zur APEF jederzeit offensteht, die aber von dieser Offerte noch keinen Gebrauch machten.

Als oberstes Organ der APEF fungiert die "Ministerkonferenz", die alle zwei Jahre stattfinden soll. Sie muß einstimmige Beschlüsse über die Kartellpolitik treffen. Für das Management der APEF und für die Umsetzung der Beschlüsse der Ministerkonferenz ist ein "Ausschuß" (Board) von Repräsentanten der Mitgliedsländer zuständig. Schließlich verrichtet das "Sekretariat" in Genf die Tagesgeschäfte, vor allem Informationsbeschaffung für Mitglieder und Anfertigung von technischen oder wirtschaftlichen Studien.

Die APEF hat mehrfach dementiert, daß sie sich als Kartell versteht. Sie will beweisen, daß die legitimen Interessen der Exportländer gewahrt werden können, ohne die Interessen der Importländer zu verletzen. Dahinter steht wohl vor allem die Erkenntnis, daß eine aktive Preispolitik auf dem Weltmarkt von Eisenerz besonders schwierig ist. Eisenerz ist ein Rohstoff, an dem kein absehbarer physischer Mangel besteht. Schon bei relativ geringen Preiserhöhungen werden eine Reihe von Vorkommen in verschiedenen Ländern bauwürdig. Außerdem gelten die Errichtung von Stahlwerken und deren Alimentation aus einheimischen Erzquellen in zahlreichen Entwicklungsländern als prioritäre Industrialisierungsprojekte, was die Nachfrage nach Eisenerz am Weltmarkt vermindert. Der APEF waren deshalb bislang wenig Erfolge beschieden. Sie ist eine Informationsstelle geblieben und hofft nun, bei den geplanten Verhandlungen der

UNTAD im Rahmen des Integrierten Rohstoffprogrammes die Interessen der Exportländer möglichst wirkungsvoll vertreten zu können.

Die weltweite Stahlkrise hat allerdings die Position der Eisenerzexportländer noch ver-
schlechtert.

3.2.1.5 Wolframmarkt (PTA)

Auf einem Treffen von Vertretern verschiedener Bergbaugesellschaften im April 1975
in La Paz wurde die *Primary Tungsten Association* (PTA) gegründet. Inzwischen sind
15 staatliche und private Unternehmen offizielle Mitglieder. Sie sind beheimatet in
Australien (2), Bolivien (3), Brasilien (1), Frankreich (1), Peru (1), Portugal (2), Ruanda (1), Spanien (1), Schweden (1), Thailand (1) und Zaire (1). Die chinesische Han-
delsgesellschaft Minmetal hat Beobachterstatus. Als Sitz der PTA wurde zwar zunächst
Brüssel bestimmt, doch führte die Geschäfte eine britische Consultingfirma, bis am
1. Januar 1982 ein unabhängiges Sekretariat in London gegründet wurde.

Die bisherigen Mitgliederversammlungen der PTA wurden von verschiedenen Mitglieds-
unternehmen organisiert.

Die Tätigkeit der PTA erstreckte sich auf folgende Bereiche:

—   Beratung und Unterstützung der UNCTAD bei den Verhandlungen für ein Inter-
    nationales Wolframabkommen (vgl. Abschn. 3.2.2).
—   Erstellung von Marktstudien und von Statistiken über die Produktion und den
    Verbrauch von Wolfram.
—   Organisation von Symposien zur Förderung der Wolframindustrie (Stockholm
    September 1979, San Francisco Juni 1982).
—   Zusammenarbeit mit den Wolframverbrauchern, die sich organisiert haben in der
    Consumer Reporting Group, bei der Einführung von Preisindices. Im Juli 1978
    wurde ein Indikator vereinbart (International Tungsten Indicator, ITI), der als
    Richtlinie für den Welthandel mit Wolframkonzentraten dienen soll. Die PTA er-
    hofft sich dadurch stabilere und transparentere Preise.
—   Kontakte zur Stockpile-Behörde der USA, um die Markteinflüsse von GSA-Ver-
    käufen aus Stockpile-Überschüssen zu regulieren.

3.2.1.6 Uranmarkt (UI)

Am 12. Juni 1975 gründeten 16 führende Unternehmen des Uranbergbaus das *"Uranium Institute"* in London. Anlaß für diesen kartellartigen Zusammenschluß war die un-
sichere Verfassung des Uranmarktes nach den Energiepreiserhöhungen 1974.

Inzwischen gehören 52 private und staatliche Unternehmen sowie Behörden der Energiewirtschaft und des Uranbergbaus dem Uranium Institute an, darunter auch 4 deut-

sche Firmen (RWE, Urangesellschaft, Saarberg-Interplan, Nukem). Die anderen Mitglieder kommen aus Australien, Belgien, Frankreich, Großbritannien, Italien, Japan, Kanada, Schweden, Spanien, Südafrika, Südwestafrika/Namibia und den USA.

Interessant ist nun, daß sich das Uranium Institute schon 1976 zu einer Vereinigung erweiterte, in der sowohl Produzenten als auch Verbraucher von Kernbrennstoffen vertreten sind. Seitdem gibt es die Gruppe der Produzenten mit 16 Sitzen im Rat (Council of Management) und die Gruppe der Verbraucher mit ebenfalls 16 Sitzen im Rat, der zweimal im Jahr zusammentrifft. Ein Exekutivkomitee ist für die Durchführung von Ratsbeschlüssen zuständig.

Das Institut ist also kein Kartell, sondern ein *Informationsforum von Marktteilnehmern*. Das Arbeitsprogramm ist ganz auf diese Informationsbeschaffung abgestellt und vollzieht sich in 3 spezialisierten Komitees, die seit 1978 Studien erstellen:

- "Committee on Supply and Demand", das Marktstudien mit Marktprognosen erarbeitet.
- "Committee on International Trade in Uranium", das eng mit internationalen Atomenergieorganisationen, wie INFCE und IAEA, zusammenwirkt.
- "Committee on Nuclear Energy and Public Acceptance", das vor allem Umweltprobleme der Atomenergie untersucht und Öffentlichkeitsarbeit betreibt.

Das Uranium Institute unterhält eine wohlausgestattete Fachbibliothek in London. Mit Expertenrat versucht das Institut auch bei technologischen Problemen oder bei der Finanzierung von Projekten zu helfen.

3.2.1.7 Andere Produzentenvereinigungen

Auf einer ganzen Reihe von Metallmärkten gibt es Produzentenvereinigungen, die nicht den Charakter von Kartellen aufweisen, also keine Wettbewerbsbeschränkungen mit dem Ziel der Preisbeeinflussung anstreben, sondern die vor allem Verbrauchsforschung und Verbreitung technischer Informationen betreiben, um die Nachfrage zu stimulieren. Durch eine Erhöhung der Nachfrage wird zwar auch die Preisbildung zugunsten der Produzenten beeinflußt, aber dieses Mittel gilt als völlig marktkonform, weil die Mechanismen des Marktes weiter voll wirksam sind.

Solche Vereinigungen von Produzenten existieren teilweise schon seit Jahrzehnten für Basismetalle und sind für Sondermetalle in den letzten 10 Jahren verstärkt gebildet worden. Für die Anfertigung von Marktstudien können solche Branchenverbände nützlich sein, weil sie nicht nur über Fachbibliotheken verfügen, sondern auch Statistiken über Angebot und Nachfrage zur Verfügung stellen können.

Auf folgenden Märkten haben Produzentenvereinigungen eine Bedeutung erlangt:

Kupfer: Seit 1903 existiert die "Copper Development Association" (CDA) mit Sitz in

Herts, England. 1981 gehörten 38 international bedeutsame Kupferbergbaugesellschaften und -hüttenunternehmen aus Australien, Großbritannien, Japan, Kanada und den USA der CDA an. Zu den wesentlichen Zielen gehört die Unterstützung der Entwicklung des Kupfermarktes durch die Organisation eines Austausches technischer Informationen. Dies geschieht durch Herausgabe von Publikationen und Fachzeitschriften sowie die Abhaltung von Fachtagungen.

Blei, Zink, Kadmium: Da alle 3 Metalle in den Lagerstätten gemeinsam auftreten, sind die Märkte dieser Kuppelprodukte eng verbunden und auch die Produzentenvereinigungen untereinander verknüpft. Das kommt direkt zum Ausdruck in der Gründung der "International Lead-Zinc Research Organization Inc." 1958, die unter entscheidender Mitwirkung der Lead Industries Association und des American Zinc Institute erfolgte. Die ILZRO führt Grundlagenforschung zur Verwendung von Blei und Zink durch, um neue Produkte zu entwickeln.
Ähnliche Aktivitäten entwickelt "The Zinc Institute Inc." (bis 1968 "The American Zinc Institute") als Plattform der amerikanischen Zinkproduzenten und das europäische Pendant, das "European Zinc Institute".

Schließlich sind noch erwähnenswert:
— die Zinc Development Association,
— die Lead Development Association,
— die Cadmium Association,

die alle 3 in einem gemeinsamen Büro in London ihren Sitz haben und vornehmlich durch die Organisation von Seminaren, durch Publikation von Fachberichten sowie durch die Zusammenstellung von Statistiken technisches Know-how verbreiten und Markttransparenz fördern.

Aluminium: Einzelheiten über das "International Primary Aluminium Institute" (IPAI) siehe Abschn. 3.2.1.3.

Magnesium: Bereits 1943 wurde die "International Magnesium Association" (IMA) mit Sitz in Dayton/Ohio, USA, gegründet. Die regulären IMA-Mitglieder sind Unternehmen, die Magnesium produzieren, mit Magnesium handeln oder Magnesium verbrauchen. Daneben wurden assoziierte Mitglieder aufgenommen, die Zulieferbetriebe für die Magnesiumindustrie betreiben. Die IMA organisiert jährlich eine Magnesiumkonferenz (39. Konferenz 1982 in Detroit), gibt eine Zeitschrift "Magnesium" heraus und beantwortet spezielle Anfragen der Mitglieder.

Quecksilber: 1974 sprachen sich wichtige Produzentenländer von Quecksilber für eine überregionale Zusammenarbeit aus, was zur Gründung der "Association Internationale des Producteurs des Mercure" (Assimer) am 16. April 1975 in Genf führte. Die Mitglieder Algerien, Italien, Jugoslawien, Mexiko, Spanien und die Türkei kontrollieren zwar etwa 70 % der Quecksilberproduktion, sind sich aber der Schwäche des Marktes bewußt, die aus den Substitutionsmöglichkeiten und den Verbrauchseinschränkungen durch Umweltschutzgesetze resultiert. Daher sind die Aktivitäten und Ergebnisse dieser Produzentenvereinigung sehr begrenzt.

Wismut: Ende 1972 wurde in La Paz/Bolivien das "Bismuth Institute" gegründet, das von 6 größeren Produzentenländern unterhalten wird und technische Informationen vermittelt.

Kobalt: Am 9. November 1981 beschlossen die wichtigsten kobaltproduzierenden Länder die Einrichtung eines neuen "Weltkobaltinstitutes". Dieses Centre d'Information de Métaux Non Ferreux (CIMNF) in Brüssel soll neue Anwendungsmöglichkeiten erforschen und Marktanalysen erstellen. Die Initiative ergriffen Vertreter aus Zaire, Zambia, den Philippinen, Marokko und Finnland. Es werden intensive Kontakte sowohl zu Produzenten als auch zu Verbrauchern von Kobalt angestrebt.
Das Institut tritt die Nachfolge des "Centre d'Information du Cobalt" an, das im Mai 1976 in Brüssel nach fast 20-jähriger Tätigkeit geschlossen worden war.

Tantal: Am 24. Oktober 1974 wurde vornehmlich von Tantalproduzenten das "Tantalum Producers International Study Center" (TIC) ins Leben gerufen. Die 67 Mitglieder (Stand Anfang 1983) repräsentieren über 90 % der Weltproduktion (ohne Ostblock). Allerdings sind inzwischen auch eine stattliche Anzahl von Unternehmen Mitglied geworden, die Tantalverbraucher sind. Zu den deutschen Mitgliedern zählen die Metallgesellschaft, Hermann C. Starck, Siemens, W.C. Heraeus und die GfE. Zu den selbstgewählten Aufgaben des TIC gehört die Verbreitung von statistischen und technischen Informationen über den Tantalmarkt, die Organisation von Kongressen, aber ausdrücklich keine preispolitischen Maßnahmen. Das TIC in Brüssel wird von einem Sekretär geleitet, der seine Direktiven von einem Exekutivkomitee und der Generalversammlung der Mitglieder erhält.

Selen, Tellur: Die Produzenten von Selen und Tellur unterhalten seit 1963 eine "Selenium-Tellurium Development Association Inc." (STDA) mit einem Informationsbüro in Darien/Connecticut, USA (Vorläufer: Selenium Development Committee, 1938 bis 1963). Mitglieder der STDA sind bedeutsame Unternehmen wie AMAX, Anaconda, ASARCO, INCO, Kennecott, Phelps Dodge, Noranda, Centromin/ Peru, Boliden, Mitsubishi und Nippon Mining. Die Aktivitäten dieser Produzentenvereinigung konzentrieren sich auf Maßnahmen der Verbrauchsförderung (Market Development Committee) einschließlich der finanziellen Unterstützung von Forschung und Entwicklung zur Erweiterung der Verwendungsmöglichkeiten für Selen und Tellur.

Schließlich soll noch ein internationaler Zusammenschluß von Händlern erwähnt werden, die mit *Nebenmetallen* handeln. In London wurde von ihnen die "Minor Metals Trader Organisation" gegründet.

3.2.2 Internationale Rohstoffabkommen

Internationale Rohstoffabkommen sind Verträge zwischen Produzentenländern und

Verbraucherländern eines bestimmten Rohstoffes zur Marktregulierung. Der Unterschied zu Kartellen besteht vor allem darin, daß Erzeuger und Verbraucher paritätisch in den Beschlußgremien mitbestimmen können. Um das Zustandekommen solcher Abkommen hat sich nach dem zweiten Weltkrieg zunächst das "Interimistische Koordinationskomitee für internationale Rohstoffabkommen" des Wirtschafts- und Sozialrates der UNO bemüht, später dann die UNCTAD (vgl. Abschn. 5.2.1).

Auf den Märkten mineralischer Rohstoffe konzentrierten sich diese Aktivitäten seit fast 30 Jahren auf Zinn, Kupfer und Wolfram, gemäß der "Manila Declaration" nun auch auf Bauxit und Eisenerz.

Da Internationale Rohstoffabkommen zwischen den Regierungen der Produzentenländer und der Verbraucherländer geschlossen werden, stellen sie immer einen *Kompromiß* zwischen den rohstoffpolitischen Zielen beider Parteien dar, wobei auch die Gesichtspunkte der Entwicklungshilfe eine Rolle spielen.

Die Produzentenländer (Exportländer), die in der überwiegenden Zahl Entwicklungsländer sind, verfolgen vor allem erlösorientierte Ziele, nämlich Erreichung möglichst stabiler und möglichst hoher Preise. Die Verbraucherländer (Importländer), die in der überwiegenden Zahl Industrieländer sind, verfolgen in den Abkommen vorrangig versorgungspolitische Ziele, nämlich ausreichende Belieferung des Marktes zu angemessenen Preisen.

Unstreitig sind deshalb Aktionen zur Verbesserung der Markttransparenz und zur Preisstabilisierung, kontrovers dagegen die Festsetzung von Preisgrenzen und vor allem die Verhängung von Produktionsquoten.

Die Maßnahmen von Rohstoffabkommen lassen sich klassifizieren in:

— Erstellung von detaillierten Statistiken und von umfassenden Marktstudien zur Verbesserung der Markttransparenz.
— Unterstützung von Forschung und Entwicklung auf den Gebieten der Gewinnung und der Verwendung des Rohstoffes einschließlich der Organisation von Fachtagungen und Veröffentlichung von Forschungsergebnissen.
— Verminderung von Preisschwankungen durch Manipulation von Angebot und Nachfrage mit Hilfe eines Ausgleichslagers (bufferpool).
— Garantierung eines Mindestpreises durch Kontingentierung des Angebotes, im Bedarfsfall durch Vereinbarung von Produktionsquoten oder Exportquoten für die Produzentenländer des Abkommens.

Verwirklicht wurde bisher nur das *"Internationale Zinnabkommen"*, das nun als Vorbild für alle weiteren Verträge gilt. Seine Instrumente und seine Wirkungsweise sollen deshalb exemplarisch behandelt werden.

Die erste Zinnkonferenz fand vom 25.10.1950 - 21.11.1950 unter der Ägide der UNO in Genf statt. Die Zinnstudiengruppe legte einen Vertragsentwurf für ein Internationales Zinnabkommen vor, der aber noch überarbeitet und erweitert werden mußte, bis sich die 30 Teilnehmer der 2. Zinnkonferenz im November/Dezember 1953 auf einen Text einigen konnten. Nach vielen Diskussionen um die Unterzeichnung und Ratifizierung trat dann am 1. Juli 1956 das "1. Internationale Zinnabkommen" (International Tin Agreement, ITA) mit einer Laufzeit von 5 Jahren in Kraft. Danach kamen als Anschlußverträge zustande:

$$
\begin{array}{ll}
\text{1.7.1961 - 30. 6.1966:} & \text{2. Internationales Zinnabkommen (ITA)} \\
\text{1.7.1966 - 30. 6.1971:} & \text{3. Internationales Zinnabkommen (ITA)} \\
\text{1.7.1971 - 30. 6.1976:} & \text{4. Internationales Zinnabkommen (ITA)} \\
\text{1.7.1976 - 30. 6.1981:} & \text{5. Internationales Zinnabkommen (ITA)} \\
\text{1.7.1981 - 30. 6.1982:} & \text{Verlängerung des 5. ITA} \\
\text{1.7.1982 - 31.12.1983:} & \text{provisorisches Inkrafttreten des 6. ITA}
\end{array}
$$

Die Mitglieder des Abkommens werden gruppiert in Produzentenländer, zu denen von Anfang an Malaysia, Bolivien (bis 1982), Thailand, Indonesien, Nigeria und Zaire gehörten und zu denen sich 1971 Australien gesellte, sowie in Verbraucherländer, deren Zahl ständig schwankt. Mit 23 Verbraucherländern erfreute sich das 5. ITA der höchsten Beteiligung. Dabei ist hervorzuheben, daß nicht nur alle wichtigen westlichen Industriestaaten, wie die USA, Japan und die EG-Staaten, Mitglied waren, sondern auch zahlreiche COMECON-Länder, wie die Sowjetunion, Ungarn, Polen, Bulgarien und die CSSR. Sogar Indien hatte sich dem 5. Abkommen als Verbraucherland angeschlossen. Die Bundesrepublik Deutschland konnte sich übrigens erst im Juli 1971 zu einer Teilnahme am ITA durchringen, die USA sogar erst im Juli 1976. Die USA sind dann nur während der 6-jährigen Laufzeit des 5. ITA Mitglied gewesen und dann wegen Kontroversen über die dirigistischen Exportkontrollen 1982 wieder ausgeschieden.

Zu den wichtigsten Zielen der Abkommen zählen die Stabilisierung des Zinnpreises, Steigerung der Exporterlöse der Produzentenländer, gerechte Verteilung bei Angebotsverknappung und Unterstützung der Verwendungsforschung.

Als Organe wurden gebildet:

— der "Internationale Zinnrat" (International Tin Council, ITC), in dem die Gruppe der Erzeugerländer und die Gruppe der Verbraucherländer je 1000 Stimmen erhielten.
  Der Rat besteht aus je 1 Delegierten der Mitglieder und tagt mindestens viermal im Jahr.
— ein ständiges "Sekretariat" des ITC in London zur Durchführung der Ratsbeschlüsse und zur Veröffentlichung von Statistiken.
— der Verwalter der Preisstabilisierungsreserve (Pool-Manager), der wie der Sekretär vom ITC ernannt wird.

Als wichtigste Instrumente zur Marktregulierung stehen dem ITC zur Verfügung:

— die *Preisstabilisierungsreserve* ("Zinnpool", "bufferpool", *"bufferstock"*), ein
   Ausgleichslager zur Manipulation von Angebot und Nachfrage zum Zwecke der
   Preisstabilisierung. Ein solches Instrument verändert die Marktdaten, ohne jedoch
   den Marktmechanismus auszuschalten und gilt deshalb als marktkonform.

Über das Volumen des *Ausgleichslagers* gab es häufig Diskussionen. Der Pool sollte umfangreich genug sein, um seine Funktionsfähigkeit möglichst lange zu erhalten, doch
die Finanzierung eines solchen Lagers setzte natürlich Grenzen für den Umfang. Beides
muß deshalb im Zusammenhang gesehen werden. Zu Beginn war der Pool mit 25 000 t
Zinn bzw. dem Äquivalent in Geld (damals 16 Mio. £) ausgestattet und die Beiträge
dazu wurden ausschließlich von den Produzentenländern geleistet. Im 2. ITA enthielt
der Pool 20 000 t (bzw. 14,6 Mio. £), im 3. und 4. ITA wurde der Umfang von
20 000 t volumenmäßig beibehalten, was jedoch wertmäßig eine Aufstockung auf
20 Mio. £ bzw. 27 Mio. £ bedeutete. Während der 5-jährigen Laufzeit eines Abkommens reduzierte sich jedoch bei steigenden Zinnpreisen die Kaufkraft des Pool-Managers.

1971/72 wurden zur Finanzierung des Pools erstmals zunächst freiwillige Beiträge von
den Verbraucherländern Frankreich und den Niederlanden eingebracht. Im 5. ITA
wurden dann Pflichtbeiträge der Produzentenländer von 20 000 t und "freiwillige"
Beiträge der Verbraucherländer in gleicher Höhe von 20 000 t vereinbart (die aber nur
von Großbritannien, Frankreich, den Niederlanden und Belgien erbracht wurden). Das
6. ITA stockte den Pool schließlich auf nominell 50 000 t Zinnmetall auf, von denen
30 000 t durch Pflichtbeiträge der Produzenten- und der Verbraucherländer bereitgestellt werden müssen und 20 000 t durch Kredite finanziert werden können.

Für die Tätigkeit des Pool-Managers enthält das Abkommen Direktiven. Es wurden
Preisgrenzen festgelegt, zwischen denen die Stabilisierung des Zinnpreises erfolgen soll.
Über die Höhe der Preisgrenzen gab es im Zinnrat immer heftige Diskussionen. Sie
wurden in der Geschichte des Zinnabkommens oft revidiert. 1956 war der Mindestpreis auf 640 £/t und der Höchstpreis auf 880 £/t festgelegt worden, im 6. ITA ab
1982 liegen diese Grenzen bei 29,15 Ringgit (M$) per kg ex-work Penang (entspricht
rund 7250 £/t) bzw. bei 37,89 M$/kg (ca. 9400 £/t). Die Preisgrenzen sind noch in
3 gleiche Sektoren unterteilt, die für die Aktionen des Pool-Managers von Bedeutung
sind.

— *die Exportkontrollen*, eine Festlegung von Exportkontingenten, die ein sehr wirk-
   sames Mittel zur Angebotsverknappung und damit zur Preissteigerung sind, aber
   einen marktinkonformen Eingriff bedeuten. Exportkontrollen werden verfügt,
   wenn der Zinnpreis unter den festgesetzten Mindestpreis zu fallen droht. Der ITC
   proklamiert dann in der Regel dreimonatige Kontrollperioden, für die jedes Pro-
   duzentenland eine Exportquote erhält.
   Zum Mittel der dirigistischen Exportkontrollen mußte schon mehrfach gegriffen
   werden, um den Mindestpreis zu garantieren. Erstmals mußten vom 15. Dezember 1957 bis 30. September 1960 Kontrollperioden mit Exportquoten für die
   Produzentenländer proklamiert werden, dann wieder vom 19. September 1968

bis 31. Dezember 1969 und schließlich ab 27. April 1982. Diese letzte Kontroll-
periode 1982/83 signalisiert ein strukturelles Marktungleichgewicht, das trotz
stark erhöhten Ausgleichslagers mit 50 000 t Pool-Einlagerungen nicht ausge-
glichen werden konnte.

Vor allem die geringe Elastizität des Angebotes in bezug auf den Preis bewirkt kurzfristige Preisschwankungen von erheblichem Ausmaß. Die *Preisstabilisierungsreserve*
hat sich zur Minderung solcher Preisschwankungen bewährt und kann auch als marktkonformes Instrument betrachtet werden, da nur Marktdaten verändert werden, aber
der Marktmechanismus nicht außer Kraft gesetzt wird. Die Größe des Pools ist für seine Wirksamkeit von Bedeutung. Seine Ausstattung mit 20 000 t Zinn hatte sich als zu
gering erwiesen, was Mitte 1982 zur Aufstockung auf 50 000 t (ca. 25 % einer Welt-
jahresproduktion) führte. Die USA hatten sogar 70 000 t vorgeschlagen, was aber an
der Finanzierung scheiterte. Allerdings wird der Pool wirkungslos, wenn strukturelle
Marktungleichgewichte bestehen, wie sich 1982 zeigte, als der Pool innerhalb von
6 Monaten 50 000 t Angebotsüberschüsse einlagern mußte und damit funktionsunfähig
wurde.

Anlaß zur Kritik gaben häufig die Kontingentierungen in den Exportkontrollperioden.
Zwar konnten diese marktinkonformen Maßnahmen wirkungsvoll das Angebot drosseln, doch blieben Schäden für den Zinnbergbau selten aus. Vorwiegend kleinere und
mittlere Betriebe waren von den Produktionseinschränkungen betroffen. Den Regierungen der Erzeugerländer ist die Überwachung der Restriktionen aufgebürdet.
Vorteile größerer Gesellschaften, durch persönliche Beziehungen oder Einfluß auf
die Verwaltungen, sind nicht immer auszuschließen. Die kleinen und mittleren Minen
sind besonders betroffen, weil sie meist Grenzkostenbetriebe sind und geringere Kapa-
zitätsausnutzung dann nicht überstehen. In Südostasien mußten deshalb in Kontrollperioden viele traditionelle Kiespumpenminen schließen. In Zeiten einer künstlichen
Angebotsverknappung verstärkten außerdem die Verbraucher ihre Substitutionsbe-
mühungen. Exportkontrollen stehen deshalb streng genommen im Widerspruch zu einem der Ziele der Internationalen Rohstoffabkommen, die stetige Marktentwick-
lung zu gewährleisten.

Zu den Zielsetzungen des Zinnabkommens zählen auch *Lagerstättenforschung und
Schutz der Zinnerze vor Raubbau*. Für die Verwirklichung dieser bemerkenswerten
Vorhaben gibt es eine Reihe von Ansätzen. Die bedeutsamen südostasiatischen Produzentenländer Malaysia, Thailand und Indonesien beschlossen 1974 mit Unterstützung der ESCAP die Gründung des "South-East Asia Tin Research und Development Centre" in Ipoh/Malaysia. Auch die vom Zinnrat veranstalteten Technischen
Konferenzen konnten zur Vermittlung neuester wissenschaftlicher Forschungsergebnisse auf allen Gebieten der Gewinnung und der Verwendung des Metalls einen wichtigen Beitrag leisten.

Keine Bestimmungen enthalten Internationale Rohstoffabkommen bisher über eine gerechte Verteilung von Rohstoffen bei akuter Angebotsverknappung. Hier wäre die Erstellung eines Kontingentierungssystems zur ausgewogenen Versorgung der Verbraucher noch nötig.

Die Rezession in den Industrieländern hat auch den weltweiten Zinnverbrauch eingeschränkt und somit die Zinnpreise gedrückt, was die Produzenten in große Bedrängnis
bringt. Vor allem Bolivien, aber auch Malaysia, Indonesien und Thailand sind mit dem
Verhandlungsergebnis des 6. ITA und der Beitrittsverweigerung der USA unzufrieden.
Das hat dazu geführt, daß die Produzentenländer eine neue kartellartige Vereinigung
gebildet haben. Der Vertrag über die Bildung einer Association of Tin Producing
Countries" (ATPC) zwischen Malaysia, Indonesien, Thailand, Bolivien, Australien, Nigeria und Zaire wurde am 2. April 1983 in London unterzeichnet und liegt zur Ratifizierung auf. Wenn keine Einigung über die Verlängerung des provisorischen 6. ITA über
den 31. Dezember 1983 hinaus erzielt werden kann, würde die ATPC die Rolle des
ITA auf dem Zinnmarkt übernehmen und die Marktverhältnisse würden wieder denen
von 1956 ähneln, als eine Tin Producers Association bestand, die sich nach Zustandekommen des 1. ITA freiwillig auflöste.

Im Rahmen der UNCTAD-Rohstoffrunden werden auch Verhandlungen über den Abschluß weiterer Internationaler Rohstoffabkommen für mineralische Rohstoffe geführt.

Seit dem Frühjahr 1976 finden Gespräche über ein *Kupfer*abkommen statt, ohne daß
ein konkretes Ergebnis vorliegt. 1978 war die Schaffung eines "Forums" der Produzentenländer und der Verbraucherländer durch Konsultationen zwischen den Gruppen zur Verbesserung der Markttransparenz fast erreicht worden, doch befürchten die
Entwicklungsländer, daß dieser institutionalisierte Konsultationsmechanismus dann
als Dauerlösung anstelle eines Abkommens Bestand hat und verweigerten die Zustimmung. Die Situation bei Kupfer ist schwierig, denn einerseits sind die Anteile der Entwicklungsländer am gesamten Weltmarkt nicht hoch genug, um das Angebot wirkungsvoll zu manipulieren und andererseits ist die Errichtung eines Ausgleichslagers zur
Preisstabilisierung sehr kostspielig. Nach Auffassung von Experten müßte ein Kupfer-
pool etwa 2 Mio. t enthalten, was einem Wert von etwa 4 Mrd. US-$(1982) entspricht.
Die Finanzierung eines solchen Lagers erscheint ausgeschlossen, doch wird eine Lösung
weiterhin im Rahmen des Integrierten Rohstoffprogramms angestrebt.

Auch für die mineralischen Rohstoffe *Bauxit, Manganerz* und *Phosphate* begannen sogenannte Vorbereitende Treffen, doch beteiligten sich wichtige Produzenten nicht und
dokumentierten damit deutlich ein fehlendes Interesse.

Bei *Eisenerz* fanden ebenfalls Vorbereitende Treffen und auch Expertentreffen unter
der Schirmherrschaft der UNCTAD statt. Dabei wurden verschiedene Maßnahmen vereinbart, die eine Markttransparenz fördern, wie Zusammenstellung von Statistiken, Anfertigung von Studien und Diskussion von Fragen des Seetransportes.

Bei *Wolfram* haben die Verhandlungen eine besonders lange Tradition. Nachdem im
Januar 1963 ein UN-Ausschuß für Wolfram gegründet worden war, übernahm im
Mai 1965 die UNCTAD die Zuständigkeit und schuf das "UNCTAD Committee on
Tungsten", das seitdem fast jährlich tagte, das die "Tungsten Statistics" herausgibt,
Konferenzen der Erzexportländer organisiert und schließlich den Entwurf eines Inter-
nationalen Wolframabkommens formulierte. Dem Tungsten Committee gehören der-

zeit 29 Länder an, auf Produzentenseite beispielsweise Australien, Bolivien, die VR China, Portugal, Süd-Korea und Thailand und auf der Verbraucherseite u.a. die USA, die Bundesrepublik Deutschland, Japan und Großbritannien.

Der Entwurf des Abkommens sieht Preisgrenzen (Höchst- und Mindestpreise), einen Stockpile und die Möglichkeit von Exportkontrollen vor. Instrumente also, wie sie das Internationale Zinnabkommen kennt. 1978 wurde zusätzlich eine UNCTAD Preparatory Working Group etabliert, die eine Verhandlungskonferenz für das Internationale Wolframabkommen vorbereiten soll. Der Konflikt zwischen den Verbrauchern, die zuvor eine höhere Markttransparenz fordern und den Produzenten, die eine Verbesserung des Informationsaustausches nur innerhalb eines Abkommens für möglich halten, konnte auch 1982 noch nicht überwunden werden.

Die Produzenten haben auf dem Hintergrund der schleppenden Verhandlungen mit "Meetings of Tungsten Producer Countries" begonnen, die parallel zur Primary Tungsten Association zu einer reinen Produzentenvereinigung führen könnten. Bisher beteiligten sich Australien, Bolivien, Süd-Korea, Peru, Portugal, Ruanda, Spanien und Thailand an den Produzentenländertreffen.

3.3 Preisbildung

Eine Preisbildung findet auf den Märkten statt, wenn ein Güter- oder Leistungsaustausch zustandekommt. Dabei können verschiedene Arten von Preisbildung unterschieden werden, die sich vor allem nach den Marktformen richten. Dabei wird beispielsweise unterschieden zwischen

— *Konkurrenzpreisen*, die bei vollständiger Konkurrenz gebildet werden.
— *Monopolpreisen*, die von Alleinanbietern (oder Hauptanbietern) bestimmt werden nach ihrer eigenen Preisabsatzfunktion. Monopolpreise liegen in der Regel höher als Konkurrenzpreise.
— *Oligopolpreisen*, die von den Oligopolisten unter Berücksichtigung der eigenen Gewinnfunktion und den (abschätzbaren) Aktionsparametern der Konkurrenten bestimmt werden.

Die Preisbildung kann sich darüber hinaus durch Kartellabsprachen gebunden vollziehen, und sie kann sich organisiert (Börsen) oder unorganisiert ergeben. — Bei der staatlichen Festsetzung von Preisen kann nicht von Preisbildung gesprochen werden.

Bei Rohstoffen handelt es sich vorzugsweise um fungible Güter (Güter, die im Handel nach Zahl und Gewicht festgelegt werden und deshalb austauschbar bzw. vertretbar sind), die also börsenfähig sind und auch weltweit gehandelt werden können. Deshalb existieren eine Anzahl von Metallbörsen, auf denen dann private, freie, organisierte Preisbildung erfolgt. Aber auch private, gebundene Preisbildung ist weit verbreitet, vor allem auf Rohstoffmärkten mit beschränktem Wettbewerb. Dort kommt es zu Preisführerschaften von Monopolisten oder Oligopolisten oder zur Festsetzung von Produzentenpreisen.

Preise für mineralische Rohstoffe können deshalb auf 4 verschiedene Arten zustande kommen:

— an einer Börse nach den jeweiligen Angebotsmengen und Nachfragemengen gebildete Preise,
— durch Kartelle oder Rohstoffabkommen regulierte Preise,
— zwischen Produzenten und Abnehmern ausgehandelte Preise,
— als von (monopolistischen) Produzenten einseitig festgesetzte Listenpreise.

Die langfristige Preisentwicklung bei 5 ausgewählten NE-Metallen ist aus den Abbildungen 3.1 und 3.2 zu entnehmen.

Streng genommen gibt es allerdings überhaupt keine freie Preisbildung auf Rohstoffmärkten. Dies hat sowohl naturbedingte (geologisch-lagerstättenkundliche) als auch marktstrukturelle Gründe. Die Rohstoffproduktion ist nur in engen Grenzen flexibel. Eine Anpassung der Produktion an eine erhöhte Nachfrage beispielsweise geschieht mit jahrelanger Verzögerung, die sich aus der zeitraubenden Erkundung und Erschliessung neuer Lagerstätten ergibt. Daher ist das Angebot auf einem Rohstoffmarkt in bezug auf den Preis zumindest kurzfristig unelastisch.

Neben den Problemen kurzfristiger Preisschwankungen treten auf den Rohstoffmärkten immer wieder die Probleme des generellen Preistrends auf. Für viele der rohstoff-

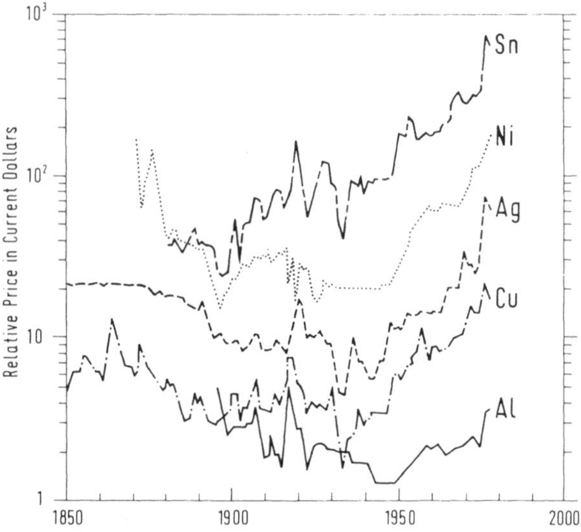

Abb. 3.1. Preisentwicklung bei 5 ausgewählten NE-Metallen (nach U. Petersen, 1980).

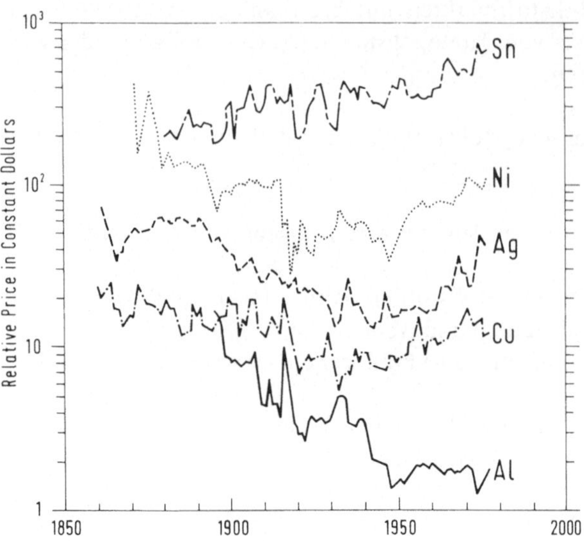

Abb. 3.2.   Inflationsbereinigte Preisentwicklung bei 5 ausgewählten NE-Metallen (nach U. Petersen, 1980).

exportierenden Entwicklungsländer ist nicht nur eine absolute Steigerung oder ein absoluter Rückgang von Rohstoffpreisen wichtig, sondern auch die Relation der Preise für Rohstoffe und Industriegüter. Dabei war über Jahrzehnte eine Verschlechterung der "terms of trade" für die Rohstoffländer zu beobachten, bis 1973 zumindest im Fall der Erdölexportländer eine Wende eintrat. Zu den Forderungen der OPEC-Länder gehören deshalb auch eine parallele Entwicklung von Erdölpreisen und Investitionsgüterpreisen.

Sowohl die Höhe des Angebots als auch der Nachfragemengen wird von einer Reihe spezifischer Faktoren mitbestimmt, die im folgenden erwähnt werden sollen.

3.3.1 Bestimmungsgründe für das Angebot auf Mineralrohstoffmärkten

Auf den Rohstoffmärkten gibt es viele lagerstättenkundliche, gewinnungstechnische und wirtschaftliche Faktoren, die Einfluß auf die Höhe des Angebotes haben. Diese Determinanten üben normalerweise eine langfristige Wirkung auf die Entwicklung der Produktion eines Rohstoffes aus. Daneben gibt es aber auch eine Reihe spezieller Determinanten, die kurzfristig wirksam werden können und deshalb oft zur Verunsicherung des Marktes mit erheblichen Preisschwankungen beitragen.

3.3.1.1 Determinanten der Produktionsentwicklung

Für ausgewählte Rohstoffe wurden bereits detaillierte Listen mit Bewertungsdeterminanten erstellt (vgl. Abschn. 2.1.2). Deshalb sollen hier nur noch einmal die wesentlichen Faktoren erwähnt werden, die für eine längerfristige Entwicklung des Marktangebotes von Bedeutung sind. Dazu zählen:

— die Vorratssituation, also die Mengen an zuverlässig abschätzbaren, bauwürdigen Vorräten des mineralischen Rohstoffes,
— die Qualität der Vorratsmengen, also beispielsweise die Erzgehalte, die Nebenminerale und die Korngröße der Minerale,
— die Lagerstättentypen, vor allem die räumliche Erstreckung, die Tiefenlage und die Größe von Lagerstätten des mineralischen Rohstoffes,
— die lagerstättengenetische Koppelung von mineralischen Rohstoffen, wie etwa das gemeinsame Auftreten von Kupfer und Kobalt, Kupfer und Molybdän, Blei und Silber oder Zink und Kadmium (Kuppelprodukte),
— die verfügbare Gewinnungstechnologie, ihre Leistungsfähigkeit in bezug auf das Ausbringen der Wertminerale und in bezug auf die Kombination von Produktionsfaktoren, ihre Kapazitäten sowie ihre Einsatzfähigkeit,
— die Infrastrukturbedingungen in den Lagerstättenregionen, also die Zugänglichkeit zu den Gewinnungsbetrieben,
— die gesetzlichen und wirtschaftspolitischen Rahmenbedingungen für die Gewinnung des mineralischen Rohstoffes,
— die Möglichkeiten der Finanzierung neuer Explorations- und Gewinnungsprojekte.

3.3.1.2 Spezielle Determinanten des Angebotes

Eine Reihe spezieller Marktgegebenheiten können kurzfristig das Angebot erhöhen oder verknappen und dadurch Preiseffekte hervorrufen. Diese Determinanten sind in ihrer Wirkungsweise besonders schwer prognostizierbar, dürfen aber keinesfalls bei Marktanalysen vernachlässigt werden.

Lagerhaltung

Der Aufbau und der Abbau von Lagern kann erheblichen Einfluß auf das kurzfristige Angebot auf den Rohstoffmärkten haben. Nach der Funktion und auch nach der Zielsetzung der Lagerhaltung können grundsätzlich unterschieden werden:

— kommerzielle Lager der privaten Wirtschaft zur Versorgung des Produktionsprozesses mit Rohstoffen,
— strategische Vorratslager von Regierungen, die zur Versorgung der wichtigsten Industriezweige bei politisch bedingter Angebotsverknappung dienen soll.

Kommerzielle Lager

Die Unternehmen der Rohstoffwirtschaft unterhalten auf allen Stufen der Produktion und des Handels Läger. Für den Bereich metallischer Rohstoffe ist eine kommerzielle

Lagerhaltung üblich

— in den Bergbaubetrieben, die Konzentrate aus transporttechnischen Gründen oder
  wegen bestimmter Erlöserwartungen "horten". Hierbei gibt es aber sehr deutliche
  Unterschiede zwischen kleinen Betrieben und größeren Betrieben. Spekulative Lagerhaltung können sich nur größere Bergwerksgesellschaften leisten, während der
  Kleinbergbau auf sofortige Einnahmen angewiesen ist. Hier liegt also einer der An-
  satzpunkte für Oligopolisten oder Monopolisten zur Marktbeeinflussung.

— in den Hüttenbetrieben, die sowohl Konzentrate lagern können als auch die Metalle nach Verhüttung und Raffination. Die spekulativen Möglichkeiten der Hüttengesellschaften dürften in der Regel noch größer sein als die der Bergbaugesellschaften.

— in der weiterverarbeitenden Industrie, die aus rein versorgungstechnischen Gründen, aber auch wieder wegen bestimmter Preiserwartungen, ihre Lagerhaltung variieren können.

— in den lizensierten Lagerhäusern der Metallbörsen. Über diese Lagerbestände gibt
  es die zuverlässigsten Informationen, während es sonst schwer ist, verläßliche Daten über kommerzielle Lagerhaltung zu erheben[1]. Bei Marktanalysen sollten deshalb zumindest die Bestände der Börsen berücksichtigt werden (vgl. Tab. 3.8).
  Preisanalysen haben gezeigt, daß gerade die Lageränderungen an der LME und
  COMEX relativ marktwirksam und marktreagibel sind *(L. Müller-Ohlsen, 1981)*.

Komerzielle Lagerhaltung richtet sich wie erwähnt auch nach den Preiserwartungen
einzelner größerer Erzeuger und Verarbeiter. Für die Preisbildung sind nur die Änderungen der eingelagerten Rohstoffmengen interessant, da sowohl preisstabilisierende
als auch preisdestabilisierende Wirkungen davon ausgehen können. Als preisstabili-

Tabelle 3.8. Kommerzielle Lagerhaltung der Londoner Metallbörse für Zinn

Zeitpunkt			Menge (in t)	Zeitpunkt			Menge (in t)
Ende	März	1978	21 900	Ende	März	1980	31 100
	Juni	1978	23 100		Juni	1980	26 600
	September	1978	19 900		September	1980	24 600
	Dezember	1978	20 200		Dezember	1980	29 500
	März	1979	20 800		März	1981	32 000
	Juni	1979	22 300		Juni	1981	33 500
	September	1979	23 000		September	1981	35 200
	Dezember	1979	28 700		Dezember	1981	40 900

Quelle: TIN INTERNATIONAL, Statistical Supplement, London.

---

1) Die Bundesanstalt für gewerbliche Wirtschaft in Eschborn veröffentlicht allerdings für die Hütten, Halbzeugwerke, Gießereien und den Metallhandel der Bundesrepublik Deutschland statistische Angaben über die kommerziellen Bestände.

sierendes Element wirkt die Lagerhaltung, wenn bei Preisanstieg Lagerabbau betrieben wird, doch kann auch das Gegenteil der Fall sein, wenn beispielsweise ein noch stärkerer Preisauftrieb erwartet wird. Eine weitere Bestimmungsgröße für die kommerzielle Lagerhaltung ist schließlich das Zinsniveau. Es hat sich gezeigt, daß bei hohen Zinsen Lagerabbau betrieben wird und damit die Nachfrage rückläufig ist, insbesondere bei teuren Rohstoffen, wie Zinn, Silber, Tantal oder inzwischen auch Erdöl. Es muß noch einmal darauf hingewiesen werden, daß bei den kommerziellen Lagern der Verbraucher ein Teil der Vorräte als technisch notwendige Mindestreserven anzusehen sind, über die nicht disponiert werden kann. Nur die darüber hinaus vorhandenen "Beschaffungsreserven" können als preisbestimmender Faktor wirken. Die Höhe der kommerziellen Lagerhaltung hängt also vom Rohstoffpreis, vom Verbrauchstrend und vom Beschaffungsrisiko ab. Auf das Beschaffungsrisiko haben Faktoren Einfluß wie Sicherheit der Transportwege, politische Stabilität in den Exportländern oder die vertikale Konzentration des Angebotes.

Strategische Vorratslager

Diese staatlichen Vorratslager werden zur Sicherung der Rohstoffversorgung in Krisenzeiten angelegt und richten sich vor allem nach dem Grad der Importabhängigkeit und dem (politischen) Versorgungsrisiko (vgl. Abschn. 6.1.4). An dieser Stelle sollen nur die Einflüsse solcher strategischer Vorratslager auf die Preisbildung der Rohstoffmärkte erläutert werden.

Mit dem Aufbau eines strategischen Vorratslagers begannen die USA 1939 und verstärkten die Ankäufe dafür besonders nach dem Zweiten Weltkrieg und nach dem Korea-Krieg, wobei es auf einigen Rohstoffmärkten zu einer regelrechten "Stockpile-Hausse" kam. Die damals zuständige Behörde Reconstruction Finance Corp. (R.F.C.) konnte 1953 und 1954 bei bilateralen Lieferverträgen mit Rohstoffproduzenten sogar die Preise diktieren. Das Vorratslager umfaßte über 90 mineralische Rohstoffe, wie Metalle, Erzkonzentrate und Industrieminerale, wobei der mengenmäßige Höhepunkt der Lagerhaltung zu Beginn der Sechziger Jahre erreicht wurde.

Auf dem Zinnmarkt trugen die Stockpile-Käufe (1950 - 1956) in Hausse-Zeiten entscheidend zu den übermäßigen Preissteigerungen bei, während sie in Baisse-Zeiten ein stabilisierendes Element bildeten. Die Vervollständigung des US-Stockpiles führte auf dem Wolframmarkt zu Überproduktion ab Ende der Fünfziger Jahre, in deren Folge nur 2 von mehr als 700 US-Bergwerken in Betrieb blieben.

Offiziell wurde nach einer Inventur 1962 die General Services Administration (GSA) beauftragt, das Verkaufsprogramm ohne Beeinträchtigung der Rohstoffpreise abzuwikkeln, doch ließ sich ein Einfluß auf die Preisentwicklung auf einigen Rohstoffmärkten gar nicht verhindern. So wurde beispielsweise bei Antimon und Wolfram in Zeiten der Angebotsverknappung durch Reduzierung der chinesischen Exporte der Preis für diese beiden Metalle durch Verkäufe der GSA vom Stockpile-Fixpreis bestimmt. Der Marktpreis von Zinn soll durch die Stockpile-Verkäufe 1966 bis 1973 um durchschnittlich 5,3 % gedrückt worden sein. In der jüngsten Zeit zeigte sich, daß Rohstoffpreise allein durch die Diskussionen über die Stockpile-Politik im US-Kongreß zum Teil beträchtlich reagieren (bis zu 500 £/t bei Zinn). Rohstoffmärkte mit ausgeprägter Angebotskonzentration reagierten übrigens weniger auf die GSA-Verkäufe.

Die Überschüsse waren 1976 weitgehend verschwunden, bevor der US-Kongreß ab
1. Oktober 1976 eine erneute Aufstockung beschloß und 1979 die notwendigen administrativen Maßnahmen dafür vorbereitet wurden. Unter der Reagan-Administration
wurden 1981 zum ersten Mal seit 20 Jahren wieder größere Käufe getätigt, begonnen
mit Kobalt für 78 Millionen US-$. Auch hierbei bleiben Markteinflüsse nicht aus.

Staatliche Bevorratungsprogramme gibt es auch bei Erdöl und Kohle. In Deutschland
wurden die Mineralölgesellschaften verpflichtet, Erdöl für 90 Tage zu lagern. Auch das
"International Energy Program" der OECD enthält Regelungen über Bevorratungen,
wobei diese Reservemengen kaum Veränderungen unterworfen sind und somit nur
beim Lageraufbau einen gewissen Einfluß auf die Preise ausüben.

Ost-West-Handel

Die Handelsbeziehungen mit den COMECON-Ländern unterlagen auch bei mineralischen Rohstoffen seit Ende des Zweiten Weltkrieges manchem Wandel. Das Angebot
und die Nachfrage aus Ländern mit Zentralverwaltungswirtschaft richten sich nach
wirtschaftlichen und politischen Bedürfnissen dieser Staaten. Zu den wichtigsten Exportländern des Ostblocks zählen die Sowjetunion (Tab. 3.9) und die VR China, zu
den Importländern die osteuropäischen Staaten.

Tabelle 3.9.   Außenhandel der Sowjetunion bei ausgewählten Börsenmetallen (in t)

	1976	1978	1980	1981
Rohkupfer				
Einfuhr	11 689	9 489	9 974	10 790
Ausfuhr	105 589	55 298	44 834	9 395
Rohzink				
Einfuhr	37 985	37 753	53 805	26 092
Ausfuhr	40 940	29 285	24 774	3 061
Rohzinn				
Einfuhr	9 403	12 610	15 149	12 890
Ausfuhr	–	–	–	–

Quelle: Metallgesellschaft: Metallstatistik 1971 - 1981, Frankfurt/M. 1982.

Der Ost-West-Handel ist einerseits starken mengenmäßigen Schwankungen unterworfen
und andererseits wegen Informationsmangel kaum prognostizierbar. Das trifft insbesondere auf einige metallische Rohstoffe zu, während etwa für Lieferungen von Erdgas
und Erdöl langfristige Verträge abgeschlossen werden konnten. Das Verhalten der Sowjetunion beim Handel mit einigen Rohstoffen (Zinn, Gold) hat Vermutungen genährt,
daß bei Gelegenheit auch bewußt Störversuche auf Weltmärkten unternommen werden, zumindest aber eine aktive Beteiligung an der Spekulation angestrebt wird. Auch
der Außenhandel der VR China ist erratisch und kaum längerfristig voraussehbar (vgl.

Tabelle 3.10. Zinnexporte der VR China (in t)

Exportregion	1971	1972	1973	1974	1975	1976	1977	1978	1979	1980	1981
Westeuropa	4998	3918	3571	3592	3711	2626	1325	1465	1388	940	824
Osteuropa	1679	1875	1855	1130	1792	2133	1629	2010	1251	1332	351
Japan	191	508	709	830	443	217	71	154	270	84	232
USA	–	163	1755	3336	6378	1727	381	1571	185	858	2031
UdSSR	500	800	501	500	–	430	–	175	–	50	294
übrige	314	1161	1645	788	696	391	109	111	197	647	990
gesamt	7682	8425	10036	10176	13020	7524	3515	5486	3291	3911	4722

Tab. 3.10). Dieser Preisbestimmungsfaktor kann deshalb für einige Märkte (Antimon, Wolfram, Zinn) besondere Unsicherheit bringen.

Recycling

Die Gewinnung von metallischen Rohstoffen aus Alt- und Abfallmaterial hat zwischen 1970 und 1981 mit Ausnahme von Blei und Zink nur noch langsam zugenommen (Tab. 3.11). Das Recycling wirkt sich auf den Metallmärkten wie folgt aus:

— Das Angebot wird zusätzlich erhöht.
— Die neuen Anbieter können oligopolistische oder monopolistische Marktformen abschwächen.
— Der Welthandel schrumpft, da das Recycling direkt in den Verbraucherländern erfolgt.
— Ein Beitrag wird geleistet zum Schutz der natürlichen Ressourcen und durch Beseitigung von Müll auch zum Umweltschutz.
— Eine Möglichkeit zur Einsparung von Energie wird eröffnet, weil der spezifische Energieverbrauch beim Recycling im allgemeinen geringer ist (vgl. Tab. 3.12).

Dabei beruht die Verwertung von Metallschrott und -rückständen keinesfalls vorrangig auf ökologischen Gesichtspunkten, sondern in der Regel auf wirtschaftlichen Überlegungen. Recycling von Metallen ist heute meist recht rentabel, vor allem bei gestiegenen Energiepreisen, die den Bergbau und die Verhüttung primärer Rohstoffe stark be-

Tab. 3.11. Anteil von Sekundärmetallen am Gesamtverbrauch (in %)

Metall	Bundesrepublik Deutschland		USA		Westliche Welt	
	1970	1980	1970	1980	1980	1981
Aluminium	29	28	21	16	24,8	26,2
Kupfer	28	25	23	25	38,4	36,5
Zink	32	35	29	38	23,0	24,8
Blei	44	54	53	62	49,4	49,5
Zinn	–	21	38	35	19,0	21,0

Quelle: Z. Metall, Berlin 1982.

Tabelle 3.12.   Energieverbrauch bei verschiedenen Verfahren der Metallgewinnung

Metall	Vormaterial	Verfahren	Energieaufwand (Mio. J/kg)	Energieersparnis bei Recycling (%)
Aluminium	Bauxit	Elektrolyse	220	
	Legierungs-schrott	Umschmelzen	17	92
	Dosenschrott	Umschmelzen	10	95
Kupfer	Konzentrat	Outokumpu	98	
	Cu-Schrott	Flammofen	20	80
Blei	Konzentrat	Schachtofen	16	
	Akku-Schrott	Kessel	10	38
	Altblei	Kessel	8	50

Quelle: Pawlek & Fischer, 1982.

lasten. Die Wirtschaftlichkeit der Rückgewinnung wird zusätzlich durch Deponie- und Beseitigungskosten bestimmt, die in eine Kosten-Nutzen-Analyse eingehen.

Als Rohstoffquellen für Recycling von Metallen kommen in Betracht:

— Metallhaltige Schlämme, wie etwa eisenhaltiger Rotschlamm aus der Bauxitverarbeitung, Jarositschlamm aus der Zinkgewinnung, Galvanikschlämme oder Schlämme aus der Gasreinigung von Hüttenwerken.

— Metallhaltige Stäube und Flugaschen, die in den Filtern der Metallhütten gesammelt werden.

— Metallhaltige Schlacken oder Raffinerierückstände.

— Reste aus der metallverarbeitenden Industrie, die bei der Herstellung von Zwischenprodukten (z.B. Zinkkrätze bei der Verzinkung) oder beim Endverbrauch (Lötabfälle in der Elektroindustrie, Neuschrotte bei der Weißblechdosenfabrikation) entstehen.

— Altschrott und Müll, wobei der Hausmüll etwas über 50 % des gesamten Mülls ausmacht, mit etwa 0,67 % NE-Metallen (davon ca. 90 % Aluminium), der Industriemüll jedoch einen höheren Metallanteil aufweist. Als spezieller Bereich bei der Schrottverwertung kann das Recycling von Autowracks betrachtet werden. Ein Mittelklassewagen (900 kg Leergewicht) enthält immerhin rund 400 kg Gußstahl, 100 kg Gußeisen, 100 kg vergüteten Stahl mit den Legierungsbestandteilen Nickel, Mangan, Molybdän, Vanadium, Kobalt und Niob, 25 kg galvanisch veredelten Stahl mit Überzügen von Aluminium, Zink, Chrom, Nickel, Zinn oder Kadmium, bis 60 kg Aluminium, bis 20 kg Magnesium, 30 kg Kupfer, 20 kg Blei, 3 kg Zinn und 2 kg Zink.

Der Beitrag der Rückgewinnung ist metallspezifisch, denn er hängt vornehmlich ab von den Verwendungsgebieten und von den Steigerungsraten des Verbrauches (vgl. Tab. 3.11). Während beispielsweise Blei aus Batterieschrott relativ einfach rückgewonnen werden kann, wird Zinn heute für so dünne Elektrolytüberzüge verwendet, daß ein Recycling technisch schwierig und unrentabel ist. Der Verbrauch von Aluminium dagegen weist jährlich Steigerungsraten von einigen Prozent auf, was dazu führt, daß zwar ein erheblicher Teil alten Aluminiumschrotts rückgewonnen wird, diese Mengen aber im Verhältnis zur aktuellen Produktion noch relativ klein sind. Bei einigen Metallen, wie Antimon, hat sich ein "Co-Recycling" ausgeprägt, denn Antimon fällt bei der Rückgewinnung von Blei aus Batterieschrott mit an.

Neben metallischen Rohstoffen gibt es Ansätze für die Rückgewinnung einiger Industrieminerale, wie Asbest oder Bentonit; auch Glas wird aus Hausmüll rückgewonnen.

Energierohstoffe eignen sich kaum für ein Recycling, denn nach ihrer Verbrennung oder Umwandlung sind sie nach heutigem Stand der Technik unwiederbringlich verbraucht. Allerdings werden Anstrengungen gemacht, radioaktive Rückstände der Atomreaktoren wieder aufzubereiten und auch alte Schmieröle sind nach einiger Reinigung wieder zu verwenden.

Entwicklungstendenzen im Bereich des Recyclings sind zu beobachten bei der Verbesserung des Schrott- und Müllerfassungssystems, bei der Verbesserung der Aufbereitung von Hausmüll und bei der Anpassung von Verwendungsgebieten an die spezifischen Produkte (z.B. Legierungen) der Rohstoffrückgewinnung. Die Steigerungsraten beim Recycling von Basismetallen haben sich deutlich abgeschwächt (Tab. 3.11), denn die Möglichkeiten bei diesen eher "traditionellen" Recyclingmetallen sind schon weitgehend ausgeschöpft. Damit wird der Einfluß der Sekundärmetalle auf das Angebot der entsprechenden Metallmärkte eher kalkulierbar.

3.3.2 Bestimmungsgründe für die Nachfrage auf Mineralrohstoffmärkten

Der Verbrauch an mineralischen Rohstoffen ist sehr eng mit der industriellen Güterproduktion verknüpft. Das trifft auf Primärenergieträger genauso zu wie auf metallische Rohstoffe und auf Industrieminerale. Deshalb sind für Prognosen der künftigen Bedarfsentwicklung eine Reihe von Indikatoren benutzt worden, etwa

- das Verhältnis von Energieverbrauch oder Metallverbrauch zur Höhe des Bruttosozialproduktes eines Landes. Tendenziell weisen Industriestaaten mit hohem BSP auch hohe Verbrauchszahlen auf im Gegensatz zu Entwicklungsländern mit geringem BSP und entsprechend geringem Bedarf. Eine direkte oder gar lineare Funktion ist jedoch nicht feststellbar, weder pauschal noch rohstoffbezogen.

- das Verhältnis vom Verbrauch mineralischer Rohstoffe zum Anteil der Industrieproduktion am BSP. Auch hier läßt sich eine ähnliche, teilweise sogar signifikantere Abhängigkeit feststellen.

- das Verhältnis von Verbrauch mineralischer Rohstoffe zum Verbrauch von Massenkonsumgütern oder zum "Lebensstandard" in einem Land. Hierfür sind die statistischen Angaben allerdings lückenhaft.

Untersuchungen über den Zusammenhang zwischen dem Pro-Kopf-Verbrauch von NE-Metallen und dem Industrialisierungsgrad haben gute Korrelationswerte ergeben *L. Müller-Ohlsen, 1981)*.

Bei den Marktstudien wird sich die Analyse der Entwicklungstendenzen aber sowohl auf die Endverbraucher als auch auf die Hersteller von Zwischenprodukten beziehen müssen. Dabei sind folgende Bestimmungsgründe von erheblicher Bedeutung:

— Forschungsergebnisse bei der Erschließung neuer Verwendungsgebiete für bestimmte Rohstoffe (z.B. neue Legierungsmetalle oder neue Chemikalien).

— Technologische Innovationen bei der Verarbeitung von Rohstoffen zur Senkung des spezifischen Verbrauchs (z.B. Einführung der elektrolytischen Weißblechverzinnung, bei der im Gegensatz zur traditionellen Feuerverzinnung nur noch ein Bruchteil des Feinzinns benötigt wird).

— Substitutionsprozesse zum Ersatz teurer oder rarer mineralischer Rohstoffe durch billigere, verfügbare Rohstoffe (z.B. Ersatz der Weißblechdose durch die Aluminiumdose bei Getränken). Diese Prozesse müssen sorgfältig studiert werden, denn sie sind sogar umkehrbar, wie das Beispiel der Aluminiumdosen gezeigt hat, deren Herstellung nach den Energiepreiserhöhungen wieder teurer war als die Weißblechdose. Die Substitutionsprozesse vollziehen sich auch stufenweise, wenn sich ein großer Verbraucher zur Umrüstung seiner Produktionsanlagen entschließt.

— Änderung von Konsumgewohnheiten der Endverbraucher, die den Markt für bestimmte Massenkonsumgüter schrumpfen lassen können (z.B. der Verzicht auf die Verwendung von Lippenstiften und Nagellack, der den Bedarf an Wismut erheblich reduziert, da zur Herstellung kosmetischer Artikel größere Mengen an Wismutoxidchlorid verwendet werden).

— Erlaß von Gesetzen und Verordnungen zur Verarbeitung bestimmter Rohstoffe, etwa im Rahmen des Umweltschutzes (z.B. Einschränkung des Verbrauches von Blei in Form des Antiklopfmittels Bleitetraäthylen im Benzin oder des Verbrauches von Quecksilber und Kadmium in gesundheitsgefährdenden Bereichen).

Aus der Auflistung der speziellen Bestimmungsgründe für die Nachfrage nach mineralischen Rohstoffen wird deutlich, daß nicht nur Wirtschaftswachstum und Wachstum der Industrieproduktion als Grundlage für die Nachfrageanalyse herangezogen werden dürfen. Auch dieser Teil der Marktanalyse erfordert also umfangreiche und zeitraubende Recherchen.

Bei Verbrauchsprognosen werden Projektionen des Gesamtverbrauchs eines Rohstoffs durchgeführt (Globalanalyse) oder aber, wenn es das statistische Material zuläßt, sektorale Untersuchungen (Sektoranalyse). Als Methoden kommen ökonometrische Prognosemodelle in Betracht, wie Trendextrapolationen oder auch singuläre und multiple Regressionen (vgl. Abschn. 3.4).

3.3.3 Rohstoffbörsen und Börsenpreise

Bei mineralischen Rohstoffen, insbesondere bei Metallen, handelt es sich um Güter, die nach Qualität und Menge standardisierbar und damit vertretbar sind, so daß ein Handel an Börsen möglich ist.

Derzeit gibt es zwei wichtige Metallbörsen, nämlich

—   die London Metal Exchange in London/Großbritannien,
—   die New York Commodity Exchange in New York City/USA.

Der Metallhandel in London kann auf eine weitreichende Tradition zurückblicken. Als im Zuge der beginnenden Industrialisierung Europas im 19. Jahrhundert der Importbedarf für metallische Rohstoffe aus Übersee wuchs, begannen die Händler in London zunächst mit informellen Geprächen in Kaffeehäusern und organisierten sich schließlich in einer Gesellschaft zum Zwecke des Börsenhandels. 1876 vereinbarten führende Metallhandelshäuser die Gründung der London Metal Exchange Company, die dann im Januar 1877 die *London Metal Exchange (LME)* am Lombard Court eröffnete. 1882 zog die LME in die Whittington Avenue und am 29. September 1980 schließlich in das neue Domizil im Plantation House, Fenchurch Street.

Die heutige Metal Market & Exchange Company ist Eigentümer der Börse, ihre Aktionäre sind die offiziellen Mitglieder (subscribers). Von den 36 Sitzen am "Ring" sind derzeit 28 durch Mitglieder besetzt. Als Organe der Börse fungieren ein Mitgliederkomitee (Committee of Subscribers) und ein Direktorium (Board of Directors), die für den ordnungsgemäßen Ablauf der Börsengeschäfte verantwortlich sind. Die börsentägliche Festsetzung der Notierungen obliegt einem Quotations Committee, das den offiziellen Tagespreis am Ende der Vormittagsbörse fixiert.

Obwohl eine persönliche Mitgliedschaft laut Satzung möglich ist, sind inzwischen alle Mitglieder Handelsgesellschaften oder Bergbaukonzerne, die in London in das Handelsregister eingetragen sind. Darunter befindet sich als einzige deutsche Firma die Metallgesellschaft Ltd.

Zum offiziellen Handel an der LME sind folgende Metalle zugelassen:

—   Kupfer (seit 1883) getrennt nach Drahtbarren (raffiniert) und Kathoden (Elektrolytkupfer mit 99,90 % Cu + Ag),
—   Zinn (seit 1883) als Standardzinn in Barren (99,75 % Sn) und als Reinzinn in Barren (99,85 % Sn),
—   Blei (seit 1903) als Weichblei in Blöcken (99,97 % Pb),
—   Zink (seit 1915) als Rohzink in Barren (98,00 % Zn),
—   Silber (1897 - 1911, 1935 - 1939, seit Februar 1968) als Feinsilber in kleinen Barren (99,90 % Ag),
—   Aluminium (seit Oktober 1978) als Reinaluminium in Barren (99,50 % Al),
—   Nickel (seit April 1979) als Reinnickel in Kathoden (99, 80 % Ni).

Das Börsengeschäft vollzieht sich täglich in zwei getrennten Sessionen, am Morgen zwischen 11.45 Uhr und 13.10 Uhr sowie am Nachmittag zwischen 15.30 Uhr und 16.40 Uhr. Während dieser Zeiten werden jeweils 5 Minuten lang einzelne Metalle nach einer festgelegten Reihenfolge gehandelt. Im Anschluß an jede der beiden Perioden wird eine Art Nachbörse ("kerb dealing") abgewickelt, indem 10 bis 20 Minuten lang die 7 Börsenmetalle, aber auch andere Metalle und Erzkonzentrate ohne starre Regularien gehandelt werden.

Der Handel basiert auf *Standardkontrakten*. In diesen genormten Verträgen sind die Lieferqualitäten, Mengen, Handelsformen, Lieferfristen und Zahlungsbedingungen festgelegt. Gehandelt werden nur zugelassene Metall-Hüttenmarken ("brands") und die Lieferungen erfolgen über lizensierte Lagerhäuser. Registriert sind Lagerhäuser in London, Liverpool, Hull und Manchester, aber auch seit 1963 auf dem Kontinent in Antwerpen, Rotterdam und Hamburg. Dabei wird zollrechtlich unterschieden in "free-port", "transit" und "inland". Die Silberbestände werden in der Westminster Bank (London), in der Amro Bank (Amsterdam) und in der Commerzbank (Hamburg) gelagert.

An der LME werden hinsichtlich der Fälligkeit zwei Arten von Kontrakten geschlossen: Kassageschäfte (cash) für prompte Lieferung und Bezahlung (spot market) sowie Termingeschäfte (three months) für Lieferungen und Bezahlung nach 3 Monaten (future market). Für Silber gibt es außerdem Terminabschlüsse mit einer längeren Laufzeit von 7 Monaten, da das Metall Anreize für Devisenabdeckungen bietet.

Termingeschäfte haben eine wichtige Funktion als Marktindikator und können auch hektische Preisschwankungen verhindern. Der Terminpreis kann nämlich Hinweise geben auf die Preiserwartungen der Verbraucher. Liegt der 3-Monate-Preis über dem Kassapreis, spricht man von "Contango", liegt er unter dem Kassapreis von "Backwardation". Bei ausgeprägtem Contango werden Versorgungsengpässe und höhere Preise erwartet, bei ausgeprägter Backwardation ein Angebotsüberschuß mit Preisnachlässen. Allerdings dürfte ein ausgeglichener, stabiler Markt stets eine geringe Backwardation aufweisen. Eine Reihe von Produzenten pflegen nämlich ihre erwartete Produktion bereits auf Termin zu verkaufen. Damit haben sie sich gegen einen möglichen Preisverfall abgesichert, wofür sie sogar eine geringe Backwardation in Kauf nehmen, sozusagen als "Versicherungsprämie". Aber auch Verbraucher nutzen Termingeschäfte, indem Gegengeschäfte zur Absicherung von Preisbewegungen (hedging) getätigt werden.

Mit dieser Handlungsweise des Hedging werden die Preisschwankungen in Grenzen gehalten. Hinzu kommen noch reine Spekulationskäufe, die von steigenden Metallpreisen durch "Leerkäufe" ("Papiermetall") profitieren wollen und damit theoretisch ebenfalls Preisfluktuationen tendenziell verringern. Die Spekulation an Rohstoffbörsen ist risikoreich, gehört aber zu jedem Termingeschäft und konzentriert sich auf wertvollere Metalle, in erster Linie auf Silber, aber zumindest zeitweise auch auf Zinn.

Die Umsätze der Londoner Metallbörse sind ein Indikator für ihre Bedeutung. Vor al-

lem für Kupfer ist London noch immer der wichtigste Welthandelsplatz und auch bei
Blei geht ein beachtlicher Teil des Handels über die LME. Die Konkurrenz von Penang
hat für Zinn zumindest den Umsatz am physischen Metall tendenziell verringert,
während spekulative Umsätze sogar gestiegen sind. Der Silberumsatz hat sich vielen
Skeptikern zum Trotz gut entwickelt und auch die erst jüngst offiziell eingeführten Metalle Nickel und Aluminium haben sich umsatzmäßig behauptet.

Die LME erfüllt damit auch weiterhin zwei unverzichtbare Funktionen auf den Metallmärkten:

— als Preisindikator auf den Weltmärkten, denn die Notierungen basieren sichtbar
   und unmittelbar auf realen Handelstransaktionen. Damit werden die Märkte trans-
   parenter und Preisentwicklungen erkennbar. Viele Produzenten und Verbraucher
   verwenden bei Kaufverträgen Preisklauseln, die sich an den LME-Notierungen
   orientieren.

— als Preisstabilisator auf den Weltmärkten, denn durch die Möglichkeit des Hedging
   können nicht nur Preisrisiken begrenzt werden, sondern erratische Preisschwankungen vermindert werden.

Am 1. Januar 1982 begann unter der Schirmherrschaft und zumeist in den Räumen
der LME ein Gold-Terminhandel. Die "London Gold Futures Market Ltd." wickelt
Kontrakte für den laufenden Monat und die folgenden 6 Monate ab. Damit wurde der
Londoner Goldmarkt ergänzt, der in den Räumen der Firma N.M. Rothschild & Sons
seit 1919 praktiziert wird. Goldhandelsplatz mit langer Tradition ist auch Zürich,
während vor allem nach der Demonetisierung des Goldes Anfang der Siebziger Jahre
auch neue Börsenplätze für Gold entstanden, beispielsweise in:

— Winnipeg/Kanada an der Winnipeg Commodity Exchange (seit 1972),
— Sydney/Australien an der Sydney Future Exchange (seit April 1978),
— Singapur an der Gold Exchange of Singapore (seit November 1978),
— Hongkong an der Hongkong Commodity Exchange (seit 1981).

In den USA kam es am 5. Juli 1933 zur Gründung der *New York Commodity Exchange Inc. (COMEX)*. Die über 400 Mitglieder haben sich in diese Börse eingekauft,
indem sie aktienartige Anteile erwarben. Gehandelt wird an der COMEX Kupfer, Gold,
Zink und Silber. Dabei spielten jedoch nur die Kupferkontrakte und schon mit Abstand die Silberkontrakte eine nennenswerte Rolle, während beispielsweise Zinkkon-
trakte oft über längere Zeit gar nicht zustandekommen (Zinkhandel war suspendiert
vom 15. Oktober 1970 bis 8. Februar 1978). Die Börsenzeiten und auch das Handels-
ritual unterliegen längst nicht so strengen Regeln wie an der LME. Generell darf auch
gesagt werden, daß die Umsätze sich weitgehend auf den amerikanischen Markt beschränken und schwerpunktartig die Metallimporte in die USA betreffen, denn die
amerikanischen Produzenten von Kupfer und Zink bevorzugen den direkten Handel
mit den Verbrauchern. Hauptsächlich werden längerfristige Termingeschäfte an der
COMEX getätigt, wobei die Laufzeiten bis zu 14 Monate betragen können. Die Kon-

trakte sehen auch Qualitätsstandards vor. Außerdem besteht ein Preisschwankungslimit gegenüber dem Vortag. Die COMEX unterhält für Kupferlieferungen lizensierte Lagerhäuser in New York und Chicago.

Eine weitere Metallbörse besteht seit 1889 in *Penang* (bzw. zeitweise Singapur), allerdings nur für Zinn. Die Börse handelt ausschließlich mit physischem Metall und wird von der großen malaysischen Hüttengesellschaft Datuk Keramat Smelting Bhd., Penang (50,5 % der Aktien liegen in den Händen der AMC London, an der die Preussag eine Mehrheitsbeteiligung hält) in Kooperation mit der Malaysia Smelting Corporation Snd. Bhd., Butterworth (58 % Straits Trading Co., Singapur und 42 % Malaysia Mining Corp. Bhd.) betrieben. Der Preis richtet sich dabei nach den der Hütte von Bergbaugesellschaften oder Erzhändlern angebotenen Zinnkonzentraten und den Kaufofferten von Abnehmern des ausgeschmolzenen Metalls. Die Kaufangebote werden aufgelistet, und der Tagespreis ist dann die niedrigste Preisofferte, für die die Restmenge der Zinnkonzentrate verkauft werden kann, denn dieser Preis ist gleichzeitig der höchste Preis, zu dem die Gesamtmenge des Zinnangebotes auf den Markt gehen kann. Die Lieferbedingungen sehen vor, daß das gekaufte Feinzinn von den Hütten spätestens 60 Tage später ("ex work") zur Verfügung gestellt werden muß. Die Notierungen erfolgten bis Ende 1980 in Ringgit (malaysischer Dollar, M$) per picul (1 picul entspricht ca. 60 kg), seitdem in M$ per kg (ex work).

Die Zinnbörse in Penang kennt also keinen Preisbildungsprozeß, keine Termingeschäfte, kein Hedging, keine Spekulation. Damit gehen wichtige Funktionen verloren, und es bleibt vor allem die Bedeutung als Preisindikator für den regionalen Markt in Südostasien.

Seitdem im Oktober 1980 die *Kuala Lumpur Commodity Exchange (KLCE)* ihre Pforten geöffnet hat, wird über die Verlegung der Zinnbörse von Penang an die KLCE diskutiert. Zunächst wurde dort nur Palmöl gehandelt, seit Frühjahr 1983 auch Naturkautschuk, und es ist geplant, daß Ende 1983 oder Anfang 1984 Zinn hinzukommt.

Ergänzt werden kann schließlich noch, daß außer Gold auch Silber am *Chicago Board of Trade (CBT)* notiert wird. Kontrakte können über 1000 und 5000 Feinunzen abgeschlossen werden, auch als Termingeschäfte.

3.3.4 Produzentenpreise

Auch die Produzenten mineralischer Rohstoffe betreiben eine aktive Preispolitik, wenn es die Marktstruktur zuläßt. Da der Konzentrationsgrad in der internationalen Bergwirtschaft hoch ist (vgl. Abschn. 3.1.1), also oligopolistische und monopolistische Marktformen vorherrschen, ist eine Festsetzung von Produzentenpreisen kein Einzelfall.

Diese Produzentenpreise sind nicht durch den Preismechanismus des Marktes bestimmt und normalerweise höher als ein frei gebildeter Marktpreis, wodurch eine zusätzliche Produzentenrente entsteht.

Als Preisfixierer treten auf Rohstoffmärkten entweder marktbeherrschende Anbieter auf oder — meist abwechselnd — starke Oligopolisten oder kartellartige Zusammenschlüsse von Produzenten (vgl. Abschn. 3.1).

Einige Beispiele für Produzentenpreise sollen genannt werden, wobei neben diesen Listenpreisen noch Börsenpreise und sogenannte Freimarktpreise bestehen können:

— Aluminium mit Listenpreisen der US-Produzenten,
— Kupfer mit Listenpreisen der US-Produzenten für Drahtbarren,
— Zink mit Listenpreisen der US-Produzenten und auch der westeuropäischen Produzenten,
— Blei mit Listenpreisen der US-Produzenten,
— Nickel mit einem "Welt-Produzentenpreis" für Kathoden,
— Kobalt mit Produzentenpreisen der staatlichen GÉCAMINES/Zaire und der SOZACOM/Zambia,
— Kadmium mit einem Listenpreis der US-Produzenten,
— Platin mit einem Produzentenpreis des Hauptanbieters Rustenburg Platinum Holding Ltd./Südafrika,
— Seltene Erden (insbesondere SE-Oxide) mit Listenpreisen des monopolistischen Anbieters Molycorp Inc./USA.

Diese Listenpreise der Hauptproduzenten sind auch Richtpreise für Direktverträge zwischen kleineren oder mittleren Anbietern und ihren Kunden. Hauptproduzenten übernehmen bei der Festsetzung ihrer Listenpreise nicht selten eine Preisführerschaft, die auch unter Oligopolisten wechseln kann. Bei Kadmium (vgl. Abb. 3.3) lösen sich beispielsweise die großen US-Produzenten ASARCO, AMAX und St. Joe in der Preisführerschaft ab. Innerhalb kurzer Zeit folgen die übrigen Oligopolisten den Preisänderungen des Preisführers.

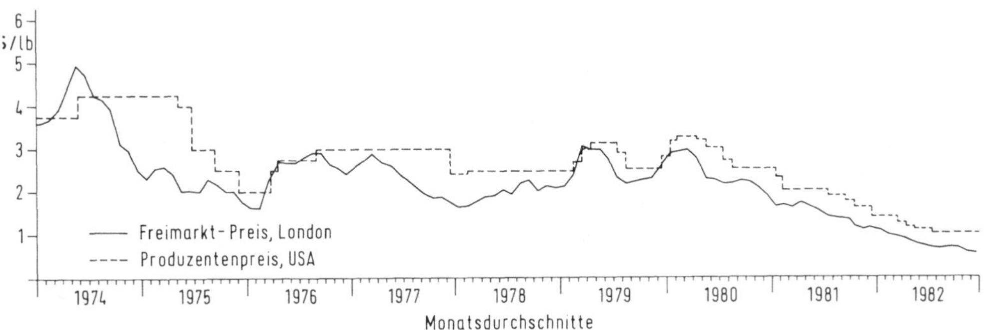

Abb. 3.3.   Entwicklung von Marktpreis (London, LME) und Produzentenpreis (US-Produzenten) für Kadmium.

Der Aluminiummarkt und der Nickelmarkt haben übrigens den Einfluß eines Börsenhandels auf die Produzentenpreise deutlich gezeigt. Nachdem an der Londoner Metallbörse die Notierungen für Aluminium im Oktober 1978 und für Nickel im April 1979 offiziell eingeführt worden waren, orientierten sich die Produzenten mit ihren Listenpreisen an den Börsenpreisen.

Produzentenpreise können aber auch Qualitätsunterschiede dokumentieren, wenn sie regional differieren. So wird schwefelarmes Rohöl aus Libyen höher bezahlt als schwefelreiches Rohöl aus Venezuela; oder Chromitkonzentrate aus Südafrika, der Türkei und der Sowjetunion haben unterschiedliche Produzentenpreise, die sich nach der Konzentratqualität richten.

Die Vorteile von Produzentenpreisen liegen normalerweise bei den Produzenten selbst, die sich zusätzliche Erlöse sichern können. Als Vorteile für Verbraucher werden propagiert die Vermeidung von Preisschwankungen und die Möglichkeit des Abschlusses langfristiger Lieferverträge zu vereinbarten Festpreisen.

In einer Anzahl von Fällen hat sich aber diese Preispolitik auch als nachteilig für die Produzenten erwiesen. Künstlich erhöhte Preise regen die Verbraucher zu verstärkter Substitution an und verschleiern die Entstehung von strukturellen Marktungleichgewichten, was dann zu krisenhaftem Nachfragerückgang führen kann.

3.4 Marktanalysen und Marktmodelle

Die Marktanalyse oder Marktuntersuchung ist ein Teilgebiet der Marktforschung und befaßt sich mit der systematischen, quantitativen Stellung der Unternehmen auf einem Markt.

Untersucht werden die wesentlichen Marktfaktoren und ihre Wirkung, nämlich das Angebot (Konkurrenzsituation und ihre Veränderungen), der Bedarf (Bedarfsstruktur und ihre Schwankungen) und die Absatzwege (Verteilungsapparat, Handelsströme).

Marktanalysen sind traditionell unternehmensbezogen, können aber auch als Grundlage für ein makroökonomisches Modell des gesamten Marktes dienen. Über die Untersuchungen der morphologischen Marktstellung von Anbietern und Nachfragern auf Rohstoffmärkten sind in Abschn. 3.1 Einzelheiten ausgeführt worden. Hier soll deshalb auf Ansätze und Möglichkeiten der Entwicklung von spezifischen Modellen für Märkte mineralischer Rohstoffe eingegangen werden. Dabei werden bewußt wirtschaftliche Realmodelle gegenüber Idealmodellen bevorzugt, da Realmodelle der Ermittlung von Zusammenhängen dienen, die unter bestimmten Aspekten in der Wirklichkeit gelten *(R. Henn)*.

Bisher sind ökonometrische Modelle vorhanden für den Welt-Erdölmarkt und den Welt-

Zinnmarkt. Bei diesen Modellen lassen sich grundsätzlich zwei Konzepte unterscheiden:

— Modelle, die der Darstellung von Marktstrukturen und der mathematischen Erfassung von Zusammenhängen zwischen Marktfaktoren dienen,
— Modelle, die eine Projektion oder eine Prognose über künftige Entwicklungen von Angebot, Nachfrage oder Preis zum Ziel haben.

Die jeweilige Konzeption bedingt die Wahl der mathematischen Verfahren. Im ersteren Fall werden Simulationen bevorzugt, im zweiten Fall Extrapolationen.

Mitunter wird auch eine Kombination beider Konzepte angestrebt, da sich die Simulation vor allem zur Überprüfung eines Modells eignet und ein überprüftes Modell dann eine wertvolle Grundlage für Extrapolationen von wichtigen Variablen darstellt.

Marktmodelle basieren normalerweise auf drei Grundgleichungen:

$$N_t = N(P_t) + u_1 \tag{26}$$

$$A_t = A(P_t) + u_2 \tag{27}$$

$$A_t = N_t \tag{28}$$

wobei N_t die Nachfrage, A_t das Angebot, P_t der Preis (jeweils zum Zeitpunkt t), N und A lineare Funktionen von Nachfrage und Angebot sowie u_1 und u_2 stochastische Fehlervariable sind.

Diese Grundmodelle lassen sich für einen bestimmten Rohstoffmarkt um spezifische Gleichungen erweitern. Für den *Zinnmarkt* entwickelte beispielsweise *M. Desai (1966)* ein ökonometrisches Modell mit 18 Gleichungen, von denen 15 die Nachfrage (bzw. den Verbrauch) von Zinn betreffen und je eine die Produktion, die Vorratslager und den Preis. Das Modell ist also sehr einseitig auf die Nachfrageseite des Marktes ausgerichtet und berücksichtigt als endogene Variable jeweils den Zinnverbrauch für Weißblecherzeugung, den Zinnverbrauch für andere Zwecke, die Höhe der Weißblechproduktion und die Höhe der sekundären Zinnproduktion in den USA, der OECD und in den übrigen Ländern der Welt. Eine ähnliche Differenzierung könnte auf der Angebotsseite erfolgen, nur wurde von Desai in seinem Modell darauf verzichtet.

Alle Gleichungen sind linear und enthalten auch "dummy-Variable" für temporäre Ereignisse wie Kriege (Korea-Krieg), Streiks (US-Stahlarbeiter) oder Exportkontrollen des Internationalen Zinnrates. Damit ergab sich ein gegenüber dem o.a. Grundmodell abgewandeltes Marktmodell mit folgenden Basisgleichungen:

$$N_t = N(Y_t) \tag{29}$$

$$A_t = A(A_{t-1}) \tag{30}$$

$$P_t = P \frac{(L_{t-1})}{N_t} \tag{31}$$

$$L_t = L_{t-1} + A_t - N_1 \tag{32}$$

Y repräsentiert alle exogenen (makroökonomischen) Variablen, wie Summe der privaten Investitionen in den USA oder Höhe des Verteidigungshaushaltes der USA oder Verbraucherausgaben für Nahrungsmittel in den USA. L sind die kommerziellen Lager von Zinnkonzentraten und Zinnmetall, einschließlich Tansitmengen.

Das mathematische Verfahren besteht darin, die Gleichungen zunächst mit unbekannten Koeffizienten vor den exogenen Variablen anzusetzen. Stehen statistische Daten über einen längeren Zeitraum (mindestens 15 Jahre) zur Verfügung, lassen sich die Koeffizienten mit Hilfe der Methode der kleinsten Quadrate bestimmen. Numerisch besonders einfach ist diese Berechnung, wenn ein rekursives Modell gewählt wird *(Desai, 1966)*. Sind die Koeffizienten bestimmt, so kann das Modell zunächst zur Untersuchung des Einflusses von bestimmten Variablen auf das Marktgeschehen verwendet werden. Dabei lassen sich zwei Simulationsarten unterscheiden:

- Simulation der exogenen (unabhängigen) Variablen im Rahmen der historischen Trendlinien, um festzustellen, ob das Modell die beobachteten Schwankungen von Angebot, Nachfrage und Preis erfaßt ("shocks of type I" nach *Adelman & Adelman)*,
- Simulation der stochastischen Variablen (u_1, u_2), die in jeder Gleichung berücksichtigt wurden, um eine bessere Anpassung an die realen Situationen herbeizuführen ("shocks of type II" nach *Adelman & Adelman)*.

Desai geht davon aus, daß die Trendabweichungen der exogenen Variablen einer Normalverteilung genügen, deren Mittelwert Null ist und deren Standardabweichung gleich der Standardabweichung ist, die sich aus dem Zeittrend dieser Variablen ergibt.

Die Simulation der Fehlerterme geschieht entsprechend der Varianz-Kovarianz-Matrix der Residuen statistisch erfaßter Marktdaten. Im Modell des Zinnmarktes von *Desai* vereinfacht sich der Rechenvorgang, weil nur die Varianzen berücksichtigt werden müssen, da die Kovarianzen der Residuen annähernd Null sind.

Das Modell ist einsatzfähig zur Bestimmung des Einflusses verschiedener Preisbestimmungsgrößen. Es können für endogene Variable wie Lagerhaltung oder Ersatz der Feuerverzinnung durch elektrolytische Weißblechherstellung die Wirkung auf die Preisbewegungen errechnet werden. Daraus lassen sich wiederum Strategien für die gewünschte Preisstabilisierung ableiten. Für den Zinnmarkt ist ein solches Modell von besonderer Bedeutung, weil im Rahmen des Internationalen Zinnabkommens ein Bufferstock (Preisstabilisierungsreserve, vgl. Abschn. 3.2.2) besteht. Für die Manipulationen des Pool-Managers mit dem Bufferstock sind Hinweise auf Auswirkungen seiner Politik wichtig.

Für den *Zinkmarkt* hat *S. Gupta (1982)* ein Marktmodell entwickelt, das Gleichungen für die

— Produktion,
— Nachfrage,
— Preisentwicklung,
— Lagerhaltung (stockpile)

enthält. Der Weltmarkt wird aufgeteilt in den US-Markt und den "Freien Markt" in der übrigen Welt. Beide Märkte sind durch Preise und Wechselkurse miteinander verbunden. Das Modell berücksichtigt die wichtigsten Verbraucherländer (USA, Japan, England, Frankreich, Bundesrepublik Deutschland und "übrige") und die Hauptproduzenten von Zink (USA, Australien, Peru, Kanada, Mexiko).

Die Produktion von Zink und der Anteil der Lagerhaltung orientieren sich am Preis und an den Produktionskosten zu einem bestimmten Zeitpunkt t. Dabei wird der Nettoertrag für aktuelle Erlöse und für künftige Erlöse aus der Lagerhaltung maximiert. Die Produktionsfunktion für Zink

$$MP_t = f_1 (PZ_{t-1}, W_t, PC_t, CAP_t, T) \qquad (33)$$

enthält als exogene Variable den (um ein Jahr verschobenen) Zinkpreis PZ_{t-1}, eine Variable T, die den technischen Wandel beschreibt, Preise PC_t für Coprodukte (Pb, Ag), die Minenkapazität CAP_t und einen variablen Preisfaktor W_t.

Die Nachfrage CN_t nach Zink hängt vom Zinkpreis PZ_t ab, vom Preis der Ersatzstoffe PS_t und von einer "Aktivitätsvariablen" A_t:

$$CN_t = f_2 \left(\sum_{s=1}^{T} PZ_{t-s}, A_t, \sum_{s=1}^{T} PS_{t-s} \right) \qquad (34)$$

In der Gleichung (34) wird der Preiseinfluß über die Preisentwicklung mehrerer Jahre (lag s) berücksichtigt.

Die Preisentwicklung für Zink wird durch zwei Faktoren bestimmt: den US-Erzeugerpreis (USPZ) und den freien Marktpreis (LMPZ). Bei der Preisentwicklung spielen (ähnlich wie bei anderen Rohstoffen) die Stockpiles der US-Regierung eine besondere Rolle, d.h. sowohl die Lagerhaltung GSA_t zur Zeit t als auch die Änderung dieser Vorräte ΔGSA_t in der Vergangenheit.

Das Marktmodell wird geschlossen durch Funktionen für die Lagerhaltung in den USA und in der übrigen Welt.

Diese allgemeinen Funktionen $f_i(.)$ für Produktion, Nachfrage, Preisentwicklung und Lagerhaltung werden in zwei Modellen bestimmt:

Modell 1:   Die Gleichungen für Nachfrage und Produktion werden für die Hauptpro-
            duzenten- und Hauptverbraucherländer getrennt aufgestellt, da die Kosten-
            strukturen, die Lagerstättenverhältnisse etc. in diesen Ländern sehr ver-
            schieden sind.

Modell 2:   Es werden globale Änderungen detailliert berücksichtigt; etwa
            – Änderungen der Technologie beim Zinkverbrauch,
            – Wachstum verschiedener Industriezweige,
            – Substitutionsmöglichkeiten für Zink.

Methodik: Die Gleichungssysteme für Nachfrage, Preis etc. sind rekursiv, da die endogenen Variablen mit einer zeitlichen Verschiebung (lag) auch als exogene Variable auftreten. Die Gleichungen werden durchwegs linear angesetzt und die Regressionskoeffi-
zienten mit der Methode der kleinsten Quadrate bestimmt. *Gupta* verwendet die Daten
aus den Jahren 1956 bis 1974. Für alle Gleichungen wurden der multiple Korrelations-
koeffizient R^2, der Standardfehler und andere Parameter bestimmt, die die Güte des
Gleichungsansatzes messen.

Zur Verifizierung der Marktmodelle werden Simulationen durchgeführt, wobei Vorher-
sagen aus den in der Vergangenheit berechneten, endogenen Variablen Y_{t-s} als exogene
(unabhängige) Variable zur Berechnung von Y nach einer Simulationsperiode t verwendet werden (dynamische Simulation). Damit erhält man einen sehr rigorosen Test des
Marktmodells.

Ergebnisse: Die multiplen Korrelationskoeffizienten R für die aufgestellten linearen
Gleichungen liegen fast durchweg zwischen 0,8 und 0,98, d.h. es liegt eine gute Übereinstimmung der angenommenen Einflußgrößen mit den beobachteten Variablen vor.

Die Elastizität der Nachfrage bei Preisänderungen ist sehr gering. Dies liegt vor allem
daran, daß die Einsatzkosten für Zink bei den meisten Endprodukten relativ gering ist.
Die zeitliche Verschiebung der Reaktion ist in den verschiedenen Ländern sehr unterschiedlich und reicht von 2 (England) bis 4 Jahren (Japan). Auch die Produktion rea-
giert auf Preisänderungen sehr unelastisch und ist bei den Hauptproduzenten unterschiedlich. Die mittleren zeitlichen Verschiebungen liegen im Bereich von 0,35 bis
1,76 Jahren. Die Schwierigkeit liegt hier in der Abschätzung von Kurzzeitreaktionen
und Langzeiteinflüssen, die sich bei Änderungen der Explorationstätigkeiten und der
Produktionskapazitäten im Bereich von 5 bis 10 Jahren bewegen.

Bei der Simulation wird der Verbrauch sehr gut erfaßt (mittlerer Fehler bei 3 %);
größere Abweichungen zeigen sich nur bei der Bestimmung der Lagervorräte, da die
Schließung von Minen, fehlerhafte Vorratsangaben etc. als singuläre Ereignisse nur
schwer erfaßbar sind.

Ein Vergleich beider Modelle ergibt nur geringe Unterschiede. Dennoch sind beide Modelle nützlich, da Änderungen der Rohstoffpolitik, der Lagervorräte, der Technologie
etc. in den verschiedenen Ländern jeweils in einem Modell besser berücksichtigt werden können.

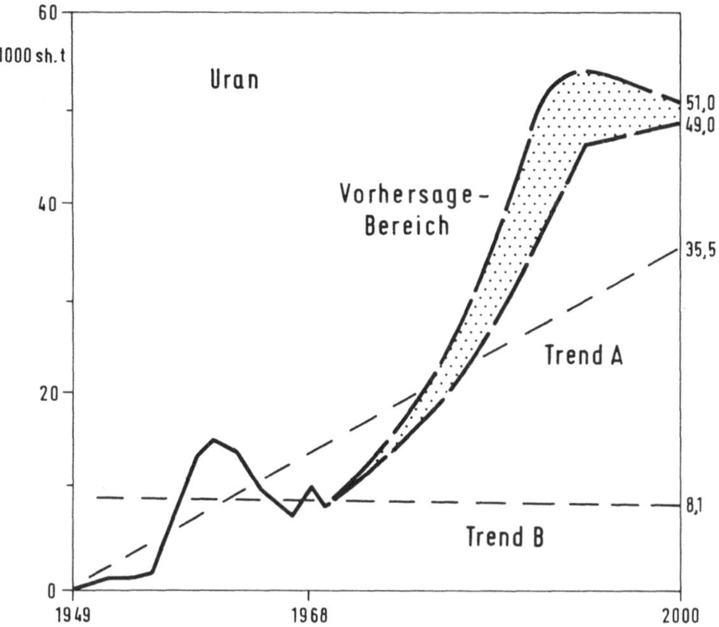

Abb. 3.4.   Möglichkeitsanalyse für die Urangewinnung in den USA bis zum Jahre 2000 (nach US Bureau of Mines, 1969).

Eine Variante der rein ökonometrischen Modelle stellen die Möglichkeitsanalysen dar. Bei diesen Marktanalysen werden statistische Methoden mit Erfahrungswerten, sogar mit Intuition kombiniert. Das US Bureau of Mines hat 1970 für 88 mineralische Rohstoffe die Ergebnisse solcher Möglichkeitsanalysen publiziert. Es wurden mögliche Entwicklungen von Angebot und Nachfrage berechnet, wobei alternativ verschiedene Faktoren wie technologischer Fortschritt, Umweltbedingungen oder Wandel des Konsumverhaltens berücksichtigt wurden. Die unterschiedlichen Resultate werden dann zu einem Vorausschätzungsbereich mit Minimal- und Maximalangaben verarbeitet. Eine solche Möglichkeitsanalyse zeigt Abb. 3.4.

Der Vorausschätzungsbereich ist unterschiedlich breit bei den untersuchten Rohstoffen. Er verbreitet sich normalerweise, was darauf hindeutet, daß die Exaktheit der Vorhersage mit der Länge des Prognosezeitraumes abnimmt. Besondere Beachtung aber verdient die Tatsache, daß die Vorausschätzungen des USBM von den Trendextrapolationen in der Regel deutlich abweichen. Interessant aber ist auch, welche Bedeutung einem langjährigen Trend zukommt, denn die Extrapolationen des Trends der letzten 5 Jahre weicht wesentlich stärker vom Vorausschätzungsbereich ab als diejenige der letzten 20 Jahre. Bedarfsprognosen werden auch mit verschiedenem Scenario erstellt. Als Beispiel zeigt Abb. 3.5 die Voraussagen für den Bedarf an Rohöl aus OPEC-Ländern unter verschiedenen Wachstumsbedingungen.

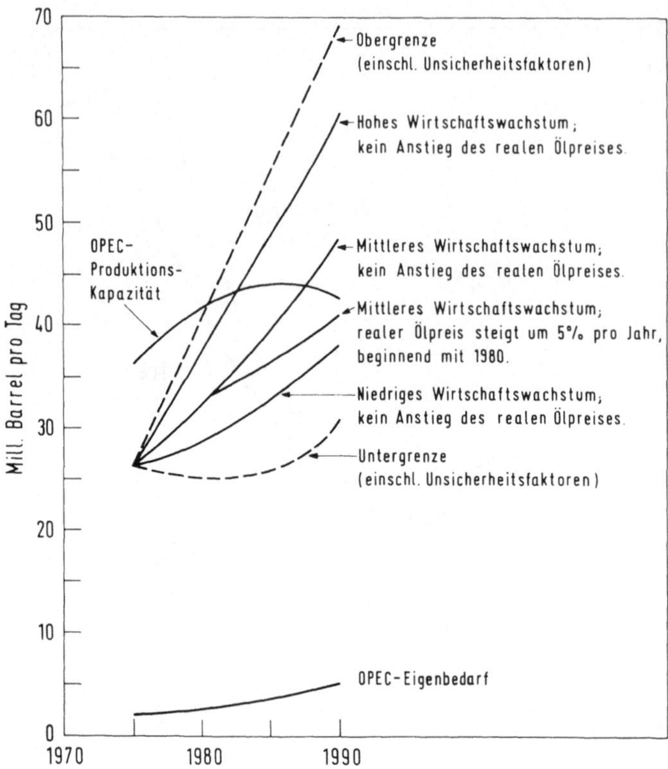

Abb. 3.5.   Prognosen für den weltweiten Bedarf an Rohöl aus OPEC-Ländern (nach Global 2000, Washington 1980).

II Mineralrohstoffpolitik

4 Grundprobleme und Zielsetzungen der Rohstoffpolitik

Mineralrohstoffpolitik bedeutet die Suche nach Wegen zur verlustarmen Gewinnung, zur gerechteren Verteilung und zur optimalen Nutzung der naturgegeben knappen mineralischen Rohstoffe.

Eine realistische Rohstoffpolitik muß dabei die folgenden geologisch-lagerstättenkundlichen Grundtatsachen berücksichtigen:

— die Vorräte an mineralischen Rohstoffen im heute zugänglichen Teil der Erdkruste sind mengenmäßig begrenzt;
— die mineralischen Rohstoffe sind nicht regenerierbar;
— die bekannten Vorkommen an mineralischen Rohstoffen sind regional sehr ungleich verteilt (vgl. Abb. 4.1, Tab. 4.1);
    eine Reihe von mineralischen Rohstoffen treten in den Lagerstätten als Kuppelprodukte auf, wodurch ihr Angebot mengenmäßig extrem unelastisch ist.

Der Industrialisierungsprozeß prägt noch immer weltweit alle wirtschaftspolitischen Konzepte, da er — unabhängig vom Wirtschaftssystem — als Quelle und Mittel zum

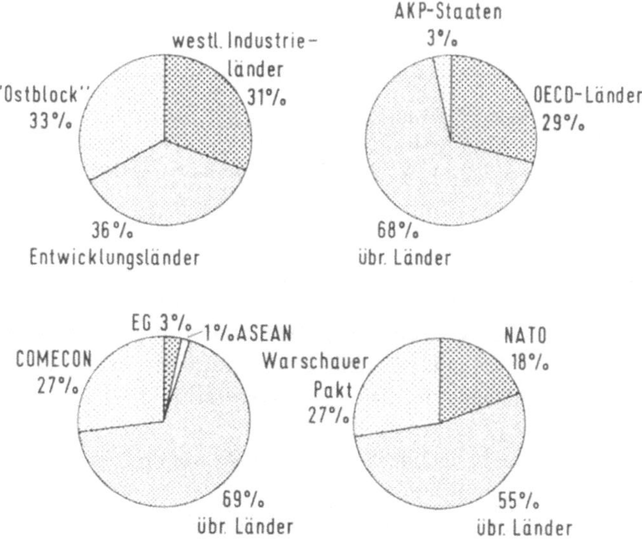

Abb. 4.1. Verteilung der Gesamtvorräte mineralischer Rohstoffe auf Ländergruppen, 1981 (nach BGR, Hannover 1982).

Tabelle 4.1.   Anteile der Ländergruppen an den abbauwürdigen Weltvorräten ausgewählter mineralischer Rohstoffe (in %)

Rohstoff	westliche Industrieländer		Staatshandelsländer		Entwicklungsländer	
	1972	1981	1972	1981	1972	1981
Eisen	35,1	35	35,7	34	29,2	31
Mangan	52,3	53	29,2	38	18,5	9
Nickel	44,0	22	14,7	30	41,3	48
Kobalt	36,1	10	8,3	27	55,6	63
Chrom	96,2	65	1,3	6	2,5	29
Wolfram	10,7	23	77,6	64	11,7	13
Molybdän	59,0	52	24,2	10	16,8	38
Vanadium	36,4	52	59,1	46	4,5	2
Kupfer	41,0	29	14,1	13	44,9	58
Blei	69,8	67	17,4	18	12,8	15
Zink	69,3	73	16,2	15	14,5	12
Zinn	3,7	8	17,2	26	79,1	66
Antimon	16,3	–	61,7	–	22,0	–
Bauxit	38,0	25	6,0	3	56,0	72
Platin-Metalle	–	83	–	17	–	0,1
Gold	–	62	–	24	–	14
Silber	–	50	–	25	–	25
Flußspat	52,3	58	8,9	10	38,8	32
Phosphat	39,3	17	18,3	13	42,4	70
Schwerspat	63,7	47	18,0	18	18,3	35
Asbest	63,4	54	30,8	35	5,8	11
Erdöl	10,1	8	15,4	14	74,5	78
Steinkohle	39,6	33	57,0	62	3,4	5
Braunkohle	37,5	48	61,0	45	1,5	7
Uran (ca.)	70,0	65	20,0	20	10,0	15

Quellen: BGR: Regionale Verteilung der Weltbergbauproduktion und der Weltvorräte mineralischer Rohstoffe, Hannover 1975/1981.
Bischoff, G. & Gocht, W.: Das Energiehandbuch. – 4. Aufl. (Vieweg), Wiesbaden 1981.

Wohlstand bei den Planern nahezu unbestritten ist. Wohlstandserhaltung in Industrienationen und Verringerung der Wohlfahrtsabstände in Entwicklungsländern sollen vorrangig durch Wachstum der industriellen Güterproduktion erreicht werden. Aus rohstoffwirtschaftlicher Sicht bedeutet diese Entwicklung

— eine tendenziell weiter steigende Nachfrage nach mineralischen Rohstoffen,
— eine relative Verknappung einiger Rohstoffe, was zu verstärkter Suche und Erschließung von neuen Lagerstätten zwingt,
— eine fortschreitende Differenzierung zwischen mineralrohstoffimportierenden Industrieländern und mineralrohstoffexportierenden Bergbauländern,
— die zunehmende Gefahr von Umweltbelastungen durch Gewinnung und Nutzung mineralischer Rohstoffe,

Tabelle 4.2. Ausgewählte Entwicklungsländer und ihre hauptsächlichen Exporte mineralischer Rohstoffe

Land	Hauptexportprodukt	Wertmäßiger Anteil am Gesamtexport 1979/80 (in %)
Algerien	Rohöl	85,9
Bolivien	Zinn	46,0
Chile	Kupfer	50,6
Ecuador	Rohöl	48,9
Guyana	Bauxit	44,7
Indonesien	Rohöl	53,3
Irak	Rohöl	98,0
Iran	Rohöl	75,8
Jamaika	Bauxit	78,0
Jordanien	Phosphat	21,7
Liberia	Eisenerz	50,6
Libyen	Rohöl	92,6
Malaysia	Zinn	11,8
Marokko	Phosphat	29,0
Mauretanien	Eisenerz	85,3
Nigeria	Rohöl	92,8
Peru	Kupfer	22,1
Saudi-Arabien	Rohöl	99,1
Sierra Leone	Diamanten	60,8
Surinam	Bauxit	17,3
Togo	Phosphat	48,6
Trinidad/Tobago	Rohöl	40,1
Venezuela	Rohöl	60,2
Zaire	Kupfer	36,7
Zambia	Kupfer	85,8

Quelle: United Nations, Yearbook of International Trade Statistics 1980, New York 1981.

— tendenziell steigende Rohstoffpreise durch Einbezug abgelegener Regionen oder geringwertiger Lagerstätten in die Produktion, durch teuren Umweltschutz und durch Wettbewerbsbeschränkungen internationaler Kartelle.

Diese Entwicklungstendenzen haben einerseits zur Ausweitung des Welthandels, andererseits aber zu Problemen auf den Weltmärkten zahlreicher mineralischer Rohstoffe geführt. Zu diesen Problemen gehören insbesondere

— starke, meist kurzfristige Preisschwankungen, hervorgerufen durch die geringe Angebotselastizität der Bergbauprodukion in bezug auf den Preis;
— erhebliche Fluktuationen der Exporterlöse von Bergbauländern, wobei Entwicklungsländer mit Monokulturen besonders betroffen sind (vgl. Tab. 4.2);
— relativ geringe Transparenz der Rohstoffmärkte wegen eines hohen Konzentrationsgrades auf der Angebotsseite;

- beschränkter Zugang zu einigen Märkten durch Zollbarrieren und etablierte Handelsstrukturen;
- gefährdete Versorgungssicherheit der Verbraucher durch nachlassende Explorationstätigkeiten, Exportrestriktionen in Bergbauländern oder künstliche Verknappung des Angebotes zum Zwecke der Preisbeeinflussung.

Das Ergebnis dieser stichwortartigen Bestandsaufnahme ist unbefriedigend, für die Mehrzahl der Produzenten gleichermaßen wie für die Mehrzahl der Verbraucher. Deshalb wird der Ruf nach einer Umorientierung der internationalen Rohstoffpolitik immer lauter. Die übergeordneten rohstoffpolitischen Zielvorstellungen von Erzeugern und Verbrauchern erscheinen zumindest auf den ersten Blick konfliktträchtig. Die rohstoffimportabhängigen Industrieländer und die Schwellenländer streben nämlich nach einer — auch langfristig — sicheren, ausreichenden und möglichst preisgünstigen Versorgung. Den rohstoffexportierenden Entwicklungsländern geht es dagegen in erster Linie um die Stabilisierung und kontinuierliche Steigerung der Erlöse aus dem Export mineralischer Rohstoffe sowie um die Bereitstellung von Investitionskapital für Bergbauprojekte. Die rohstoffarmen Entwicklungsländer schließlich sind auf internationale Hilfeleistungen angewiesen, da ihnen sonst die Grundlage für eine Industrialisierung fehlt.

Oberstes Ziel der internationalen Rohstoffpolitik muß es sein, einen Verteilungskampf um Rohstoffe zu vermeiden, indem ein allseits akzeptables Verteilungssystem geschaffen wird.

Die Erreichung dieses übergeordneten Zieles ist allerdings in den letzten Jahren nicht einfacher geworden, denn Rohstoffpolitik wurde von den Entwicklungsländern als Kernbereich zur Durchsetzung einer neuen Weltwirtschaftsordnung erkoren und avancierte dadurch auch zum zentralen Thema des Nord-Süd-Dialoges. Dies kann zu gravierenden Fehlentwicklungen führen. Etwa wenn vordergründig eine globale Lösung des sogenannten "Ressourcen-Problems" angestrebt wird, natürlich auch internationales Ressourcen-Management, wobei eine Mammutbehörde im "allgemeinen Weltinteresse" Preise und Verteilungsströme festlegt. Diese Modelle strikter Welthandelsreglementierungen benötigen vor allem die Legende von der akuten Rohstoffverknappung. Oft genug aber haben die Geologen darauf aufmerksam gemacht, daß *per Saldo* alle wichtigen Gruppen mineralischer Rohstoffe *keine physischen Mangelerscheinungen* zeigen, sondern nur wirtschaftliche, finanzielle und ökologische Grenzen für die Produktion bestehen.

4.1 Konzepte und Einzelziele der Rohstoff-Exportländer

Die allgemeinen wirtschaftspolitischen Ziele und damit auch die rohstoffpolitischen Ziele der meisten Exportländer sind vorrangig wachstumsorientiert. Die Ausfuhr von Bergbau- und Mineralölprodukten wird als Grundlage der Entwicklungsfinanzierung angesehen. Die Deviseneinnahmen tragen zur Stabilisierung des Staatshaushaltes und zur Verwirklichung von Investitionsprogrammen bei. Diese fundamentale Bedeutung wird dem Rohstoffexport von den bergbautreibenden Entwicklungsländern und von der kleineren Gruppe rohstoffreicher Industrieländer (Kanada, Australien, Südafrika) beigemessen.

Prioritäres Ziel ist die Erlangung stabiler und möglichst hoher Rohstoffpreise. Die Preispolitik der OPEC seit 1971, mit ihren Höhepunkten 1973/74 und 1979, wird als beispielhaft für die Durchsetzung dieser Grundforderungen angesehen, obwohl die Krise des Erdöl-Kartells 1982/83 erste Zweifel hervorrief.

Auf nationaler Ebene sind in den sektoralen Entwicklungsplänen für Bergbau/Energie stets ein ganzer Katalog von rohstoffwirtschaftlichen Einzelzielen genannt, von denen besonders bedeutsam sind:

— Erhöhung und Rationalisierung der Produktion mineralischer Rohstoffe zur Erzielung größtmöglicher Exporterlöse (Erlössteigerungsziel).
— Nivellierung von Preisschwankungen und Sicherung stetiger Exporterlöse (Erlösstabilisierungsziel).
— Diversifizierung der Bergbauproduktion zur Minderung der Abhängigkeit von einzelnen Rohstoffmärkten (Erlössicherungsziel).
— Verstärkung der Weiterverarbeitung mineralischer Rohstoffe zur Steigerung der inländischen Wertschöpfung und als Beitrag zur Industrialisierung (Industrialisierungsziel).
— Sicherstellung der nationalen Versorgung an mineralischen Rohstoffen zur Vermeidung von devisenaufwendigen Importen (Autarkieziel).
— Nutzung des Rohstoffsektors zur Entwicklung ländlicher Räume durch Verbesserung der Infrastrukturen und durch Schaffung neuer Arbeitsplätze außerhalb von Ballungsgebieten (Regionalentwicklungsziel).
— Minimierung von Umweltbelastungen bei der Produktion und Weiterverarbeitung mineralischer Rohstoffe (Ökologieerhaltungsziel).
— Schutz der Lagerstätten vor unsachgemäßer Ausbeutung und vorzeitiger Aufgabe (Ressourcenerhaltungsziel).
— Erlangung souveräner Verfügungsgewalt über die Bodenschätze (Souveränitätsziel) durch staatliche Kontrolle der Produktion und Vermarktung (Kontrollziel), Änderung von Eigentumsstrukturen (Beteiligungsziel) oder Förderung einheimischer Genossenschaften.

Die Strategien zur Erreichung der Ziele sind in der Regel sehr allgemein gehalten. Hauptsächlich werden Aktivitäten zum Nachweis neuer Vorräte an mineralischen Rohstoffen durch entsprechende Förderung von Prospektions- und Explorationsvorhaben genannt. Hiermit sind dann die staatlichen Geologischen Dienste, Geber von Entwicklungshilfe und auch internationale Bergbau- oder Mineralölkonzerne angesprochen.

Auf eine Prioritätenfolge wird häufig verzichtet, denn die Ziele sind aufgrund lagerstättenkundlicher, ordnungspolitischer, wirtschaftlicher oder sozio-kultureller Gegebenheiten in den einzelnen Ländern nicht immer kompatibel.

Auf ein politisch recht erstaunliches Phänomen soll im Zusammenhang mit dem vorerwähnten Zielkatalog noch hingewiesen werden. Die rohstoffexportierenden Entwicklungsländer befinden sich in der "Gruppe 77" in der Minderheit. Trotzdem werden ihre Forderungen von allen unterstützt, obwohl gerade rohstoffarme Entwicklungsländer zu den Leidtragenden einer aggressiven Rohstoffpreispolitik gehören, wie die Ölpreiserhöhungen deutlich zeigten. Die ohnehin schon ungleiche Einkommensverteilung unter den Entwicklungsländern wird verstärkt, ohne daß ernsthaft ein Ausgleichsmechanismus diskutiert wird. Ansätze hierfür sind lediglich beim Konzept einer Internationalen Meeresbodenbehörde (vgl. Abschn. 5.2.3) zu erkennen.

4.2 Konzepte und Einzelziele der Rohstoff-Importländer

So wie die Exportländer in eine (kleine) Gruppe rohstoffreicher Industrieländer und in eine (größere) Gruppe rohstoffreicher Entwicklungsländer eingeteilt werden können, gibt es auch bei den Importländern zwei Gruppen. Die mengenmäßig stärkste Bedeutung haben die westeuropäischen Industriestaaten und Japan, die auf Rohstofflieferungen für die Versorgung der industriellen Produktion angewiesen sind. Daneben sind die rohstoffarmen Entwicklungsländer zu nennen, deren Entwicklungschancen durch die internationale Rohstoffpolitik entscheidend bestimmt werden. Die Länder des COMECON ("Ostblock") bleiben bei dieser Betrachtung unberücksichtigt.

Übergeordnetes Ziel der importierenden Industrieländer ist die sichere Versorgung mit Rohstoffen, oberstes Ziel der importierenden Entwicklungsländer sind niedrige Preise.

Für importabhängige OECD-Länder ist heute Rohstoffpolitik zwar in erster Linie Versorgungspolitik, doch weist der folgende Zielkatalog daneben noch andere Aspekte auf:

— Sicherung der Versorgung mit mineralischen Rohstoffen durch Bergbauinvestitionen, Beteiligungen an Projekten der Rohstoffgewinnung, langfristige Lieferverträge, Kooperationsabkommen und Diversifizierung der Bezugsquellen (Versorgungssicherungsziel).
— Streben nach preiswerter Versorgung, um die Wettbewerbsfähigkeit der Industrie zu erhalten (Kostenminimierungsziel).
— Förderung der heimischen Rohstoffgewinnung durch Unterstützungen beim Aufsuchen neuer Lagerstätten, durch Subventionen für Gewinnungsbetriebe und durch Substitutionsforschung (Autarkieziel).
— Entwicklung neuer Technologien zum möglichst rationellen und effizienten Einsatz der Rohstoffe (Ressourcenerhaltungsziel).
— Verstärkung des Recyclings von mineralischen Rohstoffen, insbesondere von Metallen (Wiederverwendungsziel).
— Minimierung von Umweltbelastungen bei der Gewinnung und Umwandlung mineralischer Rohstoffe (Ökologieerhaltungsziel).

— Förderung der internationalen Zusammenarbeit zwischen Industrieländern und
  Rohstoffländern zur Erschließung neuer Lagerstätten, zum Transfer moderner, jedoch angepaßter Gewinnungstechnologien und zum Abbau von Handelshemmnissen (Kooperationsziel).

Die Strategien und das Instrumentarium zur Erreichung der Ziele sind vielseitig und
werden später noch ausführlich diskutiert (vgl. Abschn. 6.1). Hingewiesen werden soll
an dieser Stelle auf das Bestreben der westlichen Industrieländer nach gemeinsamen
Strategien, etwa im Rahmen der EG oder der OECD.

Wie schon im Falle der Rohstoff-Exportländer sind auch die einzelnen rohstoffpolitischen Ziele der Importländer nicht immer kompatibel. Schwerwiegende Konflikte aber
treten nicht durch die Konkurrenzbeziehungen innerhalb der Zielkataloge auf, sondern
der Zündstoff liegt bei der zumindest partiellen Unvereinbarkeit der beiden Zielkataloge.

4.3 Zielkonflikte und Lösungsansätze

Die rohstoffpolitischen Zielsetzungen der beiden Hauptgruppen (Exportländer und
Importländer) erscheinen auf den ersten Blick völlig unvereinbar. Bei näherer Betrachtung zeigen sich aber eine Reihe von Einzelzielen weniger kontrovers.

Für einen erfolgreichen Dialog zwischen den rohstoffexportierenden Entwicklungsländern und den importabhängigen Industrieländern lohnt es sich deshalb, die Ziele auf
ihre Kompatibilität hin zu prüfen und so die Gemeinsamkeiten, aber auch die potentiellen Konflikte herauszufiltern.

Die Wachstumsziele der Exportländer wie Steigerung, Rationalisierung und Diversifizierung der Rohstoffgewinnung sind mit den Versorgungszielen der Importländer gut
vereinbar. Auch die ökologischen Vorstellungen einer umweltverträglichen Produktion
und Nutzung sind nicht kontrovers. Schließlich werden die Programme gegen eine Verschwendung mineralischer Rohstoffe (Vermeidung von Raubbau, rationellster Einsatz)
auf keine ernstzunehmenden Vorbehalte stoßen, weil inzwischen allen Rohstoffpoliti-
kern die begrenzte Verfügbarkeit bewußt geworden sein dürfte.

Konfliktstoff dagegen bergen die unmittelbaren entwicklungspolitischen Zielsetzungen
der Exportländer zur Industrialisierung, die eine verstärkte Weiterverarbeitung von
Rohstoffen vorsehen. Hiermit im Zusammenhang steht das Regionalentwicklungsziel
zur Erschließung ländlicher Räume. Vor allem der Wunsch nach Aufbau weiterer Ver-
arbeitungsstufen kann Schwierigkeiten für die Grundstoffindustrie in Importländern
hervorrufen, denn traditionelle Hüttenbetriebe, Halbzeugwerke oder Erdölraffinerien
verlieren einen Teil ihrer Rohstoffbasis.

Diese Konflikte sind nicht mehr nur marktwirtschaftlich zu lösen. Den Entwicklungs-
zielen der Exportländer müssen die Kooperations- und Entwicklungshilfeziele der Regierungen der Importländer gegenübergestellt werden. Daraus resultiert dann eine bestimmte Verantwortung nationaler Wirtschaftspolitik in den Industrieländern für den
Strukturwandel in ihrer Grundstoffindustrie.

Es bleibt ein besonders konfliktträchtiger Bereich, nämlich die jeweiligen Vorstellungen von den Rohstoffpreisen. Die Exportländer machen gute Gründe geltend für
hohe Preise, die Importländer können andererseits auf die weltwirtschaftlichen Vorteile niedriger Rohstoffpreise (z.B. für Erdöl oder Eisenerz) verweisen. Die rohstoffpolitische Kontroverse läßt sich also auf die Preisebene reduzieren, wobei allerdings von den
beteiligten Gruppen vielseitige politische, soziale und gesellschaftliche Aspekte — und
auch Emotionen — in die Diskussionen eingebracht werden. Die unbestritten vorhandenen entwicklungspolitischen Implikationen machen eine Kompromißlösung nötig.

Die internationale Rohstoffpolitik ist deshalb heute vorrangig geprägt von der Suche
nach einem kompromißfähigen Preismechanismus auf den Rohstoffmärkten.

5 Rohstoffpolitische Aktivitäten von internationalen Organisationen

5.1 Aktivitäten des Völkerbundes

Rohstoffpolitik kann nationalen oder internationalen Charakter haben. Ihre Anfänge lassen sich zwar im Zusammenhang mit der Kolonisation durch europäische Staaten ab dem 16. Jhdt. sehen, doch begann eine organisierte und programmatische Rohstoffpolitik erst im Rahmen der fortschreitenden Industrialisierung im 20. Jhdt. Nach dem Ersten Weltkrieg entstanden einige kartellartige Absprachen zwischen führenden Bergbaugesellschaften (z.B. Bandoeng-Pool für Zinn). Die Weltwirtschaftskonferenz des Völkerbundes 1927 in Genf formulierte aus diesem Anlaß erstmals auch *Grundsätze einer internationalen Rohstoffpolitik*. Produzentenkartelle sollten danach nur dann geduldet werden, wenn sie zur schnelleren Einführung des technischen Fortschritts im Bereich der Gewinnungsmethoden oder auch zur Kostenverminderung beitragen können, sie sollten jedoch bekämpft werden, wenn sie der Erreichung künstlicher Preissteigerungen zum Nachteil der Rohstoffverbraucher dienen.

Auch die 1933 vom Völkerbund nach London eingeladene Finanz- und Wirtschaftskonferenz befaßte sich im Rahmen eines Fachausschusses mit Problemen und Grundsätzen der internationalen Rohstoffpolitik. Die Konferenz verabschiedete Richtlinien für Rohstoffkontrollmaßnahmen, von denen folgende bemerkenswert sind:

a) Zur Wiederherstellung eines weltwirtschaftlichen Wohlstandes nach der Weltwirtschaftskrise sollten die Rohstoffpreise auf ein angemessenes Niveau gehoben werden.

b) Für empfehlenswert wurde die Koordination von Erzeugung und Handel gewisser Rohstoffe gehalten.

c) Abkommen zur Erreichung dieser Ziele sollten berücksichtigen, daß
    — der Rohstoff für den Welthandel von großer Bedeutung ist,
    — ein erheblicher Produktionsüberschuß besteht,
    — die Nebenprodukte in das Abkommen einbezogen sind,
    — neben allen Exportländern auch die Mehrzahl der Importländer dem Abkommen prinzipiell zustimmen,
    — die Maßnahmen für Erzeuger und Verbraucher gerecht sind.

Aufmerksamkeit verdient die Tatsache, daß zwar in erster Linie Produzenteninteressen mit den Richtlinien einer Rohstoffpolitik verfolgt wurden, aber stets unter gewisser Berücksichtigung von Verbraucherinteressen. Eine Reihe von Abkommen über die internationale Kontrolle einzelner Rohstoffe versuchten diese Richtlinien zu beachten, so auch das 2. International Tin Control Scheme 1934 - 1936.

Im Jahre 1937 bestellte dann der Völkerbund eine Kommission, die einen Bericht über die Erfolge der Rohstoffpolitik erarbeiten sollte. Es wurde festgestellt, daß ein wesentlicher Unterschied zwischen Produzentenkartellen und Maßnahmen zur Marktkontrolle besteht und daß viele Wettbewerbsbeeinträchtigungen zum Zwecke der Preiserhöhungen restriktiv hinsichtlich der Angebotsmengen wirken. Als marktkonformes Instrument einer Preisregulierung wurde die Schaffung von Ausgleichslagern ("bufferstock") ausdrücklich empfohlen.

Der Zweite Weltkrieg unterbrach die internationalen Wirtschaftsbeziehungen in starkem Maße. Die Rohstoffprobleme konzentrierten sich auf die Versorgung der Kriegswirtschaften, die Bergbauproduktion wurde nach strategischen Gesichtspunkten nationalistisch ausgerichtet.

5.2 Aktivitäten der Vereinten Nationen

Die Rolle des Völkerbundes als zuständige Institution zur Konzipierung und Lenkung internationaler Rohstoffpolitik wurde nach dem Kriege von den Vereinten Nationen übernommen. Die meisten Konferenzen über Rohstoffprobleme wurden von Organen und Kommissionen der UNO organisiert, denn die UN-Charta definiert als wichtigstes Ziel der Vereinten Nationen, "die internationale Zusammenarbeit durch Lösung internationaler Probleme von wirtschaftlicher, sozialer, kultureller oder humanitärer Natur zu fördern ..." (Art. 1, Abschn. 3).

Als besonders Organ zur Erreichung des wirtschaftlichen und sozialen Fortschritts dient der Wirtschafts- und Sozialrat (Economic and Social Council) mit seinen verschiedenen funktionellen und regionalen Sonderkommissionen. Für rohstoffpolitische Fragen sind einige dieser Sonderkommissionen zuständig. Am 28. März 1947 wurde zunächst das "Interim Co-ordination Committee for International Commodity Arrangements" (ICCICA) ins Leben gerufen. Dieses Komitee sollte interimistisch die rohstoffpolitischen Ziele der damals von der Havanna-Charta angestrebten International Trade Organisation (ITO) übernehmen. Als deutlich wurde, daß die ITO nicht verwirklicht werden konnte, löste sich Anfang der Fünfziger Jahre auch das ICCICA wieder auf, doch hat seine Arbeit (besonders auf den Rohstoffkonferenzen) zusammen mit den Vorschlägen der Havanna-Charta die internationale Rohstoffpolitik noch mindestens 20 Jahre geprägt. Auch die Generalversammlung der UNO selbst beschäftigte sich in den letzten Jahren mehrfach mit rohstoffwirtschaftlichen Problemen. In besonderem Maße geschah dies auf der 6. Sondertagung der UN-Generalversammlung vom 9. April 1974 bis zum 2. Mai 1974 in New York, auf der die "Deklaration über die Errichtung einer neuen Internationalen Wirtschaftsordnung" verabschiedet wurde. Das Aktionsprogramm zur Verwirklichung der *New International Economic Order"* enthält für den Rohstoffbereich insbesondere folgende Forderungen:

— Abschluß von Rohstoffabkommen mit Preis- und Mengenregulierungen, Abnahme-

garantien, Finanzierung von Überschußproduktion und Ausgleich von Erlösrückgängen.
- Indexierung der Rohstoffpreise, also Bindung der Preise für den Rohstoffexport der Entwicklungsländer an die Importpreise für Industriegüter.
- Bildung von Produzentenkartellen auf Rohstoffmärkten.

Außerdem haben allgemeine Forderungen Einfluß auf die Rohstoffwirtschaft, wie:

- Enteignung ausländischer Investitionen mit Entschädigungen nach nationalstaatlichen Regelungen, insbesondere volle Souveränität eines jeden Staates über seine Rohstoffe, einschließlich Verstaatlichung des gesamten Grundstoffsektors,
- einseitige Öffnung der Märkte der Industrieländer für Rohstoffe und Fertigwaren aus Entwicklungsländern,
- Transfer moderner Technologie in die Entwicklungsländer zu Vorzugsbedingungen,
- Erhöhung des Anteils der Entwicklungsländer an der Weltindustrieproduktion von 7 % (1975) auf 25 % im Jahre 2000, gemäß der Lima-Deklaration der UNIDO vom März 1975.

Die 127 UNO-Mitgliedsländer der Dritten Welt gehen davon aus, daß als Grundlage für eine weitere Entwicklungshilfe entscheidende Strukturprobleme gelöst werden müssen. Hauptansatzpunkt bildet ihrer Meinung nach die Rohstoffpolitik, da Rohstoffe für die Entwicklungsländer immer noch der wichtigste Devisenbringer sind. Als negatives Ergebnis des bisherigen Weltwirtschaftssystems aber wird die rapide wachsende öffentliche Auslandsverschuldung der Entwicklungsländer angesehen, die sich Ende 1982 auf 520 Mrd. US-$ bei Nicht-OPEC-Ländern (davon ca. 50 % Bankschulden) belief und einen hohen Anteil der Exporterlöse für den Schuldendienst verschlingt. Selbst die OPEC-Länder waren Ende 1982 mit 106 Mrd. US-$ verschuldet (75 % Bankschulden).

Auch die Industrieländer sehen diese Probleme und treten für eine Verbesserung der Weltwirtschaftsordnung ein, jedoch nicht in Richtung einer Weltplanwirtschaft, sondern für ein Programm marktkonformer Reformen, die bezwecken:

- Stabilisierung der Rohstoffexporterlöse,
- Maßnahmen zur Verhinderung übermäßiger Preisschwankungen,
- stärkere Öffnung der Märkte für Produkte der Entwicklungsländer,
- Intensivierung der Industrialisierung der Entwicklungsländer, auch durch Weiterverarbeitung von Rohstoffen,
- Erleichterung des Technologietransfers,
- Sicherstellung der kontinuierlichen Rohstoffversorgung im Interesse des Wachstums der Weltwirtschaft.

5.2.1 UNCTAD I - VI

Als ständiges Organ der UN-Vollversammlung wurde 1964 die United Nations Conference on Trade and Development (UNCTAD) gegründet. Mit einem Sekretariat in New York, in dem der UNCTAD-Generalsekretär regiert, und mit dem Rat für Handel und Entwicklung (Trade and Development Board) sind auch zwischen den Konferenzen Organe der UNCTAD vorhanden. Das Sekretariat ist u.a. zuständig für die Ausrichtung von Rohstoffkonferenzen, auf denen über allgemeine Richtlinien der Rohstoffpolitik oder aber über den Abschluß spezieller Rohstoffabkommen (Zinn, Wolfram, Kupfer) verhandelt wird.

Bisher fanden sechs ordentliche Konferenzen statt:

UNCTAD I	23.3. -	16.6.1964 in Genf/Schweiz,
UNCTAD II	1.2. -	29.3.1968 in New Delhi/Indien,
UNCTAD III	13.4. -	21.5.1972 in Santiago de Chile,
UNCTAD IV	4.5. -	31.5.1976 in Nairobi/Kenia,
UNCTAD V	7.5. -	3.6.1979 in Manila/Philippinen,
UNCTAD VI	6.6. -	30.6.1983 in Belgrad/Jugoslawien.

Die Schwerpunkte der Rohstoffprogramme waren auf jeder dieser UNCTAD-Tagungen anders gesetzt, entsprechend der weltwirtschaftlichen Entwicklung. In Genf 1964 wurde als vordringlich angesehen:

— Steigerung der Mitgliedschaft von Verbraucherländern an Rohstoffabkommen,
— Erweiterung der Abkommensdauer,
— Bestimmungen über regelmäßige Angleichung von Quoten und Preisgrenzen,
— internationale Finanzierung von Ausgleichslagern.

In New Delhi 1968 waren die Akzente stärker preispolitisch ausgerichtet, denn es wurde gefordert:

— Erreichung größtmöglicher Erlöse aus dem Rohstoffexport,
— Grundsätze einer Preispolitik,
— Diversifizierungsprogramme,
— Finanzierungshilfen für Ausgleichslager.

Die Konferenz in Nairobi 1976 stand ganz im Zeichen des neuen Rohstoffbewußtseins. Die OPEC-Preispolitik galt als Wunschvorstellung rohstoffreicher Entwicklungsländer, denn die Preise für fast alle anderen mineralischen Rohstoffe stiegen Anfang 1974 im Zuge der Ölpreiserhöhungen beträchtlich, fielen dann aber schon 1975 wieder deutlich zurück. Eine internationale Kontrolle der Rohstoffmärkte wurde auf breitester Basis angestrebt. Auf verschiedenen Konferenzen, bei denen die Entwicklungsländer eine entscheidende Rolle spielten, wurde UNCTAD IV vorbereitet. Erwähnenswert sind insbesondere die UN-Rohstoffkonferenz vom April 1974, auf der 97 Länder der Dritten Welt den Entwurf der "New International Economic Order" vorlegten und der dann Anfang Mai 1974 von der 6. Sondergeneralversammlung übernommen wurde, außerdem die Rohstoffkonferenz von Dakar, auf der am 8. Februar 1975 die Dakar-Deklaration verabschiedet wurde, weiterhin die 8. Sitzung des UNCTAD-Rohstoffausschusses am 21. Februar 1975 in Genf, auf der ein "Integriertes Rohstoffprogramm" ("Corea-Plan" nach UNCTAD-Generalsekretär Corea) konzipiert wurde und schließlich die "Manila-Deklaration" der "Gruppe der 77" vom Februar 1976.

Auf der UNCTAD 1964 in Genf hatten sich erstmals 77 Entwicklungsländer zur *"Group of 77"* zusammengefunden, um auf Ministerebene gemeinsame entwicklungspolitische Strategien zu entwerfen. Inzwischen umfaßt die "Gruppe 77" schon 127 Mitglieder. Besonders das 3. Ministertreffen (Ministerial Meeting) vom 26. Januar 1976 bis zum 7. Februar 1976 in Manila ist durch die *Manila-Deklaration* bekannt geworden. In dieser Deklaration ist die Rohstoffpolitik zentrales Thema. Das Dokument wurde dann der UNCTAD IV als offizielles Aktionsprogramm vorgelegt.

Hauptanliegen der Manila-Deklaration soll die Absicherung des Realeinkommens der Entwicklungsländer sein. Zur Erreichung dieses Zieles wurde ein Katalog von Forderungen aufgestellt, der Rohstoffe, Industriegüter, Handel, Kapitaltransfer, Technologietransfer und wirtschaftliche Zusammenarbeit betrifft.

Im Bereich der Rohstoffe diente das integrierte Programm der 8. UNCTAD-Rohstoffkonferenz als Basis für alle Vorschläge. Deutlich ausgesprochen wurde diesmal, daß es sich um ein Programm zur Errichtung völlig neuer Strukturen im internationalen Rohstoffhandel handelt, das in erster Linie die Interessen der Entwicklungsländer berücksichtigt. Dann wurden aber auch die aufeinanderfolgenden Schritte für eine Verwirklichung des *Integrierten Rohstoffprogramms* (integrated programme for commodities) aufgezeigt:

- Errichtung eines Gemeinsamen Fonds zur Finanzierung des internationalen Rohstofflagers,
- Abschluß von internationalen Rohstofflagerarrangements,
- Harmonisierung der Lagerhaltungspolitik,
- Verhandlungen über andere Vereinbarungen im Rahmen internationaler Rohstoffabkommen, wie beispielsweise über Produktionsziele, Versorgungsprobleme oder langfristige Liefer- und Abnahmegarantien,
- Indexierung der Preise für Rohstoffe aus Entwicklungsländern und für Industriegüter aus Industrieländern,
- Verstärkung kompensatorischer Finanzhilfen zur Stabilisierung des Realeinkommens von Entwicklungsländern,
- Unterstützung von Diversifizierungsprogrammen in Entwicklungsländern sowie Liberalisierung des Marktzuganges für Rohstoffe aus Entwicklungsländern,
- stärkere Beteiligung der Entwicklungsländer an Transport, Handel und Verteilung von Rohstoffen.

Schließlich wird gefordert, daß ein Koordinationskomitee des UNCTAD- "Trade and

Development Board" einen Zeitplan für die Verwirklichung des Integrierten Rohstoffprogrammes ausarbeiten soll.

In Nairobi wurden dann allerdings keine gravierenden Beschlüsse gefaßt. Corea-Plan
und Manila-Deklaration wurden diskutiert und zur baldigen Verwirklichung empfohlen. Konkrete Verpflichtungen oder ein Zeitplan wurden nicht beschlossen. Hinsichtlich eines Gemeinsamen Rohstoff-Fonds, der im Corea-Plan noch 18 Rohstoffe enthalten sollte und nach Nairobi vorerst nur noch 10 Kernrohstoffe (vgl. Abschn. 5.2.2),
wurde der Generalsekretär beauftragt, eine Verhandlungskonferenz einzuberufen. Diese Konferenz begann mit einer ersten Sitzung im März 1977 in Genf und konnte erst
am 27. Juni 1980 mit einem Übereinkommen zur Finanzierung des Gemeinsamen
Fonds beendet werden.

Bei der UNCTAD V in Manila wurden die konkreten Schritte zur Verwirklichung des
Integrierten Rohstoffprogrammes zum zentralen Tagungsthema bestimmt. Die "Gruppe 77" brachte dazu 5 Resolutionen ein. Darin kommt vorrangig zum Ausdruck:

a) Die im März 1979 auf einem Vorbereitenden Treffen erzielte Grundsatzeinigung
    über die Elemente (zwei "Schalter") eines Gemeinsamen Fonds wurde bestätigt.

b) Noch vor Jahresende 1979 sollten die Statuten des Gemeinsamen Fonds verab-
    schiedet werden (dies wurde Mitte 1980 erreicht).

c) Alle Mitgliedsländer und alle internationalen Organisationen wurden aufgefordert,
    einen konkreten, freiwilligen Beitrag zum "Zweiten Schalter" (andere Maßnah-
    men) des Fonds zu zeichnen (vgl. Abschn. 5.2.2).

d) Die Regierungen wurden aufgerufen, die Verhandlungen über die einzelnen Inter-
    nationalen Rohstoffabkommen zu beschleunigen.

e) Die Entwicklungsländer sollen unterstützt werden in ihrem Streben nach einer
    Realwertgarantie für Rohstoffexporte.

Die letzte Forderung traf auf den Widerstand einiger Industrieländer, darunter USA
und Bundesrepublik Deutschland. Sie geht noch weit über die Maximalziele des Integrierten Rohstoffprogrammes hinaus, denn eine solche Realwertgarantie soll nämlich
erreicht werden durch Indexierung, was ein Bündel weiterer dirigistischer Maßnahmen
erfordert. Dazu gehören etwa staatliche und internationale Kontrollen der Produktion,
der Investitionen und der Weiterverarbeitung von Rohstoffen.

Erwähnt werden soll, daß die UNCTAD V besondere Entwicklungshilfemaßnahmen für
die ärmsten Länder beschlossen hat ("Comprehensive New Programme of Action for
the LLDC").

Im Vorfeld der UNCTAD VI in Belgrad fanden lange Sitzungen des UNCTAD-Rohstoffausschusses statt, wobei grundsätzliche, aber unverbindliche Übereinkunft zwi-

schen Entwicklungsländern und Industrieländern erzielt wurde, daß

— der Gemeinsame Rohstoff-Fonds möglichst bald ratifiziert und damit in Kraft treten sollte,
— weitere Internationale Rohstoffabkommen abgeschlossen werden,
— die Weiterverarbeitung von Rohstoffen in den Entwicklungsländern gefördert
  werden soll.

Das UNCTAD-Generalsekretariat hatte ein Rohstoffsofortprogramm vorgeschlagen,
das mit einem Kapitaleinsatz von nicht weniger als 9 Mrd. US-$ erlösstabilisierende
Maßnahmen durchführen soll. Vor dem Hintergrund gegenwärtiger Finanzierungsschwierigkeiten sind solche Programme jedoch unrealistisch.

5.2.2 Integriertes Rohstoffprogramm

Der UNCTAD-Rohstoffausschuß (Committee on Commodities) hatte seit Anfang 1974
an einem Programm zur internationalen Regulierung der Weltrohstoffmärkte gearbeitet
und auf seiner 8. Sitzung am 21. Februar 1975 einen Vorschlag für die UNCTAD IV in
Nairobi beschlossen. Dieses sogenannte "Integrierte Rohstoffprogramm" verfolgt als
hauptsächliche Ziele (vgl. Resolution 93/IV der UNCTAD Konferenz in Nairobi):

— Herstellung stabiler Preisverhältnisse im Rohstoffhandel durch Stabilisierung der
  Preise auf einem Niveau, das lohnend und gerecht für die Produzenten und fair für
  die Verbraucher ist.
— Verbesserung und Stabilisierung der Exporterlöse der rohstoffexportierenden Ent-
  wicklungsländer.
— Verbesserung des Marktzuganges für alle Rohstoffe.
— Diversifizierung der Produktion und Förderung der Rohstoffweiterverarbeitung in
  den Entwicklungsländern.
— Harmonisierung der synthetischen Herstellung von Rohstoffsubstituten in In-
  dustrieländern mit der Erzeugung natürlicher Rohstoffe in Entwicklungsländern.

Nach langen Diskussionen wurde eine Liste von 18 Rohstoffen (6 mineralische Rohstoffe, 5 agrarische Rohstoffe und 7 Nahrungs- und Genußmittel) aufgestellt, die für
die Entwicklungsländer besonders wichtig sind, weil sie fast 75 % des Rohstoffexport-
wertes (außer Erdöl) vereinen. Die Liste umfaßt: Kaffee, Kakao, Tee, Zucker, Baum-
wolle, Kautschuk, Jute, Hartfasern (Sisal), Kupfer, Zinn, Tropenhölzer, Bananen,
Fleisch, Wolle, Bauxit, Phosphate, Eisenerz und Manganerz, wobei die ersten 10 Rohstoffe als "Kern-Rohstoffe" (core commodities) eingestuft wurden. Auf diese 10 Kern-
Rohstoffe ist der Aufbau von Ausgleichslagern (Bufferstock) begrenzt worden.

Nachdem die UNCTAD V in Manila noch einmal konkrete Daten für die Verhandlungen über das Integrierte Rohstoffprogramm gesetzt hatte, kam es am 27. Juni
1980 zunächst zu einer Teil-Einigung in Genf. Das Übereinkommen über die Er-

richtung des Gemeinsamen Fonds liegt seit dem 1. Oktober 1980 zur Zeichnung auf und soll in Kraft treten, sobald 90 Staaten eine Ratifizierung vorgenommen haben. Dieser Zeitpunkt wird im Laufe des Jahres 1983 erhofft. Noch im Jahre 1980 unterzeichneten 11 Staaten den Stiftungsvertrag über diese "Rohstoffbank". Die Bundesrepublik Deutschland folgte am 10. März 1981 mit ihrer Unterschrift und bis Februar 1983 hatten 92 Länder mit einem Kapitalanteil von rund 80 % das Fondsabkommen unterzeichnet, einschließlich aller EG-Länder. Die Ratifizierung jedoch nahmen bis Frühjahr 1983 erst 45 Staaten vor, aus Westeuropa nur Großbritannien, Frankreich und Dänemark. Die Ostblockländer konnten sich auch 1982 noch nicht einmal zu einer Unterschrift durchringen. Die Frist zur Erfüllung der Voraussetzungen für das Inkrafttreten des Abkommens wurde deshalb auf den 30. September 1983 verlängert, doch UNCTAD-Experten rechnen sogar erst für 1985 mit dem Beginn der Fondsaktivitäten.

Das Abkommen betrifft allerdings vorerst nur das Kernstück des Programmes, nämlich den Aufbau eines "Gemeinsamen Fonds" (Common Fund). Der Fonds hat zwei "Schalter" (windows) erhalten. Der "Erste Schalter" dient der Finanzierung internationaler Rohstofflager, im "Zweiten Schalter" sollen "andere Maßnahmen zugunsten ausgewählter Rohstoffe" finanziert werden.

Der Erste Schalter des Fonds wurde zunächst mit rund 400 Mio. US-$ ausgestattet, die als Pflichtbeiträge der Mitgliedsländer eingebracht werden. Jedes Land zahlt einen Sockelbetrag von 1 Mio. US-$, während 320 Mio. US-$ fällig sind nach einem Gruppenschlüssel, der ca. 71 % der Beiträge aus OECD-Ländern vorsieht, ca. 13 % aus COMECON-Ländern, 10 % aus Entwicklungsländern, 5 % aus der VR China und 1 % aus sonstigen Ländern. In konkreten Zahlen bedeutet dies beispielsweise für die Bundesrepublik Deutschland die Zahlung von 26,5 Mio. US-$, für die USA 73,8 Mio. US-$, für Japan 33,7 Mio. US-$, für die Sowjetunion 27,2 Mio. US-$ und für die VR China 16 Mio. US-$. Die Stimmrechte der Gruppen im Verwaltungsrat des Fonds sind jedoch völlig anders verteilt als die Beitragsverpflichtungen. 47 % der Stimmrechte entfallen auf Entwicklungsländer, 42 % auf OECD-Länder, 8 % auf COMECON-Länder und 3 % auf die VR China.

Das Fondsvolumen des Ersten Schalters von rund 400 Mio. US-$ soll dem Aufbau von Rohstoffausgleichslagern (bufferstocks) dienen. Allerdings nicht zur direkten Lagerfinanzierung, sondern nur zur Verbesserung der Kreditwürdigkeit des Fonds und bestenfalls zur Überwindung vorübergehender Liquiditätsschwierigkeiten.

Ursprünglich sah das Modell des Gemeinsamen Fonds vor, die Mittel als operatives Kapital einzusetzen, um internationale Lager für die 10 Kernrohstoffe einzurichten. Die sehr vorsichtige Kalkulation der UNCTAD ergab jedoch, daß die Erstausstattung des Fonds mindestens 3 Mrd. US-$ hätte betragen müssen. Andere Schätzungen beliefen sich auf bis zu 12 Mrd. US-$, was bei den Verhandlungen in Genf zu unüberbrückbaren Meinungsverschiedenheiten zwischen Industrieländern und Entwicklungsländern führte. Das Verhandlungsergebnis ist ein Kompromiß, dessen Wirksamkeit erst noch unter Beweis gestellt werden muß. Nun fällt dem Fonds nämlich lediglich die Aufgabe zu, einen Beitrag zur Finanzierung von Lagern der Einzelrohstoffabkommen (z.B. Zinnabkommen oder Kupferabkommen) zu leisten, sofern die Einzelabkommen mit dem Fonds durch Assoziierungsvertrag verbunden sind.

Der vorgesehene Mechanismus der Mittelbereitstellung ist recht kompliziert: Das zuständige Organ des Einzelabkommens (z.B. der Internationale Zinnrat) stellt den maximalen Finanzierungsbedarf für den Aufbau eines Ausgleichslagers fest (Ankaufspreis für Lagerbestände und Lagerhaltungskosten). Ein Drittel dieser Summe wird von den Mitgliedsländern des Einzelabkommens bar in den Ersten Schalter des Gemeinsamen Fonds eingezahlt. Werden nun Mittel zur Lagerfinanzierung benötigt, wird zunächst diese Bareinlage zurückgezogen und bei weiterem Bedarf kann ein Kredit des Fonds in Anspruch genommen werden. Die Mittel dazu nimmt der Fonds entweder aus dem Topf der Bareinlagen anderer Einzelabkommen oder aber aus Krediten, die er sich auf dem Kapitalmarkt auf Grund seines Haftungskapitals besorgen kann.

Die Lagerhaltungsscheine (warrants) hat das Einzelabkommen übrigens als zusätzliche Sicherheit dem Fonds zu übertragen. Erklärte Absicht des Integrierten Rohstoffprogrammes ist es, für alle 18 nominierten Rohstoffe (mindestens aber für die 10 Kernrohstoffe) möglichst bald internationale Abkommen zustande zu bringen. Der Gemeinsame Fonds in seiner jetzigen Form wird aber wenig Anreize für den Abschluß zusätzlicher Abkommen bieten. Lediglich zwei vorhandene Abkommen (Zinn und Kautschuk) werden sich wohl der neuen Finanzierungsmöglichkeit bedienen, da sie etwas günstigere Bedingungen bietet.

Im Zweiten Schalter des Gemeinsamen Fonds sind "andere Maßnahmen" zur langfristigen Marktstabilisierung vorgesehen. Finanziert werden sollen Forschung und Entwicklung, Produktionsverbesserung, Vermarktung und Verarbeitung. Diese Maßnahmen zielen in zwei Richtungen:

— Verbrauchsförderung, indem neue Verwendungsbereiche erforscht werden, die Produktqualität verbessert wird und Absatzmärkte transparent gemacht werden.
— Produktionsförderung, indem die Produktionskosten gesenkt werden, die Weiterverarbeitung im Ursprungsland begünstigt wird, die Diversifizierung der Exportstruktur unterstützt wird und die Infrastrukturen in Exportländern verbessert werden.

Der Zweite Schalter soll zunächst mit 350 Mio. US-$ ausgestattet werden, von denen 280 Mio. US-$ durch freiwillige Beiträge aufzubringen sind. Finanziert werden grundsätzlich nur Maßnahmen, die dem Rohstoffmarkt als Ganzem dienen. Länderbezogene Projekte sind damit zwar offiziell ausgeschlossen, doch wird die Abgrenzung nicht immer möglich sein. Als Antragsteller kommen zwischenstaatliche Studiengruppen ("bodies") in Betracht, die Verbrauchsförderung oder Produktionsförderung für einen der ausgewählten Rohstoffe betreiben. Der Zweite Schalter wird vermutlich in absehbarer Zukunft für eine größere Anzahl von Rohstoffen in Betracht kommen als der Erste Schalter. Es ist gut vorstellbar, daß etwa die im Integrierten Rohstoffprogramm erwähnten mineralischen Rohstoffe Kupfer, Bauxit und Eisenerz davon profitieren. Da bereits

Produzentenvereinigungen auf diesen Märkten bestehen, läßt sich die Gründung von Studiengruppen einfach bewerkstelligen, um die Voraussetzung für Förderungsmaßnahmen zu schaffen.

Vorher muß allerdings das Abkommen über die Errichtung des Gemeinsamen Fonds noch ratifiziert werden. Die Verzögerungen bei der Ratifizierung sind eigentlich unverständlich, denn mit dem Kompromiß können alle leben. Die Industrieländer haben den umfassenden internationalen Dirigismus mit Superbürokratie und Weltrohstoffmanagement verhindert und die Entwicklungsländer kommen einen Schritt weiter auf dem Weg des angestrebten Ressourcentransfers.

5.2.3 Seerechtskonferenzen

Die 3. UN-Seerechtskonferenz (Third Conference on the Law of the Sea, UNCLOS III) wird als politisch und wirtschaftlich bedeutsamste Konferenz des 20. Jahrhunderts bezeichnet. Mit gutem Recht, denn durch die Neuordnung des See-Völkerrechts wurden die Nutzungsrechte für etwa 70 % der Erdoberfläche neu verteilt. Dabei spielt die Gewinnung von mineralischen Rohstoffen aus Meeresregionen eine immer größere Rolle.

Schon die 1. UN-Seerechtskonferenz 1958 (UNCLOS I) in Genf hatte die traditionsreiche "Freiheit der Meere" angetastet. Diese Konzeption, die zurückgeht auf das 1609 erschienene Werk "Mare Liberum" von Hugo Grotius, war zuletzt 1930 auf der Haager Seerechtskonferenz des Völkerbundes bestätigt worden. Nun aber wurden auf der UNCLOS I erstmals erhebliche Nutzungsrechte an die Küstenstaaten übertragen. Von den 4 verabschiedeten Konventionen ist nämlich die *Konvention über den Festlandssockel* am wichtigsten, da den Küstenstaaten souveräne Rechte zur Ausbeutung von Rohstoffen des Meeresbodens und des Meeresuntergrundes zugestanden wurden. Die "Konvention über die Hohe See" garantierte dagegen nicht nur freie Schiffahrt, freies Überfliegen, Forschungen, Verlegen von Kabeln und Leitungen, sondern auch die Nutzung der Tiefseeressourcen. Exakt definierte Abgrenzungen von Meeresräumen wie Kontinentalschelf, Kontinentalabhang, Kontinentalschwelle und Tiefsee kamen allerdings damals noch nicht zustande.

Die 2. UN-Seerechtskonferenz 1960 (UNCLOS II) in Genf sollte insbesondere eine Einigung über die Breite der Küstengewässer erzielen. Dieses Vorhaben mißlang, weil zwar viele Staaten für eine 12-Meilen-Zone eintraten, andere dagegen (allen voran die USA) aber die 3-Meilen-Zone beibehalten wollten.

Nachdem 1967 der UN-Delegierte Maltas, Arvid Pardo, die Idee von der gerechten Nutzung des "gemeinsamen Erbes der Menschheit" durch eine internationale Meeresbehörde vorschlug, verabschiedete die UN-Generalversammlung 1969 eine Resolution zur Einberufung der 3. UN-Seerechtskonferenz (UNCLOS III). Eine Moratoriumsresolution im Dezember 1969 verbietet übrigens den Tiefseebergbau solange, bis die vorgeschlagene Meeresbodenbehörde ihre Arbeit aufgenommen hat.

Nachdem ein UN-Meeresbodenausschuß eine Reihe von Vorbereitungen getroffen hatte, begann im Dezember 1973 die erste Sitzungsperiode der UNCLOS III in New York. Es folgten 14 weitere Verhandlungsrunden, nämlich in Caracas (Juni - August 1974), in Genf (März - Mai 1975), in New York (März - Mai 1976; August - September 1976; Mai - Juli 1977), in Genf/New York (März - Mai 1978 und August - September 1978), in Genf/New York (März - April 1979; Juli - August 1979; Februar - April 1980; Juli - August 1980), in New York/Genf (März - April 1981; August 1981) und in New York (März - April 1982).

Die neue *Seerechtskonvention* (Convention on the Law of the Sea, UN-Doc. A/CONF. 62/122) wurde dann am 30. April 1982 mit 129 Stimmen bei 4 Gegenstimmen und 18 Enthaltungen angenommen.

Am 10. Dezember 1982 fand — nach 9 Jahren kontroverser Verhandlungen — die 3. UN-Seerechtskonferenz ihren formellen Abschluß in Montego Bay/Jamaika, als 117 Länder die neue Konvention unterzeichneten. Die USA, aber auch Großbritannien, Frankreich und die Bundesrepublik Deutschland konnten sich noch nicht zu diesem Schritt entschließen, doch liegt die Konvention zunächst 2 Jahre zur Zeichnung auf. Die Konvention tritt in Kraft, wenn 60 Signatarstaaten die Ratifizierung vollzogen haben.

Die neue Konvention mit 320 Artikeln, 9 Anhängen und 5 Resolutionen beinhaltet wichtige internationale Regelungen:

— Erweiterung der Hoheitszone (territorial sea) der Küstenstaaten auf 12 nautische Meilen, gemessen von einer genau definierten Basislinie.

— Schaffung einer Exklusiven Wirtschaftszone (exclusive economic zone) im Anschluß an die Hoheitszone. Diese Wirtschaftszone soll 200 nautische Meilen nicht überschreiten, gemessen von der Basisküstenlinie (vgl. Abb. 5.1). Innerhalb dieses Küstenmeeres hat der Küstenstaat das souveräne Recht zur Ausbeutung aller Naturschätze, die im Wasser, auf dem Meeresboden und im Meeresuntergrund vorhanden sind. Für die Exploration und Gewinnung mineralischer Rohstoffe gelten also die jeweiligen nationalen Berggesetze. In der Wirtschaftszone haben jedoch alle anderen Staaten das Recht der freien Schiffahrt, des freien Überfliegens und des Verlegens von Kabeln und Pipelines.

— Neufestlegung des Festlandsockel-Regimes (continental shelf), wobei die Grenzen des Kontinentalschelfes definiert wurden als Bereich des Festlandsockels bis zum Kontinentalabhang (outer edge of the continental margin). Als Maximalgrenzen wurden allerdings 350 nautische Meilen von der Küstenbasislinie bzw. 100 nautische Meilen von der 2500 m-Isobathe festgelegt. Der Küstenstaat hat auf dem Festlandsockel das souveräne Recht zur Exploration und Gewinnung von mineralischen Rohstoffen und benthonischer Lebewesen.

— Revision der Konvention über die Hohe See (high seas), indem für die Exploration

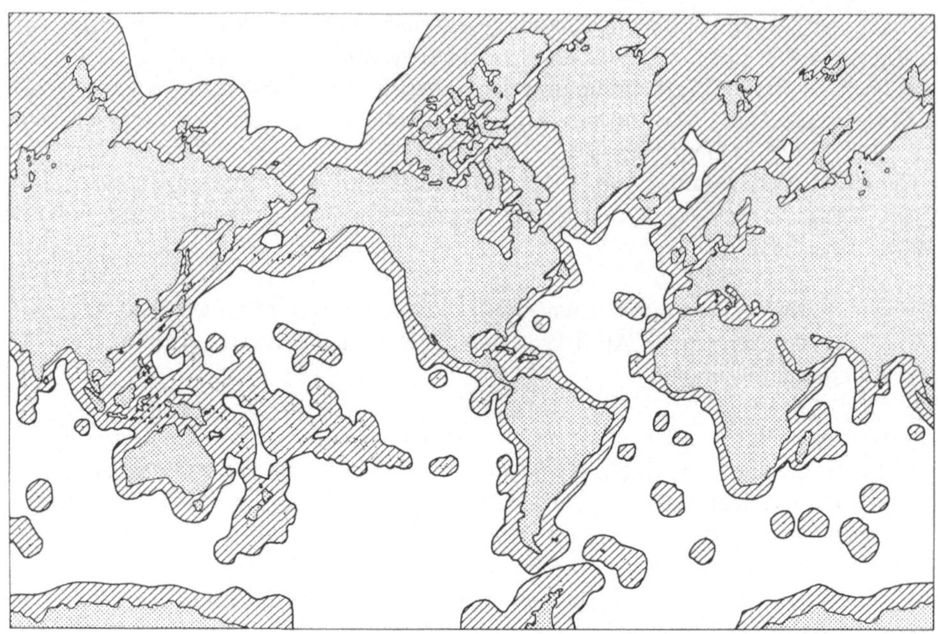

Abb. 5.1. Ausdehnung der Exklusiven Wirtschaftszone (200 Seemeilen)

und Gewinnung der mineralischen Rohstoffe im Bereich der Tiefsee ("area") besondere Regelungen getroffen wurden. Vorgesehen ist dabei die Gründung einer *Internationalen Meeresbodenbehörde* (International Sea-Bed Authority) mit verschiedenen Organen wie Generalversammlung, Rat und Sekretariat. Die Behörde soll eine kontrollierte Nutzung der mineralischen Rohstoffe des Tiefseebereiches sicherstellen. Als Sitz der Behörde ist Jamaika vorgesehen.

– Einrichtung eines Internationalen Seegerichtshofes als Schlichtungsstelle für maritime Streitigkeiten mit voraussichtlichem Sitz in Hamburg, wenn die Bundesrepublik Deutschland der Konvention beitritt.

Von Anfang an waren die Funktionen der Meeresbodenbehörde besonders umstritten. Die Entwicklungsländer sahen in einer umfassenden Kontrollinstanz ihre Vorstellung von der Neuordnung der Weltwirtschaft am besten verwirklicht und wollten vor allem die gerechte Verteilung der Gewinne aus dem Tiefseebergbau erreichen. Als Forderung der Entwicklungsländer war deshalb zunächst ein umfassendes Ausbeutungs- und Handelsmonopol für die Behörde vorgesehen (sog. Enterprise-System). Die internationale Behörde sollte nach diesem Konzept mit einem operativen Arm, also einem eigenen Bergbauunternehmen sowie mit Kompetenzen zur Produktionsregulierung ausgestattet werden, wobei jedoch Finanzierung und Gewinnverteilung (oder Verlustverteilung!) nie konkretisiert wurden.

Die Gruppe der westlichen Industriestaaten schlug dagegen ein Lizenzsystem für den

Tiefseebergbau vor, das der Behörde lediglich die (alleinige) Vergabe von Nutzungslizenzen überträgt, wobei die Bedingungen von der UNO festgelegt werden können.

Als Kompromisse wurden dann auch ein Joint Venture-System und ein Parallelsystem diskutiert. Interessierte Unternehmen sollen bei letzterem Schürfrechte für zwei von ihnen zuvor explorierte Abbaufelder beantragen, erhalten aber nur die Abbaurechte für eines davon, während die Behörde das andere nach eigenem Ermessen bewirtschaftet.

Auf dem Parallelsystem basiert nun der Konventionstext. Die Meeresbodenbehörde soll danach Aufträge an transnationale Firmenkonsortien vergeben. Die Unternehmen führen in den ihnen zugewiesenen Arealen Explorationen durch, müssen allerdings nach 8 Jahren die Hälfte dieser Areale an die Meeresbodenbehörde zurückgeben. Die Behörde kann über die Nutzung der zugefallenen Felder natürlich frei verfügen, also auch selbst mit einem eigenen Unternehmen ("Enterprise") Rohstoffausbeutung betreiben. Sie ist aber auch berechtigt, den Konsortien Verpflichtungen für den Transfer moderner Meerestechnologie aufzuerlegen, hohe Abgaben von ihnen zu fordern und notfalls auch Produktionsbeschränkungen zu erlassen. Die letzten Bestimmungen stoßen auf erhebliche Kritik der Staaten, in denen das technische Know-how für den Tiefseebergbau entwickelt wurde. Als Gegenleistung wurde deshalb vereinbart, solchen Ländern den Status eines Pionierinvestors zuzubilligen, womit Anwartschaften im Umfang der bisherigen Aktivitäten erlangt werden. Infrage kommen für diesen Pionierstatus die USA, Großbritannien, Frankreich, Kanada, Japan, die Sowjetunion, Indien, die Niederlande und die Bundesrepublik Deutschland.

Die Umverteilung von abgeschöpften Erträgen soll über einen speziellen Fonds geschehen. Nationale Tiefseebergbaugesetze (vgl. Abschn. 1.1.3.1) und zwischenstaatliche Vereinbarungen müssen nun in Übereinstimmung mit der neuen Seerechtskonvention sein. Die Bundesrepublik Deutschland, die USA, Großbritannien und Frankreich haben dies beim Abschluß des "Übereinkommens über vorläufige Regelungen für polymetallische Knollen des Tiefseebodens" von Mitte 1982 bereits berücksichtigt.

Beim Tiefseebergbau geht es vorrangig um die Gewinnung von *Manganknollen* in Meerestiefen zwischen 2000 m und 7000 m (Durchschnitt etwa 5000 m), wobei äquatornahe Gebiete im Pazifik nach bisherigen Erkenntnissen am höffigsten sind (z.B. Clarion-Clipperton Belt). Die potentiellen Vorräte an Manganknollen (Ni + Cu mindestens 1,76 %) werden größenordnungsmäßig auf 100 Mrd. t (Feuchtsubstanz) geschätzt, mit Gehalten von 25 bis 35 % Mn (Durchschnitt 27,5 %), 1 bis 2 % Ni (1,22 %), 1 bis 2 % Cu (1,00 %), 0,1 bis 0,5 % Co (0,25 %) und geringen Mengen an Zn, Mo, V.

Für Gewinnung, Transport und Verarbeitung der Manganknollen sind verschiedene technologische Konzepte entwickelt worden, die jedoch alle noch im Versuchsstadium verharren. Die voraussichtliche Kapazität der ersten Einheiten dürfte bei 3 Mio. t Knollenfeuchtsubstanz pro Jahr liegen, was eine Produktion von 20 000 t Kupfer, 23 000 t Nickel und 3500 t Kobalt pro Einheit und Jahr bedeutet. Die Nutzung des Mangangehaltes der Knollen ist noch umstritten. Die Investitionskosten für eine solche Gewinnungs- und Verarbeitungseinheit wurden 1980 auf fast 1 Mrd. US-$ kalkuliert, die Operationskosten allein auf etwa 200 Mio. US-$ pro Jahr. Damit ist an einen rentablen Tiefseebergbau in absehbarer Zeit nicht zu denken.

Bisher haben 5 internationale Konsortien kommerzielle Interessen an der Gewinnung der Manganknollen gezeigt. Durch die *"Arbeitsgemeinschaft meerestechnisch gewinnbarer Rohstoffe (AMR)"* ist die Bundesrepublik Deutschland an einem Konsortium aktiv beteiligt. Wie eine Aufstellung der Konsortialmitglieder zeigt, arbeiten Unternehmen aus 9 westlichen Industrieländern an der Entwicklung der Meeres-Technologie:

- ein Konsortium aus Kennecott Copper Corp. (USA, 40 %), Rio Tinto-Zinc Corp. (UK, 12 %), Consolidated Gold Fields (UK, 12 %), BP Minerals (UK, 12 %), Noranda Exploration Inc. (Kanada, 12 %) und der Mitsubishi-Gruppe (Japan, 12 %).

- die Ocean Minerals Company (OMCO) mit Beteiligungen von Billiton (Niederlande, 25 %), Bos Kalis Westminster (Niederlande, 10 %), Lockheed (USA, 40 %) und Amoco Minerals (USA, 25 %).

- die Ocean Mining Associates (OMA) aus Essex Minerals/US Steel (USA), Sun Ocean Ventures/Sun Oil (USA), Union Minière S.A. (Belgien) und Samin Ocean Inc./ENI (Italien) zu je 25 %.

- die Ocean Management Inc. (OMI) mit Beteiligungen der INCO Ltd. (Kanada), der AMR (Bundesrepublik Deutschland: Metallgesellschaft, Preussag, Deutsche Schachtbau/Salzgitter), der DOMCO (23 japanische Gesellschaften) und der SEDCO Inc. (USA) zu je 25 %.

- die L'Association Française pour l'Etude et la Recherche de Nodules (AFERNOD) aus verschiedenen, überwiegend staatlichen französischen Unternehmen, wie BRGM, CNEXO, DEA, SLN und Chantiers.

Die Aktivitäten der Konsortien waren in den letzten Jahren längst nicht mehr so aufwendig und enthusiastisch wie zu Beginn der Siebziger Jahre. Einerseits wurde das endgültige Ergebnis von UNCLOS III abgewartet, andererseits mußten die Gewinnerwartungen zurückgeschraubt werden. Hierfür sind die unvorhergesehenen technologischen, finanziellen und ökologischen Probleme und Risiken verantwortlich.

5.3 Aktivitäten der OECD

In der Organisation for Economic Co-operation and Development (OECD) sind seit Oktober 1961 die 24 wichtigsten westlichen Industrieländer vereint. Das Development Assistance Committee (DAC) hat die Koordination von Entwicklungshilfeaktivitäten

übernommen. Die 18 Mitglieder dieses Entwicklungshilfeausschusses bringen über 95 %
der öffentlichen Leistungen der Industrieländer auf (1980: 26,6 Mrd. US-$). Jedes Mit-
glied muß vor dem Ausschuß jährlich ein "Examen" über seine Entwicklungshilfemaßnahmen ablegen.

5.3.1 Internationales Energieprogramm

Als Reaktion auf die Lieferbeschränkungen der OPEC während der sogenannten Ölkrise Ende 1973/Anfang 1974 wurde von 12 OECD-Ländern auf Einladung der USA im
Februar 1974 in Washington eine Energiekonferenz abgehalten und anschließend ein
umfassendes "Internationales Energieprogramm (IEP)" ausgearbeitet, das bis Ende
Oktober 1974 von den beteiligten Regierungen (USA, Kanada, Japan, Norwegen,
8 EG-Länder außer Frankreich) beschlossen wurde. Das Programm umfaßte vier Bereiche:

— Gemeinsamer Allokationsmechanismus im Krisenfall durch einen Verteilungs-
   schlüssel für Öl (oil-sharing).
— Verbesserung der Transparenz des Ölmarktes, insbesondere durch Beobachtung
   der Aktivitäten internationaler Mineralölgesellschaften.
— Verminderung der Abhängigkeit von Öl durch Zusammenarbeit bei der rationellen
   Nutzung der Energie und bei der Entwicklung alternativer Energiequellen.
— Vorbereitung eines Dialoges mit den Erdölförderländern und mit anderen Ver-
   braucherländern.

Zur institutionellen Verwirklichung des IEP wurde im Rahmen der OECD die *Internationale Energieagentur (IEA)"* gegründet. Sie nahm ihre Tätigkeit offiziell Mitte November 1974 mit einer Sitzung des Exekutivausschusses in Paris auf, der die Geschäfte
führt. Als weiteres Organ der IEA fungiert ein Verwaltungsrat (Governing Board) aus
den Delegierten der Mitgliedsländer und das Sekretariat unter Leitung des Exekutivdi-
rektors. Eine gewichtete Stimmenverteilung und ein Abstimmungsmodus nach dem
Mehrheitsprinzip sind überaus kompliziert gestaltet, um Interessenkollisionen und
Majorisierungen möglichst zu vermeiden. Vier Ständige Gruppen (Notstandsfragen, Ölmarkt, langfristige Zusammenarbeit, Beziehungen zu Förderländern) sollen vor allem
Detailarbeit leisten.

Schon bei der Konstituierung der IEA erhöhte sich die Zahl der Mitgliedsländer von 12
auf 16 und inzwischen ist sie auf 21 angewachsen.

Als Hauptziel der Agentur wurde in der Präambel des Vertrages die Erreichung einer
"gesicherten Ölversorgung zu vernünftigen und gerechten Bedingungen" artikuliert.
Dieses Ziel soll erreicht werden

— durch eine Erhöhung der Selbstversorgung,
— durch die Festlegung von Notstandsmaßnahmen,

– durch Beschaffung von zusätzlichen Informationen über den Ölmarkt und
– durch die Verbesserung der Beziehungen zwischen den Förderländern und den Verbraucherländern.

In den ersten Jahren nach ihrer Gründung stand im Vordergrund der Agenturaktivitäten, ein Krisenmanagement für akute Versorgungsengpässe zu etablieren. Die Mitgliedsländer wurden deshalb zu einem nationalen Bevorratungsprogramm angeregt (Pflichtreserven von mindestens 90 Tagen Netto-Öleinfuhren) und zu nationaler Gesetzgebung über Verbrauchsbeschränkungen im Krisenfall bewogen.

Auch ein gemeinsames Ölverteilungssystem mit Zuteilungsrechten und Zuteilungspflichten der Mitgliedsländer wurde nach langwierigen Verhandlungen erstellt. Seine Bewährungsprobe steht noch aus. – Im Laufe der letzten Jahre koordinierte und unterstützte die IEA jedoch vorrangig die Forschungen und technologischen Entwicklungsprogramme für Energieeinsparungen und Energieverbrauchsstrukturänderungen. Im Oktober 1977 beschloß die Ministerkonferenz der damals 19 IEA-Staaten erstmals konkrete Sparziele. Bis 1985 sollten die Mitglieder ihre Öleinfuhren auf 26 Mio. Barrel pro Tag einschränken. Außerdem wurden 12 energiepolitische Grundsätze verabschiedet, die vor allem einen schrittweisen Ersatz von Erdöl bei der Stromerzeugung und die kontinuierliche Ausweitung der Kernkraftkapazitäten vorsahen. Ende 1979 setzten die nunmehr 21 Mitgliedsstaaten neue Ziele der Erdöleinsparung. Statt 26 Mio. Barrel/Tag sollen 1985 höchstens 24,6 Mio. Barrel/Tag importiert werden und der Anteil des Erdöls am gesamten Energieverbrauch soll bis 1990 von 52 % auf 40 % gesenkt werden.

5.3.2 Nord-Süd-Dialog

Um den im Internationalen Energieprogramm der OECD vorgesehenen Dialog mit den Erdölförderländern in Gang zu bringen, wurde die Konferenz für Internationale Wirtschaftliche Zusammenarbeit (Conference on International Economic Cooperation, CIEC) im Dezember 1975 nach Paris einberufen. Die Delegationen aus 8 Industrieländern und 19 Entwicklungsländern absolvierten damals die erste Sitzungsperiode einer Konferenz, die als Beginn des "Nord-Süd-Dialogs" bekannt wurde. Ursprünglich sollten auf der CIEC nur Probleme der Rohölversorgung behandelt werden, doch wurde der Verhandlungsrahmen auf Betreiben der Entwicklungsländer erweitert durch die Bildung von 4 Kommissionen zu den Themen Energiefragen, Rohstoffprobleme, Entwicklungsprobleme und Finanzfragen. Als Kommissionsmitglieder wurden jeweils 5 Industrieländer und 10 Entwicklungsländer bestimmt. – Die Interessengegensätze wurden schon bald deutlich. Der Vorschlag der Industriestaaten, ein internationales Energiekoordinierungsorgan zu schaffen, scheiterte am Widerstand der OPEC-Länder, die ihre zuvor erreichte und wirkungsvoll demonstrierte Unabhängigkeit bei der Preispolitik gefährdet sahen. Den Forderungen der Entwicklungsländer wurde ebenfalls nicht mit konkreten Zusagen entgegengekommen. Weder eine bindende Verpflichtung über den Umfang der Entwicklungshilfe, die bis 1985 mindestens 0,7 % des Bruttosozialproduktes der OECD-Staaten ausmachen sollte, wurde abgegeben noch Termine für die

Bildung des Gemeinsamen Fonds für Rohstofflager (vgl. Abschn. 5.2.2) oder für die Festlegung eines Verhaltenskodex für multinationale Unternehmen wurden vereinbart.

Konkret beschlossen wurde lediglich die Einrichtung eines ständigen Sekretariats der Konferenz in Paris. Ein Generalsekretär wurde bestellt, um die Arbeit der Kommissionen zu unterstützen und die weiteren Konferenzen auf Ministerebene vorzubereiten. Eine zweite Sitzungsperiode der Konferenz fand dann von Ende Mai bis Anfang Juli 1977 in Paris statt und vereinbarte eine Sonderhilfsaktion für die ärmsten Entwicklungsländer. Mit einem Fonds in Höhe von 1 Mrd. US-$ wurde insbesondere ein Abbau der drückenden Schuldenlast beabsichtigt.

Der Nord-Süd-Dialog wurde danach zunächst einer unabhängigen Kommission für Internationale Entwicklungsfragen (Commission on International Development Issues) unter der Leitung von Willy Brandt ("Brandt-Kommission") überlassen, die sich im Dezember 1977 konstituierte und am 12. Februar 1980 dem UN-Generalsekretär einen Bericht mit Empfehlung für ein Entwicklungsprogramm (North-South — a Programme for Survival) vorlegte. Zu den wichtigsten Forderungen gehören die massive Erhöhung der Entwicklungshilfe, ein internationales Energieversorgungsabkommen, ein Nahrungsmittelprogramm, die Reform des Weltwährungssystems und eine internationale Entwicklungssteuer.

Später kam es vom 21. bis 23. Oktober 1981 auf Anregung der Kommission zu einem sogenannten Nord-Süd-Gipfel, zu dem sich im mexikanischen Seebad Cancun 22 Regierungschefs aus Industrie-, Öl- und Entwicklungsländern trafen. Hierbei wurden Globalverhandlungen im Rahmen der UNO zu Fragen des Rohstoffhandels, der Welternährung, der Energieversorgung und des Weltwährungssystems vereinbart. Diese globalen Beratungen werden viele Jahre dauern und sind als Fortsetzung des Nord-Süd-Dialogs zu betrachten.

Auf einem der Folgetreffen der Brandt-Kommission wurden 1982 Dringlichkeitsprogramme empfohlen, insbesondere zur Verbesserung der Nahrungsmittelversorgung und der Energieversorgung sowie zum Abbau der Verschuldung der Entwicklungsländer.

5.4 Aktivitäten der EG

Die erhebliche Abhängigkeit der EG-Länder von Rohstoffimporten hat zu einer eigenständigen EG-Rohstoffpolitik geführt, die unverkennbar versorgungspolitische Züge trägt. Nicht nur bei Erdöl/Erdgas, sondern auch für eine Reihe metallischer Rohstoffe wird die Versorgungslage als kritisch betrachtet (Tab. 5.1).

Neben der klassischen Versorgungspolitik, die einen möglichst preiswerten und gesicherten Bezug von Rohstoffen anstrebte und den rationellen Einsatz von Rohstoffen propagierte, haben sich seit Beginn der Siebziger Jahre in der EG neue versorgungspoli-

Tabelle 5.1. Kritische Versorgung der EG bei ausgewählten NE-Metallen

Metall	Import-abhängigkeit[1]	Möglichkeiten der Substitution	des Recycling[2]	Politisches Versorgungsrisiko	Versorgungssicherheit
Aluminium	56 %	groß	26 % +	nein	zufriedenstellend
Chrom	100 %	teilweise	22 % +	ja	riskant
Kupfer	95 %	teilweise	35 % +	ja	riskant
Zinn	83 %	teilweise	45 % −	nein	zufriedenstellend
Eisen	80 %	gering	17 % +	nein	ausreichend
Mangan	100 %	gering	gering −	ja	zufriedenstellend
Platin	100 %	gering	20 % +	ja	ausreichend
Wolfram	95 %	teilweise	25 % −	ja	riskant
Zink	75 %	teilweise	20 % +	nein	riskant

[1] nur Primärerzeugnisse; [2] derzeitiger Anteil; + steigend; − stagnierend.

Quelle: EG-Kommission (in Michaelis, 1976).

tische Ansätze herauskristallisiert, die sich der rohstoffwirtschaftlichen Situation besser anpassen. Hierzu gehören in besonderem Maße die Zusammenarbeit mit Entwicklungsländern des afrikanischen, karibischen und pazifischen Raumes (AKP-Staaten).

5.4.1 Konvention von Lomé I

Am 28. Februar 1975 wurde nach 19 Monaten Verhandlungen in Lomé/Togo eine Konvention zwischen der Europäischen Gemeinschaft und 46 Entwicklungsländern des afrikanischen, karibischen und pazifischen Raumes *(AKP-Staaten)* unterzeichnet. Schwerpunkt dieser Konvention ist neben handelspolitischen Vereinbarungen eine Ausfuhrerlösstabilisierung der AKP-Staaten, von denen viele zu den ärmsten Entwicklungsländern gehören. Das Abkommen von Lomé trat am 1. April 1976 in Kraft mit einer Geltungsdauer von zunächst 5 Jahren. Es löst die "Assoziations"-Abkommen von Jaunde I und II (1964 bis 1975) und Arusha (1971 bis 1975) ab, die mit 18 bzw. 19 afrikanischen Staaten vereinbart worden waren. Rohstoffpolitisches Kernstück der Lomé-Konvention ist das sogenannte *Stabex-System*, das einen Finanzausgleich für sinkende Rohstoffpreise vorsieht. Die EG-Staaten hatten sich verpflichtet, bei zunächst 12 Rohstoffgruppen den Unterschied zwischen einem um mindestens 7,5 % niedrigeren Weltmarktpreis im Vergleich zum Durchschnittspreis der vergangenen 4 Jahre durch zinslose Devisenkredite auszugleichen und stellten jährlich 75 Mio. ECU/ERE[1] dafür zur Verfügung (insgesamt 382 Mio. ECU). Lomé I beinhaltet eine Liste von 29 Produkten, die bis 1979 auf 36 Produkte erweitert wurde. Zu den 12 Rohstoffgruppen gehörte aber mit Eisenerz nur ein mineralischer Rohstoff. Das Stabex-System stellt damit einen ersten bedeutsamen Schritt zur Verwirklichung rohstoffpoliti-

---

[1] Europäische Rechnungseinheit: 1 ECU entspricht etwa 2,50 DM.

scher Vorstellungen im Rahmen der Reform der Weltwirtschaftsordnung dar. Im Unterschied zu den Rohstoffabkommen kann das Stabex-System gezielt für eine Erlösstabilisierung bedürftiger Entwicklungsländer eingesetzt werden. Schon während der Laufzeit des ersten Abkommens (Lomé I) stieg die Zahl der Mitgliedsländer auf 56 an. In Nachfolgekonferenzen wurde dann über Erweiterungen der Liste kompensationsfähiger Rohstoffe und Verbesserungen des Hilfsprogrammes verhandelt. Im Juli 1978 wurde formell die Diskussion über Lomé II aufgenommen, um einen lückenlosen Anschluß zu gewährleisten. Von den AKP-Ländern wurde aus dem Bereich der mineralischen Rohstoffe die Einbeziehung von Kupfer, Bauxit/Tonerde, Phosphate und Uran gefordert.

Neben dem Stabex-System zur Stabilisierung der Exporterlöse sind noch sehr wichtige handelspolitische und entwicklungspolitische Maßnahmen in der Konvention von Lomé vorgesehen: die zollfreie Einfuhr aller Industrieprodukte aus AKP-Staaten in die EG, die zollfreie Einfuhr für rund 94 % aller AKP-Agrarprodukte in die EG und eine spezielle Erhöhung des Europäischen Entwicklungsfonds (EEF) für die 5-jährige Laufzeit des Abkommens. Insgesamt betrug die Finanzhilfe für die AKP-Staaten im Lomé I-Abkommen 3466 Mio. ECU (ca. 8,7 Mrd. DM).

5.4.2 Konvention von Lomé II

Vertreter der EG und von 58 AKP-Staaten unterzeichneten am 31. Oktober 1979 in Lomé/Togo eine neue Konvention (Lomé II), die vom 1. Januar 1981 bis 31. Dezember 1985 gelten soll. Dem Abkommen wird von den Beteiligten Modellcharakter zugesprochen, denn es wird als pragmatisches Wirtschaftsabkommen auf der Basis von Gleichberechtigung und ausgewogener entwicklungspolitischer Zielsetzungen betrachtet.

Rohstoffpolitisches Kernstück der Vereinbarung ist wieder das Erlösstabilisierungssystem. Dabei wird nun unterschieden zwischen einem *Agrar-Stabex* nach herkömmlichem Muster, das zinslose Darlehen oder bei LLDC-Ländern sogar verlorene Zuschüsse für Erlöseinbußen bei insgesamt 44 agrarischen Rohstoffgruppen gewährt und einem *Mineral-Investitionsfonds (Sysmin)*, der einen Anspruch auf Projekthilfe begründet, wenn infolge technischer oder wirtschaftspolitischer Schwierigkeiten die Exporterlöse für ausgewählte mineralische Rohstoffe um mindestens 10 % rückläufig sind. Neben Eisenerz, das als einziger Mineralrohstoff schon in Lomé I Berücksichtigung fand, sind in diesen Investitionsfonds Kupfer, Kobalt, Mangan, Bauxit, Aluminiumoxid, Schwefelkiesabbrände, Zinn und Phosphate einbezogen. Der Sonderfonds wurde für die Laufzeit des Lomé II-Vertrages (1981 bis 1985) mit 280 Mio. ECU (1 ECU 1981 = ca. 2,50 DM) ausgestattet.

Der Sonderfonds ist eine Art Ersatzlösung für die von Zambia und Zaire geforderte Einbeziehung von Kupfer in das bewährte Stabex-System. Die Bundesregierung hat bei der Durchsetzung des Mineralienfonds im Kreis der EG-Partner eine entscheidende

Rolle gespielt. – Zahlungen aus dem Fonds sind streng projektgebunden und sollen die Ursachen für Rentabilitätsverluste von einschlägigen Bergbau-Unternehmen möglichst schnell und wirksam beheben. Die Artikel 57 bis 59 der Lomé II-Konvention bestimmen die Modalitäten für die Hilfsmaßnahmen im Bergbaubereich. Danach führt die EG auf Antrag technische Hilfe auf den Gebieten Geologie und Bergbau durch oder stellt Kapital für die Vorbereitung der Inbetriebnahme von Bergbau- und Energievorhaben zur Verfügung. Bisher wurde der Kupferbergbau in Zambia und Zaire unterstützt. – Bei der Europäischen Investitionsbank wurde darüber hinaus ein Betrag von 200 Mio. ECU für zusätzliche Investitionsvorhaben im Bergbau und in der Energiewirtschaft bereitgestellt, um vor allem die seit Jahren bemerkbaren Investitionsvorbehalte in Afrika zu mindern.

Eine besondere Förderung soll übrigens den 35 am wenigsten entwickelten AKP-Staaten zuteil werden. Auch für die AKP-Binnenstaaten und die AKP-Inselstaaten sind spezifische Maßnahmen zur Überwindung der Standortschwierigkeiten vorgesehen.

Die Liste der im Lomé II-Vertrag enthaltenen mineralischen Rohstoffe ist von der EG auch unter versorgungspolitischen Aspekten akzeptiert worden. Für alle erwähnten Bergbauprodukte besteht in den EG-Ländern ein hoher Einfuhrbedarf und bei einigen dieser Mineralrohstoffe wird die künftige Versorgung sogar als kritisch angesehen (Kupfer, Kobalt). Die Förderung der Erschließung neuer Lagerstätten dient deshalb den beiderseitigen Interessen.

Die Anzahl der AKP-Staaten hatte sich bis Ende 1982 auf 63 erhöht. Die Gesamthilfe im Rahmen der Lomé II-Konvention beläuft sich auf 5607 Mio. ECU.

Für notwendige Beschlußfassungen während der Laufzeit der Konvention wurde ein gemeinsamer Ministerrat geschaffen. Als weitere Institution kann auch der Botschafterausschuß der Signatarstaaten in Brüssel angesehen werden.

Im September 1982 begannen bereits erste Verhandlungen zwischen der EG-Kommission und den AKP-Staaten über eine 3. Lomé-Konvention (Lomé III).

6 Rohstoffpolitische Aktivitäten in Industrieländern

Die meisten westeuropäischen Staaten und Japan gehören zu den Industrieländern, die auf substantielle Einfuhren mineralischer Rohstoffe angewiesen sind. Aus dieser Importabhängigkeit hat sich in den letzten Jahren eine Rohstoffpolitik entwickelt, bei der versorgungspolitische Aspekte so sehr im Vordergrund stehen, daß von einer Rohstoffversorgungspolitik oder von Rohstoffsicherungspolitik gesprochen wird.

Das Statistische Amt der EG in Luxemburg hat zur Kennzeichnung der Versorgungslage ein Bilanzsystem entwickelt, das den primären Selbstversorgungsgrad (Tab. 6.1), den Selbstversorgungsgrad unter Einbeziehung der heimischen Rückgewinnung, die technische Rohstoffimportabhängigkeit (Tab. 6.2), die ökonomische Rohstoffabhängigkeit und die Rückgewinnungsrate berücksichtigt.

Die Ergebnisse einer entsprechenden Studie über die 21 wichtigsten mineralischen Rohstoffe lassen sich wie folgt zusammenfassen: Für keinen der ausgewählten Rohstoffe ist in der EG ein Selbstversorgungsgrad erreicht, so daß die Versorgungslücken durch Importe aus Drittländern geschlossen werden müssen. Die EG-Bergbauproduktion plus Rückgewinnung lagen (1978) für Mangan, Nickel, Quecksilber, Titan und Zirkonium nur zwischen 0 und 5 % des Verbrauches, woraus sich eine Importabhängigkeit von 95 bis 100 % ergibt. Für Kobalt, Chrom, Molybdän, Tantal und Vanadium wurde ein Selbstversorgungsgrad von 5 bis 10 % ermittelt, für Nickel, Zinn und Phosphate von 10 bis 20 %. Nur für Blei (69 %) und Fluor (87 %) besteht eine hohe Selbstversorgung.

Tabelle 6.1. Primärer Selbstversorgungsgrad in Industrieländern, 1978 - 1980 (in %)

Rohstoff	EG			USA			Japan		
	1978	1979	1980	1978	1979	1980	1978	1979	1980
Al	12,4	11,4	11,3	5,9	6,5	6,7	–	–	–
Cu	0,2	0,2	0,2	63,4	70,1	68,9	4,9	3,4	3,3
Pb	12,6	11,6	10,9	40,6	43,9	58,0	19,1	16,3	10,9
Cr	–	–	–	–	–	–	2,0	0,6	0,9
Mo	–	–	–	196,3[1]	195,8[1]	255,9[1]	2,0	0,8	0,8
Ni	–	–	–	5,2	7,5	7,2	–	–	–
V	–	–	–	63,8	76,4	81,1	–	–	–
W	13,7	9,6	8,7	50,3	41,6	38,8	39,2	29,2	25,8

[1] Im Fall umfangreicher Exporte bzw. Lagerhaltungen kann der Selbstversorgungsgrad auch weit über 100 % liegen.

Quellen: EG-Rohstoffbilanzen (verschiedene Jahrgänge), Luxemburg.

Tabelle 6.2. Konsolidierte EG-Rohstoffbilanzen 1980

Rohstoff		Aufkommen					Verwendung			
		Bergbau	Rückge-winnung	Import	Lager-abbau	Bilanz-summe	Ver-brauch	Export	Lager-abbau	Bilanz-summe
Al	(1000 t)	549	1021	4450	–	6020	4873	980	167	6020
Cu	(1000 t)	6	1010	2336	12	3364	2811	553	–	3364
Pb	(1000 t)	138	635	782	–	1555	1270	228	57	1555
Sn	(t)	3291	15207	64614	–	83112	68323	12610	2179	83112
Cr	(1000 t)	–	51	600	–	651	631	17	3	651
Ni	(1000 t)	–	34	211	–	245	200	43	2	245
W	(t)	553	1513	5256	439	7761	6374	1387	–	7761
Ti	(1000 t)	–	2	561	–	563	379	180	4	563

Quelle: EG-Rohstoffbilanzen 1980, Luxemburg, September 1982.

Das Bundesministerium für Wirtschaft hat am 7. Juli 1978 im Deutschen Bundestag darauf verwiesen, daß die Erhaltung funktionsfähiger Rohstoffmärkte das vorrangige Ziel der deutschen Rohstoffpolitik ist. Im Hinblick auf die internationalen Verflechtungen werden jedoch die Belange der Entwicklungsländer stets in die rohstoffpolitischen Diskussionen einbezogen. In einem Thesenpapier hat deshalb das Bundeskabinett am 30. Mai 1979 auf Vorschlag des Bundesministeriums für wirtschaftliche Zusammenarbeit wie folgt beschlossen (Drucksache 8/3582 des Bundestages): "Die Bundesregierung setzt sich für stabilere Exporterlöse der Entwicklungsländer ein und verfolgt weiter ihre Vorschläge für eine weltweite Stabilisierung von Rohstoffexporterlösen der Entwicklungsländer. Sie will damit gleichzeitig auch zu einer ausreichenden und kontinuierlichen Versorgung der deutschen Wirtschaft mit Rohstoffen beitragen".

Die Struktur der Versorgung der *Bundesrepublik Deutschland* mit mineralischen Rohstoffen ist gekennzeichnet durch eine nahezu vollständige Importabhängigkeit bei Erdöl, Erdgas, Metallen und Industriemineralen. Dabei stammen rund die Hälfte der Importe aus rohstoffreichen Industrieländern wie Kanada, Australien, Südafrika und den USA, die andere Hälfte aus 27 Entwicklungsländern. Lieferungen aus dem Ostblock spielen eine untergeordnete Rolle.

Die Versorgungssicherheit läßt sich anstreben durch rohstoffbeschaffungstechnische und rohstoffverwendungstechnische Strategien, insbesondere durch

– Diversifizierung der Versorgungsströme,
– optimale Nutzung einheimischer Ressourcen,
– Entwicklung rohstoffsparender Verfahrenstechniken,
– Verstärkung der Wiedergewinnung (Recycling)

und sollte ergänzt werden durch außenpolitische Initiativen

— zur rechtlichen und politischen Absicherung der Rohstoffbezüge,

— zur Erhaltung eines möglichst freizügigen internationalen Rohstoffhandels und Zahlungsverkehrs,

— zur Erreichung partnerschaftlicher Kooperation zwischen rohstoffarmen Industrieländern und rohstoffexportierenden Entwicklungsländern,

— zur internationalen Kooperation Geologischer Dienste und einschlägiger Forschungsinstitutionen.

Die Rohstoffversorgungspolitik in *Frankreich* ist wesentlich globaler angelegt. Die Verwundbarkeit der französischen Industrie durch starke Schwankungen der Versorgung soll verringert werden durch systematische, angemessene Vorratshaltung (vgl. Abschn. 6.1.4), und die Importabhängigkeit soll gemindert werden durch eine gezielte Investitionspolitik. Zur Investitionsförderung im Ausland, vornehmlich in rohstoffreichen Entwicklungsländern, ist ein Katalog von staatlichen Fördermaßnahmen entwickelt worden, der direkte und indirekte Subventionen, Risikogarantien und Technologietransfer umfaßt. Ergänzt wird das Versorgungsprogramm durch umfangreiche Prospektions- und Explorationsprogramme in Frankreich, in den überseeischen Besitzungen (Guyana, Neukaledonien) und in Entwicklungsländern (vornehmlich Afrika). Hierbei ist das Bureau de Recherches Géologiques et Minières (BRGM), das sogar Bergbaubeteiligungen erwerben darf, in besonderem Maße tätig.

In *Großbritannien* steckt ein staatliches Programm zur Rohstoffsicherung erst in den Anfängen. Eine detaillierte Diskussion darüber begann eigentlich erst im November 1979, als die Institution of Mining and Metallurgy in London ein Symposium über die Verfügbarkeit strategischer Rohstoffe veranstaltete. Als staatliche Maßnahmen sind zunächst Krisenlager für versorgungssensible Stahlveredler im Aufbau (vgl. Abschn. 6.1.4) und dazu eine stärkere Lieferbindung der britischen Hütten sowie ein Programm zur zusätzlichen Schrottverwertung im Krisenfall. Seit 1972 gibt es allerdings ein Inlandexplorationsförderungsprogramm mit Beihilfen bis 35 % der Explorationskosten.

In den *USA* wurde lange Zeit allein mit dem umfangreichen Stockpile (vgl. Abschn. 6.1.4) Rohstoffpolitik betrieben. Dann begann 1959 ein bescheidenes Explorationsförderprogramm des Office of Mineral Exploration für mittelständische Unternehmen. Seit 1981 betreibt die Reagan-Administration eine substantielle, indirekte und auch direkte Investitionsförderung im Bergbau- und Energiebereich. Die neuen Steuergesetze (Economic Recovery Tax Act of 1981) haben spezielle Vorteile für Bergbau- und Mineralölgesellschaften geschaffen, sowohl im Explorationsbereich als auch im Investitionsbereich.

Schließlich soll noch *Japan* erwähnt werden. Das Land begann schon in den Sechziger Jahren mit aggressiven Direktinvestitionen im ausländischen Bergbau und durch den Abschluß langfristiger Lieferverträge den Rohstoffbezug zu sichern. Die Hauptlast tragen dabei private Unternehmen, doch unterstützt durch staatliche Maßnahmen wie Finanzierungshilfen oder Explorationshilfen. Letztere durch halbstaatliche Organisationen wie die Overseas Mineral Resources Development Co. Ltd. (OMRDC).

6.1 Staatliche Maßnahmen

In der Bundesrepublik Deutschland ist ein rohstoffpolitisches Instrumentarium entwickelt worden, an dem insbesondere 3 Ministerien mitwirken:

– Das Bundesministerium für Wirtschaft (BMWi), das vor allem die Rahmenbedingungen und auch die Anreize für Investitionen deutscher Unternehmen im In- und Ausland schaffen soll.

– Das Bundesministerium für wirtschaftliche Zusammenarbeit (BMZ), das zuständig ist für rohstoffwirtschaftliche Projekte im Rahmen der Entwicklungshilfe.

– Das Bundesministerium für Forschung und Technologie (BMFT), das Forschungsprogramme zur Erweiterung der Rohstoffbasis und zur Einsparung von Rohstoffen unterstützt.

6.1.1 Programme zur Erhaltung und Erweiterung der inländischen Rohstoffbasis

Die USA als größte westliche Industriemacht verfügen auch über beträchtliche Rohstoffvorkommen im eigenen Lande. So wurde dort bespielsweise nach der "1. Ölkrise" Anfang 1974 von der Nixon-Administration auf dem Energiesektor das "Project Independence" konzipiert, das die Erreichung der Eigenversorgung bis 1985 vorsah, indem die einheimischen Rohstoffvorkommen entwickelt werden sollen, eine rationellere Verwendung von Energieträgern erreicht wird und alternative Energieträger nutzbar gemacht werden sollen.

1977 stand fest, daß auch die USA keine Unabhängigkeit vom Rohölimport erreichen können. Ersatzweise wurde deshalb von der Carter-Regierung ein unpopuläres, schwer durchsetzbares Energiesparprogramm entwickelt. Da auch hier die Erfolge bescheiden waren, setzt die Reagan-Regierung seit 1981 auf ein Steuergesetz mit attraktiven Investitionsanreizen.

In der Bundesrepublik Deutschland ist die einheimische Rohstoffbasis viel schmaler. Erdöl und Erdgas werden nur in unbedeutenden Mengen gefördert (1982: 4,25 Mio. t), Uranerze sind noch kaum nachgewiesen, dafür aber substantielle Reserven an Braunkohlen und Steinkohlen. Dem Braunkohlenbergbau gelang es, durch aufwendige Rationalisierungsmaßnahmen den Anteil an der Energieversorgung aus eigener Kraft zu erhalten. Der Steinkohlenbergbau dagegen geriet ab 1958 in eine Krise, da sich die Wettbewerbsfähigkeit gegenüber den importierten Konkurrenzenergieträgern Erdöl und Erdgas ständig verschlechterte. Die Steinkohlenförderung ging zwischen 1958 und 1978 von 150 Mio. t auf 83,5 Mio. t zurück und stieg erst dann wieder etwas an (1981: 87,9 Mio. t). Die Zahl der fördernden Schachtanlagen (ohne Kleinzechen) verringerte sich von 173 auf 38 (Ende 1981), und die Zahl der Beschäftigten sank von 600 000 auf 187 300 (Ende 1981). Staatliche Maßnahmen mußten unter dem Aspekt einer Versorgungssicherheit zur Erhaltung gewisser Produktionskapazitäten ergriffen werden. So wurde im August 1965 das Gesetz zur Förderung der Verwendung der Steinkohle ("1. *Verstromungsgesetz*") erlassen, dem 1966 das 2. Verstromungsgesetz und 1974 das 3. Verstromungsgesetz folgten, die alle einen quantifizierten Einsatz von Steinkohle in der Elektrizitätswirtschaft vorsehen, um den Anteil einheimischer Energieträger an der Deckung des Energiebedarfs auf einem gewissen Niveau zu erhalten. Im April 1980 wurde noch eine Ergänzungsvereinbarung zwischen dem Bergbau und der Elektrizitätswirtschaft geschlossen, die einen verstärkten Einsatz von Steinkohlen in Kraftwerken vorsieht.

Nennenswerte Lagerstättenreserven gibt es sonst in Deutschland nur noch bei Kalisalzen, während der Eisenerzbergbau gegen die billige und bessere Konkurrenz des Auslandes nicht bestehen konnte. Die deutsche Eisen- und Stahlindustrie hat jedoch zum Ausgleich als erste den Weg direkter Auslandsinvestitionen im Rohstoffbereich beschritten (Liberia, Brasilien, Venezuela). Bei NE-Metallen stehen die Erzvorräte vor der Erschöpfung. Die Suche nach neuen Vorkommen in der Bundesrepublik Deutschland wird wegen des hohen Fundrisikos von den Unternehmen nicht ohne staatliche Unterstützung aufgenommen.

6.1.2 Programme zur Förderung von Prospektionen und Explorationen

Das Bundesministerium für Wirtschaft (BMWi) hat 1971 ein Programm zur Förderung der Prospektion und Exploration von Lagerstätten mineralischer Rohstoffe *("Explorationsprogramm")* begonnen. Für Projekte der Lagerstättensuche im Ausland wurden deutschen Unternehmen bedingt rückzahlbare Zuschüsse bis zu 50 % der Kosten gewährt. Die bereitgestellten Haushaltsmittel von 7,5 Mio. DM für 1971 und von 9,0 Mio. DM für 1972 wurden allerdings nicht ausgeschöpft, was zu einer Erweiterung des Programms auf Inlandsprojekte führte. 1973 standen 13,5 Mio. DM zur Verfügung, 1974 schon 21 Mio. DM und 1975 sogar 24 Mio. DM. Nach den Anlaufschwierigkeiten hat sich das Programm bewährt, denn Ende 1975 liefen 58 Projekte im In- und Ausland. Eine Modifizierung erfuhr das "Explorationsprogramm" mit Wirkung zum 1. Oktober 1975, indem

— der Fördersatz für volkswirtschaftlich besonders bedeutsame Projekte von 50 % auf 66,67 % erhöht wurde,
— der Katalog förderungswürdiger Tätigkeiten erweitert wurde,
— die Rückzahlungstermine bei Fündigkeit verschoben wurden.

Eine Ergänzung der Richtlinien erfolgte am 10. März 1977 und am 15. Dezember 1979. Die Rückzahlungen wurden noch flexibler gestaltet, indem eine starre Handhabung (zehn gleiche Halbjahresraten zwei Jahre nach Produktionsaufnahme) abgelöst wurde von einer Regelung, die den Cash-Flow des Projektes berücksichtigt. Seit 1980/81 gehört auch die Exploration von Kernbrennstoffen in das Programm.

Für folgende Tätigkeiten im Rahmen der Suche und Erschließung von Lagerstätten mineralischer Rohstoffe können die — nur im Erfolgsfalle rückzahlbaren — Zuschüsse beantragt werden:

- Vorerkundungen,
- Prospektionen und Explorationen oder Erwerb entsprechender Arbeitsergebnisse,
- Weiterentwicklung und Erprobung neuer Methoden oder neuer Geräte für die Lagerstättenerkundung in Verbindung mit förderungswürdigen Vorhaben,
- Wirtschaftlichkeitsstudien (Prefeasibility-Studien und Feasibility-Studien) einschließlich Aufbereitungsversuche in Pilotanlagen,
- Erwerb von Konzessionen oder Zahlung von Vorleistungen (entrance fees),
- Erwerb von Beteiligungen an Lagerstätten, sofern noch risikoreiche Erschließungsarbeiten nötig sind (aus ordnungspolitischen Gründen werden normale Kapitalbeteiligungen ausgeschlossen),
- Durchführung "übertiefer" Erdgasbohrungen (nur im Inland) zum Nachweis von Strukturen im tieferen Untergrund.

Das Unternehmen muß übrigens zusichern, daß der Rohstoff als Konzentrat oder Halbzeug in die EG verbracht wird. Diese Verpflichtungserklärung muß glaubhaft und realisierbar erscheinen.

Im Zeitraum 1971 bis 1981 wurden im Haushalt des BMWi für das Explorationsprogramm insgesamt 334,8 Mio. DM angesetzt, doch davon wurden nur 279,6 Mio. DM ausgeschöpft. Die ständig steigenden Ansätze (1971: 7,5 Mio. DM, 1979: 51 Mio. DM) wurden deshalb für 1980 erstmals gekürzt auf 42 Mio. DM, 1981 aber wieder auf 54 Mio. DM erhöht. Die knapp 280 Mio. DM Zuschüsse wurden verwendet für 260 Projekte, und zwar für 220 im Ausland (192 Mio. DM), 35 im Inland (54 Mio. DM) und 5 Erdgasprojekte (34 Mio. DM).

Die Inlandsexplorationen sind deutlich rückläufig (1977: 18 laufende Projekte, 1979: 11 Projekte), da die Fundchancen als sehr gering eingeschätzt werden. Dennoch konnten einige Erfolge verbucht werden, vor allem im Umfeld bestehender Gruben. Die Blei-Zink-Grube Bad Grund erhöhte ihre Reserven für einen zusätzlichen Betriebszeitraum von 8,1 Jahren, die Blei-Zink-Grube Meggen um 6,5 Jahre und auch in den Schwerspat-Gruben Dreislar, Wolkenhügel und Wolfach (mit Flußspat) wurden neue Reserven nachgewiesen. Die Erkundungsprojekte "Rhenohercynikum" zum Nachweis neuer Blei-Zink-Vorkommen und "Harzburger Gabbro" zur Entdeckung von Nickelerzen waren bislang genauso erfolglos wie die tiefen Erdgasbohrungen.

Die Bilanz der Auslandsprojekte ist dagegen günstiger. Die Explorationen sind hier vor allem auf die Entdeckung neuer Lagerstätten ausgerichtet. Als besondere Erfolge können 10 Projekte aufgelistet werden:

- die Wolfram-Mine Mittersill/Österreich der Metallgesellschaft (MG),
- die Schwerspat-Mine Guillermin/Spanien der Kali-Chemie AG,
- die Blei-(Zink)-Mine Song Toh/Thailand mit Beteiligung der MG (49 %),
- das Kupfer-Gold-Projekt Ok Tedi/Papua-Neuguinea mit deutscher Beteiligung (20 % DEG/MG),
- das Kupfer-Projekt Namosi/Fidji mit Beteiligung der Preussag (25,2 %),
- das Nickel-Kupfer-Projekt Montcalm/Kanada mit Beteiligung der MG (30 %),
- das Nickel-Projekt Barro Alto/Brasilien mit deutscher Beteiligung (49,9 %), dessen Investitionsphase allerdings vorläufig zurückgestellt wurde,
- das Chromit-Projekt Llorente/Philippinen der Bayer AG,
- das Uran-Projekt Yeelivvie/Australien mit einer Beteiligung der Urangesellschaft (10 %),
- das Magnesit-Projekt Baymag/Kanada der Refratechnik.

Einem Vergleich mit anderen staatlichen Explorationsförderprogrammen können diese Ergebnisse durchaus standhalten.

In Großbritannien wurden zwischen 1972 und 1979 zwar 4 Mio. £ bewilligt, aber keine nennenswerten Erfolge erzielt. Auch die bescheidenen 2,2 Mio. US-$ Darlehen des US Office of Mineral Exploration erbrachten nur geringe Neufunde.

Auch das Bundesministerium für Forschung und Technologie (BMFT) hat Förderungsmaßnahmen im Rohstoffbereich begonnen. Neben den umfangreichen Programmen zur Energieversorgung, insbesondere zur Nutzung von Kohle, ist 1975 ein Projekt "Forschung und Technologie zur Rohstoffsicherung" mit den Teilbereichen Geowissenschaften und Bergbau (sowie Metallurgische Technik und Chemische Technik) begonnen worden (vgl. Abschn. 6.1.6). Etwa 30 Mio. DM wurden zur Verfügung gestellt, um relevante Projekte der Grundlagenforschung mit 50 % zu bezuschussen. Zahlreiche Projekte von Industrieunternehmen oder Arbeitsgemeinschaften aus Industrie und Hochschulen konnten in Angriff genommen werden. Bei einem Statusseminar 1981 über den Bereich Mineralische Rohstoffe des Rahmenprogrammes Rohstofforschung wurden die Zwischenergebnisse zu den Themenkreisen Aufsuchen, Gewinnung und Aufbereitung von Rohstoffen dargestellt.

6.1.3 Unterstützung von Bergbau-Investitionen

Deutsche Bergbau- und Hüttengesellschaften werden bei rohstoffsichernden Investitionen im Ausland von der Bundesregierung unterstützt, insbesondere bei Rohstoffvorhaben in Entwicklungsländern. Das Förderinstrumentarium umfaßt

- staatliche Kapitalanlagegarantien,

- staatliche Finanzierungshilfen,
- steuerliche Investitionsanreize.

Als förderungswürdig werden bislang nur Auslandsinvestitionen in Entwicklungsländern angesehen. Die Bundesrepublik Deutschland hat bis Januar 1983 mit 51 dieser Länder *Investitionsförderungsverträge* abgeschlossen, von denen 43 in Kraft gesetzt worden waren und einen völkerrechtlich relevanten Rechtsschutz gewähren. Solche Abkommen sind für die Bundesregierung eine hinlängliche Grundlage zur Gewährung einer *Kapitalanlagegarantie* auf Antrag des Investors. Damit wird das politische Risiko, nicht aber das wirtschaftliche Risiko abgedeckt. Schwierigkeiten bereitet allerdings immer wieder die genaue Abgrenzung zwischen beiden. Eine Grauzone kann nämlich entstehen durch restriktive Gesetzgebung oder durch nationalistische Wirtschaftspolitik in einem Entwicklungsland, die zur Behinderung ausländischer Investoren bis hin zur schleichenden Enteignung führen können. Der Investitionsschutz des Bundes umfaßt:

- Garantien für Kapitalanlagen im Ausland gegen politische Risiken. Die Abwicklung geschieht über die Treuarbeit AG gegen relativ geringe Gebühren.

- Gewährleistungen für ungebundene Finanzkredite an das Ausland zur Finanzierung von Rohstoffprojekten, d.h. für Kredite, die nicht an Lieferungen aus Deutschland gebunden sind. Allerdings werden Garantien nur übernommen für Darlehen von deutschen Kreditinstituten.

Kapitalanlagegarantien wurden bis Ende 1979 in Höhe von 353 Mio. DM für 12 Rohstoffprojekte in 8 Ländern übernommen, darunter für Explorationen nach Bauxit, Antimon, Chrom-, Eisen-, Kupfer- und Uranerzen. Kreditgewährleistungen für 21 Rohstoffprojekte in 10 Ländern umfaßten ein Kreditvolumen von 2373 Mio. DM.

Die Finanzierungshilfen werden von der Kreditanstalt für Wiederaufbau (KW) und von der Deutschen Gesellschaft für wirtschaftliche Zusammenarbeit (DEG) gewährt.

Die KW vergibt zur Fremdfinanzierung langfristige *Finanzkredite* zu Marktkonditionen an deutsche Bergbauunternehmen. Dabei wird eine bankmäßige Prüfung des Projektes vorgenommen, die den Nachweis der technischen Durchführbarkeit und der Wirtschaftlichkeit des Projektes einschließt.

Die DEG fördert Investitionen in Entwicklungsländern, indem *Beteiligungen* übernommen oder beteiligungsähnliche Darlehen vergeben werden. Die letzte Erhöhung des Stammkapitals im Jahre 1978 auf 1 Mrd. DM erfolgte im Hinblick auf ein stärkeres Engagement im Rohstoffsektor. Die erste Beteiligung kam am Kupfer-Gold-Projekt Ok Tedi/Papua-Neuguinea zustande. Die Investitionen der DEG sind nicht als Daueranlage vorgesehen, sondern nur für einen Zeitraum von 8 bis 15 Jahren. Bei den kapitalintensiven Bergbauprojekten ist allerdings eine Verlängerung des Beteiligungszeitraumes beabsichtigt. Über die Kapitalbeteiligung an einem neuen Bergbauunternehmen in einem Entwicklungsland hinaus ist die DEG sogar bereit, eine "Completion Guarantee" für die Fremdfinanzierung sowie Nachschußverpflichtungen zu übernehmen. Für bergbauliche Investitionsvorhaben sind diese Absicherungen von erheblicher Bedeutung.

Steuerliche Anreize für den Auslandsbergbau ergaben sich auch bis Ende 1981 aus dem *Entwicklungsländer-Steuergesetz* von 1963, das aber für alle Investitionen ab 1982 nicht mehr gilt.

Erwähnt werden muß in diesem Zusammenhang auch das Auslandsinvestitionsgesetz von 1969, das eine besondere steuerliche Anrechnung von Verlusten bei Auslandsinvestitionen vorsieht.

Die deutsche Industrie tritt für einen weiteren Ausbau des staatlichen Instrumentariums ein. Gewünscht wird eine Schließung von Deckungslücken bei den Anlagegarantien, flexible Handhabung der Explorationsförderung, gezielte Auswahl von bergbaulichen Entwicklungshilfeprojekten und intensive Nutzung von Regierungskontakten zur Verbesserung der Positionen deutscher Rohstoffunternehmen.

In anderen Industrieländern gibt es ebenfalls staatliche Förderungsmaßnahmen für Bergbauprojekte, wenn auch mit unterschiedlichen Schwerpunkten. In Frankreich wird die Kupferversorgung besonders unterstützt (Plan Cuivre), außerdem führt das Bureau de Recherches Géologiques et Minières (BRGM) Explorationsprogramme durch, an denen sich private Unternehmen beteiligen können, wenn sich Erfolgsaussichten abzeichnen.

Japanische Unternehmen genießen vor allem bergbauspezifische Kreditgarantien der Metal Mining Agency of Japan (MMAJ) und Steuervorteile, da steuerfreie Rücklagen für eventuelle Verluste einer ausländischen Beteiligung gebildet werden dürfen.

In den USA ist die Overseas Private Investment Corporation (OPIC) und in Großbritannien das Export Credits Guarantee Department (ECGD) für staatliche Kreditversicherungen zuständig. Die Garantien sind vergleichsweise sehr teuer (1 bis 2 % des Deckungsbetrages pro Jahr), dafür sind aber die politischen Risiken weitreichend abgedeckt.

6.1.4 Bevorratung mineralischer Rohstoffe

Für die Absicherung kurzfristiger Versorgungsschwierigkeiten oder unvorhersehbarer, starker Preisschwankungen eignet sich eine ausreichende Lagerhaltung. Neben freiwilligen oder erzwungenen kommerziellen Vorratslagern existieren in einigen Industrieländern auch staatliche Lager. Eine besondere Stellung nimmt hierbei der *Stockpile der USA* ein. Die Vorratshaltung von wichtigen importabhängigen Rohstoffen geht auf ein Gesetz vom 7. Juni 1939 zurück und hatte zunächst rein strategische Motive der Kriegswirtschaft. Nach der Verabschiedung des "Strategic and Critical Materials Stock Piling Act" durch den 79. US-Kongreß am 23. Juli 1946 wurden innerhalb von 10 bis

12 Jahren mineralische Rohstoffe eingelagert, die den Importbedarf der USA bis zu 3 Jahren und teilweise noch länger zu decken vermochten. Dieser "National Stockpile" wurde noch ergänzt durch ein D.P.A.-Lager aufgrund des "Defense Production Act Inventory" von 1950 und durch den "Supplemental Stockpile" von 1954.

Der Korea-Krieg löste die umfangreichsten Aktivitäten aus. Trotz Rekordpreisen wurden zwischen 1951 und 1955 jährlich für 650 bis 900 Mio. US-$ Rohstoffe eingelagert. Die kumulativen Kosten für Errichtung und Unterhalt des National Defence Stockpile beliefen sich auf etwa 7 Mrd. US-$, der Marktwert per Ende 1980 auf etwa 15 Mrd. US-$.

Die Durchführung der Stockpile-Gesetze obliegt seit 1979 der Federal Emergency Management Agency (FEMA) in Washington, die für diese Funktion von der General Services Administration (GSA) beauftragt wurde.

Nachdem der Aufbau des Lagers 1958 weitgehend abgeschlossen war, ergab eine Überprüfung ungerechtfertigt hohe Vorratsmengen bei einigen Rohstoffen, was nach 1962 zur teilweisen Auflösung der entsprechenden Bestände führte. Durch den "Stockpile Disposal Act" vom 16. April 1973 wurden die Hortungsziele drastisch verringert, wobei einige Metalle wie Antimon, Kupfer, Molybdän und Vanadium ganz von der Liste strategisch wichtiger Rohstoffe gestrichen wurden. Eine Studie der Federal Preparedness Agency (FPA) veranlaßte dann den National Security Council zu einer erneuten Revision der Stockpile-Politik. Nach einer Verordnung vom 23. August 1976 galten ab 1. Oktober 1976 neue Einlagerungsziele, die den militärischen und den notwendigen zivilen Bedarf im Kriegsfall für volle 3 Jahre decken sollen. Die Liste enthielt nun wieder 93 Metalle, Erze und Industrieminerale (vgl. Tab. 6.3).

Neue Revisionen für die Einlagerung von strategischen Rohstoffen wurden am 2. Mai 1980 von der Carter-Regierung erlassen und schließlich verkündete die Reagan-Regierung im März 1981 ein Programm zur Aufstockung des Stockpiles, das bis 1985 etwa 2,5 Mrd. US-$ kosten dürfte. Das Programm hat begonnen mit zusätzlichen Käufen von 540 t Kobalt und soll ergänzt werden durch Aufstockungen der Vorräte von Titan, Tantal, Molybdän, Vanadium und Platinmetallen. Die Lagerhaltung der USA hat erheblichen Einfluß auf einige Rohstoffmärkte ausgeübt. Sowohl die Einkäufe als auch die Verkäufe haben die Preisbildung beeinflußt (vgl. Abschn. 3).

Auch eine Rohölreserve befindet sich in den USA im Aufbau. Die Strategic Petroleum Reserve enthielt 1981 etwa 100 Mio. Barrel Rohöl, doch wird ein Ziel von 1000 Mio. bbl (ca. 150 Mio. t) angestrebt.

Auch andere Industrieländer haben eine staatliche Vorratshaltung in ihre nationale Rohstoffversorgungspolitik einbezogen. In der *Bundesrepublik Deutschland* wird seit 1978 über den Aufbau kommerzieller Vorratslager mit staatlicher Unterstützung diskutiert. Dabei sind 3 Modelle im Gespräch:

— eine gesetzlich verankerte Pflichtbevorratung für rohstoffverarbeitende Betriebe, vergleichbar der Mineralölbevorratung.

Tabelle 6.3.   Lagerbestände und Einlagerungsziele für ausgewählte Rohstoffe im US Stockpile

Rohstoff	Einheit	Lagerbestand per 30.9.81	Defizit (−) bzw. Überschuß (+)	
Aluminium	sh.t	1 733	−	698 267
Antimon	sh.t	40 729	+	4 729
Bauxit (Jamaica Type)	lg.t	8 858 881	−	12 141 119
Blei	sh.t	601 036	−	498 964
Chromit	sh.t	391 414	−	458 586
Flußspat	sh.t	895 983	−	504 017
Kadmium	lb	6 328 729	−	5 371 191
Kobalt	lb	40 802 393	−	44 597 607
Kupfer	sh.t	29 048	−	970 952
Nickel	sh.t	0	−	200 000
Platin	tr.oz.	452 640	−	857 360
Rutil	sh.t	39 186	−	66 814
Tantal	lb	2 551 302	−	5 848 698
Wolfram	lb	87 062 763	−	31 612 763
Zink	sh.t	376 310	−	1 048 690
Zinn	lg.t	198 352	+	156 352

Quelle: Federal Emergency Management Agency: Stockpile Report to the Congress, Washington 1981.

— Einlagerungsverträge einer Behörde mit der Industrie.
— steuerliche Anreize für die Bildung von Vorratslagern.

Das Bundeskabinett hatte am 29. November 1978 dem Vorschlag des Interministeriellen Staatssekretärausschusses für Rohstofffragen zugestimmt, die Möglichkeiten der staatlichen Krisenvorsorge zu prüfen. Vorgesehen war vor allem eine Lagerhaltung von Rohstoffen mit besonders hohem Versorgungsrisiko wie Chrom, Mangan, Vanadium, Kobalt und Asbest. Eine Bevorratungsgesellschaft sollte die Organisation der kommerziellen Lager im Umfang eines Jahresbedarfes übernehmen, und zur Finanzierung der Anschaffungskosten war eine Kredithilfe der Deutschen Bundesbank in Höhe von 600 Mio. DM vorgesehen. Die Kreditanstalt für Wiederaufbau sollte als beauftragte Bank finanzieren und Wechsel der Rohstoffeigentümer diskontieren zu Lasten des Plafonds der Bundesbank. Das Bevorratungsprogramm wurde Ende 1980 vorläufig zurückgestellt.

In *Frankreich* beschloß die Regierung 1975, einen Stockpile einzurichten, für den zunächst 250 Mio. F und 1979 weitere 1600 Mio. F zur Verfügung gestellt wurden. Eingelagert sind nach inoffiziellen Informationsquellen Kupfer, Kobalt, Wolfram, Chrom, Blei, Silber, Antimon, Platin und Zirkon.

In *Großbritannien* wurde Anfang 1983 mit dem Aufbau eines Krisenlagers von zunächst 10 Mill. £ Umfang für Chrom, Mangan, Kobalt und Vanadium begonnen. Es ist ein Lagervorrat von 3 Monatsverbräuchen geplant, der vorrangig durch Käufe aus Südafrika und Zentralafrika entstehen soll. Die niedrigen Preise 1982/83 wurden als günstige Gelegenheit für den Aufbau des Lagers betrachtet. Ein größeres Programm, welches auch Phosphate, Antimon, Molybdän, Nickel, Niob, Tantal und Titan umfaßt, würde mehr als 200 Mio. £ kosten und wurde deshalb vorläufig zurückgestellt.

In *Japan* sorgt seit 1971 das Ministry of International Trade and Industry in schwankendem Umfang für Krisenlagerbestände und seit 1976 die private "Stockpile Association". Diese Vorratslager dienen vorwiegend der Unterstützung der japanischen NE-Metallindustrie, umfassen deshalb vor allem die Metalle Kupfer, Zink und Aluminium. Ein neues Stockpile-Programm ab Oktober 1982 erstreckt sich auf 5 Jahre und sieht die Einlagerung von Metallen mit Versorgungsrisiko wie Nickel, Chrom, Wolfram, Kobalt, Molybdän, Mangan und Vanadium vor. Der private Sektor soll Vorräte für mindestens 10 Tage anlegen, der staatliche Sektor für 25 Tage und ein Gemeinschaftsprogramm zwischen Staat und Privatindustrie für nochmals 25 Tage. Die Regierung übernimmt im Gemeinschaftsprogramm zwei Drittel der Zinslasten für die Lagerhaltung.

In *Schweden* wird die Anlage kommerzieller Stockpiles durch Steuererleichterungen angeregt, wobei die Effizienz privater Lager als Substitut für eine nationale Lagerhaltung seit einiger Zeit in Frage gestellt wird. – Staatliche Vorratslager geringen Umfangs gibt es inzwischen auch in der *Schweiz* und in *Indien*.

Selbst *Spanien*, *Korea* und *Malaysia* haben die Absicht geäußert, nationale Bevorratungsprogramme für mineralische Rohstoffe durchzuführen.

6.1.5 Handelspolitische Unterstützungsmaßnahmen

Das handelspolitische Instrumentarium bezieht sich einerseits auf nationalstaatliche und andererseits auf internationale Interventionen.

Als einzelstaatliche Maßnahmen kommen *Einfuhrrestriktionen* zum Schutz der einheimischen Produktion in Betracht, wie Zölle, Einfuhrkontingente und Einfuhrverbote oder aber *Einfuhrfördermaßnahmen* zur Sicherung der Versorgung wie Subventionen, verbilligte Kredite, Bürgschaften, begünstigte Wechselkurse.

Auf internationaler Ebene können die Wirtschaftsordnungen hinsichtlich rohstoffpolitischer Ziele weiterentwickelt werden, insbesondere

- die Binnenmarktordnung der Europäischen Gemeinschaft,
- die Welthandelsordnung,
- die Weltwährungsordnung.

Die *EG-Binnenmarktordnung* sieht prinzipiell den freien Warenverkehr, die freie Arbeitsplatzwahl, den freien Zahlungs- und Kapitalverkehr sowie Niederlassungsfreiheit vor. Die Realisierung dieser Wirtschafts- und Währungsunion ist aber noch nicht erreicht. Im Rohstoffbereich muß deshalb versucht werden, vorab die im EG-Bereich vorhandenen mineralischen Rohstoffe optimal zu nutzen und die gemeinsame Wirtschaftskraft bei Verhandlungen mit Rohstoffexportländern zu nutzen.

Die liberale Welthandelsordnung nach dem *General Agreement on Tariffs and Trade (GATT)*, abgeschlossen am 31. Oktober 1947 in Genf und seitdem dort als Sonderorganisation der UNO tätig, sollte trotz großer Widerstände im Prinzip erhalten werden, denn die Grundideen wie Herabsetzung der Handelsschranken und Beseitigung von Diskriminierungen durch Gewährung der "Meistbegünstigung" bieten allen Ländern Vorteile.

Die *Weltwährungsordnung* der Nachkriegszeit basiert auf dem Abkommen von *Bretton Woods (1944)* und sah zunächst feste Wechselkurse sowie als Leitwährungen den US-Dollar und das britische Pfund vor. Eine Weiterentwicklung dieses Systems ist dringlich, nachdem durch das Washingtoner Abkommen vom Dezember 1971 und die Pariser Währungskonferenz vom März 1973 schwankende Wechselkurse üblich sind und die Leitwährungen praktisch abgeschafft wurden. Als Ersatz für Leitwährungen gelten nun Sonderziehungsrechte (SZR) des Internationalen Währungsfonds (IMF).

Die SZR-Quoten wurden ständig erhöht und beliefen sich Ende 1982 auf rund 61 Mrd. SZR (ca. 160 Mrd. DM), von denen etwa ein Drittel auf die Entwicklungsländer entfällt. Das Interim Committee des IMF beschloß auf seiner 20. Sitzung am 10./11. Februar 1983 eine erneute Aufstockung bis 90 Mrd. SZR anzustreben. Im Frühjahr 1979 wurde außerdem eine zusätzliche Finanzierungsfazilität von 8 Mrd. SZR für Enwicklungsländer mit besonderen Zahlungsbilanzdefiziten geschaffen.

6.1.6 Förderung von Forschungsvorhaben

In der Bundesrepublik Deutschland sind die Forschungs- und Entwicklungsmaßnahmen auf dem Gebiet der Rohstofferzeugung und -nutzung in einem Rahmenprogramm des Bundesministeriums für Forschung und Technologie (BMFT) zusammengefaßt worden.

Priorität genießen Rohstoffe, bei denen Angebotsverknappungen befürchtet werden müssen.

Das Rahmenprogramm nennt als Hauptziele der Forschung:

— Erschließung neuer Rohstoffquellen (durch Prospektionen in Lagerstättendistrikten oder neuen Gebieten sowie durch Leistungssteigerungen im Bergbau),
— Sparsame Verwendung von Rohstoffen (durch Substitution knapper Rohstoffe, Verminderung des spezifischen Rohstoffeinsatzes, Verringerung von Verschleiß und Korrosion, Erhöhung der Produktlebensdauer),
— Wiedergewinnung von Rohstoffen durch Recycling.

Dem BMFT stehen Haushaltsmittel zur finanziellen Förderung wissenschaftlicher Untersuchungen und technologischer Entwicklungen zur Verfügung. Unterstützt werden Forschungsprojekte an staatlichen und privaten Forschungsinstituten, an Hochschulen, aber auch in der Industrie.

Die Abgrenzung zum Explorationsprogramm des BMWi erfolgt dadurch, daß keine konkreten Rohstoffprojekte gefördert werden sollen, sondern Entwicklung und Erprobung von Methoden und Geräten.

Für den BMFT-Programmbereich 1 "Energieforschung und -technik" standen 1982 insgesamt 2,6 Mrd. DM zur Verfügung, für den Programmbereich 2 "Forschung und Entwicklung für Rohstoffe und Werkstoffe einschließlich Wasserforschung" insgesamt 242,8 Mio. DM und für Programmbereich 3 "Meeresforschung und Meerestechnik, Polarforschung" insgesamt 213,8 Mio. DM. In allen 3 Programmbereichen werden F&E-Aktivitäten für die Versorgung mit mineralischen Rohstoffen unterstützt (PB 1: Erdöl, Erdgas, Kohle, Uran; PB 2: Metalle, Industrieminerale; PB 3: marine mineralische Rohstoffe).

Von den zahlreichen Programmen soll nur das Fachprogramm "Mineralische Rohstoffe" erwähnt werden, bei dem vor allem der Ersteinsatz von neuen und verbesserten Geräten für Prospektion, Exploration, Abbau, Förderung und Aufbereitung mineralischer Rohstoffe (ohne fossile Brennstoffe) finanziell gefördert wird.

Die BGR, Geologische Landesämter, Hochschulinstitute, Forschungsinstitute (KFA Jülich, HMI Berlin) und verschiedene Unternehmen (Preussag, Sachtleben, Mannesmann-Demag, Barbara Rohstoffbetriebe, Saarberg Interplan, Stahlwerke Peine-Salzgitter, KHD, Lurgi, Amberger Kaolinwerke, Krupp, Dechema, Gesellschaft für Elektrometallurgie, H.C. Starck, Babcock) haben an dem umfangreichen Forschungsprogramm partizipiert.

Ein besonders aufwendiges Gebiet ist die Meeresforschung. Das BMFT hat die vielfältigen deutschen Aktivitäten zur Rohstoffgewinnung aus dem Meer einschließlich vieler Fahrten der Forschungsschiffe "Valdivia" und "Sonne" maßgeblich unterstützt und wird nun auch die Entwicklung und Erprobung geeigneter Fördersysteme für Manganknollen in die Forschungsvorhaben einbeziehen.

6.2 Unternehmerische Maßnahmen

Eine wettbewerbsorientierte Wirtschaft baut wesentlich auf unternehmerische Initiativen. Deshalb wird auch auf dem Rohstoffsektor von den Bergbau- und Mineralölgesellschaften ein eigener Beitrag zur Sicherung der Rohstoffversorgung durch weltoffenes Engagement in der Gewinnung von mineralischen Rohstoffen erwartet.

Die unternehmerischen Aktivitäten zielen im wesentlichen in zwei Richtungen. Um die Versorgungssicherheit für Weiterverarbeitungsbetriebe zu gewährleisten, wird eine aktive Strategie zur Erhöhung des Angebotes betrieben durch den Abschluß langfristiger Lieferverträge, durch die Diversifizierung der Bezugsquellen, durch die Einrichtung von kommerziellen Vorratslagern und durch die Beteiligung an Bergbauprojekten bis hin zu Direktinvestitionen im ausländischen Bergbau. Um die Abhängigkeit von Rohstoffen mit hohem Versorgungsrisiko zu mindern, wird auch ein rationeller oder alternativer Einsatz von mineralischen Rohstoffen angestrebt.

6.2.1 Investitionsstrategien zur Erweiterung der Rohstoffbasis

Direktinvestitionen im ausländischen Bergbau können auf verschiedene Art und Weise erfolgen. Grundsätzlich ist dabei zu bedenken, daß

- Bergbauinvestitionen stets risikoreich sind,
- Bergbauinvestitionen ein langfristiges Engagement darstellen,
- Bergbauinvestitionen einen relativ hohen Kapitalaufwand erfordern,
- sich die Investitionsbedingungen durch Änderung der gesetzlichen Bestimmungen rasch ändern können, wobei vor allem – aber nicht nur – Berggesetze und Investitionsgesetze in Entwicklungsländern einem ständigen Wandel unterworfen sein können. Dies läßt sich am Beispiel der Entwicklung des Konzessionsrechts in Erdölländern eindrucksvoll demonstrieren.

In der Regel steht dem Staat die Nutzung aller Bodenschätze auf seinem Territorium zu. Er kann allerdings an private Unternehmer Konzessionen für die Gewinnung von Rohstoffen verleihen.

Die ersten *Konzessionsverträge* in Erdölförderländern räumten ausländischen Gesellschaften weitgehende Rechte hinsichtlich der Erschließungsarbeiten, der Fördertätigkeiten und der Preisgestaltung ein. Diese klassischen Verträge waren sehr langfristig (50 bis 99 Jahre) gültig und betrafen riesige Gebiete. Als Beispiel kann der Konzessionsvertrag des Briten *Knox d'Arcy* mit der persischen Regierung dienen, der gegen relativ geringe Royalties und Gewinnbeteiligung für die Dauer von 60 Jahren die Rechte zur Suche, Gewinnung, Ausbeutung, Entwicklung, Abtransport und Verkauf von Erdöl, Erdgas, Asphalt und Ozokerit im ganzen Persischen Kaiserreich (mit Ausnahme der fünf nördlichen Provinzen) erhielt.

Die Konzession wurde 1908 der Anglo-Persian Oil Co. übertragen und 1951 verstaatlicht. Denn nach dem Zweiten Weltkrieg wurden die Exportländer unabhängiger und selbstbewußter und erkannten die Bedeutung der Rohstoffgewinnung für ihre wirtschaftliche Entwicklung. Als bahnbrechend für einen neuen Vertragstyp mit Gewinnteilung (equity sharing) gilt Venezuela, das 1948 eine Gewinnbeteiligung von 50 % von den im Lande tätigen Mineralölgesellschaften erwirkte. In den Fünfziger Jahren wurden Konzessionsverträge mit Gewinnteilung 50/50 üblich in allen wichtigen Förderländern. Gleichzeitig kam es zur Gründung nationaler Ölgesellschaften, die Einfluß auf Exploration und Gewinnung anstrebten und einen großen Nachholbedarf an technischem Know-how hatten. Diese Ziele ließen sich am besten durch Beteiligungen an ausländischen Mineralölgesellschaften erreichen. Der erste derartige Partnerschaftsvertrag (participation agreement) wurde im September 1957 im Iran zwischen der National Iranian Oil Co. (NIOC) und der italienischen AGIP abgeschlossen. Die Prospektions- und Explorationsarbeiten und gleichzeitig das gesamte Explorationsrisiko waren der AGIP übertragen worden. Bei Fündigkeit sah der Vertrag die Gründung einer gemeinsamen Gesellschaft mit paritätischer Geschäftsführung und Gewinnteilung vor. In den Folgejahren wurden von der iranischen Regierung noch weitere Partnerschaftsverträge geschlossen, häufig mit ausländischen Konsortien. Aber auch in Saudi-Arabien (PETROMIN/ELF), in Algerien (Sonatrach/Getty Oil – Sonatrach/CFP) oder Nigeria setzte sich dieser Vertragstyp immer mehr durch. Dabei wurde erstmals in Algerien 1968 eine einheimische Mehrheitsbeteiligung (51 %) erreicht. Die Laufzeit der Konzessionen war wesentlich kürzer und überstieg selten 25 Jahre. Für die Explorationsphase wurden Mindestausgaben und vorzeitige Gebietsrückgaben vereinbart, außerdem ein ausgeklügelter Katalog von Abgaben und Gebühren. Auf die schrittweise Verbesserung dieser Partnerschaftsverträge zugunsten der Exportländer war in den Sechziger Jahren die Politik der OPEC ausgerichtet (vgl. Abschn. 3.2.1.1). Eine große Rolle dabei spielten die Listenpreise (posted price), da sie als Steuerreferenzpreise in den Verträgen verankert waren. Eine Erhöhung dieser fiktiven Listenpreise bedeutete immer eine Erhöhung der Staatseinnahmen der OPEC-Länder.

Im Juli 1971 wurde von der OPEC dann die Umgestaltung noch laufender klassischer Konzessionsverträge gefordert. Algerien, Libyen und Irak setzten diese Empfehlungen sofort um, Saudi-Arabien, Kuwait und Qatar verhandelten Anfang 1972 mit den internationalen Konzernen und vereinbarten eine sukzessive Beteiligung, die 1983 auf 51 % angewachsen sein sollte. Doch schon 1974 rückten auch Kuwait, Saudi-Arabien und Qatar von diesen Vereinbarungen ab und erhöhten sofort die Staatsbeteiligungen auf zunächst 60 %, wenig später auf 85 % und 100 %.

Diese Bemühungen der Förderländer, die völlige Kontrolle über Suche und Gewinnung ihrer Bodenschätze zu erlangen, gehen aber schon auf das Jahr 1963 zurück. Damals schloß Indonesien mit ausländischen Mineralölgesellschaften *'Production-Sharing-Verträge''* ("PERTAMINA-Modell") ab, in denen keine Konzessionsrechte mehr verliehen wurden, sondern der ausländische Konzern nur noch als Kontraktor fungierte. Der Kontraktor übernimmt zunächst unter Kontrolle die Explorationstätigkeiten und trägt dafür das volle Risiko. Bei Fündigkeit werden seine Aufwendungen erstattet, und ihm wird ein Teil der Produktion zu Selbstkosten überlassen. Das PERTAMINA-Modell wurde später von Ägypten, Bolivien, Peru und Nigeria übernommen. Im Iran wurde das Modell 1966 modifiziert zu einem Dienstleistungsvertrag (service contract, work contract). Auch diese Verträge behandeln die ausländische Gesellschaft (zuerst 1966 die ERAP) als Kontraktor, der das gesamte Explorationsrisiko trägt. Bei Fündigkeit werden die Explorationskosten erstattet, doch wird nicht mehr die Produktion geteilt, sondern der Kontraktor erhält lediglich noch einen vertraglichen Anspruch, einen Teil des Rohöls zu Vorzugspreisen zu kaufen.

Die Art des Vertrages richtet sich in der internationalen Mineralölwirtschaft gegenwärtig nach der Einschätzung des Explorationsrisikos. In völlig unerforschten Gebieten kann es noch zur Vergabe traditioneller Konzessionen kommen, in bekannten Lagerstättenprovinzen dagegen haben sich Production-Sharing-Verträge oder Dienstleistungsverträge durchgesetzt.

Auch die Bergbaugesellschaften sehen sich einer Vielzahl von Beteiligungsmöglichkeiten gegenüber. Vom traditionellen Konzessionsvertrag, über Gewinnteilungsverträge und Partnerschaftsverträge bis hin zum Dienstleistungsvertrag sind alle Investitionsformen verbreitet.

In den *ASEAN-Ländern* können beispielsweise folgende deutsche Investitionen und Kooperationen angeführt werden, die das breite Spektrum unternehmerischer Maßnahmen dokumentieren.

Indonesien: Auf der Basis konsortialer Dienstleistungsverträge ("contract of work" zusammen mit CEP, Texaco und Phillips Petroleum), werden seit 1978 bzw. 1979 von der DEMINEX im Auftrag der staatlichen Ölgesellschaft P.N. PERTAMINA zwei Offshore-Areale vor der NO-Küste der Insel Kalimantan (Simengaris-Block, 4285 km² und Bunya-Block, 7162 km²) Prospektions- und Explorationsarbeiten durchgeführt, wobei DEMINEX im Simengaris-Block als Betriebsführer (Operator) tätig ist.
Außerdem hat die Norddeutsche Affinerie (40 % Metallgesellschaft) eine geringe Beteiligung von 3,5 % an der Freeport Indonesia Inc. erworben, die die Kupfermine Ertsberg in West-Irian ausbeutet.

Malaysia: Über ihre Mehrheitsbeteiligung (79,3 %) an der Amalgamated Metal Corp. Ltd. (AMC) hat die Preussag AG maßgebliche Beteiligungen an der Zinnverhüttung (Datuk Keramat Smelting Bhd. in Penang) erworben (vgl. Abschn. 3).

Philippinen: Die Bayer AG hat sich über ihre Tochtergesellschaft Alamag Processing Corp. im Chromitbergbau engagiert, wobei für chemische Verarbeitung geeignete Konzentrate in den Minen erzeugt werden und eine Bichromatanlage fast fertiggestellt ist.

Thailand: Durch eine direkte Beteiligung von 49 % an der Kanchanaburi Exploration and Mining Co. (KEMCO) hat die Metallgesellschaft im thailändischen Bergbau investiert. Die Blei(-Zink)-Mine Song Toh produziert rund 30 000 t Bleikonzentrate jährlich und ist auch in der Exploration aktiv. Eine besondere Form der Kooperation hat die Fa. Hermann C. Starck gewählt, die mit der Thailand Tantalum Industries Corp. (TTIC) einen Know-how- und Engineering-Vertrag abgeschlossen hat.

Die Bildung von Konsortien wird immer stärker in die unternehmerischen Investitionsstrategien einbezogen. Damit können vor allem zwei Vorteile entstehen:

– Das Risiko wird verteilt. Dies gilt für alle Risikokategorien, wie etwa für das Projektrisiko (das aus 4 Komponenten bestehen kann: dem naturgegebenen Risiko jedes Bergbaus, dem Kostenrisiko, dem Erlösrisiko und dem Managementrisiko), für das Kreditrisiko und für das Enteignungsrisiko.

– Die Finanzierung wird erleichtert, indem die Konsortialpartner gemeinsam Kapital aufbringen, aber auch gemeinsam die Kreditwürdigkeit erhöhen.

Als *Beispiel* für Konsortien läßt sich das Kupfer-Gold-Projekt Ok Tedi in Papua – Neuguinea anführen, wo sich zunächst ein Explorationskonsortium gebildet hatte aus:

– Dampier Mining Co.Ltd. (Tochter der Broken Hill Pty.Co.Ltd., Australien) mit 37,5 %,
– Mount Fubilan Development Co.Ltd. (Tochter von Standard Oil of Indiana, USA) mit 37,5 %
– und der deutschen Kupferexplorationsgesellschaft (Metallgesellschaft, Degussa, Gutehoffnungshütte und Siemens) mit 25 %.

Als es dann zur Investitionsentscheidung kam, wurde das Konsortium umgestaltet. An der neuen Ok Tedi Mining Ltd. (OTML) mit Sitz in Port Moresby sind nun beteiligt:

– BHP Minerals, Australien   mit 30 %,
– Amoco Minerals, USA   mit 30 %,
– Papua New Guinea Government   mit 20 %,
– DEG/Metallgesellschaft, BR Deutschland   mit 20 %.

Die Finanzierung der 1. Ausbauphase des Projektes Ok Tedi mit einem Volumen von 850 Mio. US-$ wurde durch 70 Mio. US-$ Eigenbeiträge der 4 Partner sowie durch verschiedene Kredite sichergestellt. Die Kreditanstalt für Wiederaufbau in Frankfurt zeichnete 100 Mio. US-$, die Export Finance and Insurance Corp. of Australia 242 Mio. US-$, die Export Development Corp. of Canada 88 Mio. US-$, die Österreichische Kontrollbank 50 Mio. US-$, die Citicorp (USA) 150 Mio. US-$, die Lloyds Bank International 100 Mio. US-$ und die Overseas Private Investment Corp. (USA) 50 Mio. US-$.

Diese Diversifizierung der externen Finanzierung trägt ebenfalls zur Risikominderung bei *(vgl. Kirchner, 1982)*.

In einigen Ländern organisierten die Unternehmen den Erfahrungsaustausch über Auslandsinvestitionen. So entstand in Deutschland am 11. Oktober 1978 die Fachvereinigung Auslandsbergbau e.V., Bonn, die sich zum Ziel gesetzt hat, neue Finanzierungsmodelle für den Auslandsbergbau zu entwickeln, Kontakte zu nationalen und internationalen Rohstoffinstitutionen zu halten und auch Vorschläge zur Verbesserung der Rohstoffpolitik vorzulegen.

6.2.2 Verbesserung der Rohstoffnutzung

Maßnahmen zur verbesserten Nutzung von mineralischen Rohstoffen können sowohl von Unternehmen ergriffen werden, die im Bereich der Rohstoffgewinnung tätig sind als auch von Unternehmen, die Rohstoffe verwenden, wobei je nach Verarbeitungstiefe eines Konzerns beide Bereiche der unternehmerischen Entscheidung unterliegen.

Der Katalog von Maßnahmen zur effektiven Rohstoffnutzung umfaßt:

— technologische Verbesserung der Aufbereitung und Verhüttung, um das Ausbringen von Wertmineralen zu steigern und die Gewinnung aller Beiprodukte sicherzustellen.

— rationeller Einsatz von Rohstoffen, etwa von Energieträgern durch Senken des spezifischen Nutzenergiebedarfes oder Verbesserung der Nutzungsgrade. Bei Metallen bieten sich Änderungen oder Senkungen des Gehaltes an wertvollen Legierungsbestandteilen an, wie Ersatz von Molybdän durch Chrom/Mangan in Edelstählen oder Senkung des Antimongehaltes im Hartblei. Im Fertigungsbereich ermöglicht moderne Technologie die Senkung des spezifischen Verbrauches teurer Metalle, wie Zinn bei der elektrolytischen Weißblechherstellung oder Stahlveredler bei der Pulvermetallurgie.

— Substitution von teuren Rohstoffen durch billigere, problemlos verfügbare Rohstoffe (vgl. auch Abschn. 3.3.2). So wurde Zink für Dachrinnen durch Kunststoff ersetzt, Blei in Drucklettern durch Fotosatz, Kupfer in Ölleitungen durch Kunststoff oder in Stromkabeln durch Aluminium, Zinn für Weißblechdosen durch Aluminium, Stahlblech für Eisenbahnwaggons durch Aluminium.

— Intensivierung des Recyclings (vgl. Abschn. 3.3.1.2).

7 Rohstoffpolitische Aktivitäten in Entwicklungsländern

Auf internationaler Ebene haben die rohstoffreichen Entwicklungsländer die Ziele ihrer gemeinsamen Rohstoffpolitik in den letzten Jahren eindeutig formuliert (vgl. Abschn. 4.1). Grundsätzlich ist jedes dieser Länder bestrebt, die volle Kontrolle über die Ausbeutung seiner Bodenschätze zu gewährleisten und den größtmöglichen Nutzen aus den natürlichen Reichtümern zu erzielen. Dies ist nicht nur verständlich, sondern für viele Entwicklungsländer lebensnotwendig, weil die Rohstoffvorkommen eine konkrete Basis für die wirtschaftliche Entwicklung darstellen. Andererseits sind diese Länder auf die Unterstützung der Industrieländer angewiesen, da es ihnen an dem für die Erkundung und Erschließung von Lagerstätten notwendigen technologischen Know-how und Kapital mangelt. Es muß also auch Ziel der Rohstoffpolitik der Entwicklungsländer sein, diese Unterstützung zu erhalten. Beide Ziele sind schwer miteinander vereinbar, der Konflikt nur durch Kompromisse zu lösen. Die Lösungsversuche sind erkennbar in der Ausgestaltung der nationalen Berggesetzgebung, die gegenwärtig sehr unterschiedliche Grundzüge aufweist.

Tabelle 7.1. Verstaatlichung von Bergbau-Unternehmen in Entwicklungsländern

Land	Rohstoff	Enteignungsjahr	Vorbesitzer (Investor)	Herkunftsland des Investors	Hauptsächliche Lagerstätten
Indonesien	Zinn	1953/1958	N.V. Billiton	Niederlande	Bangka, Billiton, Singkep
Guinea	Bauxit	1961	Alcan	Kanada	Los Islandes, Boké
Zaire	Kupfer	1966	Union Minière	Belgien	Katanga
Chile	Kupfer	1967/1969	Kennecott	USA	El Teniente
		1971	Anaconda	USA	Chuquicamata, El Salvador, Exotica
	Eisenerz	1971	Bethlehem Steel	USA	Atacama
Guyana	Bauxit	1970	Alcan	Kanada	Demarara
			Reynolds	USA	
Peru	Kupfer	1974	Cerro Corp.	USA	Cerro de Pasco
Venezuela	Eisenerz	1974	Bethlehem Steel	USA	Cerro Bolivar
			US Steel	USA	Orinoco-Gebiet

Quelle: United Nations Committee on Natural Resources, März 1979.

Alle rohstoffpolitischen Aktivitäten der Entwicklungsländer basieren auf dem Grundsatz der permanenten Souveränität über die natürlichen Ressourcen. Vor allem die Vereinten Nationen haben es immer wieder zu ihrem Anliegen gemacht, die Enwicklungsländer bei der Erreichung einer effektiven Kontrolle der Grundstoff-Industrie zu unterstützen. Beginnend mit einer Resolution der UN-Generalversammlung am 12. Januar 1952 bis hin zur Deklaration über die Errichtung einer Neuen Internationalen Wirtschaftsordnung am 1. Mai 1974 wurden stets Strategien zur Verwirklichung dieser Zielsetzungen entwickelt. Dies löste auch eine Reihe von Verstaatlichungen aus (Tabelle 7.1). Zwischen 1960 und 1969 wurden 32 Fälle registriert, zwischen 1970 und 1976 sogar 48 Fälle (UNO-Angaben).

Die Zusammenarbeit mit Industrieländern wird auf dieser Grundlage angestrebt, wobei die rechtlichen Rahmenbedingungen bestimmt werden von

— allgemeinen Investitionsgesetzen und Investitionsfördermaßnahmen sowie von
— speziellen Vorschriften für Bergbauinvestitionen, wie sie in den Berggesetzen niedergelegt sind (vgl. Abschn. 1.1.3.3).

Dem Transfer von Kapital und von Technologie wird in den entwicklungsstrategischen Konzepten generell ein beachter Stellenwert beigemessen. Wichtig dabei ist das "Investitionsklima", das durch verschiedene "Investitionsindices" klassifiziert wird. Hierbei werden nach einem Bewertungssystem alle Einflußgrößen mit Punkten versehen und die Länder nach diesen Punkten eingestuft.

Eine entscheidende Rolle spielen für ausländische Investoren auch die Förderungsmaßnahmen, wie

— wirtschaftspolitische Garantien (z.B. Garantien gegen Diskriminierung oder für freien Kapitaltransfer);
— steuerliche Anreize (befristete Steuerreduzierung, Sonderabschreibungen, Verlustvorträge);
— zollpolitische Vergünstigungen (Senkung hoher Einfuhrzölle, Befreiung vom Ausfuhrzoll);
— Finanzierungshilfen (Bevorzugung bei Krediten oder Devisenzuteilungen, Bereitstellung von Grundstücken).

7.1 Konzessionspolitik

In einer Studie im Auftrag der Bundesregierung hat das Institut zur Erforschung technologischer Entwicklungslinien in Hamburg 1975 für 5 ausgewählte Bergbauländer die Vorschriften der neuesten Berggesetze verglichen *(Harms et al, 1975)*. Für den Bereich der Konzessionsvergabe und der Staatsbeteiligungen ergab sich folgendes Bild:

In den meisten Ländern traten Ende der Sechziger Jahre oder Anfang der Siebziger Jahre neue Berggesetze in Kraft (vgl. auch Abschn. 4.2). Vorher oder danach wurden Altkonzessionäre ganz oder teilweise enteignet und nationale Bergbaugesellschaften gegründet. Prinzipiell obliegt nach den neuen Gesetzen die Vergabe der Konzessionen dem Bergbauministerium, wobei meist zwischen Prospektionskonzessionen, Explorationskonzessionen und Abbaukonzessionen unterschieden wird. Die Möglichkeit, Konzessionen auch an ganz oder teilweise ausländische Unternehmen zu vergeben, ist normalerweise vorgesehen, doch wird von dieser Möglichkeit sehr unterschiedlich Gebrauch gemacht. Vor allem die Explorationskonzessionen sind in der Regel mit Auflagen hinsichtlich eines Mindestaufwandes an Explorationsarbeiten versehen. Die Konzessionen sind zeitlich gegenüber früher enger begrenzt; Prospektions- und Explorationskonzessionen auf einige Jahre (3 bis 5 Jahre), Abbaukonzessionen auf 20 bis 25 Jahre. Eine ständige Kontrolle der Tätigkeit privater (einheimischer und ausländischer) Konzessionsnehmer ist vorgesehen. Oft wird in der Praxis eine staatliche Mehrheitsbeteiligung nach einigen Jahren angestrebt (Zaire, Zambia, Peru).

Indonesien bildet eine Ausnahme, die aber richtungsweisend sein könnte. Dort werden keine Konzessionen mehr vergeben, sondern nur noch Dienstleistungsverträge (contracts of work) abgeschlossen, die individuell mit einheimischen oder ausländischen Bergbaugesellschaften vom Ministerium für alle Projektstufen ausgehandelt werden (vgl. Abschn. 1.1.3.3).

Dort, wo Konzessionen vorzugsweise oder ausschließlich an staatliche Bergbaugesellschaften vergeben werden, kommt es zur engen Verknüpfung zwischen Konzessionspolitik und Beteiligungspolitik.

7.2 Beteiligungspolitik

Zur Verwirklichung einer staatlichen Kontrolle über die Ausbeutung von Bodenschätzen wurden und werden zwei Strategien in Rohstoffländern verfolgt:

—   die schrittweise Beteiligung (participation) eines einheimischen Staatsunternehmens an im Lande bereits tätigen ausländischen Gesellschaften, mitunter bis hin zur vollen Verstaatlichung (state ownership). Besonders umstritten ist dabei die Frage der Entschädigung, um deren Höhe hart gerungen wird.

—   die Bildung von Partnerschaftsunternehmen (Joint Ventures) für neue Rohstoffprojekte. Dabei werden Firmen im Entwicklungsland gegründet auf Beteiligungsbasis mit lokalen (staatlichen oder auch privaten) Kapitaleignern. Nach dem Anteil des ausländischen Partners am Gesellschaftskapital werden unterschieden:

  —   die Mehrheitsbeteilung (Majority Joint Venture, mind. 51 %),
  —   die Gleichheitsbeteilung (Equity Joint Venture, 50 %),
  —   die Minderheitsbeteilung (Minority Joint Venture, max. 49 %).

In vielen Entwicklungsländern ist nur noch eine Minderheitsbeteiligung möglich. Eine inzwischen eigenständige Anlageform ist das Fade-out Joint Venture, bei dem bei Vertragsabschluß zunächst eine Mehrheitsbeteiligung vereinbart wird, die nach einer bestimmten Amortisationsperiode (meist zwischen 7 und 20 Jahren) in eine Minderheitsbeteiligung umgewandelt wird. Mitunter scheidet der ausländische Investor auch ganz aus (phase-out provisions).

Die OPEC-Länder betrieben eine aktive Beteiligungspolitik in den Sechziger Jahren (vgl. Abschn. 3.2.1.1). Die älteren Konzessionen wurden neu verhandelt, die internationalen Mineralölgesellschaften mußten zunächst einheimische Tochtergesellschaften gründen, an denen sich dann staatliche Ölgesellschaften beteiligten, bis hin zur vollen staatlichen Übernahme. Selbst Saudi-Arabien übernahm 1979 alle Anteile der Aramco, nachdem der Irak (1971), Venezuela (1975), Kuwait (1977) und Qatar (1979) total nationalisiert hatten.

Diese Beipiele machten auch in Nicht-OPEC-Ländern Schule. So beschritten vor allem lateinamerikanische Länder mit Erdöllagerstätten, wie Mexiko, Brasilien, Argentinien, Bolivien oder Peru, einen ähnlichen Weg der Nationalisierung der Mineralölindustrie.

In der Bergbauindustrie sind zwei gegensätzliche Tendenzen zu erkennen. Einerseits wird in verschiedenen Entwicklungsländern die staatliche Beteiligung noch erhöht, andererseits entschließen sich Entwicklungsländer, ein stärkeres ausländisches Engagement wieder zuzulassen.

Für die Erhöhung der Staatsanteile können folgende Beispiele angeführt werden:

- in Malaysia wurde die Malaysia Mining Corporation gegründet, deren Kapital im Besitz der staatlichen Pernas-Gruppe ist. Die MMC übernahm 1980 große Bereiche des Zinnbergbaus und erwarb auch Anteile an der Zinnverhüttung im Lande (vgl. Abschn. 3.1.1).
- in Nigeria übernahm die staatliche Nigeria Mining Corp. ab 1978 bedeutsame Anteile des Zinnbergbaus und beteiligte sich an der Zinnhütte in Jos.
- in Togo übernahm die Regierung die Mehrheit an der Phosphatgesellschaft Compagnie Togolaise des Mines de Benin von W.R. Grace (USA) und französischen Anteileignern.
- in Angola wurde 1977 die Mehrheit der Diamag von De Beers erworben.

Wiederzulassung oder Festschreibung von ausländischen Mehrheitsbeteiligungen sind dagegen zu beobachten in:

- Chile, wo die Regierung Anteile an der Disputata Kupfermine an Exxon veräußerte und bei neuen Projekten wieder Mehrheitsbeteiligungen akzeptierte, wie beim Quebrada-Kupferprojekt (Falconbridge/Kanada), beim El Indio-Projekt (St. Joe/USA) oder beim Andacollo-Kupferprojekt (Noranda/Kanada).

- Peru, wo alle Beteiligungsabsichten des Staates an der Southern Peru Copper Corp.

(52,3 % ASARCO/USA sowie weitere US-Firmen) verstummt sind, obwohl die Minen in Toquepala und Cuajone inzwischen zum weitaus größten Kupfer- und Molybdänproduzenten des Landes wurden.

— Papua-Neuguinea, wo die PNG Government and Investment Corp. lediglich 20,2 % an der Bougainville Copper Ltd. und 20 % an der Ok Tedi Mining Co. erwarb und die Regierung an diesen Minderheitsbeteiligungen festhalten will.

Eine Vielzahl von Joint Ventures kennzeichnet die neuen Bergbauprojekte in Entwicklungsländern, wobei alle 3 zuvor erwähnten Beteiligungstypen vorkommen. Bei der Finanzierung des staatlichen Anteils gibt es neuerdings interessante Varianten:

— "carried interest": die Regierung des Gastlandes bezahlt ihre Gesellschaftsanteile erst nach Produktionsaufnahme, und zwar in Form von Teilen oder der ganzen Bergwerksproduktion. Solche Vereinbarungen traf zum Beispiel die Regierung des Niger für ein Uranprojekt.

— "free interest": die Regierung des Gastlandes erhält Gesellschaftsanteile entweder ohne jede Einlage oder aber gegen steuerliche Vergünstigungen. Zaire beanspruchte z.B. 20 % am Tenke-Fungurume-Kupferprojekt ohne Gegenleistung, Liberia erhielt 50 % an einem Eisenerzprojekt, allerdings gegen Erlaß der Körperschaftssteuer.

— "production sharing": der ausländische Kontraktor übernimmt zunächst voll die Ausrüstung und das Management. Für Bereitstellung und Finanzierung dieser Leistungsfaktoren erhält er vertraglich fixierte Mengen aus der laufenden Produktion des Projekts (Erzkonzentrate, Rohöl, Metalle, Rohöl-Produkte).
Ein Beispiel ist das Dumai-Ölraffinerieprojekt auf Sumatra, das 1967 zwischen der PERTAMINA (Indonesien) und der Sumitomo Shoji (Japan) kontraktiert wurde, wobei Sumitoma als "prime contractor" und Organisator eines japanischen Firmenkonsortiums fungierte und festgelegte Mengen an Erdöl-Produkten erhält.

Als Fade-out Joint Ventures können im Bergbausektor Verträge in Indonesien (Rio Tinto-Zinc, Freeport) und in Panama (Texasgulf) erwähnt werden, in denen eine Übergabe der ausländischen Besitzanteile nach 10 bzw. nach 20 Jahren vereinbart wurde.

Die Regierungen von Entwicklungsländern verfolgen mit ihrer Beteiligungspolitik mehrere Ziele:

— eine Erhöhung der Staatseinnahmen, indem eine direkte Gewinnbeteiligung neben den Fördersteuern (royalties) und den Körperschaftssteuern erzielt wird.

— eine direkte Kontrolle über die Produktion und vor allem über die Vermarktung mineralischer Rohstoffe. Diese Kontrolle ermöglicht Maßnahmen zur Weiterverarbeitung der Rohstoffe im Lande oder auch rohstoffpolitische Maßnahmen im Rahmen eines Rohstoff-Kartells.

— Erwerb von technischem Know-how und von Managementfähigkeiten durch einheimisches Personal. Bei der unmittelbaren Zusammenarbeit mit ausländischen Fachkräften und Führungskräften können Weiterbildungseffekte erzielt werden, die der Wirtschaft und Verwaltung des Landes zugute kommen.

7.3 Fiskalpolitik

Die Steuer- und Abgabepolitik verfolgt in Entwicklungsländern das vorrangige Ziel, maximale Staatseinnahmen aus der Gewinnung mineralischer Rohstoffe zu erzielen, möglichst in Form von Devisen. Natürlich muß für das jeweilige Unternehmen noch eine Minimum-Rentabilität gewährleistet sein, ohne die kein Investor ein Projekt finanziert. 15 % interne Verzinsung des Kapitals wird heute als Schwellenwert angesehen.

Aber auch Entwicklungsziele können verfolgt werden, wie Förderung der industriellen Entwicklung, Schutz einheimischer Investoren gegen Auslandskonkurrenz, regionale Entwicklung ländlicher Räume oder Diversifizierung der Bergbauproduktion. Da diese Ziele nicht in jedem Land gleichrangig und auch nicht gleichgerichtet sind, werden in der Steuerpolitik landesspezifische Prioritäten sichtbar.

Natürlich unterliegen alle Unternehmen der Körperschaftssteuer (company income tax), doch in unterschiedlicher Höhe und teilweise in gestaffelter Form nach Rohstoffart und Projektdauer. Die übrigen Steuern und Abgaben sind zwei Kategorien zuzuordnen, den Mengensteuern und den gewinnbezogenen Abgaben.

Unter den Mengensteuern nimmt traditionell der Förderzins (royalty) eine hervorragende Stellung ein. Diese Produktionsabgabe auf jede Tonne des Fördergutes oder als Prozentsatz des Produktwertes ist bei der Rohölgewinnung und im Erzbergbau gebräuchlich. Nur wenige Länder verzichten darauf (Zambia). Royalties bringen dem Staat zwar relativ gleichmäßige Einnahmen, können aber den Nachteil haben, daß der Staat nur unterproportional am steigenden Gewinn partizipiert. Deshalb werden die Mengensteuern im allgemeinen durch Gewinnsteuern ergänzt, wobei eine progressive Besteuerung vorherrscht. Interessant ist die Koppelung der Gewinnsteuertarife an das Verhältnis von Gewinn und Investitionen, wie sie in Peru eingeführt wurde und sich als Investitionsanreiz bewährt hat.

Allerdings ergeben sich bei der Bemessungsgrundlage für Körperschaftssteuern Probleme, wenn eine vertikale Integration der internationalen Konzerne ausgeprägt ist, wie etwa in der Mineralölindustrie oder der Aluminiumindustrie. Hier können bei der Rohölgewinnung und beim Bauxitbergbau Gewinne zugunsten der Weiterverarbeitungsstufen im Ausland klein gehalten werden. Einige Länder haben deshalb spezielle Gewinnsteuern eingeführt. So muß ein ausländischer Investor in Indonesien zusätzlich zur normalen Gewinnsteuer (35 % in den ersten 10 Jahren, danach 45 %) eine "windfall profits tax" zahlen, wenn die Gewinne 15 % der Gesamtinvestition übersteigen.

Die Abgabenstruktur enthält in zahlreichen Entwicklungsländern noch andere Elemente, wie hohe Landpacht, jährliche Konzessionsgebühren, Bonuszahlungen bei Vertragsabschluß oder bei Produktionsbeginn. In einigen Rohstoffländern werden auch spezielle Zölle für den Export von mineralischen Rohstoffen erhoben, wobei eine Staffelung der Tarife üblich ist. So werden höhere Zölle für Rohöl oder Erzkonzentrate erhoben als für Mineralölprodukte oder Metalle, um die Verarbeitung der Rohstoffe im Ursprungsland anzuregen.

Die Exportsteuern sind mitunter sehr detailliert gestaffelt. In Malaysia wird beispielsweise das bedeutsame Exportgut Zinn mit einer speziellen "tin export tax" belegt, die sich nach dem jeweiligen Zinnpreis richtet. 1981 waren folgende Sätze aktuell:

> Steuer bei Zinnpreis von 1400 M$ per Pikul   0 %,
> zwischen 1400 und 1450 M$/Pikul   20 %,
> zwischen 1450 und 1500 M$/Pikul   25 %,
> zwischen 1500 und 1550 M$/Pikul   30 %,
> zwischen 1550 und 1600 M$/Pikul   35 %,
> zwischen 1600 und 1650 M$/Pikul   40 %,
> zwischen 1650 und 1700 M$/Pikul   45 %,
> über 1700 M$/Pikul (ca. 60 kg)   50 %.

Indirekte Elemente der Steuer- und Abgabenpolitik sind schließlich Importzölle auf Ausrüstungsgegenstände für den Bergbau oder gespaltene Wechselkurse, die einen Eintausch von Deviseneinnahmen der Gesellschaften zu staatlich festgesetzten, vergleichsweise ungünstigen Kursen verlangen oder Vorschriften über Reinvestitionen von Unternehmungsgewinnen.

7.4 Marketingpolitik

Um die Abhängigkeit von alten Handelsbeziehungen oder internationalen Konzernen zu mindern, haben verschiedene Entwicklungsländer Konzepte entwickelt, ein eigenständiges Vertriebssystem für mineralische Rohstoffe aufzubauen. Dabei wurden verschiedene Wege beschritten, etwa

— ein Staatsunternehmen, wie etwa die nationale Ölgesellschaft, erhält das Exklusivrecht für den Export von Rohstoffen und versucht auch, direkte Lieferverträge mit dem Ausland abzuschließen. So geschehen im Iran, wo die National Iranian Oil Co. schon 1978 etwa 25 % der Rohölexporte durch Regierungsvereinbarungen mit Japan, Indien und europäischen Ländern direkt verkaufte. Oder so geschehen in Jamaika, wo die staatliche Bauxitgesellschaft langfristige Lieferverträge mit neuen Aluminiumhütten in Algerien und Venezuela abschloß.

— staatliche Marketinggesellschaften werden gegründet, um die Produktion von

Staatsunternehmen oder auch zusätzlich von privaten Gesellschaften zu vermarkten.
In Peru wurde beispielsweise Minero Peru Commercial (MINPECO) gegründet, die die gesamte Produktion der beiden großen staatlichen Bergbauunternehmen CENTROMIN PERU und MINEROPERU vertreibt.

— staatliche Minenbanken übernehmen die Vermarktung der Produktion von Kleinminen oder von sehr wertvollen Rohstoffen wie Gold, Silber oder Diamanten.
In Bolivien wurde der Banco Minero de Bolivia diese Funktion übertragen. Es besteht seitdem für den gesamten Subsektor Kleinbergbau ein Ablieferungszwang mit festgesetzten Ankaufspreisen.
Auf den Philippinen wurde am 17. April 1978 eine Verordnung erlassen, daß die samte Goldproduktion des Landes von den Bergbauunternehmen an die Zentralbank verkauft werden muß, die dafür in lokaler Währung zahlt.

8 Rohstoffwirtschaftliche Entwicklungshilfe

Der Begriff "Entwicklungsländer" (developing countries) wurde zu Beginn der Fünfziger Jahre geprägt und bezieht sich vor allem auf die wirtschaftliche Lage eines Landes. In der Umgangssprache wird auch der Begriff "Dritte Welt" verwendet. Wirtschaftliche Kennzahlen werden als Zuordnungskriterien bevorzugt. Die Vereinten Nationen stützen ihre Einstufungen auf drei Indikatoren:

- das Brutto-Inlandsprodukt (BIP) pro Kopf der Bevölkerung,
- den Anteil der Industrieproduktion am BIP,
- die Alphabetisierungsquote.

Die Klassifizierung richtet sich dann nach der Bewertung dieser Kriterien. So kommen die Vereinten Nationen und die OECD zu etwas unterschiedlichen Zuordnungen. In der "Gruppe 77" der UNO sind inzwischen 127 Länder zusammengeschlossen. Der Entwicklungshilfe-Ausschuß der OECD (Development Assistance Committee, DAC) zählt sogar 160 Staaten und Territorien zu Entwicklungsländern, darunter 7 europäische Länder (Griechenland, Jugoslawien, Malta, Portugal, Spanien, Türkei und Zypern) und auch Israel. Die Bundesregierung richtet sich nach dem DAC-Verzeichnis.

Von der UNO werden noch zwei Untergruppen von Entwicklungsländern unterschieden, nämlich die

- "least developed countries" (LLDC): besonders schwach entwickelte Länder, die bei der Aufstellung der Liste im November 1971 unterhalb folgender Schwellenwerte lagen: 100 US-$ BIP pro Kopf, 10 % BIP-Anteil der Industrieproduktion und 20 % Alphabetisierungsquote. 1981 wurden 31 Länder als LLDC eingestuft.

- "most seriously affected countries" (MSAC): von der wirtschaftlichen Krise seit 1974 besonders betroffene Länder, bei denen sich die Importe (vor allem Erdöl) besonders verteuert haben, die Schulden stark wuchsen und die Exporterlöse gering sind. 1981 gehörten 45 Länder der MSAC-Gruppe an, davon 26 LLDC-Länder, so daß sich beide Listen überschneiden.

Weitere Gruppierungen sind entstanden, nämlich

- Binnenländer (developing land-locked countries),
- Inselstaaten (developing island countries).

Beide Gruppen streben einen Sonderstatus an, weil sie besondere Transportprobleme und damit Wettbewerbsnachteile haben.

- Schwellenländer (newly industrializing countries, NIC), die eine gewisse wirt-

Tabelle 8.1.   Öffentliche Entwicklungshilfeleistungen 1980 nach Gruppen von Geberländern (in Mio. US-$)

Ländergruppe	Öffentliche Hilfe	Anteil (%)	Anteil am BSP (%)
OECD-Länder	26962	75,4	0,36
davon			
— EG	12680	35,5	0,46
— BR Deutschland	3517	9,8	0,43
OPEC-Länder	6978	19,5	1,35
davon			
— OAPEC	6802	19,0	2,34
COMECON-Länder	1817	5,1	0,12
davon			
— UdSSR	1580	4,4	0,14
— DDR	72	0,2	0,06
zusammen[1]	35757	100,0	

[1]   ohne VR China (ca. 70 Mio. US-$), Indien (ca. 140 Mio. US-$) und Israel (ca. 9 Mio. US-$).

Quelle: OECD, 1982.

wirtschaftliche Eigendynamik entwickelt haben, die zu höherer Industrieproduktion, höherem statistischen Pro-Kopf-Einkommen und höherem Energieverbrauch führten.

Obwohl natürlich der Entwicklungsstand jedes einzelnen Landes spezifisch ist, gibt es gemeinsame Merkmale der Entwicklungsländer:

— niedriger Lebensstandard der überwiegenden Mehrheit der Bevölkerung;
— hoher Anteil des Sektors Landwirtschaft am Bruttosozialprodukt; — dennoch ungenügende oder unausgewogene Versorgung mit Nahrungsmitteln;
— geringer Beschäftigungsgrad, viel versteckte Arbeitslosigkeit;
— Kapitalmangel, sehr niedrige Sparquote;
— ungenügendes Bildungsniveau;
— unzureichendes Gesundheitswesen;
— extrem ungleiche Verteilung der Güter und Bildungschancen;
— wachsende Zahlungsbilanzdefizite und starke Auslandsverschuldung.

Trotz aufwendiger und vielfältiger Entwicklungshilfe (Tab. 8.1) hat sich die wirtschaftliche Lage der Entwicklungsländer per Saldo nicht entscheidend verbessert. Als Gründe hierfür werden angesehen:

– das ungebremste Bevölkerungswachstum mit Jahresraten über 2 %. Bis zum Jahre
  2000 wird die Weltbevölkerung nach UNESCO-Schätzungen deshalb auf etwa 6,2
  Mrd. ansteigen, von denen 80 % in Entwicklungsländern leben.

– eine weitere Verschlechterung der "Terms of Trade", dem Austauschverhältnis für
  Waren- und Dienstleistungen im Außenhandel, bei gleichzeitig stagnierendem Anteil am Welthandel (1981: 24,6 %, davon OPEC-Länder allein 10,5 %).

– eine besorgniserregende Zunahme der Auslandsverschuldung, die Anfang 1983 insgesamt 630 Mrd. US-$ erreicht hatte (1970: 64 Mrd. US-$, 1979: 415 Mrd. US-$).
  Damit erreicht auch der Schuldendienst untragbare Ausmaße (Anfang 1983: ca.
  130 Mrd. US-$/Jahr). Für eine steigende Zahl von Entwicklungsländern mußten
  Umschuldungen vorgenommen werden.

– eine weitverbreitete politische Instabilität, die zu überhöhten Rüstungsausgaben
  verführt, kriegerische Auseinandersetzung mit Flüchtlingsströmen auslöst und häu-
  figen Regierungswechsel mit ordnungspolitischen Änderungen bewirkt.

Der Sektor Energie hat im Rahmen der bilateralen und multilateralen Entwicklungshilfe seit den Ölpreiserhöhungen 1974 und 1979 an Bedeutung zugenommen, während
der Sektor Bergbau zwar keine hohe Priorität besitzt, für einige Entwicklungsländer
aber von ausschlaggebender Wichtigkeit ist.

Die Resolution der Generalversammlung der Vereinten Nationen vom 5. Dezember
1980 zur "Internationalen Entwicklungsstrategie für die Dritte Entwicklungsdekade"
definiert für die Rohstoffsektoren folgende Ziele:

– Die vereinbarten Maßnahmen des Integrierten Rohstoffprogrammes sollen aktiv
  verfolgt werden (vgl. Abschn. 5.2.2).
– Förderung der Weiterverarbeitung von Rohstoffen in den Entwicklungsländern.
– Unterstützung des Aufbaus von Institutionen zur Erforschung und Erschließung
  von Bodenschätzen.
– Verstärkte Erschließung aller verfügbaren Energieressourcen, damit die einseitige
  Bedarfsdeckung durch Kohlenwasserstoffe abgemildert wird.

8.1 Leistungen internationaler Organisationen

Multilaterale Maßnahmen der Entwicklungshilfe werden von verschiedenen Trägern
durchgeführt. Dabei sind drei wesentliche Bereiche zu unterscheiden:

> – Technische Zusammenarbeit,
> – Finanzielle Zusammenarbeit,
> – Handelspolitische Zusammenarbeit.

Im Laufe der Jahre ist eine große Anzahl von Institutionen entstanden, die multilaterale Entwicklungshilfe leisten, wobei direkt oder indirekt rohstoffwirtschaftliche Projekte zum Förderungskatalog gehören. Von den internationalen Geberorganisationen sind insbesondere zu nennen:

— Der Wirtschafts- und Sozialrat der Vereinten Nationen (Economic and Social Council, ECOSOC) mit seinem Entwicklungsprogramm (United Nations Development Programme, UNDP), das vorrangig Projekte der internationalen Technischen Zusammenarbeit finanziert, die dann oft (bis 1971 ausschließlich) von "ausführenden Institutionen" (executing agencies) betreut werden.

— Sonderorganisationen der Vereinten Nationen, wie die Internationale Atomenergie-Organisation (International Atomic Energy Agency, IAEA) mit Sitz in Wien oder die Organisation für Erziehung, Wissenschaft und Kultur (UN Educational, Scientific and Cultural Organization, UNESCO), die vorrangig Technische Zusammenarbeit leisten.

— Sonderorgane der UN-Generalversammlung, wie die Organisation für industrielle Entwicklung (UN Industrial Development Organization, UNIDO) oder der Kapitalentwicklungsfonds (UN Capital Development Fund, UNCDF), die vorrangig Finanzielle Zusammenarbeit anstreben.

— die Weltbankgruppe mit der 1944 in Bretton Woods/USA gegründeten International Bank for Reconstruction and Development (IBRD, "World Bank") sowie ihren rechtlich und finanziell selbständigen Töchtern International Finance Corporation (ICF, seit 1956) und International Development Association (IDA, seit 1960), die vorrangig Kapitalhilfe leisten. Die Weltbank besitzt seit 15. November 1947 den Status einer Sonderorganisation der Vereinten Nationen. Ende 1981 hatten 141 Länder Kapitalanteile von 40 Mrd. US-$ gezeichnet. Die USA (23 %), Großbritannien (8,2 %) und die Bundesrepublik Deutschland (5,5 %) sind die größten Anteilseigner.

— der Internationale Währungsfonds (International Monetary Fund, IMF), der auch aus der Weltwährungskonferenz vom Juli 1944 in Bretton Woods hervorging und vorrangig handelspolitische Hilfen zum Zahlungsbilanzausgleich leistet. Die entwicklungspolitischen Aktivitäten von Weltbank und IMF werden seit 1974 koordiniert von einem gemeinsamen Ministerausschuß, dem "Development Committee" (DC) aus 22 Mitgliedern.

— das General Agreement on Tariffs and Trade (GATT) als verwirklichter Teil der Havanna-Charta von 1947 mit dem Status einer UN-Sonderorganisation, das ebenfalls handelspolitische Hilfen anstrebt durch Liberalisierung des Welthandels und Verringerung der Zollschranken.

— die drei großen regionalen Entwicklungsbanken Banco Interamericano de Desarollo (BID), Asian Development Bank (ADB) und Banque Africaine de Développe-

Tabelle 8.2. Leistungen der Bundesrepublik Deutschland an multilaterale Entwicklungsinstitutio-
nen (in Mio. DM)

	1981	1950 - 1981
Zuschüsse an Internationale Organisationen	1318,8	10461,5
Vereinte Nationen	*304,8*	*2887,9*
UNDP	112,0	1243,8
UNFPA	35,0	220,0
zweckgebundene Beiträge	37,0	198,4
UNICEF	11,0	156,5
UNRWA	10,0	152,2
UNHCR	3,5	38,2
Welternährungsprogramm	40,3	423,6
FAO	2,9	35,6
WHO-Malaria-Ausrottung u.a.	27,8	173,1
UNESCO	2,0	37,5
IAEO	5,0	28,2
UNEP	4,5	18,0
andere UN-Hilfe	13,8	162,8
EG	*986,8*	*7047,5*
Europäischer Entwicklungsfonds	366,7	4141,7
Nahrungsmittelhilfe-Übereinkommen (WEP, IKRK, EWG, UNRWA)	–	103,4
Nahrungsmittelhilfe im Rahmen der EWG	428,7	1992,9
Beitrag zur UN-Sonderaktion	–	216,9
Sonstige Leistungen im Rahmen der EWG	190,4	575,0
Zinssubventionen (EIB)	1,0	17,6
Sonstige Einrichtungen	*27,2*	*526,1*
Internationale Agrarforschung	21,0	122,2
Zinssubvention des IWF	–	38,8
Sondermaßnahmen im Rahmen der KIWZ	–	247,0
Intern. Fonds für landwirtschaftliche Entwicklung (IFAD)	–	103,8
Sonstiges	6,2	14,3
Kapitalanteile/Subskriptionen	792,2	8620,2
Weltbankgruppe	*680,0*	*7273,0*
Weltbank (IBRD)	–	638,8
IDA	667,3	6572,6
IFC	12,7	61,6
Sonstige Finanzinstitute	*112,2*	*1347,2*
Asiatische Entwicklungsbank (Grundkapital u. Sonderfonds)	7,5	789,7
Afrikanische Entwicklungsbank (Sonderfonds)	56,3	268,8
Interamerikanische Entwicklungsbank (Grundkapital und Sonderfonds)	48,4	288,7
Kredite an EIB sowie CDB und BCIE	5,5	401,7
Gesamte multilaterale öffentliche Entwicklungszusammenarbeit	2116,5	19483,4

Quelle: Bundesministerium für wirtschaftliche Zusammenarbeit: Jahresbericht 1981, Bonn
1982.

ment (BAD), die für Kapitalhilfe sorgen und auch Sonderfonds zur Vergabe besonders günstiger Kredite an die ärmsten Entwicklungsländer etablierten.

– der Ausschuß für Entwicklungshilfe (Development Assistance Committee, DAC) der Organisation for Economic Co-operation and Development (OECD), der insbesondere Projekte der Technischen Hilfe koordiniert und überwacht.

– die Europäische Gemeinschaft (EG) mit den Abkommen von Lomé (vgl. Abschn. 5.4.1) mit dem Allgemeinen Präferenzabkommen vom 1. Juli 1971, mit dem Europäischen Entwicklungsfonds (EEF) und mit Kooperationsabkommen (z.B. mit ASEAN-Ländern vom 7. März 1980).

– die OPEC-Staaten mit dem OPEC-Special Fund, der seit 1976 Darlehen zur Finanzierung von Entwicklungsprojekten vergibt.

Die Bundesregierung hat die multilaterale Entwicklungszusammenarbeit zwischen 1950 und 1981 mit 19,5 Mrd. DM unterstützt, was 27,5 % der gesamten öffentlichen Entwicklungshilfe entspricht. Der Anteil ist in den letzten Jahren tendenziell sogar noch angestiegen (1980: 34,8 %, 1981: 29,4 %). Dabei wurden Zahlungen an nahezu alle internationale Trägerorganisationen geleistet (Tab. 8.2).

8.1.1 Aktivitäten der Vereinten Nationen

Vom United Nations Development Programme (UNDP) und seinem Vorläufer (UN Special Fund, 1958 bis 1965) wurden zwischen 1959 und 1982 mehr als 200 rohstoffwirtschaftliche Projekte in über 75 Entwicklungsländern unterstützt. Der Gesamtaufwand dafür belief sich auf rund 200 Mio. US-$, was allerdings nur ca. 6 % der UNDP-Ausgaben in diesem Zeitraum ausmachte. Die Beiträge der Empfängerländer werden auf zusätzlich 140 Mio. US-$ geschätzt.

Eine Schlüsselrolle bei rohstoffwirtschaftlichen Projekten der UNO spielt seit 1975 der 1973 gegründete "United Nations Revolving Fund for Natural Resources Exploration".

Mit der Durchführung und Steuerung der Projekte wird vom UNDP vorrangig die Natural Resources and Energy Division (bis 1980 Centre for Natural Resources, Energy and Transport) des UN-Sekretariats in New York betreut. Die Natural Resources and Energy Division ist eine der 5 Abteilungen des Department of Technical Cooperation for Development im Hauptquartier der Vereinten Nationen und gliedert sich in Energy Branch, Minerals Branch, Water Resources Branch sowie Cartography and Information Services Branch. Die Minerals Branch ist noch einmal unterteilt in eine Mineral Economics and Engineering Section und eine Mineral Exploration and Geology Section.

Unterstützt werden ausschließlich Regierungsvorhaben, wobei der Beitrag vom UNDP bereits bei der Projektfindung und bei der Projektplanung beginnt. Die aufwendigsten Leistungen betreffen dann die Bereitstellung von Geräten und erfahrenem Personal. Alle UN-Experten, auch Kurzzeitberater, müssen einen lokalen Counterpart haben, um die Gemeinsamkeit der Projektdurchführung und auch die Weiterbildung einheimischer Fachkräfte zu gewährleisten. Die Weiterbildungskomponente spielt dabei eine wichtige Rolle, zumindest in Form des on-the-job Trainings.

Die wesentlichen Arten von UN-Mineralrohstoffprojekten sind:

- Mineralprospektionen und -explorationen in verschiedenen Ländern;
- Aufbau oder Ausbau von Institutionen im Rohstoffbereich;
- Regionale Rohstoffprojekte;
- Anfertigung von Wirtschaftlichkeitsstudien (pre-feasibility studies und feasibility studies);
- Entwicklung von Aufbereitungstechnologien;
- Beratungsdienst durch Kurzzeitexperten.

Vor allem die Explorationsprojekte haben eine Reihe von beachtlichen Resultaten erbracht. Bis Ende 1982 wurden 1 Mio. km Airborne-Geophysik abgeflogen und 3 Mio. Analysen für Geochemische Prospektionen angefertigt. Damit wurden Erzvorräte gefunden, die einen Gesamtwert von 26 Mrd. US-$ haben sollen. Unter den wichtigsten Lagerstätten sind:

- in Malaysia die Kupferlagerstätte Mamut in Sabah,
- in Burma die offshore Zinnlagerstätte im Heinze Basin nördlich Tavoy,
- in Guinea die Eisenerzlagerstätte von Mt. Nimba,
- in Mexiko die Kupfer(-Molybdän)-lagerstätte von La Caridad,
- in Chile die Kupfer(-Mo)-lagerstätte von Los Pelambres,
- in Ecuador die Kupfer (-Au, -Ag)-lagerstätte von Chancha.

Diese Erfolge dürften wesentlich zur Entscheidung über die Errichtung der Revolving Fund beigetragen haben. Bis Ende 1982 hatten 10 Geberländer 38 Mio. US-$ als Initial-Einlage für den Fonds zur Verfügung gestellt, davon Japan allein 18 Mio. US-$ und die USA 3,5 Mio. US-$. Der Fonds soll sich in Zukunft selbst finanzieren, und zwar aus Beiträgen der erfolgreichen Explorationsprojekte. Das Empfängerland ist übrigens nicht wie bei den normalen UNDP-Projekten verpflichtet, sich mit eigenen Leistungen an den Projekten des Revolving Fund zu beteiligen, muß aber 15 Jahre lang eine Art Förderzins ("Auffüllungsbeitrag") von 2 % des jährlichen Produktionswertes zahlen, wenn auf der gefundenen Lagerstätte ein Bergbaubetrieb entsteht.

Ende 1982 waren 6 Explorationsprojekte des Fonds abgeschlossen, davon eines mit Erfolgsaussichten (Au-Cu-Pb-Zn-Vorkommen in der Chubut-Provinz/Argentinien).

Spätestens im Jahre 2000 soll der Revolving Fund sich vollkommen selbst tragen und dann ein eigenständiges Instrument der Entwicklungsländer zur Selbsthilfe auf rohstoffwirtschaftlichem Gebiet sein.

Neben den zentralen Aktivitäten des UNDP bzw. des Sekretariats in New York sind auch die regionalen Wirtschaftskommissionen des ECOSOC vielfältig engagiert.

Am *Beispiel* der *Regionalen Wirtschaftskommission für Asien (Economic and Social Commission for Asia and the Pacific, ESCAP)* lassen sich die verzweigten und vielfältigen Aktivitäten auf rohstoffwirtschaftlichem Gebiet ausführlicher beleuchten. Eines der wichtigsten Komitees dieser Kommission ist das Committee on Natural Resources, das die Projektprioritäten und das zweijährige Arbeitsprogramm für den Sektor Mineralrohstoffe festlegt. Ausführendes Organ ist dann die Natural Resources Division im ESCAP-Hauptquartier in Bangkok. Diese Abteilung gewährt Expertenrat in den Bereichen Energie, mineralische Rohstoffe im engeren Sinne und Wasserversorgung. Dabei geht es im Energiesektor um Planungshilfen, Nutzung regenerativer Energien und Elektrizitätsversorgung ländlicher Räume. Auf dem Lagerstättensektor konzentrieren sich die Aktivitäten auf die Erstellung regionalgeologischer und thematischer Karten, Studien über das Rohstoffpotential der Region und Darstellungen der Sedimentbecken. Diese Consulting-Aufgaben werden erfüllt durch Projektbesuche von Experten und durch Organisation thematisch abgegrenzter Seminare.

Die Natural Resources Division (NRD) betreut darüber hinaus 4 regionale Institutionen:

— das Regional Mineral Resources Development Centre (RMRDC), das mit finanzieller Unterstützung vom UNDP und verschiedenen Geberländern (einschließlich Bundesrepublik Deutschland) 1973 zunächst als Unterabteilung der NRD in Bangkok etabliert wurde, 1978 einen selbständigen Status erhielt und im August 1979 nach Bandung/Indonesien umzog. Die 10 Experten des RMRDC leisten als Kurzzeitexperten Consulting-Aufgaben in den ESCAP-Ländern, wobei die Bereiche Geologie, Geophysik, Geochemie, Chemie, Angewandte Lagerstättenkunde, Bergbau, Industrieminerale, Grundwasserkunde, Hydrogeologie und Mathematische Geologie durch je einen erfahrenen Experten abgedeckt werden. Mehr als 150 Projektberichte wurden bis Ende 1982 erstellt. In den letzten Jahren hat das RMRDC auch begonnen, Fachseminare für Führungskräfte aus der Region abzuhalten.

— das Southeast Asia Tin Research and Development Centre (SEATRAD-Centre), das mit Unterstützung des UNDP durch einen Vertrag vom 28. April 1977 zustande kam, den die Regierungen der zinnproduzierenden Länder Malaysia, Indonesien und Thailand unterzeichneten. Das Centre in Ipoh/Malaysia hat 7 Abteilungen (Geologie und Prospektion, Bergbau, Aufbereitung und Verhüttung, Dokumentation, Analytik, Mineralogie und Verwaltung), die verschiedene Forschungsprojekte im Zinnbergbau der 3 Mitgliedsländer durchführen. Außerdem werden Trainingskurse und Workshops zu aktuellen Problemen der Zinnindustrie abgehalten.

— die beiden Koordinationskomitees für Offshoreprospektionen, das CCOP/EA (Committee for Co-ordination of Joint Prospecting for Mineral Resources in Asian Offshore Areas) und das CCOP/SOPAC (Committee for Co-ordination of Joint Prospecting for Mineral Resources in South Pacific Offshore Areas). Die beiden

zwischenstaatlichen Komitees wurden 1966 (CCOP/EA) und 1972 (CCOP/
SOPAC) unter der Schirmherrschaft der ESCAP gegründet. CCOP/EA hat 12 Mitglieder, CCOP/SOPAC hat 9 Mitglieder. Die Komitees sollen Beratungen und Ko-
ordinationsaufgaben leisten bei der Entwicklung des Meeresbergbaus, insbesondere
bei der Exploration und Gewinnung von Schwermineralen und Erdöl in Schelfregionen. Die Aktivitäten von CCOP/EA konzentrieren sich bisher auf Prospektionen und Explorationen zum Nachweis von Offshore-Zinnvorkommen. In diesem
Zusammenhang wurden geophysikalische Messungen durchgeführt vor den Küsten
Thailands und Malaysias und auch Bohrungen niedergebracht. Wegen der generellen Bedeutung für die Verteilung von Schwermineralen in Schelfregionen wurden
verschiedene quartär-geologische Studien angefertigt, insbesondere mit Unterstützung der Niederlande. Die Gründung eines regionalen Zentrums für Quartär-
Geologie ist in die Diskussion gebracht worden.

8.1.2 Aktivitäten der Weltbank

1978 hat die Weltbank den Investitionsbedarf der Entwicklungsländer im Sektor Bergbau bis 1985 auf 95 Mrd. US-$ geschätzt, wobei etwa zwei Drittel durch Direktinvesti-
tionen ausländischer Unternehmen aufgebracht werden können, der Rest aber durch
multilaterale und bilaterale Kapitalhilfe abgedeckt werden muß. Die Weltbank hatte
sich deshalb zum Ziel gesetzt, mit Beginn der Achtziger Jahre 4 bis 6 Bergbauprojekte
(einschließlich Kohle) pro Jahr zu finanzieren, wobei vor allem auch an Risikover-
teilung durch Finanzierungsbeteiligungen (co-financing) gedacht wurde.

Tabelle 8.3.   Kreditprogramm der Weltbank für Energieprojekte zwischen 1981 und 1985
(in Mio. US-$, Preisbasis 1980) – ohne VR China

Energiebereich	Kreditanteil Weltbank	Projektkosten insgesamt
Kohlen	840	4270
Erdöl/Erdgas	3985	11700
davon		
– Explorationen	1020	2610
– Ölfeldentwicklung	1755	5900
– Gasfeldentwicklung	1210	3250
Ölraffinerien	150	400
Regenerative Energieträger	625	2950
Elektrizitätsversorgung	7590	37950
Insgesamt	13190	57330

Quelle: Weltbank: Energy in the Developing Countries. – Washington, August 1980.

Der Energiesektor hat seit 1980 eine höhere Priorität in der Weltbank erhalten. Für den Zeitraum 1981 bis 1985 wurde ein Darlehensprogramm im Umfang von mindestens 13 Mrd. US-$ aufgestellt, bei dem Kohlenprojekte mit fast 1 Mrd. US-$ und Erdöl/Erdgasprojekte mit fast 4 Mrd. US-$ berücksichtigt wurden (vgl. Tab. 8.3). Mit diesen Krediten sollen Gesamtinvestitionen von 57 Mrd. US-$ unterstützt werden.

Im Rahmen dieses 5-Jahres-Programmes wurden 1982 folgende Projektzusagen erteilt:

a) Kredite für Erdölprojekte:

Argentinien:	100 Mio. US-$ für Exploration, Produktion und Pipelinebau eines Erdöl/Erdgasprojektes.
Ägypten:	90 Mio. US-$ für die Entwicklung des Abu Qir-Gasfeldes, insbesondere Bau einer Offshore-Gasplattform.
Elfenbeinküste:	101,5 Mio. US-$ für die staatliche Beteiligung (Petroci) an der Offshore-Exploration und -Förderung.
Rumänien:	101,5 Mio. US-$ für die Einführung von tertiären Fördermaßnahmen in zwei Erdölfeldern.
Tansania:	20 Mio. US-$ für weitere Erdölbohrungen im Songo-Songo-Feld.

b) Technische Hilfe für Erdölprojekte:

Benin:	8 Mio. US-$ für Erdölexplorationen.
Kenia:	4 Mio. US-$ für Erdölprospektionen (Geophysik, Personaltraining).
Nepal:	9,2 Mio. US-$ für Erdölprospektionen (Geophysik, Personaltraining).
Zambia:	6,6 Mio. US-$ für Erdölprospektionen (Sedimentgeologie, Geophysik, EDV).

c) Kredite für Kohlenprojekte:

Indonesien:	210 Mio. US-$ für die Entwicklung der Kohlenlagerstätte Bukit Asam einschließlich Bau der Eisenbahn zum Hafen Panjan sowie Bewertung weiterer Kohlevorkommen in Sumatra.
Philippinen:	17 Mio. US-$ für Detail-Explorationen eines Kohlevorkommens und weiterer Prospektionsarbeiten.

Diese 668 Mio. US-$ entsprachen 6,5 % aller Weltbankkredite 1982.

Auch auf dem Sektor Bergbau wurden in den letzten Jahren einige Projekte finanziert, wie beispielsweise in:

Burma (Zusage 1977): 16 Mio. US-$ für den Zinn- und Wolframbergbau, insbesondere für die Anschaffung eines Schwimmbaggers zum Abbau der Offshore-Zinnlagerstätte im Heinze-Basin und zur Errichtung einer zentralen Sn-W-Aufbereitungsanlage in Tavoy.

Bolivien (1979):   7,5 Mio. US-$ zur Unterstützung des National Mineral Explo-
                        ration Fund (weitere 3,8 Mio. US-$ wurden von deutscher Seite
                        über die GTZ geleistet).

Brasilien (1979):   98 Mio. US-$ für den Bau einer Aluminiumhütte (Gesamtkosten:
                        370,1 Mio. US-$).

Kolumbien (1980):   80 Mio. US-$ für die Errichtung eines Nickelbergwerkes bei
                        Cerro Matoso (Gesamtkosten: 340 Mio. US-$).

Mauretanien (1980):   60 Mio. US-$ für die Erschließung von 2 Eisenerz-Tagebauten bei
                        Zouerate (Gesamtkosten: 500,7 Mio. US-$).

Thailand (1981):   8,9 Mio. US-$ für Wirtschaftlichkeitsstudien und Versuchsberg-
                        bau von Kalisalzen bei Khon Kaen.

Marokko (1982):   9,5 Mio. US-$ für die Verbesserung der Abbau- und Aufbe-
                        reitungstechnologie in kleinen Bei-Zink-Minen.

Liberia (1982):   20 Mio. US-$ für die Rehabilitation des verstaatlichten Eisenerz-
                        bergbaus (National Iron Ore Co.) durch Modernisierung des Ma-
                        schinenparks und Reparatur von Transportwegen.

Allerdings muß bei einer quantitativen Bewertung der Bergbau-Aktivitäten vermerkt
werden, daß weniger als 1 % der gesamten Weltbank-Kredite für den Sektor Erzbergbau
bereitgestellt wurden (1982: 66,3 Mio. US-$).

8.1.3 Aktivitäten der Europäischen Gemeinschaften

Der Schwerpunkt rohstoffwirtschaftlicher Zusammenarbeit zwischen der EG und Entwicklungsländern liegt in den exporterlösstabilisierenden (Mineralienfonds) und handelspolitischen Maßnahmen, die in den Lomé-Konventionen vereinbart sind (vgl.
Abschn. 5.4). Als Ergänzung sollen noch mineralrohstoffspezifische Projektfinanzierungen der Europäischen Investitionsbank erwähnt werden. Dabei stammen die
Darlehenssummen entweder aus eigenen Bankmitteln, aus Haushaltsmitteln der EG-
Länder, die die Bank im Auftrag verwaltet oder aus einer Kombination von beiden.
1981 wurden beispielsweise für Rohstoffprojekte in AKP-Staaten folgende Kreditzu-
sagen gemacht:

— Zambia erhielt ein zinsgünstiges (3 % unter Marktzins) Darlehen von 25 Mio. ECU
  zum Bau einer Haldenaufbereitungsanlage der staatlichen Nchanga Cons. Copper
  Mines in Chingola.

— Gabun erhielt ein zinsgünstiges Darlehen von 15 Mio. ECU für die Erweiterung der
  Uranerzaufbereitungsanlage in Mouana.

— Tansania erhielt ein bedingtes Darlehen von 7,5 Mio. ECU zur Durchführung der
  2. Phase eines Erdölexplorationsprogrammes im Songo-Songo-Feld südlich Dares-
  salam.

— Senegal erhielt ein bedingtes Darlehen von 0,4 Mio. ECU für eine Vorstudie über das Erdölvorkommen "Dome Flore".

— Uganda erhielt ein bedingtes Darlehen von 0,35 Mio. ECU für eine Vorstudie über ein Kupfererzvorkommen bei Kilembe.

8.2 Leistungen der Bundesrepublik Deutschland

Im Herbst 1961 richtete die Bundesregierung ein eigenständiges Ressort für die Zusammenarbeit mit Entwicklungsländern ein, das Bundesministerium für wirtschaftliche Zusammenarbeit (BMZ). Hier wurden die Ziele und Strategien der deutschen Entwicklungspolitik formuliert. Darauf basierend beschloß das Bundeskabinett 1971 erstmals entwicklungspolitische Grundlinien, die im Januar 1974 und im Juli 1980 fortgeschrieben wurden. Die Bundesregierung brachte in den Grundlinien und in ihren "17 Thesen für die Politik der Zusammenarbeit mit den Entwicklungsländern" vom 30. Mai 1979 die große Bedeutung der Entwicklungspolitik zum Ausdruck. Durch Unterstützungsmaßnahmen verschiedener Art sollen die wirtschaftlichen und sozialen Lebensverhältnisse der ärmeren Bevölkerungsschichten in der Dritten Welt verbessert werden und das krasse Wohlstandsgefälle zwischen armen und reichen Völkern vermindert werden. Entwicklungspolitische Interessen, Motive und Ziele sind jedoch häufig konfliktträchtig und lassen wegen der Komplexität der Probleme keine Patentrezepte zu.

Die gesamten *Netto-Leistungen* der Bundesrepublik Deutschland summierten sich zwischen 1950 und 1981 auf 188,4 Mrd. DM. Davon entfielen auf private Träger 106,4 Mrd. DM und auf die öffentliche Entwicklungshilfe 82 Mrd. DM. Die Leistungen der privaten Wirtschaft betrafen insbesondere Direktinvestitionen und sonstigen Kapitaltransfer, die Leistungen der öffentlichen Hand bilaterale und multilaterale Finanzielle oder Technische Zusammenarbeit.

Nominell stiegen die Haushaltsansätze für das BMZ von Jahr zu Jahr und erreichten 1982 insgesamt 6,03 Mrd. DM. Die öffentlichen Netto-Leistungen liegen noch höher (ca. 8 Mrd. DM), denn andere Ministerien, die Bundesländer, Stiftungen und Banken leisten außerdem Beiträge.

Im BMZ ist das Referat 225 für die Sektoren Energie und Rohstoffe zuständig. Während Projekte der Energieversorgung in den letzten Jahren zunehmende Unterstützung erhielten, wird dem Bergbau und der Geologie keine hohe Priorität eingeräumt.

Zwar wird der Rohstoffpolitik im Rahmen der Entwicklungspolitik breiter Raum gewährt, da die Stabilisierung der Rohstoffexporterlöse für Entwicklungsländer für wichtig gehalten wird, doch konkrete Vorhaben aus dem Bereich Geologie/Bergbau machen nur einen geringen Prozentsatz auf den Listen deutscher Projekte aus. Von 1962 bis 1980 wurden 142 Rohstoffprojekte (ohne Energieträger) der Technischen Zu-

sammenarbeit bewilligt mit einem Volumen von 292,5 Mio. DM. Dies entspricht 1,9 %
der gesamten TZ-Leistungen in diesem Zeitraum. Bei der Finanziellen Zusammenarbeit
ist der Anteil etwas größer, denn die rund 900 Mio. DM Kapitalhilfe machen immerhin
3,8 % der Gesamtkredite aus.

8.2.1 Projekte der Technischen Zusammenarbeit

Durch Technische Zusammenarbeit (TZ) soll das Leistungsvermögen von Institutionen
in Entwicklungsländern gesteigert werden. Dies erfolgt durch Vermittlung von technischen, naturwissenschaftlichen, wirtschaftlichen und organisatorischen Kenntnissen
und Fähigkeiten. Deshalb sind der Aufbau von Institutionen ("institution building"),
die Bildungshilfe, der Transfer von Wissen und der Transfer von Technologie die wichtigsten Bereiche der TZ. Der Technologietransfer ist ein Kommunikations- und Aus-
tauschprozeß, bei dem eine ökonomisch relevante Technologie durch planvolle Über-
tragung von einem Technologiegeber an einen Technologienehmer weitergegeben wird.
Der Übertragungsvorgang unterliegt personellen, administrativen, ökonomischen und
sozialen Randbedingungen. Ein besonderes Augenmerk wird beim Technologietransfer
der Entwicklung angepaßter, situationskonformer Technologien geschenkt.

Die Leistungen der Bundesrepublik Deutschland im Rahmen der TZ müssen nicht
zurückerstattet werden, was aber nicht bedeutet, daß die TZ-Projekte für Entwicklungsländer kostenlos sind, denn die Partnerschaftsleistungen für Counterpart-Personal,
Gebäude und Betriebsstoffe sind beträchtlich und erreichen oft den gleichen Umfang
wie die TZ-Mittel. Deshalb sollen diese Projekte prinzipiell vom Entwicklungsland aus
eigenem Antrieb gewünscht und beantragt werden *(Antragsprinzip)*.

Die Entscheidungen über Projekte der Technischen Zusammenarbeit trifft die Bundsre-
gierung, insbesondere das Auswärtige Amt (AA) und das Bundesministerium für wirtschaftliche Zusammenarbeit (BMZ). In diesem Entscheidungsprozeß sind verschiedene
politische und fachliche Begutachtungen eingeschlossen.

Die wichtigsten Schritte zur Vorbereitung, Durchführung und Kontrolle eines TZ-Pro-
jektes im Sektor Geologie/Bergbau sind:

– *Projektvorschlag:* Die zuständige Fachbehörde (z.B. Geological Survey) im Entwicklungsland erarbeitet einen Projektvorschlag.

– *Projektantrag:* Die Regierung des Entwicklungslandes – meist vertreten durch das
  Planungsministerium – stellt den Projektantrag an die Bundesregierung.

– *Projektprüfung:* Nach einer außenpolitischen Stellungnahme des Auswärtigen
  Amtes, einer entwicklungspolitischen Vorprüfung durch das BMZ und ggf. nach
  Abstimmungen mit anderen Ressorts (BMFT, BMWi), erteilt das BMZ einen Prüf-
  auftrag an die GTZ bzw. an die BGR. Diese Fachinstitutionen erstellen einen aus-
  führlichen Prüfungsbericht in Kooperation mit den zuständigen Behörden und
  Fachkollegen des Entwicklungslandes.

- *Projektentscheidung:*   Das BMZ wertet die Prüfungsergebnisse aus und trifft die Entscheidung über die Förderungswürdigkeit.

- *Projektvereinbarung:*   Die Bundesregierung schließt ein völkerrechtlich verbindliches Projektabkommen mit dem Entwicklungsland ab.

- *Projektauftrag:*   Das BMZ beauftragt BGR oder GTZ mit der Abwicklung der deutschen Leistungen für das Projekt.

- *Projektdurchführung:*   Ein Projektträger, normalerweise eine staatliche Fachinstitution im Entwicklungsland, führt mit Unterstützung der BGR bzw. GTZ das TZ-Projekt durch.

- *Projektevaluierung:*   Während der Laufzeit des Projektes werden Bewertungen in Form von Projektfortschrittskontrollen der BGR bzw. GTZ oder in Form von Projektevaluierungen des BMZ nach einheitlichem Raster vorgenommen, um Empfehlungen und Planungsdaten für den weiteren Fortgang der Arbeiten zu erhalten.

- *Projektabschluß:*   Nach Projektende wird ein Abschlußbericht erstellt, die Zielerreichung bewertet und die ordnungsgemäße Mittelverwendung geprüft.

Für die Durchführung der TZ-Geologieprojekte ist die Bundesanstalt für Geowissenschaften und Rohstoffe (BGR) in Hannover zuständig, die dem Bundesministerium für Wirtschaft (BMWi) untersteht.

Alle 4 Hauptabteilungen der BGR (Wirtschaftsgeologie, allgemeine und technische Geologie, Geophysik, Geochemie und Mineralogie) wirken an Rohstoffprojekten der TZ mit.

Die Durchführung der TZ-Bergbauprojekte obliegt der bundeseigenen "Deutschen Gesellschaft für Technische Zusammenarbeit GmbH" (GTZ) in Eschborn bei Frankfurt. Die GTZ nahm am 1. Januar 1975 ihre Arbeit auf, nachdem eine Reorganisation der Trägerorganisationen vom BMZ vorgenommen worden war. Vorher lagen die TZ-Aufgaben in 2 verschiedenen Händen. Da gab es die GAWI, eine Tochtergesellschaft der privaten Treuarbeit AG, die 1932 als Garantie- und Abwicklungsgesellschaft gegründet worden war und ab 1957 als Deutsche Förderungsgesellschaft für Entwicklungsländer GmbH (GAWI) für Personal- und Sachmittelbeschaffung zuständig war. Und vormals gab es daneben die Bundesstelle für Entwicklungshilfe (BfE), eine dem BMZ angegliederte Behörde, der Projektplanungen und Mittelbewirtschaftung oblag.

Jetzt hat alle diese Aufgaben die GTZ übernommen, die als GmbH zwar privatrechtlich organisiert ist, deren Kapitalanteile aber vollständig im Bundesbesitz sind. Diese Organisationsform ermöglicht es der GTZ, auch außerhalb der offiziellen Technischen Zusammenarbeit im direkten Auftrag eines Enwicklungslandes gegen Entgelt Projekte durchzuführen.

Um die Kompetenzen zwischen BGR und GTZ abzugrenzen, wurde 1977 eine Vereinbarung geschlossen, nach der die BGR schwerpunktartig für alle Aktivitäten im Bereich Angewandte Geologie und Geophysik zuständig ist, während die GTZ vorrangig Pro-

Tabelle 8.4.   Bewilligte TZ-Projekte im Bereich Geologie/Bergbau zwischen 1962 und 1980

Kontinent	Projektanzahl	TZ-Projektbeitrag (in Mio. DM)
Afrika	56	85,45
Asien	51	87,39
Lateinamerika	32	109,32
Europa	3	10,32
insgesamt	142	292,48

Quelle: BMZ, Bonn 1981.

jekte oder Projektteile im Bereich Bergbau und Aufbereitungstechnik betreut. Bei verschiedenen TZ-Projekten wird auf dieser Grundlage auch eine Kooperation von BGR und GTZ praktiziert. Während die BGR jedoch bevorzugt das Fachpersonal des eigenen Hauses als Projektmitarbeiter einsetzt, verpflichtet die GTZ in der Regel private Consultings für die Projektdurchführung. Die BGR hat von 1958 bis 1980 insgesamt 13 400 Mann-Monate Experteneinsätze geleistet. Einen Überblick über alle TZ-Maßnahmen im Bereich Geologie/Bergbau vermittelt (Tab. 8.4).

Der Schwerpunkt der Aktivitäten im Bereich Geologie/Bergbau lag bis Mitte der Sechziger Jahre bei:

— geologischen Kartierungen mit Übersichtsprospektionen,
— Exploration von Lagerstätten mineralischer Rohstoffe,
— Prefeasibility-Studien und Feasibility-Studien,
— Beratung von staatlichen Geologischen Dienststellen und Bergbaubehörden.

Die Akzente der Förderungswürdigkeit haben sich seitdem sichtbar verschoben. Es werden immer mehr projektbezogene und rohstoffpolitisch relevante Tätigkeiten sowie die Ausbildung von Counterparts unterstützt. In diesem Zusammenhang sind folgende Aktivitäten zu erwähnen:

— Bestandsaufnahme des Potentials an mineralischen Rohstoffen ("mineral potential maps"),
— Prospektion und Exploration von Lagerstätten mit Hilfe moderner technischer Ausrüstung,
— Ausbau von Fachinstitutionen (Geologische Dienste, Bergbaubehörden u.ä.) und Stärkung ihrer Leistungsfähigkeit ("institution building"),
— Ausbildung und Weiterbildung von Fachkräften der Entwicklungsländer auf allen Gebieten der Angewandten Geologie und der Bergbautechnologie,
— Erstellen von Feasibility-Studien und Abbauplanungen,
— Ausbau von Infrastrukturen im Rahmen der Lagerstättenerschließung,
— Beratungen und Unterstützung von Betriebsgesellschaften beim Bau von Rohstoff-Gewinnungs- und Verarbeitungsbetrieben.

Seit 1974 wird auch die Kreditanstalt für Wiederaufbau (KW) vom BMZ mit bestimmten Projekten der TZ betraut. Es handelt sich dabei um Zuschüsse, die im Zusammenhang mit Projekten deutscher Kapitalhilfe stehen (vgl. Abschn. 8.2.2), wie etwa die Finanzierung von Projektstudien oder flankierende Maßnahmen zu TZ-Projekten. Auf dem Bergbausektor wurde beispielsweise das Projekt Zinnmine Heinda in Burma durch Managementberatungen unterstützt.

8.2.2 Projekte der Finanziellen Zusammenarbeit

Die bilaterale Finanzielle Zusammenarbeit (FZ) besteht vorrangig aus einer Gewährung von langfristigen Darlehen an Entwicklungsländer für Sachinvestitionen der landwirtschaftlichen und gewerblichen Produktion einschließlich Infrastrukturen. Im Rahmen der FZ werden außerdem für solche Begleitmaßnahmen Zuschüsse gewährt, die einen wesentlichen Beitrag zum Projekterfolg leisten, etwa Aus- und Fortbildung von Personal, Anfertigung notwendiger Studien oder Beratung des Projektträgers.

Offiziell gibt es für solche Darlehen keine Bindung an Lieferungen und Leistungen aus der Bundesrepublik Deutschland, doch wird um eine Berücksichtigung deutscher Anbieter geworben.

Zuständig für die Gewährung, Überwachung und finanztechnische Abwicklung von FZ-Darlehen ist die Kreditanstalt für Wiederaufbau (KW, KfW) in Frankfurt. Das Kreditinstitut wurde 1948 gegründet. Am Grundkapital in Höhe von nunmehr 1 Milliarde DM sind der Bund zu 80 % und die Länder zu 20 % beteiligt. Zunächst erstreckte sich die Tätigkeit der KW auf Investitionsfinanzierung zur Förderung der deutschen Wirtschaft beim Wiederaufbau nach dem Krieg, doch wurde ihr dann 1960 auch die organisatorische Abwicklung der Finanziellen Zusammenarbeit übertragen.

Die Konditionen für die FZ wurden 1972 nach der Gruppenzugehörigkeit von Entwicklungsländern standardisiert:

— die von der UNO anerkannten 31 LLDC-Länder erhalten grundsätzlich nicht rückzahlbare Zuschüsse.

— die 45 MSAC-Länder (vgl. Kap. 8.1) erhalten Darlehen mit einem Zinssatz von nur 0,75 % p.a. bei 50 Jahren Laufzeit einschließlich 10 tilgungsfreier Jahre.

— die Länder im fortgeschrittenen Entwicklungsstadium (Schwellenländer) oder mit hohen Deviseneinnahmen (z.B. OPEC-Länder) erhalten Darlehen zu 4,5 % Zinsen bei 20 Jahren Laufzeit einschließlich 5 Freijahren.

— die übrigen Entwicklungsländer erhalten Darlehen zu 2 % Zinsen bei 30 Jahren Laufzeit einschließlich 10 Freijahren.

Wie bei der TZ gilt auch bei der FZ grundsätzlich das *Antragsprinzip*. FZ-Mittel sollen dabei vornehmlich der Finanzierung von Investitionsvorhaben dienen, wobei Einzel-

Tabelle 8.5.   Projektgebunde Kapitalhilfe der Bundesrepublik Deutschland zur Finanzierung von Projekten mineralischer Rohstoffe (Zusagen bis Ende 1981)

Empfängerland	Projekt	Darlehensbetrag (Mio. DM)
Bangladesh	Erdöl-Erdgasexploration I + II	97,5
Bolivien	COMIBOL I - IV (Unterstützung der staatlichen Bergbaugesellschaft)	33,32
	Erweiterung Zinnhütte Vinto	38,0
	Blei-Silber-Hütte Potosi	40,0
	Planung Kupferprojekt	0,6
Brasilien	Erzaufbereitungsanlage	34,0
Burma	Erdölprojekte der Myanma Oil Corp.	23,5
	Zinnmine Heinda	18,5
Indien	Braunkohlen-Tagebau Neyveli	190,89
	Kohlenwäsche Sawang	6,4
Republik Korea	Ausbau Kohlengruben	16,1
Marokko	Ausrüstung Phosphatmine Kettara	9,4
	Phosphatprojekt Grand Daoui	55,84
Senegal	Feasibility-Studie für Eisenerzvorkommen bei Falémé	9,0
Türkei	Projektierung Braunkohlen-Tagebau Elbistan	7,6
	Braunkohlen-Tagebau Elbistan	228,6
	Wolframmine mit Aufbereitung bei Bursa	19,5
	Eisenerzaufbereitung und Pelletanlage in Divrigi	30,0
Tunesien	Phosphatmine Mdilla	8,75
	Mine Hamman Zriba	7,0
Uganda	Salzgewinnungsanlage Lake Katwe (einschließlich Management)	30,1

Quelle: Kreditanstalt für Wiederaufbau, Jahresberichte, Frankfurt/M.

projekte, Programme, Warenlieferungen oder Entwicklungsbanken Unterstützung finden können. Dem Projektantrag des Entwicklungslandes müssen prüfungsfähige Unterlagen beigefügt sein, denn die KW prüft nach eigenem Ermessen im Rahmen fester Richtlinien den Antrag. Der Prüfungsbericht ist vertraulich und nur für die Bundesregierung bestimmt. Er dient dem BMZ als Grundlage für die Entscheidung über die Förderungswürdigkeit. Die KW schließt dann mit der Regierung des Partnerlandes einen Darlehensvertrag ab, in dem der Darlehensbetrag, die Kondititionen und der Verwendungszweck genau festgelegt sind.

Seit 1981 ist bei einer Neuabgrenzung zwischen FZ und TZ vereinbart worden, daß die KW auch solche TZ-Projekte übernimmt, die unmittelbar projektgebundene Begleitmaßnahmen von FZ-Vorhaben darstellen.

Von 1950 bis einschließlich 1981 wurden von der Bundesregierung Kredite und sonstige Kapitalleistungen in Höhe von 23,5 Mrd. DM erbracht. Die Projekte im Bereich der mineralischen Rohstoffe machen dabei rund 900 Mio. DM aus (vgl. Tab. 8.5), was einem Anteil von 3,8 % an den gesamten TZ-Leistungen entspricht. Es handelt sich vorwiegend um zwei Braunkohlenprojekte in Indien und der Türkei, um ein Explorationsprojekt zum Nachweis von Erdöl und Erdgas in Bangladesh sowie um verschiedene Projekte zum Abbau, zur Aufbereitung oder zur Verhüttung von Erzen bzw. Industriemineralen.

8.3 Effekte von Rohstoffprojekten in Entwicklungsländern

Aus der Sicht der rohstoffreichen Entwicklungsländer gilt der Ausbau des Sektors Bergbau als förderungswürdig und vorteilhaft. Dabei kann bei der Analyse aller Auswirkungen von Projekten zur Gewinnung mineralischer Rohstoffe festgestellt werden, daß neben einer Reihe von Vorteilen auch Nachteile entstehen. Durch geeignete Maßnahmen einer verantwortungsvollen Rohstoffpolitik gilt es, die Vorteile zu maximieren und die Nachteile zu minimieren.

Zu den Vorteilen von Rohstoffprojekten können zählen:

— Impulse für das Wirtschaftswachstum eines Entwicklungslandes, die aus Devisenerlösen, aus Steueraufkommen, aus neugeschaffenen Arbeitsplätzen mit zusätzlichem Einkommen der Bevölkerung, aus zusätzlichem Kapitaleinkommen einheimischer Aktieninhaber und aus der Erhöhung der inländischen Wertschöpfung resultieren.

— Impulse für den Industrialisierungsprozeß, wenn die Weiterverarbeitung von Rohstoffen einschließlich des damit verbundenen Technologietransfers oder aber die Entwicklung von Zulieferbetrieben betrieben wird.

— Impulse für die Entwicklung materieller Infrastrukturen, weil die Lagerstätten vornehmlich in abgelegenen Regionen liegen.

— Impulse für die Ausbildung und Weiterbildung von Fachkräften, weil Bergwerke und ihre Zulieferbetriebe gelerntes Personal erfordern, das durch entsprechende Trainingsprogramme herangebildet werden muß.

Eine Quantifizierung dieser Nutzen ergibt in der Regel, daß die Steuereinnahmen und die Devisenerlöse die stärkste Signifikanz aufweisen. Bei den Devisenerlösen muß jedoch bedacht werden, daß nur der Überschuß an Devisen in die Berechnung eingehen kann, der nach Abzug von importierten Investitionsgütern, importiertem Verbrauchsmaterial (Erdöl) und transferierten Gehältern und Gewinnen verbleibt. Diesen Vorteilen können einige Nachteile gegenüberstehen, etwa

— die fortschreitende Ausbeutung der naturgegeben nur begrenzt verfügbaren Bodenschätze, mitunter sogar in Form von Raubbau.

- die Entstehung isolierter Wirtschaftsgebiete ("Wirtschaftsoasen", "Wirtschaftsghettos") in abgelegenen Landesteilen, deren Zukunftsaussichten nach Erschöpfung der Lagerstätten unsicher sein können.

- die Verstärkung von Monokulturen, wenn eine ausgeprägte Konzentration auf einen lukrativen Rohstoff erfolgt; mit der Tendenz fehlender Diversifikation und daraus resultierender Abhängigkeiten.

- eine Beeinträchtigung der natürlichen Umwelt, da Gewinnungsbetriebe die ursprüngliche Landschaft erheblich verändern und Schadstoffe an die Umgebung abgeben können.

Die Lösung dieser Probleme liegt in einer umfassenden Analyse der Sekundärwirkungen und in einer sachgerechten Planung der Projekte, um eine möglichst konfliktarme Einpassung des Bergbaus in die sozioökonomischen Strukturen des Entwicklungslandes zu gewährleisten. Die Arbeit des Wirtschaftsgeologen kann zur Lösung dieser Probleme wichtige Beiträge liefern.

8.3.1 Infrastrukturelle Effekte

Eine freie Standortwahl ist für den Bergbau ausgeschlossen, denn die Standortabhängigkeit der Lagerstätte erlaubt keine Flexibilität. Daraus resultieren erhebliche finanzielle Belastungen für den Bergbaubetrieb, aber auch die Entstehung neuer materieller, institutioneller und personeller Infrastrukturen. Aus den sehr hohen Investitionen für Infrastrukturmaßnahmen (vgl. Tab. 8.6) ergibt sich der maßgebliche Einfluß dieses Kostenfaktors auf die Bauwürdigkeit von Vorkommen mineralischer Rohstoffe in vielen Entwicklungsländern. Zu den bergbaurelevanten Infrastrukturen zählen zunächst alle Verkehrswege, die für den Antransport von Personal, Ausrüstungsgütern und Betriebsstoffen (Sprengstoff, Dieselöl, Ersatzteile) und für den Abtransport der Produkte notwendig sind. Es müssen deshalb nicht nur Zufahrtsstraßen, sondern auch Landepisten, Schienenanschlüsse oder Hafenanlagen gebaut oder ausgebaut werden. Wichtig sind aber auch die Einrichtungen für die Energieversorgung und die Wasserversorgung, was häufig zum Bau von Stauwerken, Kraftstationen, Rohrleitungen und Überlandleitungen zwingt. Hinzu kommen dann die zahlreichen sozialen Einrichtungen, wie Ausbildungsstätten (Schule, Lehrwerkstatt, Trainingszentrum), Krankenhaus, Belegschaftswohnungen, Gemeinschaftshäuser und Sportplätze.

Der Bau von umfangreichen materiellen Infrastrukturen belastet aber die Wirtschaftlichkeit eines Bergbauprojektes nicht nur durch die direkten Kosten der Maßnahmen, sondern auch durch die Bauzeit selbst. Lange Vorlaufzeiten wirken sich auf ein Projekt negativ aus, denn

- die Kapitalkosten sind hoch und vor allem die Kapitalrückflußzeit (pay-back period) verlängert sich, was manchen Investor abschreckt.

- die Aussagefähigkeit der Feasibility-Studien ist geringer, da der Prognosezeitraum

Tabelle 8.6.   Infrastruktur-Investitionen für größere Bergbauprojekte (in % der Gesamtinvestition)

Projekt	Investitionen für			
	Verkehrs- wege	Energiever- sorgung	Sozialein- richtungen	Gesamtanteil Infrastrukturen
Cuajone/Peru (Kupfer)	16,9	6,0	18,1	43,7
Ok Tedi/Papua-Neuguinea (Gold/Kupfer)	27,4	8,6	14,2	50,2
Bong Range/Liberia (Eisenerz)	12,5	13,3	10,3	36,1
Bleida/Marokko (Kupfer)	8,0	12,0	30,0	50,0
Strathcona Sound/Nord-Kanada (Blei/Zink)	14,5	6,1	33,1	53,7

Quelle: H.-J. Schippers: Bergbau und Infrastruktur in Entwicklungsländern. – Erzmetall,
35, 33 - 39, Stuttgart 1982.

länger ist und damit die Fehlergrenzen größer. So wird die Grundlage der Investitionsentscheidung vage, was ebenfalls manchen Investor abschreckt.

Es ist üblich, daß in Entwicklungsländern alle Infrastrukturmaßnahmen dem Projekt direkt angelastet werden. Nur in Ausnahmefällen übernimmt auch der Staat einige Kosten. Der Nutzen für das Entwicklungsland ist aber erst dann besonders bedeutsam, wenn die Infrastrukturen des Bergbauprojektes in ein regionalentwicklungspolitisches Gesamtkonzept integriert werden. Durch zusätzliche Maßnahmen des Staates lassen sich auch regionenbezogene und nicht nur projektbezogene Infrastrukturen herstellen, die eine günstige Regionalentwicklung parallel zur Bergbauproduktion erlauben und damit sicherstellen, daß eine Schließung des Bergbaubetriebes nach der Ausbeutung der Lagerstätte keine bedrohlichen Auswirkungen auf die Wirtschaftsstruktur der Region haben.

8.3.2 Soziale Auswirkungen

Am bedeutsamsten sind hierbei *Beschäftigungseffekte*, die sich nicht nur aus dem direkten Bedarf des Bergbaubetriebes an Arbeitskräften ergeben, sondern auch indirekt durch personelle Auswirkungen bei Verarbeitungsbetrieben, Zulieferbetrieben und Dienstleistungsbetrieben.

Die Größenordnung der Bergbaubetriebe hat quantitativen und qualitativen Einfluß auf die sozialen Effekte. Kleinminen produzieren arbeitsintensiver, doch sind die Arbeitsbedingungen dort vergleichsweise schlecht. Größere Minen bieten dagegen den Beschäftigten relativ hohe Löhne, um die Nachteile eines Lebens in abgelegenen Regionen zu kompensieren, aber auch höhere Sozialleistungen einschließlich besserer Unterkünfte, ein attraktiveres Freizeitangebot und bessere Ausbildungsmöglichkeiten.

Mitunter steht kein oder nicht genügend qualifiziertes lokales Personal für Bergbaubetriebe zur Verfügung. Dann müssen Arbeitskräfte aus anderen Landesteilen angeworben werden, die dann mannigfaltige Probleme haben können. Kontakte zur ortsansässigen Bevölkerung sind kompliziert, wenn es sich um andere ethnische Gruppen handelt. Auch führt die Separation der Angeworbenen von ihrer ursprünglichen Dorfgemeinschaft oder gar von der Familie zur sozialen Isolation. Beispiele für solche Wanderarbeiter des Bergbaus gibt es in verschiedenen Ländern. Erwähnt werden sollen nur die Ovambos in den Diamantenminen von Namibia, die Kurden in den Kohlengruben der Kerman-Region/Iran oder die birmanischen Karen in den Zinnminen SW-Thailands.

Soziale Auswirkungen gehen auch oft von Umsiedlungsprogrammen aus, die im Zuge von Projektmaßnahmen notwendig werden. Wirtschaftsgeologische Untersuchungen der Sekundäreffekte des Braunkohlenkombinates Mae Moh in Nordthailand (DFG-Forschungsprojekt Gocht/Schützdeller 1983) haben ergeben, daß 5 Dörfer umgesiedelt werden mußten, um die Erweiterung des Tagebaues und die Errichtung des Mae Chang-Stausees zur Wasserversorgung des Kraftwerkes zu ermöglichen. Um die Nachteile der Unterbrechung des gewachsenen Lebensrhythmus auszugleichen, wurden den 139 Haushalten mit 695 Menschen in den ersten beiden betroffenen Dörfern großzügige Kompensationen gezahlt und größere Landflächen zugewiesen. Allerdings sind die Bauern auf den neuen Äckern zu einem teilweisen Wechsel in den Agrikulturen gezwungen, was eine gewisse Flexibilität erfordert.

Zu den sozialen Effekten können auch die in aller Regel verbesserten Ausbildungsmöglichkeiten zählen. Nicht nur neue Schulen werden von Bergbauunternehmen gebaut, sondern auch qualifizierte Lehrer eingestellt. Berufliche Ausbildung in Lehrwerkstätten oder in speziellen Trainingskursen für Facharbeiter wird von den meisten größeren Minenbetrieben durchgeführt, wobei eine Breitenwirkung oftmals dadurch entsteht, daß immer wieder inzwischen qualifiziertes Personal abwandert und deshalb Fachkräfte ständig neu herangebildet werden müssen.

8.3.3 Volkswirtschaftliche Sekundäreffekte

Die Nutzen von Bergbauprojekten für eine Volkswirtschaft sind recht vielfältig. Hierzu gehören etwa

- die Verbesserung von Zahlungsbilanzen durch Devisenerlöse aus dem Export von mineralischen Rohstoffen oder durch Deviseneinsparungen bei Verringerung von Importen (z.B. Energieträger).

- die Erhöhung des Volkseinkommens durch die Löhne und Gehälter der Beschäftigten.

– das Entstehen von nachgelagerten Industrien (forward linkages), wie etwa Kraftwerke und energienutzende Betriebe (Zementindustrie, Zellstoffindustrie) bei Kohleprojekten oder wie etwa Hüttenwerke und metallverarbeitendes Gewerbe bei Erzbergwerken.

– das Entstehen von vorgelagerten Industrien (backward linkages), die als Zulieferer von Ersatzteilen oder Betriebsmitteln in Frage kommen oder die Dienstleistungen für den Bergbaubetrieb anbieten können (z.B. Transportgewerbe, Baugewerbe).

Die volkswirtschaftlichen Schäden betreffen vor allem ökologische Auswirkungen von Projekten zur Gewinnung mineralischer Rohstoffe. Sie können vielfältig sein, treten meist rohstoffspezifisch auf und lassen sich nur durch geeignete Vorkehrmaßnahmen sinnvoll minimieren. Vorsorge zur Vermeidung von Umweltschäden ist nicht nur humaner, sondern auch billiger als nachträgliche Beseitigung (vgl. Abschn. 2.2.3.2).

8.4 Spezielle Probleme der Rohstoffgewinnung in Entwicklungsländern

8.4.1 Rolle des Kleinbergbaus

Der Beitrag des Kleinbergbaus zur Weltproduktion an mineralischen Rohstoffen liegt in der Größenordnung von 10 %, doch gibt es sehr signifikante Unterschiede bei den einzelnen Bergbauprodukten (vgl. Tab. 8.7).

Tabelle 8.7. Vom Kleinbergbau bevorzugte Bodenschätze

	Rohstoff	Anteil Weltproduktion (in %)		
Metalle	Antimon		rd.	25
	Zinn		rd.	15
	Wolfram		rd.	15
	Quecksilber		rd.	15
	Chrom		rd.	10
	Gold	5	bis	10
	Titan	3	bis	5
Industrieminerale	Halbedelsteine	75	bis	80
	Diamanten	10	bis	15
	Glimmer		rd.	20
	Quarz	15	bis	20
	Schwefel		rd.	10
	Graphit		rd.	25
	Flußspat	20	bis	25
	Gips, Kaolin, Kieselgur, Steinsalz	20	bis	30

Quelle: Gocht, 1980.

Nicht alle Rohstoffe eignen sich für Kleinbergbau, so daß diese traditionelle Form der Mineralproduktion nur partiell eine gewichtige Stellung aufweist, die aber entwicklungspolitisch sehr bemerkenswert sein kann. Internationale Organisationen, wie UNITAR (UN Institute for Training and Research) oder AGID (vgl. Abschn. 8.5.1), organisieren Konferenzen und Workshops, um Empfehlungen zur wirkungsvollen Unterstützung dieses Bergbauzweiges zu erarbeiten. Dies hat insofern schon ein Echo gefunden, als im Rahmen der bilateralen und multilateralen Entwicklungshilfe nun auch Projekte des Kleinbergbaus Berücksichtigung finden.

Eine Abgrenzung des Subsektors Kleinbergbau ist nach wie vor umstritten. Kriterien, wie Roherzförderung, Aufbereitungskapazität, Beschäftigtenzahl, Anlagenvermögen, Verkaufserlöse oder Jahresgewinn, werden zur Definition herangezogen. Nicht zum Kleinbergbau gerechnet werden Einzelbergleute (tributers, dump pickers, pirquinieros, garimpieros), die ihre Produktion ohnehin an einen anderen Betrieb oder eine staatliche Aufkaufstelle abliefern.

Zur Charakteristik des Kleinbergbaus in Entwicklungsländern zählen:

- der geringe Kapitaleinsatz, da vorzugsweise menschliche Arbeitskraft zur Produktion eingesetzt wird;

- die extrem schwierigen Arbeitsbedingungen, vor allem in Untertagebauen und in abgelegenen Gebirgsregionen;

- die unsystematische Ausbeutung von Sichtreserven, da keine ausreichenden geologischen Kenntnisse über die Verteilung der Erze in der Lagerstätte vorhanden sind;

- die mangelnde oder fehlende soziale Absicherung der Bergarbeiter, da im Gegensatz zu größeren Minen gesetzliche Vorschriften über Mindestlöhne oder Unfallschutz mißachtet werden, keine betriebseigenen Schulen oder Krankenhäuser errichtet werden und keine Unfallopfer- oder Altersversorgung existiert.

Daraus ergeben sich positive wie negative Aspekte. Vorteile für Entwicklungsländer entstehen gewiß aus dem geringen Kapitalbedarf, dem relativ niedrigen Energieverbrauch und den Beschäftigungseffekten. Auch können oft die primitiven Investitionsgüter (Holzrinnen, einfache Pumpen, Siebe, Karren, Hacken, Schaufeln) in einheimischen Werkstätten angefertigt werden.

Die geringe Produktionsmenge macht die Kleinminen aber zu Grenzkosten-Betrieben, die häufig auf zinsgünstige Kredite und Steuererleichterungen angewiesen sind. Der Kleinbergbau ist also nur begrenzt eine Quelle für Steuereinnahmen oder Devisenerlöse.

Die soziale Lage der Arbeiter in Kleinminen ist oft bedauernswürdig und macht Hilfsmaßnahmen nötig. Gerade in den am wenigsten entwickelten Regionen, etwa in abgelegenen Gebirgstälern oder in schwer zugänglichen Urwaldgebieten, gehören die Bergarbeiter zu den sozial Schwächsten. Dort, wo der Einfluß staatlicher Organe unzureichend ist, gibt es normalerweise keine Arbeitsverträge, werden häufig nicht einmal

Tabelle 8.8.   Entwicklungsländer mit nennenswertem Kleinbergbau

	Land	bevorzugte Bergbauprodukte
Lateinamerika	Bolivien	Zinn, Antimon, Blei, Wolfram, Gold
	Peru	Blei, Antimon, Wolfram, Gold, Zink, Silber
	Brasilien	Halbedelsteine, Beryll, Gold, Zinn, Titan (Ilmenit), Chrom, Diamanten, Glimmer (Vermiculite)
	Mexiko	Niob (Pyrochlor), Quecksilber, Flußspat, Zinn, Silber, Opal
	Chile	Kupfer, Schwefel, Gold
Afrika	Nigeria	Zinn, Niob-Tantal (Columbit), Gold
	Zaire	Diamanten, Zinn
	Zimbabwe	Chrom, Gold, Lithium, Edelsteine
	Mozambique	Halbedelsteine, Tantal, Glimmer
	Sierra Leone	Diamanten
Asien	China	Zinn, Antimon, Wolfram, (Eisen, Kohle)
	Indien	Mangan, Glimmer, Gips, (Kohle, Eisen)
	Türkei	Chrom, Antimon, Quecksilber, Blei-Zink, Asbest
	Thailand	Zinn, Antimon, Wolfram
	Birma	Zinn, Wolfram, Antimon
	Malaysia	Zinn, Titan (Ilmenit)
	Indonesien	Zinn, Gold

Quelle: Gocht, 1980.

die Mindestlöhne gezahlt, sind auch einfachste Regeln der Unfallverhütung unbekannt und ist Kinderarbeit verbreitet. Daraus resultiert dann die verbreitete Praxis, daß Bergleute nicht regelmäßig in den Kleinminen arbeiten, sondern sich beispielsweise während der Erntezeit in der Landwirtschaft verdingen. Von den 70 000 Beschäftigten in den fast 3000 peruanischen Kleinminen sind nur etwa ein Drittel ganzjährig tätig.

Bei den rohstoffpolitischen Aspekten überwiegen die Nachteile ebenfalls. Im Kleinbergbau ist die Gefahr von Raubbau besonders groß, da in der Regel

—   reiche Partien der Lagerstätte selektiv abgebaut werden,
—   das Ausbringen der Wertminerale sehr gering ist und
—   auf die Gewinnung wertvoller Nebenprodukte verzichtet wird (vgl. Abschn. 2.2.3.1).

Daraus ergeben sich nicht selten ökologische Probleme, denn die Abbau- und Aufbereitungshalden von Kleinbetrieben können zur unkontrollierten Wasser- und Luftverunreinigung beitragen.

Bei den Nachteilen müssen die Unterstützungsmaßnahmen im Rahmen der Entwicklungshilfe einsetzen, denn schon mit vergleichsweise geringen Mitteln lassen sich nennenswerte Abhilfen schaffen. Für einige Bergbauländer wird auch in Zukunft Kleinbergbau ein wesentlicher Wirtschaftszweig bleiben (vgl. Tab. 8.8).

8.4.2 Weiterverarbeitung von mineralischen Rohstoffen

Das erklärte Ziel der Entwicklungsländer ist es, möglichst viele der im Lande gewonnenen Rohstoffe weiterzuverarbeiten, um die Industrialisierung voranzubringen und die inländische Wertschöpfung zu erhöhen. Dabei ist ein wesentlicher Unterschied zu machen zwischen dem Energieträger Rohöl und den metallischen Rohstoffen. Die OPEC-Länder haben seit mehr als 10 Jahren erhebliche Anstrengungen unternommen, um die Raffineriekapazitäten zu erhöhen. 1981 waren allein in den 10 OAPEC-Ländern 35 Raffinerien mit einer Kapazität von 3,367 Mio. Barrel/Tag in Betrieb, dazu für 1,66 Mio. bbl/d im Bau und für 0,88 Mio. bbl/d geplant. Damit können dann annähernd 40 % der Rohölproduktion verarbeitet werden. Ein deutlicher Strukturwandel auf dem Weltmarkt war die Folge, denn in verstärktem Maße werden nun auch Mineralölprodukte exportiert. Außerdem wurden in OPEC-Ländern Düngemittelfabriken und Petrochemische Werke errichtet, in denen Erdöl oder Erdgas weiterverarbeitet wird.

Bei den Metallen ist die Situation differenzierter zu sehen. Bei einigen Basismetallen, wie etwa Zinn, hat sich die Verhüttung sehr weitgehend in die Bergbauländer verlagert (Tab. 8.9), die auch teilweise schon Weißblech oder Zinnlegierungen herstellen.

Die Verhüttung vieler Erzkonzentrate ist aber energieaufwendig, was die Weiterverarbeitung in Ländern mit Energiedefizit erheblich begrenzt. Ein markantes Beispiel ist die Aluminiumerzeugung, die nur bei billigem Energieangebot sinnvoll betrieben werden kann (vgl. Tab. 8.9).

Die Weiterverarbeitung von Eisenerzen gilt als besonders entwicklungswirksam. Der Aufbau von Stahlwerken wurde deshalb in Eisenerzbergbauländern wie Indien, Venezuela oder Brasilien betrieben, wobei Großanlagen favorisiert wurden, die manche Probleme schufen. Aber auch viele andere Entwicklungsländer (insbesondere Schwellenländer wie Korea, Singapur, Argentinien, Mexiko) errichteten Stahlwerke, so daß das Exportvolumen der Bergbauländer immer noch hoch ist (Tab. 8.9).

Eine konkurrenzfähige Weiterverarbeitung von Bergbauprodukten hängt vielfach von günstigen Energiepreisen ab. Deshalb hat sich sogar ein Trend ergeben, daß erdölexportierende Länder wie Algerien, Nigeria oder Saudi-Arabien Hüttenwerke aufbauen, die durch Erzimporte alimentiert werden müssen.

Die volkswirtschaftlichen Vorteile der Weiterverarbeitung von Rohstoffen im Erzeugerland lassen jedoch auf der Basis von Kosten-Nutzen-Analysen auch staatliche Suventio-

Tabelle 8.9.   Entwicklung der Weiterverarbeitung von metallischen Rohstoffen in Entwicklungs-
                ländern (in % der Weltproduktion)

Metall	Produktionsstufe	Anteil der Entwicklungsländer	
		1977	1983[1]
Eisen	Eisenerzbergbau	39,6	44,7
	Stahlerzeugung	9,3	15,0
Aluminium	Bauxitbergbau	62,4	67,4
	Tonerdeherstellung	26,4	36,4
	Aluminiumherstellung	13,1	21,1
Kupfer	Kupfererzbergbau	53,5	58,9
	Kupferverhüttung	39,0	43,8
	Kupferraffination	27,1	30,6
Blei	Bleierzbergbau	33,7	33,3
	Bleiverhüttung	25,2	27,5
Zinn	Zinnerzbergbau	88,1	89,9
	Zinnverhüttung	72,2	76,0

[1] Prognosen

Quelle: Vereinte Nationen, Committee on Natural Resources, New York 1979.

nen und Protektionen zu. Die Standortevaluierung richtet sich also immer weniger
nach komparativen Kostenvorteilen, sondern immer mehr nach entwicklungspolitischen Aspekten. Trotzdem ist es für ein Bergbauland wichtig, vor der Investitionsentscheidung die Wirtschaftlichkeit zu prüfen und die Absatzmärkte zu analysieren, wobei
durch Absprachen mit Nachbarländern auch regionaler Bedarf in die Betrachtungen
einbezogen werden kann.

8.4.3 Internationale geowissenschaftliche Fachvereinigungen

Die Probleme der Entwicklungsländer bei der Ermittlung ihres Rohstoffpotentials, bei
der Erschließung ihrer Lagerstätten mineralischer Rohstoffe und beim Schutz ihrer natürlichen Ressourcen hat zur Gründung verschiedener Institutionen geführt. Diese
internationalen Vereinigungen wollen Unterstützung leisten bei der weltweiten Kommunikation von Geowissenschaftlern und bei Forschungsprojekten, die Lösungsansätze
für aktuelle, geowissenschaftliche Probleme in Entwicklungsländern erbringen können.

Das Internationale Lithosphären-Programm (International Lithosphere Program) des
International Council of Scientific Unions hat als interdisziplinäres Forschungspro-
gramm der Geowissenschaftler für die Achtziger Jahre erstmals auch ein spezielles
Coordinating Committee für "Geosciences within Developing Countries" etabliert.
Dieses Komitee soll die aktive Beteiligung von Geologen, Geophysikern und Geo-
däten am Lithosphären-Programm sicherstellen. Damit soll nicht nur ein wichtiger

Beitrag zu dem internationalen Forschungsprogramm geleistet werden, sondern es soll
auch zur Förderung der Effektivität der Geowissenschaften in Entwicklungsländern
beigetragen werden, da dort noch immer nach Erhebungen der International Union of
Geological Sciences 10 bis 100 mal weniger Geologen aktiv tätig sind als in Industrieländern.

8.4.3.1 AGID

Die Association of Geoscientists for International Development (AGID) wurde im Jahre
1974 gegründet und zählt inzwischen über 1500 Mitglieder in rund 100 Ländern. Von
den Mitgliedern stammen über die Hälfte aus Entwicklungsländern. Das Hauptbüro der
AGID war zunächst in Caracas/Venezuela und wurde 1981 nach Bangkok/Thailand
verlegt. Gleichzeitig wurden Regionalbüros in Caracas und Lagos/Nigeria gegründet.

Die Gründung der AGID geht auf Initiativen aus Kanada zurück, die in Verbindung
stehen mit einem Symposium des 24. Internationalen Geologenkongresses 1972 in
Montreal. Auf einem Workshop im Mai 1974 in St. John's/Neufundland, den der Canadian Geoscience Council ausrichtete, wurde AGID dann ins Leben gerufen und hielt
die erste Generalversammlung während des 25. IGC 1976 in Sydney ab.

Die Canadian International Development Agency (CIDA) und die Commonwealth
Foundation haben von Anfang an finanzielle Unterstützung geleistet und CIDA ist
noch immer größter Geldgeber für das 200 000 US-\$-Jahresbudget.

Zu den Zielen der Vereinigung zählen insbesondere:

— Verbesserung der internationalen Kommunikation zwischen Geowissenschaftlern.
— Förderung der Koordination von internationalen Aktivitäten und Hilfen zur Unter-
  stützung geowissenschaftlicher Forschung und Entwicklung.
— Unterstützung der Weiterbildung von Geowissenschaftlern aus Entwicklungsländern.
— Aufbau eines Informationssystems.
— Unterstützung von ausgewählten Forschungsprojekten durch finanzielle Zuschüsse.

Die bisherigen Tätigkeiten von AGID konzentrierten sich auf die Abhaltung von Seminaren, Trainingskursen, Symposien und Workshops. Bisher wurden über 20 solcher
Veranstaltungen zu verschiedenen Themenbereichen abgehalten. Weiterhin wurde eine
Personalkartei für Berater angelegt, ein Bücheraustausch organisiert und die Gründung
eines "International Geoscience Research Institute" vorbereitet. Dieses Forschungsinstitut soll sich vor allem mit der Entwicklung von Methoden und Geräten zur Exploration mineralischer Rohstoffe im tropischen Regenwald beschäftigen. Bei der Weltbank und bei anderen Gebern von Entwicklungshilfe wurde die Finanzierung des
10 Mio. US-\$-Projektes beantragt, ohne daß bisher eine Entscheidung fiel.

Über die regelmäßigen Aktivitäten der AGID informiert die Zeitschrift "AGID News",
die alle 3 Monate erscheint.

8.4.3.2 CIFEG

Das Centre International pour la Information et les Échanges Géologiques (CIFEG) verdankt wie die AGID sein Entstehen Initiativen in Verbindung mit der Abhaltung des Internationalen Geologenkongresses. Diesmal war es die französische Regierung, die nach dem 26. IGC in Paris 1980 die Gründung des CIFEG unterstützte. Auch das CIFEG mit seinem Hauptbüro in Paris will sich der Kommunikation zwischen Geowissenschaftlern aller Länder widmen.

Dabei geht es dieser Vereinigung vor allem um die Publikation von geowissenschaftlichen Forschungsergebnissen aus Ländern der Dritten Welt. Ein regionaler Schwerpunkt liegt offensichtlich in Afrika. Der gegenwärtige Generaldirektor ist Afrikaner, als erste Publikationsreihen erschienen einige Bände eines Bulletin der Association of African Geological Surveys (AAGS) sowie ein neues "Journal of African Earth Sciences". Auch die 7. Konferenz über afrikanische Geologie wurde unterstützt und der erste Trainingskurs wurde in Afrika abgehalten.

Interessant ist die Absicht der CIFEG, als Treffpunkt und Auskunftsstelle für Geowissenschaftler zu fungieren, wobei beispielsweise Kontaktreisen von Geowissenschaftlern aus Entwicklungsländern in Industrieländer organisatorisch und mitunter auch finanziell unterstützt werden.

Über die aktuellen Aktivitäten des CIFEG unterrichtet die hauseigene Zeitschrift "PANGEA".

Literaturverzeichnis

Ausgewählte Literatur zu I Wirtschaftsgeologie

Adelman, I.; Adelman, F.: The Dynamic Properties of the Klein-Goldberger Model. Econometrica 27 (1959).

Allum, J.A.E.: Photogeology and Regional Mapping. Oxford: Pergamon 1969.

Association of Iron Ore Exporting Countries: Iron Ore Statistics 1982. Genf 1982.

Barnett, H.J.; Morse, C.: Scarcity and Growth: The Economics of Natural Resource Availability. Baltimore: Johns Hopkins University Press 1963.

Barthel, F. et.al.: Wirtschaftsgeologie. in: F. Bender (Hrsg.), Angewandte Geowissenschaften, Band I. Stuttgart: Enke 1981, 507-613.

Bender, F. (Hrsg.): Angewandte Geowissenschaften, Band I. Stuttgart: Enke 1981.

Bender, F. (Hrsg.): The Mineral Resources Potential of the Earth. Stuttgart: Schweizerbart 1979.

Bender, F. (Hrsg.): New Path to Mineral Exploration. Stuttgart: Schweizerbart 1983.

Bennett, H.J. et. al.: Financial Evaluation of Mineral Deposits Using Sensitivity and Probabilistic Analysis Methods. IC 8495 U.S. Bureau of Mines, Washington 1970.

Bentz, A.; Martini, H.J.: Lehrbuch der Angewandten Geologie. I. Allgemeine Methoden. Stuttgart: Enke 1961. II. Geowissenschaftliche Methoden. Stuttgart: Enke 1969.

Bertin, J.; Loeb, J.: Experimental and Theoretical Aspects of Induced Polarization. Berlin, Stuttgart: Bornträger 1976.

Bischoff, G.; Gocht, W. (Hrsg.): Das Energiehandbuch, 4. Aufl., Braunschweig, Wiesbaden: Vieweg 1981.

Bismarck, F. von; Volz, E.: Bewertung von Zinnvorkommen. Wirtschaftsgeologische Modelle zur Bestimmung der Produktionskosten und der Bauwürdigkeit von Zinnseifen. Internationale Kooperation, 24, Baden - Baden: Nomos 1983.

Bitterlich, W.; Wöbking, H.: Geoelektrik. Wien: Springer 1972.

Bliss, C.; Boserup, M.: Economic Growth and Resources. – London: Macmillan 1980.

Blohm, H.; Lüder, K.: Investition. 4. Aufl., München: Vahlen 1978.

Blondel, F.; Lasky, S.G.: Concepts of Mineral Reserves and Resources. UN-Survey, New York 1970.

Bottke, H.: Schürfbohren – Teil I: Die Durchführung von Kernbohrungen. Clausthaler Tekt. Hefte, 7, Clausthal-Zellerfeld 1968.

Bowie, A.; Davis, H.; Ostle, D.: Uranium Prospecting Handbook. The Institute of Mining and Metallurgy, London 1972.

Brixel, Ch.: Ökonomische Aspekte der staatlichen Krisenbevorratung mineralischer Rohstoffe. (Unveröffentliche Diplomarbeit) RWTH Aachen 1982.

Brobst, D.A.; Pratt, W.P.: United States Mineral Resources. U.S. Geol. Survey Prof. Paper 820, Washington 1973.

Broicher, H.F.: Vergleich zwischen Kernbohrverfahren und dem Rotaryverfahren mit Umkehrspülung bei der Exploration einer Porphyry-Copper-Lagerstätte. Erzmetall 33 (1980), 201-205.

Brooks, R.R.: Geobotany and Biogeochemistry in Mineral Exploration. New York: Harper & Row 1972.

Bund, K.: Entscheidungsfindung in Unternehmen. Glückauf 112 (1976), 359-364.

Bundesanstalt für Geowissenschaften und Rohstoffe: Rohstoffwirtschaftliche Länderberichte. (Diverse Länder) Hannover 1972 - 1982.

Bundesanstalt für Geowissenschaften und Rohstoffe; Deutsches Institut für Wirtschaftsforschung Berlin: Untersuchungen über Angebot und Nachfrage mineralischer Rohstoffe. (Diverse Rohstoffe) Berlin, Hannover 1972 - 1982.

Bundesanstalt für Geowissenschaften und Rohstoffe: Tätigkeitsbericht 1981/82, Hannover 1983.

Burger, H.; Skala, W.: Die Untersuchung ortsabhängiger Variablen: Modelle, Methoden, Probleme. Geologische Rundschau 67 (1978), 823-839.

Callot, F.: Die mineralischen Rohstoffe der Welt. Essen: Glückauf 1981.

Canadian Institute of Mining and Metallurgy: Ore Reserve Estimation and Grade Control. Dept. Energy, Mines & Resources, Ottawa 1967.

Chaffee, M.A.: Geochemical Exploration Techniques Based on Distribution of Selected Elements in Rocks, Soils and Plants, Mineral Butte Copper District. Pinal County, Arizona. Geol. Survey Bull. 1278 (1976).

Chao, Hung-po: Economics with Exhaustible Resources. New York, London: Garland 1979.

Charpentier, J.P.: A Review of Energy Models. IIASA, Laxenburg 1971.

CIPEC: Quarterly Reviews. Paris 1980 - 1982.

Dally, H.: Monetäre Aufwendungen der Mineralölindustrie für den Umweltschutz. Oel, Hamburg, Januar 1976.

Dasgupta, P.S.; Heal, G.M.: Economic Theory and Exhaustible Resources. Cambridge: University Press 1979.

David, M.: Geostatistical Ore Reserve Estimation. Developments in Geomathematics, 2, Amsterdam, Oxford, New York: Elsevier 1977.

Davis, J.C.: Statistics and Data Analysis in Geology. New York u.a.: Wiley 1973.

Department of Energy, Mines and Resources: Department Terminology and Definitions of Reserves and Resources. Ottawa/Kanada 1975.

Desai, M.: An Econometric Model of the World Tin Economy, 1948 - 1961. Econometrica 34 (1966), 105-134.

Deutsche Bank: OPEC. Informationen und Analysen. Frankfurt/M. 1975.

Deutsche Forschungsgemeinschaft: Denkschrift Lagerstättenforschung I. Boppard: Boldt 1975.

Deutsch-Peruanische Industrie- und Handelskammer: Allgemeines Bergbaugesetz von Peru (Übersetzung). Lima 1981.

Diederich, F.; Gocht, W.; Seifert, H.: Rohstoffwirtschaft und Industrialisierung in den ASEAN-Ländern. intertechnik, Bd.20, Aachen 1981.

Dohr, G.: Applied Geophysics. Stuttgart: Enke 1974.

Elliot, J.L.; Fletcher, W.K.: Geochemical Exploration 1974. Amsterdam 1975.

Emerson, C.: Taxing Natural Resources Projects. Natural Resources Forum 4 (1980), 123-145.

Engineering and Mining Journal: Operating Handbook of Mineral Surface Mining and Exploration. New York: McGraw-Hill 1978.

Fettweis, G.B.: Weltkohlenvorräte. Eine vergleichende Analyse ihrer Erfassung und Bewertung. Essen: Glückauf 1976.

Fettweis, G.B.: Bergmännische Gesichtspunkte zur Rohstoffversorgung. Wien: Österreichische Akademie der Wissenschaften 1981.

Fettweis, G.B.: Die internationale Einordnung von Mineralvorräten. Erzmetall 34 (1981), 400-406 und 465-469.

Fischmann, L.L. (Hrsg.): World Mineral Trends and U.S. Supply Problems. Washington: Resources for the Future 1980.

Fisher, F.M.; Cootner, P.H.; Baily, M.: An Econometric Model of the World Copper Industry. Bell Journal of Economics and Management Science 3 (1972), 568-609.

Fitch, A.A. (Hrsg.): Developments in Geophysical Exploration Methods. London: Applied Science Publishers 1979.

Flawn, P.T.: Mineral Resources. Geology, Engineering, Economics, Politics, Law. Chicago u.a.: Rand McNally 1966.

Fletcher, W.K.: Analytical Methods in Geochemical Prospecting. in: G.J.S. Govett (Hrsg.), Handbook of Exploration Geochemistry, Vol.1, Amsterdam: Elsevier 1981.

Forrester, J.E.: Principles of Field and Mining Geology. New York, London 1949.

Fox, W.: Tin The Working of a Commodity Agreement. London: Mining Journal Books 1974.

Friedensburg, F.; Dorstewitz, G.: Die Bergwirtschaft der Erde, 7. Aufl. Stuttgart: Enke 1976.

Gabert, G.: The Importance of Mineral and Energy Inventories. Math. Geology. 10 (1978), 425-432.

Gassmann, F.: Seismische Prospektion. Astronom.-Geophys. R. 6 (1972).

Gesellschaft Deutscher Metallhütten- und Bergleute: Eine Klassifikation der Lagerstättenvorräte. Erzmetall 12 (1959), 55-57.

Gesellschaft Deutscher Metallhütten- und Bergleute: Untersuchung und Bewertung von Erzlagerstätten. GDMB-Schriften, Heft 21, Clausthal-Zellerfeld 1968.

Gesellschaft Deutscher Metallhütten- und Bergleute: Geophysikalische Prospektionsmethoden, Möglichkeiten und Grenzen. Clausthal-Zellerfeld 1972.

Gesellschaft Deutscher Metallhütten- und Bergleute: Untersuchung und Bewertung der Lagerstätten der Erze, nutzbarer Minerale und Gesteine. Schriften der GDMB, 23, Clausthal-Zellerfeld 1972.

Gesellschaft Deutscher Metallhütten- und Bergleute: Niedrigprozentige Erzvorkommen als potentielle Lagerstätten. Schriften der GDMB, 35, Clausthal-Zellerfeld 1980.

Gibson-Jarvie, R.: Die Londoner Metallbörse. Frankfurt/M.: Knapp 1978.

Gillis, M.; Beals, R.E.: Tax and Investment Policies for Hard Minerals. Cambridge/Mass.: Ballinger 1980.

Ginzburg, I.I.: Grundlagen und Verfahren geochemischer Sucharbeiten auf Lagerstätten der Buntmetalle und seltenen Metalle. Berlin (Ost): Akademie-Verlag 1963.

Gocht, W.: Der metallische Rohstoff Zinn. Berlin, München: Duncker & Humblot 1969.

Gocht, W.: Die Aufgaben der modernen Wirtschaftsgeologie. Erzmetall 22 (1969), 297-301.

Gocht, W.: Auswirkungen von Exportkontrollen auf den Zinnmarkt. Metall 24 (1970), 1021-1024.

Gocht, W.: Veränderungen der Bauwürdigkeitsgrenze in Zinn-Lagerstätten. Z. dtsch. Geol. Ges. 124 (1973).

Gocht, W. (Hrsg.): Handbuch der Metallmärkte. Berlin, Heidelberg, New York: Springer 1974.

Gocht, W.: Voraussetzungen für die Bildung von Rohstoffkartellen auf Metallmärkten. Metall 29 (1975), 1227-1229.

Gocht, W.: Umweltprobleme bei der Erz- und Metallgewinnung in Australien. Metall 30 (1976), 1088-1089.

Gocht, W.: Wirtschaftsgeologische Bewertungsdeterminanten für Zinnseifen in Südostasien. Erzmetall 30 (1977), 200-204.

Gocht, W.: Prospecting Tests in the Phu Wiang Area. Journ. Geol. Soc. Thail. 5 (1982), 42-51.

Gocht, W.: Schutz natürlicher Ressourcen durch Vermeidung von Raubbau. Internationale Kooperation, 23, Baden - Baden: Nomos 1982, 69-82.

Gocht, W.: Gewinnung mineralischer Rohstoffe aus dem Meer. - Die Erde, 114 (1983), 19-27.

Göke, H.: Technische und wirtschaftliche Aspekte des Umweltschutzes in der Steine- und Erden-Industrie. Erzmetall 33 (1980), 8-13.

Gofmann, K.: Die ökonomische Bewertung von Lagerstätten nutzbarer Bodenschätze auf der Grundlage der Maximierung der diskontierten Differentialrente. Z. angew. Geologie 26 (1980), 313-316.

Goosens, P.J.: Programming Modern Mineral Exploration Survey: A Field Geology-Oriented Approach. Mém. Inst. géol. Univ. Louvain 31 (1981), 5-21.

Granigg, B.: Die Lagerstätten nutzbarer Minerale. Ihre Entstehung, Bewertung und Erschließung. Wien: Springer 1951.

Griffith, S.V.: Alluvial Prospecting and Mining. Oxford: Pergamon Press 1960.

Günther, R.: Remote Sensing in der Geologie. BMBW-Forschungsbericht W 72-28, Clausthal-Zellerfeld 1972.

Gundlach, H., van den Boom, G., Koch, W.: Geochemische Untersuchungen. in: F. Bender (Hrsg.), Angewandte Geowissenschaften, Band I. Stuttgart: Enke 1981.

Gupta, S.: The World Zinc Industry. Lexington, Toronto 1982.

Hansen, J.: Guide to Practical Project Appraisal: Social Benefit-Cost Analysis in Developing Countries. UNIDO Project Formulation and Evaluation Series, 3, New York 1978.

Harris, D.P.; Agterberg, F.P.: The Appraisal of Mineral Resources. Economic Geology 75 (1981), 879-938. 1981.

Hawkes, H.I.; Webb, J.S.: Geochemistry in Mineral Exploration. New York: Harper & Row 1962.

Heath, K.C.G.: Graphical Valuation Methods for Use in Prospecting and Exploration. Institution Mining & Metall. London 1972.

Herbst, F.: Aus der Bewertungspraxis von Bergwerken. Erzmetall 26 (1973), 447-454.

Hesemann, J.: Geopraxis und Rohstoffrecht. Paderborn, München, Wien, Zürich: Schöningh 1979.

Hesemann, J.; Walther, H.W.: Untersuchung und Bewertung der Lagerstätten der Erze, nutzbarer Minerale und Gesteine. Vademecum 1, 2. neubearb. Aufl., Krefeld 1981.

Hesemann, J.; Schröder, G.: Untersuchung und Bewertung von Lagerstätten der Erze, nutzbarer Minerale und Gesteine. GDMB, Clausthal-Zellerfeld 1972.

Hiller, J.E.: Die mineralischen Rohstoffe. Stuttgart: Schweizerbart 1962.

Hood, P.J. (Hrsg.): Geophysics and Geochemistry in the Search for Metallic Ores. Geological Survey of Canada, Econ. Geol. Report, 31, Ottawa 1979.

Horstmann, H.H.: Der Drang zum Rohstoffkartell. Europa-Archiv 29 (1974), 738-744.

Hoskins, J.; Green, W.: Mineral Industry Costs. 2. Aufl., Spokane 1977.

Howe, C.W.: Natural Resource Economics. New York u.a.: Wiley 1979.

Institution of Mining and Metallurgy: A Pricing and Marketing of Metals. Transact., IMM, London 1971.

International Bauxite Association: Agreement Establishing IBA. Kingston 1975.

International Primary Aluminium Institute: Statistical Summary 1972-1982. London 1982.

International Tin Council: The Fifth International Tin Agreement. London Mai 1976.

Jankovic, S.: Wirtschaftsgeologie der Erze. Wien, New York: Springer 1967.

Joshing, T.; Hains, S.: The Revolution in Commodity Markets. The Round Table 254 (1974), 187 ff.

Journel, A.; Huijbregts, Ch.: Mining Geostatistics. London: Academic Press 1978.

Jürgensen, H.; Schulz-Trieglaff, M.: Entwicklungsperspektiven der Weltkupferwirtschaft. Göttingen: Vandenhoeck & Ruprecht 1969.

Kehrer, P.: Bewertung von Kohlenwasserstoffen. in: F. Bender (Hrsg.), Angewandte Geowissenschaften, Band I. Stuttgart: Enke 1981, 512-530.

Keyser, E. de (Hrsg.): Guide to World Commodity Markets. London: Kogan Page 1979.

Koch, O.G., Koch-Dedic, G.A.: Handbuch der Spurenanalyse, 2. Aufl., Berlin, Göttingen: Springer 1974.

Kraus, U.; Schmidt, H.: Metallrohstoffe. in: F. Bender (Hrsg.), Angewandte Geowissenschaften, Band I. Stuttgart: Enke 1981, 551-584.

Krige, D.: Some Novel Features and Implications of a General Risk-Analysis Model for New Mining Ventures. J. South African Inst. Min. & Metal 79 (1979), 421-430.

Kronberg, P.: Photogeologie. Clausthaler Tekt. Hefte, 6, Clausthal-Zellerfeld 1967.

Law, A.D.: International Commodity Agreements. Lexington 1975.

Lecomber, R.: The Economics of Natural Resources. London: Macmillan 1979.

Leitz, K.: Rohstoffversorgung und Rohstoffabkommen. Europa-Archiv 30 (1975), 461-470.

Linden, E. von der: Evaluation of Exploration Data for the Planning of Mining Projects. Erzmetall 33 (1980), 403-406.

MacConwald, E.H.: Exploration and Evaluation. Dept. External Affairs, Canberra 1968.

Mäßenhausen, H.U. von: Änderungen im Bergrecht durch das Bundesberggesetz. Erzmetall 34 (1981), 298-302.

Marx, C.: Entwicklungsmöglichkeiten moderner Schürfbohrtechnik. Erzmetall 33 (1980), 196-201.

Matheron, G.: The Theory of Regionalized Variables and its Applications. Fontainebleau: Cahiers Centre 1971.

McCammon, R.B. (Hrsg.): Concepts in Geostatistics. Berlin, Heidelberg, New York: Springer 1975.

McCray, A.W.: Petroleum Evaluations and Economic Decisions. Englewood Cliffs/New Jersey: Prentice Hall 1975.

McKelvey, V.E.: Mineral Resources Estimates and Public Policy. U.S. Geol. Surv. Prof. Paper 820 (1973), 9-19.

McKinstry, H.E.: Mining Geology. New York 1957.

Megill, R.: An Introduction to Exploration Economics. 2. Aufl. Tulsa: Petroleum Publ. 1979.

Meissner, R.; Stegena, L.: Praxis der seismischen Feldvermessung und Auswertung. Berlin, Stuttgart: Bornträger 1977.

Müller-Ohlsen, L.: Die Weltwirtschaft im industriellen Entwicklungsprozeß. Kieler Studien, 165, Tübingen: Mohr 1981.

Newendorp, P.D.: Decision Analysis for Petroleum Exploration. Tulsa 1975.

OPEC: The Statute of the Organization of the Petroleum Exporting Countries. Wien 1980.

Parasnis, D.S.: Mining Geophysics. Amsterdam, London, New York: Elsevier 1973.

Parasnis, D.S.: Principles of Applied Geophysics. London: Chapman & Hall 1975.

Pawlek, F.; Fischer, R.: Rückgewinnung von NE-Metallen aus Schrotten und Rückständen – wirtschaftliche und technische Entwicklungsrichtungen. Metall 36 (1982), 428-431.

Pearl, R.M.: Handbook for Prospectors. New York 1973.

Peters, W.L.: Exploration and Mining Geology. New York u.a.: Wiley 1978.

Petersen, U.; Maxwell, S.R.: Historical Mineral Production and Price Trends. Mining Engineering (1979), 25-34.

Petrascheck, W.E.; Pohl, W.: Lagerstättenlehre. 3. Aufl. Stuttgart: Schweizerbart 1982.

Primary Tungsten Association: Bulletin 1-15. London 1977-1982.

Pye, Ch.H.: Profitability in the Canadian Mineral Industry. Centre for Resource Studies.Kingston/Ont. 1981.

Ramsley, J.B.: The Economics of Exploration for Energy Resources. London: Jai Press 1981.

Ray, R.G.: Aerial Photographs in Geologic Interpretation and Mapping. U.S. Geol. Surv. Prof. Paper 373 (1960).

Reedman, J.H.: Techniques in Mineral Exploration. London: Applied Science Publishers 1979.

Reich, W.: Grundlagen der angewandten Geophysik für Geologen. Leipzig: Akademie-Verlag 1960.

Rensburg, W.C.J. von; Bambrick, S.: The Economics of the World's Mineral Industries. Johannesburg: McGraw-Hill 1978.

Rose, A.W.; Hawkes, H.E.; Webb, J.S.: Geochemistry in Mineral Exploration. 2. Aufl., London: Academic Press 1979.

Sames, C.W.: Die Zukunft der Metalle. Frankfurt/M.: Suhrkamp 1971.

Schmidt, H.: Analysen und Prognosen über Rohstoffangebot und -nachfrage. in: F. Bender (Hrsg.), Angewandte Geowissenschaften. Band I. Stuttgart: Enke 1981, 605-613.

Schöllhorn, J.: Internationale Rohstoffregulierungen. Berlin, München: Duncker & Humblot 1955.

Schröder, H.: Taschenbuch des Metallhandels. 6. Aufl. Berlin: Metall 1971.

Schroll, E.: Analytische Geochemie. Band I, Methodik. Stuttgart: Enke 1975.

Schwartz, W.; Eisert, W.: Beispiele und Grenzen der Reinhaltung von Luft in Kupferhütten. Erzmetall 25 (1972), 505-511.

Sengpiel, K.P.: Ausrüstung und Erprobung eines Hubschraubers für geophysikalische Messungen. Statusbericht Rahmenprogramm Rohstofforschung, KFA Jülich 1981, 36-49.

Siebert, H.: Ökonomische Theorie natürlicher Ressourcen. Tübingen: Mohr 1983.

Siegel, F.R.: Applied Geochemistry. New York u.a.: Wiley 1974.

Siehl, A.; Thein, J.: Geochemische Trends in der Minette (Jura, Luxemburg/Lothringen), Geol. Rundschau 67 (1978), 1052-1077.

Singer, D.; Mosier, D.: A Review of Regional Mineral Resource Assessment Methods. Economic Geology 76 (1981), 1006-1015.

Smith, V.K. (Hrsg.): Scarcity and Growth Reconsidered. Baltimore, London: Johns Hopkins University Press 1979.

Snow, G.G.; Mackenzie, B.W.: The Environment of Exploration: Economic, Organizational and Social Constraints. Economic Geology 75 (1981), 871-896.

Stammberger, F.: Grundlagen der ökonomischen Geologie. Berlin (Ost): Akademie-Verlag 1966.

Stammberger, F.: Theoretische Grundlagen der Bemusterung von Lagerstätten fester mineralischer Rohstoffe. Berlin (Ost): Akademie-Verlag 1965.

Stanton, R.E.: Analytical Methods for Use in Geochemical Exploration. London: Arnold 1976.

Stodieck, H.: Bestimmungsgründe der Preisentwicklung auf dem Zinnmarkt. Hamburg: Weltarchiv 1970.

Sutulov, A.: Veränderungen der Weltbergbaustruktur Metall 37 (1983), 281-282.

Tantalum Producers International Study Centre: Quarterly Bulletin. Brüssel 1979-1982.

Telford, W.M. et al.: Applied Geophysics. Cambridge: University Press 1976.

Thoburn, J.: Multinationals, Mining and Development. A Study of the Tin Industry. Westmead/ England: Gower 1981.

Truscott, S.J.: Mine Economics. London 1962.

Tryton, F.G.; Eckel, E.C.: Mineral Economics. London: McGraw-Hill 1932.

United Nations Committee on Natural Resources: The International Classification of Mineral Resources. Session Report, 6. Session, 5. - 15.6.1979, New York 1979.

United Nations Committee on Natural Resources: Remote Sensing for Natural Resources Exploration. Session Report, 6. Session, 5. - 15.6.1979. New York 1979.

United Nations Secretariat: Two Decades of Mineral Resources Development: The Role of the United Nations. Natural Resources Forum 5 (1981), 15-30.

United States Bureau of Mines: Mineral Commodity Summaries. Washington 1979-1982.

United States Geological Survey: Mineral Resource Perspectives 1975. Professional Paper 940, Washington 1975.

Uranium Institute: Objectives and Organization. London 1982.

Viljoen, R.P. et al.: ERTS-1 Imagery: Applications in Geology and Mineral Exploration. Miner. Sci. Eng. 7 (1975).

Vogely, W.A.; Risser, H.E. (Hrsg.): Economics of the Mineral Industries. 3. Aufl. New York 1976.

Voskuil, W.H.: Minerals in World Industry. New York, Toronto, London: McGraw-Hill 1955.

Wahl, S. von: Die optimale Betriebsgröße. Essen: Glückauf 1970.

Wahl, S. von: Marginale Lagerstättenvorräte. Ihre Bedeutung aus einzel- und gesamtwirtschaftlicher Sicht. Glückauf-Forschungshefte, 41. Essen 1980, 126-134.

Ward, F.N. et al.: Analytical Methods Used in Geochemical Exploration by the U.S. Geological Survey. U.S. Geol. Surv. Bull. 1152 (1963).

Warren, K.: Mineral Resources. Newton Abbat: David & Charles 1973.

Wellmer, F.-W.; Greinwald, S.: Optimale Methodenkombination in der Exploration. Z. dt. geol. Ges. 133 (1982), 509-533.

Wellmer, F.-W.: Neue Entwicklungen in der Exploration (I): Kosten, Reserven, Technologien, Erzmetall 36 (1983), 7-13.

Welte, D.: Neue Wege der Kohlenwasserstoffexploration. KFA Jülich, Jahresbericht 1981/82 (1982), 47-54.

Wernicke, F.A.: Zur Methodik der Untersuchung und Bewertung von Erzlagerstätten. Erzmetall 22 (1969), 370-379.

Wilke, A.: Aufsuchen und Erschließen von Erzlagerstätten. in: W. Gocht (Hrsg.), Handbuch der Metallmärkte. Berlin, Heidelberg, New York: Springer 1974.

Wirtschaftsvereinigung Bergbau: Das Bergbau-Handbuch. Essen: Glückauf 1976.

Zeitler, K.: Graphische Methoden zur Beurteilung von Explorationsprojekten. Erzmetall 26 (1973), 132-138.

Zeschke, G.: Mineral-Lagerstätten und Exploration, Bd.1, Stuttgart: Enke 1970.

Zeschke, G.: Prospektion und feldmäßige Beurteilung von Lagerstätten. Wien, New York: Springer 1964.

Zwartendyk, J.: Economic Issues in Mineral Resource Adequacy and in the Long-Term Supply of Minerals. Economic Geology 76 (1981), 999-1005.

Ausgewählte Literatur zu II Mineralrohstoffpolitik

Baron, St.; Glismann, H.H.; Stecher, B.: Internationale Rohstoffpolitik — Ziele, Mittel, Kosten, Kieler Studien, 150, Tübingen: Mohr 1977.

Bosson, R.; Varon, B.: The Mining Industry and the Developing Countries. A World Bank Research Publication. New York u.a.: Oxford University Press 1977.

Bundesanstalt für Geowissenschaften und Rohstoffe: Regionale Verteilung der Weltbergbauproduktion und der Weltvorräte mineralischer Rohstoffe. Hannover 1982.

Bundesanstalt für Geowissenschaften und Rohstoffe: Jahresbericht zur Rohstoffsituation 1981/82. Hannover 1983.

Bundesministerium für Wirtschaft: Bericht zur Rohstoffpolitik. BMWi-Dokumentation, 227, Bonn 1976.

Bundesministerium für Wirtschaft: Mineralische Rohstoffe. BMWi-Studienreihe, 21, Bonn 1979.

Bundesministerium für wirtschaftliche Zusammenarbeit: Politik der Partner. 5. Aufl. Bonn 1981.

Bundesministerium für wirtschaftliche Zusammenarbeit: Journalisten – Handbuch Entwicklungspolitik 1982. Bonn 1982.

Bundesverband der Deutschen Industrie: Rohstoffversorgungspolitik: Ziele und Instrumente. Köln 1981.

Burckhardt, H.: 25 Jahre Kohlepolitik. Baden - Baden: Nomos 1981.

Club of Rome: The Limits to Growth: A Report for the Club of Rome's Project on the Predicament of Mankind. New York: Universe Books 1972.

Diederich, F.; Gocht, W.; Seifert, H.: Rohstoffwirtschaft und Industrialisierung in den ASEAN-Ländern. intertechnik, Bd.20, Aachen 1981.

Gabor, D. et al.: Das Ende der Verschwendung. Stuttgart: Deutsche Verlags-Anstalt 1976.

General Services Administration: Stockpile Report to the Congress. halbj., Washington 1965-1982.

Glaubitt, K.; Lütkenhorst, W.: Elemente einer neuen Weltwirtschaftsordnung. Tübingen, Basel: Erdmann 1979.

Gocht, W.: Der metallische Rohstoff Zinn. Berlin, München: Duncker & Humblot 1969.

Gocht, W.: Die Vorratslager der USA und ihr Einfluß auf Metallmärkte. Metall 28 (1974), 178-181.

Gocht, W.: Produzentenvereinigungen auf Metallmärkten. Glückauf 115 (1979), 426-429.

Gocht, W.: Die Bedeutung der Seerechtskonferenzen für die Rohstoffgewinnung, Jahrb. Berl. Wiss. Ges. 1978 (1979), 150-160.

Gocht, W.: The Importance of Small Scale Mining in Developing Countries. Natural Resources and Development 12 (1980), 7-18.

Gocht, W. (Hrsg.): Proceedings of the Seminar on Exploration and Evaluation of Tin Deposits in Southeast Asia. intertechnik, Bd.21, Aachen 1981.

Gocht, W. Chancen und Probleme rohstoffwirtschaftlicher Zusammenarbeit mit Entwicklungsländern. Aachener Gespräche, No.4. Düsseldorf: VDI-Verlag 1982, 17-24.

Gocht, W.; Wolf, A. (Hrsg.): Ocean Mining '82. International Ocean Institute/RWTH Aachen. Malta, Aachen 1982.

Govett, M.: Govett, G.: The Economic Order and World Mineral Production and Trade. Resources Policy 4 (1978), 230-241.

Harms, U. et al.: Berggesetzgebung und Rohstoffpolitik in Entwicklungsländern unter Berücksichtigung regionaler Schwerpunkte. ite-Gutachten, Hamburg, August 1975.

Kebschull, D.; Fasbender, K.; Naini, A.: Entwicklungspolitik – Eine Einführung. 2. Aufl. Opladen: Westdeutscher Verlag 1975.

Kebschull, D.; Künne, W.; Menck, K.-W.: Das integrierte Rohstoffprogramm. Hamburg: Weltarchiv 1977.

Kebschull, D.: Nach Energiekrise – Rohstoffkrise?: Probleme der Sicherung unserer Rohstoffbasis. Berlin: Duncker & Humblot 1981.

Kernforschungsanlage Jülich, Projektgruppe Rohstofforschung: Statusbericht Rahmenprogramm Rohstofforschung. Jülich 1981.

Kirchner, Chr. et al.: Rohstofferschließungsvorhaben in Entwicklungsländern. Teil 1: Interessenrahmen, Verhandlungsprozeß, rechtliche Konzeption. Frankfurt/M.: Metzner 1977.

Kirchner, Chr.: Risikominderung bei internationalen Bergbauprojekten durch Bildung und Diversifizierung der externen Finanzierung. Erzmetall 35 (1982), 209-211.

Krausch, P.: Der Meeresbergbau im Völkerrecht. Essen: Glückauf 1970.

Kreditanstalt für Wiederaufbau: Jahresberichte für die Geschäftsjahre 1975 - 1981. Frankfurt/M. 1976 - 1982.

Kreditanstalt für Wiederaufbau: Zusammenarbeit mit Entwicklungsländern. Frankfurt/M. 1982.

Leith, C.I.: World Minerals and World Politics. Port Washington/New York: Kennicat 1970.

Lewis, A.: The United Nations in Mineral Development. Engineering & Mining Journal 184 (1983), 68-70.

Lüttig, G.: Die Entwicklungsländer mit geringem Geopotential. Hannover 1978.

Ludwig, M.: Internationale Rohstoffpolitik. Zürich: polygraph 1957.

Meadows, D.: Die Grenzen des Wachstums. Stuttgart: Deutsche Verlags-Anstalt 1972.

Meyer, K.: Die zweite Konvention von Lomé. BMZ, Entwicklungspolitik – Materialien, Nr.66, 82-94, Bonn 1980.

Michaelis, H.: Europäische Rohstoffpolitik. Bergbau, Rohstoffe, Energie, Bd.13, Essen: Glückauf 1976.

OECD: Interfutures. Facing the Future. Paris 1979.

Pearson, L.B. et al.: Der Pearson-Bericht. Bestandsaufnahme und Vorschläge zur Entwicklungspolitik. Wien, München, Zürich: Molden 1969.

Radetzki, M.; Zorn, S.: Financing Mining Projects in Developing Countries. London: Mining Journal Books 1979.

Radke, D.: Rohstoffsicherungspolitik in der Bundesrepublik Deutschland. Europa-Archiv 22 (1981), 679-688.

Rogers, Ch. D.: Non-Fuel Minerals and the Integrated Programme for Commodities. Natural Resources Forum 3 (1979), 337-348.

Sames, C.-W.; Staschen, D.: Auf der Suche nach Rohstoffen in der Bundesrepublik Deutschland. Metall 30 (1976), 462-464.

Sames, C.-W.; Wellmer, F.-W.: Das Explorationsprogramm der Bundesregierung. Glückauf 24 (1980), 1296-1303.

Schrör, H.: Maßnahmen zur Erhöhung der Versorgungssicherheit der Bundesrepublik Deutschland mit metallischen Rohstoffen. intertechnik 24, Aachen 1982.

Schürmeyer, G.: Die Entwicklung der Bedingungen für die Suche und Förderung von Erdöl und Erdgas. Oel (1977), 32-38.

Seifert, H.: Deutsche Privatinvestitionen in Entwicklungsländern. DSE. Bad Honnef 1981.

Senti, R.: Internationale Rohprodukteabkommen. Diessenhofen: Rüegger 1978.

Skinner, B.J.: A Second Iron Age Ahead? Scientific American 64 (1976), 252-269.

Smith, D.; Wells, L.: Mineral Agreements in Developing Countries: Structure and Substance. The American Journal of Internat. Law 69 (1975), 560-590.

Smith, V.K.; Kontilla, J. (Hrsg.): Toward a Restructuring of the Economics of Natural Resources. Baltimore: Johns Hopkins Univ. Press 1981.

Statistisches Amt der Europäischen Gemeinschaften: EG-Rohstoffbilanzen 1975 - 1978. Luxemburg 1981.

Stodieck, H.; Harms, U.: Internationaler Vergleich der Förderung bergbaulicher Auslandsinvestitionen. 2. Aufl. ite, Hamburg 1975.

Sutulov, A.: Minerals in world affairs. Salt Lake City 1972.

Tietzel, M.: Internationale Rohstoffpolitik. Bonn: Neue Gesellschaft 1978.

United Nations: Small Scale Mining in the Developing Countries. New York 1972.

UNCTAD: Manila Declaration and Programme of Action. New York, Februar 1976.

UNCTAD IV: Commodities. Nairobi 1976.

UNCTAD IV: The World Commodity Situation and Outlook. Nairobi 1976.

United Nations Committee on Natural Resources: Permanent Sovereignty over Natural Resources. New York, März 1979.

United Nations Institute for Training and Research: The Future of Small Scale Mining. Washington 1980.

U.S. Department of State: Global 2000, Report to the President. Vol.1 and 2, Washington 1980.

Vitzthum, W. Graf; Platzöder, R.: Pro und Contra Seerechtskonvention 1982. Europa-Archiv 19 (1982).

Wallner, E.M. Die Entwicklungsländer. Berlin: Ullstein 1975.

Wolf, K.D.: Die Dritte Seerechtskonferenz der Vereinten Nationen. Internationale Kooperation, 21, Baden - Baden: Nomos 1981.

Zorn, S.A.: New Developments in Third World Mining Agreements. Natural Resources Forum 1 (1977), 239-250.

Sachverzeichnis